“十二五”普通高等教育本科国家级规划教材
辽宁省“十二五”普通高等教育本科省级规划教材

液压与气压传动

（第四版）

宋锦春 主编

科学出版社
北 京

内 容 简 介

本书为普通高等教育机械类特色专业系列教材之一。全书分三篇，第一篇流体力学、第二篇液压传动和第三篇气压传动。全书共13章：第1章介绍流体静力学和动力学、孔口出流及缝隙流动、气体动力学、液压介质等；第2章概述液压传动的工作原理和组成、特点等；第3～6章介绍液压传动系统所用的动力元件、执行元件、控制调节元件和辅助元件；第7章介绍液压基本回路；第8章介绍典型液压系统；第9章介绍液压传动系统的设计计算；第10章简要介绍电液伺服系统和比例控制系统的工作原理、电液伺服阀和比例控制阀；第11章概述气压传动系统的工作原理和组成、气压传动的应用；第12章介绍气源装置、气动辅件、执行元件、控制元件；第13章介绍气压传动的基本回路和常用回路、气动控制回路的设计等。每章附有思考题与习题。附录中列出了部分常用流体传动系统及元件图形符号。

本书可作为普通高等院校机械类专业液压与气压传动课程教材，也可供相关工程技术人员参考。

图书在版编目(CIP)数据

液压与气压传动/宋锦春主编. —4版. —北京：科学出版社，2019.12
"十二五"普通高等教育本科国家级规划教材 辽宁省"十二五"普通高等教育本科省级规划教材

ISBN 978-7-03-063718-5

Ⅰ. ①液… Ⅱ. ①宋… Ⅲ. ①液压传动-高等学校-教材 ②气压传动-高等学校-教材 Ⅳ. ①TH137 ②TH138

中国版本图书馆CIP数据核字(2019)第280864号

责任编辑：朱晓颖 / 责任校对：郭瑞芝
责任印制：赵 博 / 封面设计：迷底书装

科学出版社 出版
北京东黄城根北街16号
邮政编码：100717
http://www.sciencep.com
北京华宇信诺印刷有限公司印刷
科学出版社发行 各地新华书店经销
*
2006年9月第 一 版 开本：787×1092 1/16
2019年12月第 四 版 印张：19 1/2
2025年1月第十八次印刷 字数：499 000

定价：69.00元

(如有印装质量问题，我社负责调换)

前　言

本书为普通高等教育机械类特色专业系列教材之一。本书从教学实际出发， 根据具体的课程建设和教学改革需要，结合编者多年的教学实践和科研成果，汲取国内外同类教材的精华，采用最新元件符号国家标准，在第三版的基础上更新了部分内容。前三版教材自出版以来得到了广大师生和社会读者的一致认可，入选“十二五”普通高等教育本科国家级规划教材、教育部首批普通高等教育精品教材、辽宁省“十二五”普通高等教育本科省级规划教材。

本书编写基于理论联系实际的指导思想，注重基本概念的建立和应用，介绍了目前本领域最新出现的技术与发展趋势，元件讲解选用最新的工业产品，新增了行业内新出现的重要元器件，读者可以通过本书了解到液压与气压传动技术的当前发展现状。

本书通过二维码技术，融入重点、难点知识的三维动画和微课视频，用以加深学生对知识点的理解，提高学生学习兴趣。

本书由宋锦春主编。参加编写的有东北大学陈建文（第 1 章）、宋锦春（第 2、10 章）、林君哲（第 3 章）、周生浩（第 4、9 章）、蔡衍（第 5 章）、王长周（第 6、8 章）、周娜（第 7 章）、王炳德（第 11～13 章）、于忠亮（附录）。

东北大学教授、博士生导师赵周礼对本书进行了审阅，并提出了很好的意见和建议，编者在此表示衷心的谢意。

限于编者水平，书中难免存在疏漏和不足之处，诚望广大读者不吝指正。

编　者

2019 年 6 月

目　　录

第一篇　流体力学

第二篇　液压传动

第三篇 气 压 传 动

第一篇　流 体 力 学

流体力学是研究流体(包括气体、液体)的平衡与运动规律的学科。物质的三种存在形态中有两种属于流体状态。人类的生存与发展离不开流体,流体力学是人类对流体的各种运动规律的总结,是人类智慧的结晶,也是技术进步的重要工具。

第1章　流体力学基础

1.1　流体的主要物理性质

流体具有很强的流动性,在受到拉力与剪切力作用时都会产生极大的变形,只要这种作用力存在,变形就会持续进行。

1.1.1　密度

单位容积的流体所具有的质量称为密度,以符号 ρ 表示。

$$\rho = \frac{M}{V} \tag{1-1}$$

式中,ρ 为密度,kg/m^3;M 为质量,kg;V 为流体的体积,m^3。

密度的大小与该种流体的压力和温度有关,即与可压缩性和温度膨胀性有关。

1.1.2　液体的可压缩性

液体在压力作用下发生体积变化的性质称为可压缩性,常用体积压缩系数 k 表示。其物理意义是单位压力变化所造成的液体体积的相对变化率,即

$$k = -\frac{\frac{\Delta V}{V_0}}{\Delta p} \tag{1-2}$$

式中,k 为体积压缩系数,Pa^{-1};ΔV 为液体的体积变化量,m^3;V_0 为液体的初始体积,m^3;Δp 为液体的压力变化量,Pa。

因为压力增大,即 $\Delta p > 0$ 时,液体的体积减小,即 $\Delta V < 0$,为使 k 取正值,故在式(1-2)右端加一负号。常用矿物油型液压油的体积压缩系数值为$(5\sim7)\times10^{-10}\,Pa^{-1}$。

体积压缩系数 k 的倒数称为体积弹性模量,以 β_e 表示,即

$$\beta_e = k^{-1} \tag{1-3}$$

液压油的体积弹性模量 $\beta_e=(1.4\sim2.0)\times10^9\,Pa$,为钢的体积弹性模量的 0.67%～1%。当液压油中混有空气时,其体积弹性模量将显著减小。

1.1.3 液体的温度膨胀性

液体的温度膨胀性由温度膨胀系数 β_t 表示。β_t 是指单位温度升高(1℃)所引起的液体体积变化率。

$$\beta_t = \frac{\frac{\Delta V}{V_0}}{\Delta t} \tag{1-4}$$

式中，Δt 为温升，℃。

β_t 是压力与温度的函数，由实验确定。水和矿物油型液压油的温度膨胀系数如表 1-1、表 1-2 所示。

表 1-1 水的温度膨胀系数 β_t (单位:1/℃)

压力/MPa	温度/℃				
	1～10	10～20	40～50	60～70	90～100
0.1	1.4×10^{-5}	1.5×10^{-4}	4.22×10^{-4}	5.56×10^{-4}	7.19×10^{-4}
10	4.4×10^{-5}	1.66×10^{-4}	4.22×10^{-4}	5.48×10^{-4}	7.04×10^{-4}
20	7.3×10^{-5}	1.84×10^{-4}	4.26×10^{-4}	5.39×10^{-4}	—
50	1.3×10^{-4}	2.37×10^{-4}	4.29×10^{-4}	5.23×10^{-4}	6.60×10^{-4}
90	1.5×10^{-4}	2.91×10^{-4}	4.37×10^{-4}	5.14×10^{-4}	6.19×10^{-4}

表 1-2 矿物油型液压油的温度膨胀系数 β_t (单位:1/℃)

15℃时的密度/(kg/m^3)	700	800	850	900	920
β_t	8.2×10^{-4}	7.7×10^{-4}	7.2×10^{-4}	6.4×10^{-4}	6.0×10^{-4}

1.1.4 黏性

1. 黏性的物理本质

液体在外力作用下流动时，由于分子间的内聚力作用，会产生阻碍其相对运动的内摩擦力，液体的这种特性称为黏性。

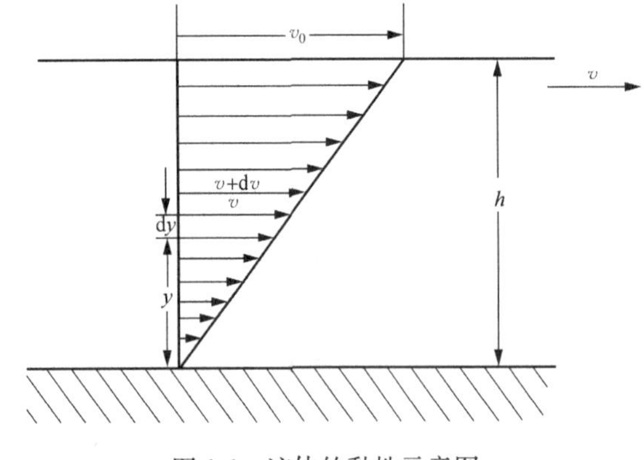

图 1-1 液体的黏性示意图

2. 流体内摩擦定理

如图 1-1 所示，两平行平板间充满液体，下平板固定，上平板以速度 v_0 右移。由于液体的黏性，下平板表面的液体速度为零，中间各层液体的速度呈线性分布。

根据牛顿内摩擦定律，相邻两液层间的内摩擦力 F_f 与接触面积 A、速度梯度 $\frac{dv}{dy}$ 成正比，且与液体的性质有关，即

$$F_f = \mu A \frac{dv}{dy} \tag{1-5}$$

式中，μ 为液体的动力黏度，Pa · s；A 为液层间的接触面积，m^2；$\frac{dv}{dy}$ 为速度梯度，s^{-1}。

将式(1-5)变换成

$$\mu = \frac{F_f}{A\dfrac{dv}{dy}} = \frac{\tau}{\dfrac{dv}{dy}} \tag{1-6}$$

式中，τ 为液层单位面积上的内摩擦力，Pa。

由式(1-6)知，液体黏度的物理意义是：液体在单位速度梯度下流动时产生的内摩擦切应力。

3. 黏度

黏性的大小用黏度来衡量。工程中黏度的表示方法有以下几种。

1) 动力黏度

式(1-6)中的 μ 称为动力黏度，其单位为 Pa · s。

2) 运动黏度

液体的动力黏度与其密度的比值，无物理意义。因其量纲中含有运动学参数而称为运动黏度，用 ν 表示，即

$$\nu = \frac{\mu}{\rho} \tag{1-7}$$

我国油的牌号均以其在 40℃时运动黏度的平均值来标注。例如，N46 号液压油表示其在 40℃时，平均运动黏度为 46mm²/s。

3) 相对黏度

相对黏度是指 200mL 的被测液体在某一测定温度下，受重力作用从恩氏黏度计测定管中流出所需时间 t_1 与 20℃时同体积蒸馏水流出时间 t_2 的比值，用符号°E(恩氏黏度)表示。

$$^{\circ}E = \frac{t_1}{t_2} \tag{1-8}$$

相对黏度与运动黏度的换算关系为

$$\nu = \left(7.13^{\circ}E - \frac{6.13}{^{\circ}E}\right) \times 10^{-6}\,(\mathrm{m^2/s}) \tag{1-9}$$

4. 黏度的影响因素

1) 温度

温度升高液体体积膨胀，液体质点间的间距加大，内聚力减小，在宏观上体现为液体黏度的降低。一般矿物油型液压油的黏温关系为

$$\nu = \nu_{40}\left(\frac{40}{\theta}\right)^n \tag{1-10}$$

式中，ν 为液压油在 θ ℃时的运动黏度；ν_{40} 为该液压油在 40℃时的运动黏度；n 为指数，如表 1-3 所示。

表 1-3　矿物油型液压油指数 n

$^{\circ}E_{40}$	1.27	1.77	2.23	2.65	4.46	6.38	8.33	10	11.75
$\nu_{40}/(\mathrm{mm^2/s})$	3.4	9.3	14	18	33	48	63	76	89
n	1.39	1.59	1.72	1.79	1.99	2.13	2.24	2.32	2.42
$^{\circ}E_{40}$	13.9	15.7	17.8	27.3	37.9	48.4	58.8	70.4	101.5
$\nu_{40}/(\mathrm{mm^2/s})$	105	119	135	207	288	368	447	535	771
n	2.49	2.52	2.56	2.76	2.86	2.96	3.06	3.10	3.17

几种国产液压油的黏温特性如图 1-2 所示。

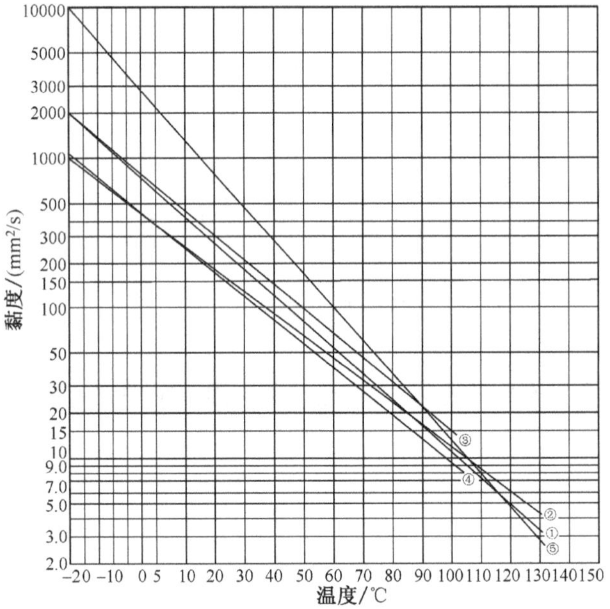

图 1-2　几种国产液压油的黏温特性

①普通矿物油；②高黏度指数矿物油；③水包油型乳化液；④水-乙二醇液压液；⑤磷酸酯液压液

与液体不同，气体的黏度随温度升高而增大。原因在于，气体的黏度是由气体分子间的动量交换产生的，温度升高时，气体分子间的碰撞加剧，动量交换增加。

2) 压力

随压力升高流体的黏度增大，一般可用下式表示：

$$\mu = \mu_0 e^{\alpha p} \tag{1-11}$$

式中，μ 为压力为 p 时的动力黏度，Pa・s；μ_0 为压力为 1 大气压时的动力黏度，Pa・s；α 为黏压指数，Pa^{-1}。

一般矿物油型液压油 $\alpha \approx \frac{1}{432} Pa^{-1}$。

流体的黏度还与介质本身的组成成分如含气量、多种油液的混合情况有关。

1.1.5　液压介质中的气体

通常，液压介质中含有一定量的空气。其来源是多方面的，如在液压介质的生产、储存过程中与大气接触；在液压设备的安装与维护过程中，管路及元件中残留的部分空气也会进入液压介质中；在液压系统工作过程中，系统中负压管线的泄漏以及不当的回油状态等均会导致空气的进入；在液压系统中的低压区间(如液压泵的进油通道、处于负压状态的液压执行元件的工作腔室以及个别高速过流的阀口等)，可能因压力过低而导致液压介质汽化等。液压介质中含气量增加会造成液压系统的爬行甚至引发空穴现象(液压系统发生振动、噪声，严重时会形成汽蚀而造成液压元件的破坏)；在液压控制系统中，液压介质的含气量增加会降低系统的控制精度甚至破坏系统的稳定性。

1）含气量

液压介质中所含空气的体积百分比称为含气量。液压介质中的空气分混入空气和溶入空气两种。溶入空气均匀地溶解于液压介质中，对体积弹性模量及黏性没有影响；而混入空气则以直径为0.25～0.5mm的气泡状态悬浮于液压介质中，对体积弹性模量及黏性有明显影响，在液压系统的使用与维护过程中应予以充分的重视。

2)空气分离压

液压介质中压力降低到一定数值时，溶解于介质中的空气将从介质中分离出来，形成气泡，此时的压力称为该温度下该介质的空气分离压 p_g。空气分离压 p_g 与液压介质的种类有关，也与温度及空气溶解量与混入量有关。温度越高，空气溶解量与混入量越大，则空气分离压 p_g 越高。一般液压介质的空气分离压为1300～6700Pa。

3)汽化压力与饱和蒸汽压

当液压介质的压力低于一定数值时，液压介质将因沸腾现象而产生大量蒸汽，此压力称为该介质于此温度下的汽化压力，汽化压力的大小与介质的种类以及介质所处的环境温度有关。汽化形成的蒸汽与尚未汽化的液体形成两相混合物，当液体的汽化速率与蒸汽的凝聚速率相等时达到动态平衡状态，此时蒸汽中的蒸汽分子密度不再增加称为饱和蒸汽(此时的液体称为饱和液体)，此时的液气混合物所承受的环境压力称为饱和蒸汽压。对于同一种液体，其饱和蒸汽压随温度的升高而增加，图1-3为水的饱和蒸汽压与温度的关系曲线。

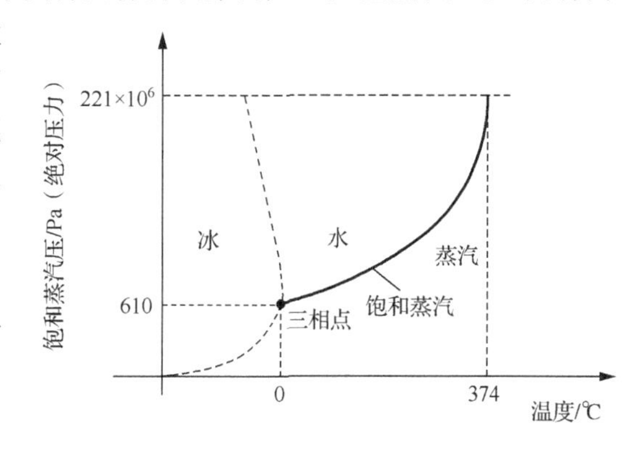

图1-3　水的饱和蒸汽压与温度关系

矿物油型液压油的饱和蒸汽压，在20℃时为2000Pa左右。乳化液的饱和蒸汽压与水相近，20℃时为2400Pa。

1.1.6　湿空气

含有水蒸气的空气称为湿空气。空气中的水蒸气在一定条件下会凝结成水滴，水滴不仅会腐蚀元件，也会对系统的稳定性带来不良影响。因此应采取措施防止水蒸气进入系统。湿空气中所含水蒸气的量用湿度和含湿量来表示。

1. 湿度及含湿量

1）绝对湿度

在某温度下，每立方米湿空气中所含水蒸气的质量称为湿空气的绝对湿度，用 χ 表示，即

$$\chi = \frac{m_s}{V} \tag{1-12}$$

或由气体状态方程导出

$$\chi = \rho_s = \frac{p_s}{R_s T} \tag{1-13}$$

式中，m_s 为水蒸气的质量，kg；V 为湿空气的体积，m^3；ρ_s 为水蒸气的密度，kg/m^3；p_s 为水蒸气的分压力，Pa；R_s 为水蒸气的气体常数，$R_s = 462.05J/(kg \cdot K)$；$T$ 为热力学温度，K。

2）相对湿度

在某温度和总压力下，湿空气的绝对湿度与饱和绝对湿度（在某温度下，单位体积空气绝对湿度的最大值，若超过此值，就会发生结露现象）之比称为该温度下的相对湿度，用 φ 表示，即

$$\varphi=\frac{\chi}{\chi_b}\times 100\% \tag{1-14}$$

式中，χ、χ_b 为绝对湿度与饱和绝对湿度，kg/m^3。

3）含湿量

(1) 质量含湿量。在含有 1kg 干空气的湿空气中所含水蒸气的质量，称为该湿空气的质量含湿量，用 d 表示，即

$$d=\frac{m_s}{m_g}=622\frac{\varphi p_b}{p-\varphi p_b} \tag{1-15}$$

式中，m_g 为干空气的质量，kg；p_b 为饱和水蒸气的分压力，MPa；p 为湿空气的全压力，MPa。

(2) 容积含湿量。在含有 $1m^3$ 干空气的湿空气中所含水蒸气质量，称为该湿空气的容积含湿量，用 d' 表示，即

$$d'=d\cdot\rho \tag{1-16}$$

式中，ρ 为干空气的密度，kg/m^3。

4）露点

湿空气的饱和绝对湿度与湿空气的温度和压力有关，饱和绝对湿度随温度的升高而增加，随压力的升高而降低。一定温度和压力下的未饱和湿空气，当其温度降低时，也会成为饱和湿空气。未饱和湿空气保持水蒸气压力不变而降低温度，达到饱和状态时的温度称为露点。湿空气降温至露点以下，便有水滴析出。

2. 自由空气流量及析水量

1)自由空气流量

气压传动中所用的压缩空气一般是由空气压缩机提供的，经压缩后的空气称为压缩空气。未经压缩处于自由状态下（101325Pa）的空气称为自由空气。空气压缩机铭牌上注明的是自由空气流量。自由空气流量可由下式计算

$$q_z=q\frac{pT_z}{p_zT} \tag{1-17}$$

式中，q、q_z 分别为压缩空气量和自由空气流量，m^3/min；p、p_z 分别为压缩空气和自由空气的绝对压力，MPa；T、T_z 分别为压缩空气和自由空气的热力学温度，K。

2）析水量

湿空气被压缩后，单位容积中所含水蒸气的量增加，同时温度也升高。当压缩空气冷却时，其相对湿度增加，当温度降到露点后便有水滴析出。压缩空气中析出的水量可由下式计算

$$q_m=60q_z\left[\varphi d'_{1b}-\frac{(p_1-\varphi p_{b1})T_2}{(p_2-p_{b2})T_1}d'_{2b}\right] \tag{1-18}$$

式中，q_m 为每小时的析水量，kg/h；φ 为空气未被压缩时的相对湿度；T_1 为压缩前空气的温度，K；T_2 为压缩后空气的温度，K；d'_{1b} 为温度为 T_1 时饱和容积含湿量，kg/m^3；d'_{2b} 为温度为

T_2 时饱和容积含湿量,kg/m^3；p_{b1}、p_{b2} 分别为温度 T_1 、T_2 时饱和空气中水蒸气的分压力(绝对压力),MPa。

1.2　流体静力学

所谓“静”力学是指研究流体处于受力平衡状态时的力学规律的学科。

流体中的作用力有两类:一类是与流体质量有关的作用力,称为质量力;另一类是与流体表面积有关的作用力,称为表面力。

质量力作用于所研究的流体体积内的所有流体质点,流体所受的重力、惯性均属质量力。单位质量的流体所受的质量力称为单位质量力,其数值等于加速度。

流体属于连续性介质,因此所研究的流体体积之外的流体质点对研究对象存在作用力,此类作用力仅作用于所研究对象的外表面,为表面力。表面力的大小与作用表面的面积成正比。按作用方向,表面力分为切向力与法向力。

1.2.1　流体静压力及其特性

1. 流体的静压力

处于受力平衡状态的流体所受到的作用在内法向方向上的应力称为流体的静压力。

2. 流体静压力的特性

图 1-4 表示平衡流体。分析其内部某点 M 的压力,过 M 点沿任意方向作剖面 1-1,M 点处的流体所受压力 p_1垂直于 1-1 面且指向流体内部。若不垂直于 1-1 面,则存在剪力;若指向外部,会表现为拉力。由流体的定义,流体质点会出现相对运动,这就破坏了流体的平衡。

由此得出结论:平衡流体中的应力总是沿作用面的内法线方向,即只能是压力。这是流体静压力的第一个特性。

流体力学中称这种压应力为流体静压力,简称“压强”或“压力”,以小写的 p 表示。

如图 1-5 所示,于平衡流体中取微三棱体 MAB。其边长分别为 $MA=\mathrm{d}x$,$MB=\mathrm{d}y$,$AB=\mathrm{d}l$,该三棱体在垂直于纸面方向的宽度为 $\mathrm{d}s$。

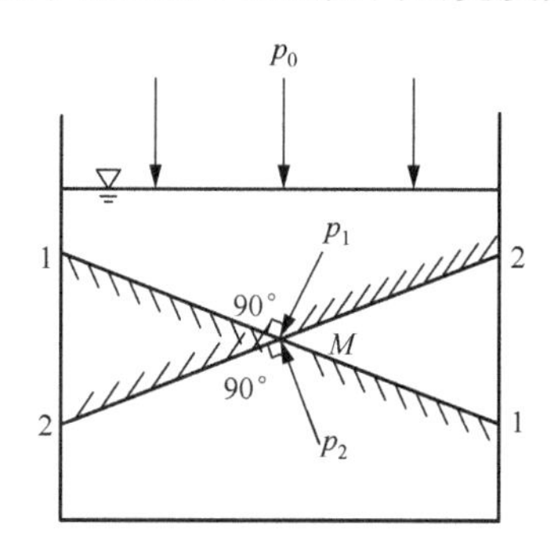

图 1-4　任一点 M 的静压力

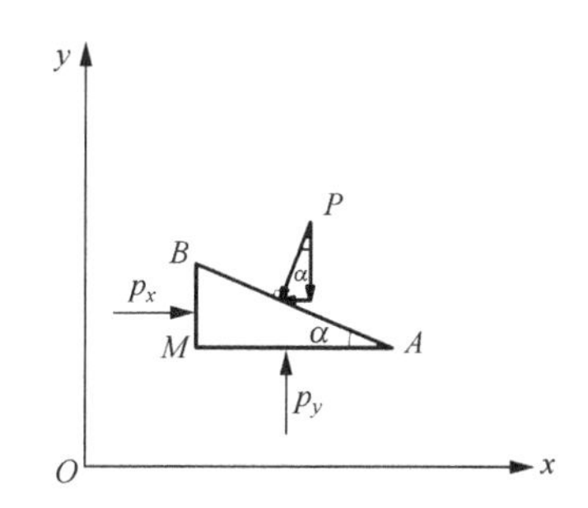

图 1-5　作用在微三棱体上的力

根据流体静压力的第一个特性,周围流体对三棱体的作用力指向三棱体各表面的内法线方向,即 $p_x \perp MB$,$p_y \perp MA$,$p \perp AB$。

由于流体处于平衡状态，在 X 方向：$\sum F_x = 0$，即

$$p_x \mathrm{d}y\mathrm{d}s - p\sin\alpha\mathrm{d}l\mathrm{d}s = 0$$

$$p_x \mathrm{d}y = p\sin\alpha\mathrm{d}l$$

由几何关系知 $\mathrm{d}y = \mathrm{d}l\sin\alpha$，则

$$p_x = p \tag{1-19}$$

根据平衡条件，在 y 方向有 $\sum F_y = 0$，则

$$p_y \mathrm{d}x\mathrm{d}s - p\cos\alpha\mathrm{d}l\mathrm{d}s - \rho g V = 0$$

式中，V 为微三棱体的体积，即 $V = \frac{1}{2}\mathrm{d}x\mathrm{d}y\mathrm{d}s$

又由几何关系 $\mathrm{d}l\cos\alpha = \mathrm{d}x$，得 $p_y - p - \frac{1}{2}\rho g\,\mathrm{d}y = 0$

相对于其他两项，$\frac{1}{2}\rho g\,\mathrm{d}y$ 是高阶无穷小量，故

$$p_y = p \tag{1-20}$$

联立式(1-19 和式(1-20)，得

$$p_x = p_y = p \tag{1-21}$$

由于剖面 1-1 是任意取的，式(1-21)总能成立。

由此可得流体静压力第二个特性：平衡流体中某点的压力大小与作用面的方向无关。

3. 压力的度量

压力的法定度量单位是 Pa(1Pa＝1N/m^2)或 MPa(1MPa＝1×10^{6}Pa)。

工程中为了应用方便曾使用过的主要单位有 bar(1bar＝10^{5}Pa)、液柱高和大气压。

1) 液柱高

静止液柱由于重力的作用，在底面上将产生压力(图 1-6)。设液柱的断面积为 A，则底面上所受的总压力 $F = \rho g h A$，故所受的压强为

$$p = \frac{F}{A} = \rho g h$$

或

$$h = \frac{p}{\rho g}$$

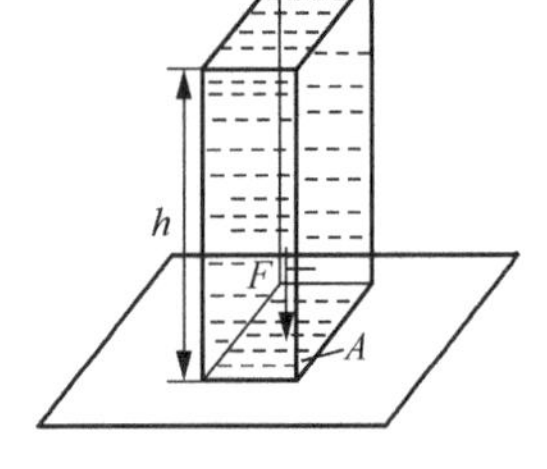

图 1-6　液柱高表示压力

2) 大气压

在物理中，大气压的精确值为

$$1\text{atm} = 760\text{mmHg} = 10.33\times10^3\text{mmH}_2\text{O} = 101325\text{Pa}$$

工程上为计算方便

$$1\text{at} = 10\times10^3\text{mmH}_2\text{O} = 735.5\text{mmHg} = 9.81\times10^4\text{Pa}$$

按度量压力的基准点(即零点)不同，压力有下列三种表达方法。

(1) 绝对压力：以绝对真空作为零点。这是热力学中常用的压力标准，流体力学中也常用来计算气体的压力。

(2) 相对压力：以大气压力为零点。一般压力表所显示的压力都是相对压力，因此也称为表压力或示值压力。

相对压力与绝对压力的关系为

$$p_\mathrm{r} = p_\mathrm{m} - p_\mathrm{a} \tag{1-22}$$

式中，p_r 为相对压力；p_m 为绝对压力；p_a 为大气压力。

(3) 真空度：当绝对压力小于大气压时，其小于大气压的数值称为真空度，即

$$p_v = p_a - p_m \tag{1-23}$$

式中，p_v为真空度。

比较式(1-22)、式(1-23)可得

$$p_v = -p_r \tag{1-24}$$

式(1-24)表明真空度是相对压力的负值。因此，真空度也称为负压。绝对压力、相对压力和真空度的关系如图1-7所示。

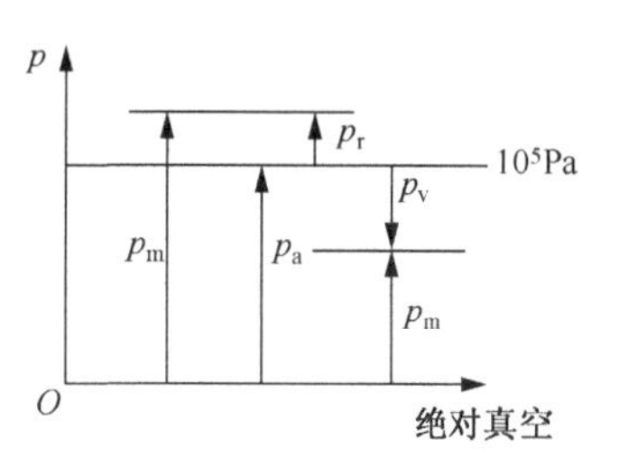

图1-7　绝对压力、相对压力和真空度的关系

1.2.2　流体静力学基本方程

如图1-8所示，在静止流体中，取一断面为dA，长度为l的微小柱体。该柱体轴线n与水平线的夹角为α，其垂直高度为h，则$h = l\sin\alpha$，根据静压力第一个特性，周围流体对该柱体的作用力垂直于柱体表面，因此在柱体两端的压力p_1和p_2沿n方向。而柱体周围的流体压力垂直于该柱体的周界面，在n方向没有分力。该柱体的重力G则在n方向分量为$G\sin\alpha$。由于断面dA是无穷小量，可认为在端面上压力不变，故总压力分别为$p_1 dA$及$p_2 dA$。沿n方向受力平衡，即

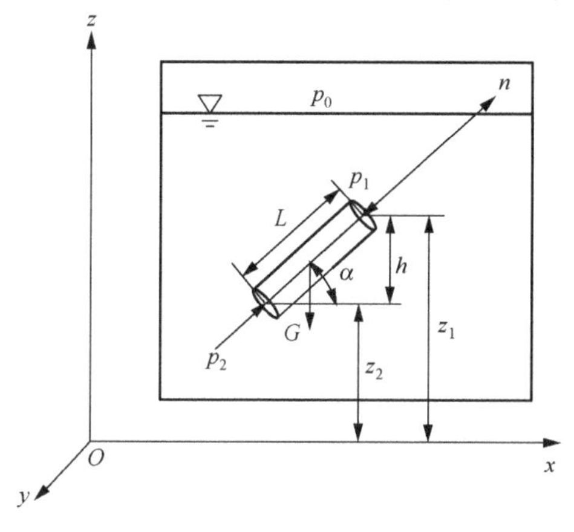

图1-8　静止流体中的压力

$$p_2 dA - G\sin\alpha - p_1 dA = 0$$

而

$$G = \rho g l dA$$

$$G\sin\alpha = \rho g l \sin\alpha dA = \rho g h dA$$

故

$$p_2 - p_1 = \rho g h \tag{1-25}$$

若柱体的上端取在自由面上，则$p_1 = p_0$，任取柱体的长度l可得不同深度处的压力p与h的关系为

$$p = p_0 + \rho g h \tag{1-26}$$

式(1-25)或式(1-26)称为流体静力学基本方程。

流体中压力相等的点所组成的平面或曲面称为等压面。仅受重力作用的静止流体中的等压面是水平面。

1.2.3　静止流体中的压力传递(帕斯卡原理)

密闭容器中的平衡流体，其边界上任何一点的压力变化都将等值传递到流体内各点，这就是帕斯卡原理。

1.2.4　流体对壁面的作用力

1. 流体对平面的作用力

在液压技术中，由于介质的工作压力较高，液体自重的影响可以忽略不计，此时可认为与液体接触的平面上各点压力相等，均为介质的工作压力，作用力的大小为液体的压力与作用面积的乘积，即

$$F = pA \tag{1-27}$$

式中，F为液体对平面的作用力，N；p为液体工作压力，Pa；A为与液体接触的平面面积，m^2。

2. 流体对曲面的作用力

如图 1-9 所示，为求压力为 p 的液压油对液压缸右半部分缸筒内壁在 x 方向上的作用力 F_x，这时在内壁上取一微小面积 $\mathrm{d}A = l\mathrm{d}s = lr\mathrm{d}\theta$（其中 l 和 r 分别为缸筒的长度和半径），则液压油作用在该面积上的力 $\mathrm{d}F$ 的水平分量 $\mathrm{d}F_x$ 为

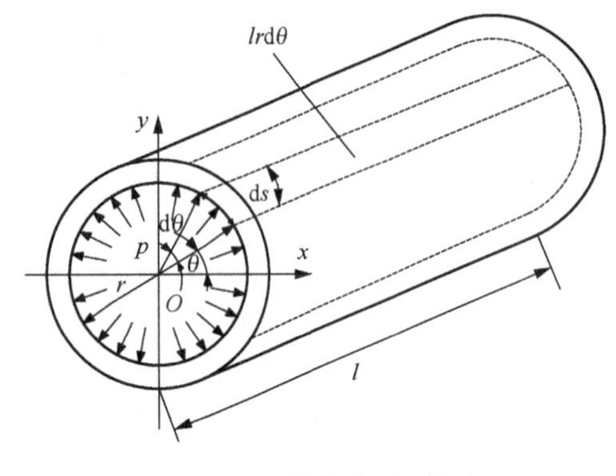

图 1-9　缸筒内壁面上的力

$$\mathrm{d}F_x = \mathrm{d}F\cos\theta = p\mathrm{d}A\cos\theta = plr\cos\theta\mathrm{d}\theta$$

可得液压油对缸筒内壁在 x 方向上的作用力为

$$F_x = \int_{-\frac{\pi}{2}}^{\frac{\pi}{2}} \mathrm{d}F_x = \int_{-\frac{\pi}{2}}^{\frac{\pi}{2}} plr\cos\theta\mathrm{d}\theta = 2plr = pA_x$$

式中，A_x 为缸筒右半部分内壁在 x 方向上的投影面积，$A_x = 2rl$。

由此可得曲面上液压作用力在 x 方向上的总作用力 F_x 等于液体压力 p 和曲面在该方向投影面积 A_x 的乘积，即

$$F_x = pA_x \tag{1-28}$$

1.3　流体动力学

流体动力学研究流体运动的规律及其在工程中的应用。

1.3.1　流体运动的基本概念

1. 理想流体

理想流体是没有黏性的流体。

2. 稳定流和非稳定流

在流动空间内，任一点处流体的运动要素（压力、速度、密度等）不随时间变化的流动称为稳定流。若流动中，任何一个或几个运动要素随时间变化则称为非稳定流。

3. 迹线与流线

迹线是流体质点在一段时间内的运动轨迹。流线是流动空间中某一瞬间的一条空间曲线，该曲线上流体质点所具有的速度方向与曲线在该点的切线方向一致。

流线和迹线有以下性质：流线是某一瞬间的一条线，而迹线则一定要在一段时间内才能形成。流线上每一点都有一个流体质点，因此每条流线上都有无数个流体质点；而迹线是一个流体质点的运动轨迹。非稳定流中，流速随时间而变，不同瞬间有不同的流线形状，流线与迹线不能重合。稳定流中，流速不随时间变化，流线形状不变，流线与迹线完全重合。

流线不能相交（奇点除外）。

4. 流管、流束及总流

（1）流管。通过流动空间内任一封闭周线各点作流线所形成的管状曲面称为流管。因为

在流管法向没有速度分量，流体不能穿过流管表面，故流管作用类似于管路。

(2)流束。充满在流管内部的全部流体称为流束。断面为无穷小的流束称为微小流束。微小流束断面上各点的运动要素都是相同的。当断面面积趋近于0时，微小流束以流线为极限。因此有时也可用流线来代表微小流束。

(3)总流。在流动边界内全部微小流束的总和称为总流。

5. 有效断面、湿周和水力半径

(1)有效断面。和断面上各点速度相垂直的横断面称为有效断面，以 A 表示。

(2)湿周。有效断面上流体与固体边界接触的周长称为湿周，以 χ 表示，如图1-10所示。

(3)水力半径。有效断面与湿周之比称为水力半径，以 R 表示。

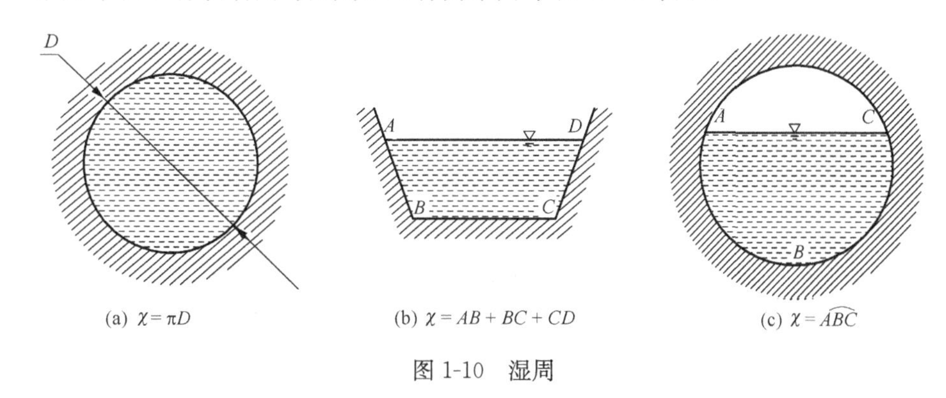

(a) $\chi=\pi D$　(b) $\chi=AB+BC+CD$　(c) $\chi=\widehat{ABC}$

图1-10 湿周

1.3.2 连续性方程

连续性方程是质量守恒定律在流体力学中的表达形式。图1-11稳定流场中任选两个有效断面 A_1 和 A_2，其平均流速分别为 u_1 与 u_2，流体的密度分别为 ρ_1 及 ρ_2，则单位时间内流入两断面所截取的空间内的流体质量为 $\rho_1 A_1 u_1$，而相同时间流出的流体质量为 $\rho_2 A_2 u_2$。对于稳定流动，流入流出 A_1 和 A_2 两断面间控制体积的质量相等。即

$$\rho_1 A_1 u_1 = \rho_2 A_2 u_2 = 常量 \tag{1-29}$$

对不可压缩流体，式(1-29)可写成

$$A_1 u_1 = A_2 u_2 = 常数 \tag{1-30}$$

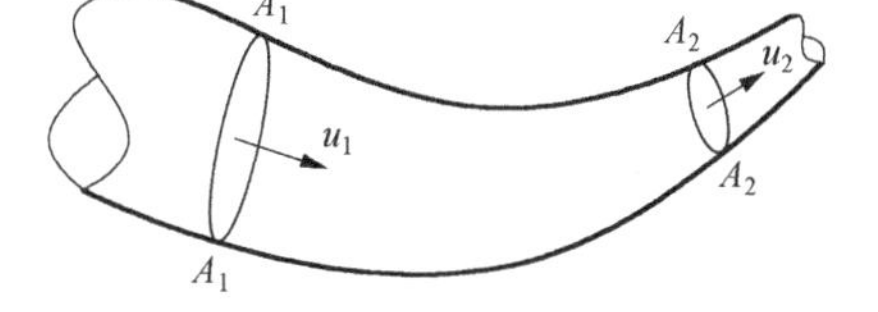

图1-11 连续性方程推导示意图

速度与断面面积的乘积等于流量，即

$$q = Au \tag{1-31}$$

故式(1-30)可写成

$$q_1 = q_2 = 常数 \tag{1-32}$$

1.3.3 伯努利方程及应用

1. 理想流体伯努利方程

伯努利方程是能量守恒定律在流体力学中的表达形式，它反映了流体在运动过程中能量之间相互转化的规律。如图1-12所示，在管路中任选断面1-1和2-2，并选定基准面 O-O(水平

面)，Z_1 及 Z_2 分别表示两断面中心离基准面的垂直高度，p_1 和 p_2 分别表示两断面处的压力，u_1 与 u_2 表示两断面处的平均流速。

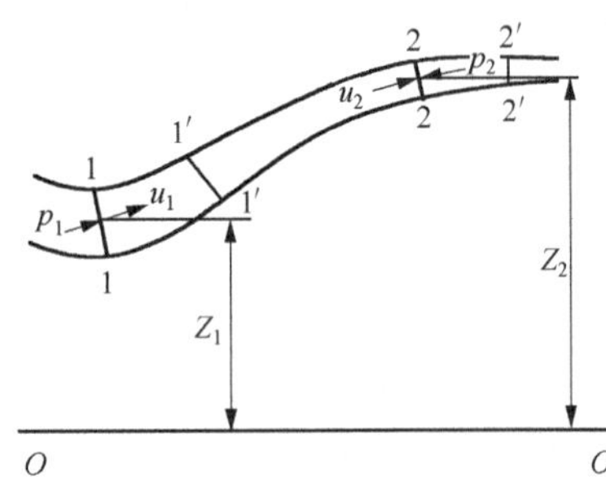

图 1-12　伯努利方程推导示意图

在 dt 时间内，1-2 段流体流到 1′-2′。1-1 断面移到 1′-1′，2-2 断面移到 2′-2′。运动的距离分别为 $ds_1 = u_1 dt$ 及 $ds_2 = u_2 dt$。

在 1-1 断面处合外力 $F_1 = p_1 A_1$，方向为断面 1-1 的内法线方向，与 ds_1 方向一致。F_1 对流体所做的功

$$W_1 = \boldsymbol{F} \cdot d\boldsymbol{s}_1 = p_1 A_1 u_1 dt$$

在断面 2-2 处合外力 F_2 在 dt 时间内对流体所做的功

$$W_2 = \boldsymbol{F}_2 \cdot d\boldsymbol{s}_2 = -p_2 A_2 u_2 dt$$

所以在 dt 时间内外力对于 1-2 这段流体所做的功为

$$W = W_1 + W_2 = p_1 A_1 u_1 dt - p_2 A_2 u_2 dt$$

引入流体为不可压缩的条件，由式(1-30)得

$$A_1 u_1 = A_2 u_2 = q$$

则
$$W = (p_1 - p_2) q dt$$

在 dt 时间内 1-2 这段流体变为 1′-2′，因此 dt 时间内机械能的增量为

$$\Delta E = E_{1'\text{-}2'} - E_{1\text{-}2}$$

而
$$E_{1'\text{-}2'} = E_{1'\text{-}2} + E_{2\text{-}2'}, \quad E_{1\text{-}2} = E_{1\text{-}1'} + E_{1'\text{-}2}$$

则
$$\Delta E = E_{1'\text{-}2} + E_{2\text{-}2'} - (E_{1\text{-}1'} + E_{1'\text{-}2})$$

对于稳定流动，在空间内任何一点的运动要素不随时间而变化。因此，在 dt 前的 $E_{1'\text{-}2}$ 和 dt 后的 $E_{1'\text{-}2}$ 是相等的，所以

$$\Delta E = E_{2\text{-}2'} - E_{1\text{-}1'}$$

而
$$E_{2\text{-}2'} = \frac{1}{2} m_2 u_2^2 + m_2 g z_2 = \frac{1}{2} \rho_2 A_2 v_2 dt u_2^2 + \rho_2 A_2 u_2 dt g z_2 = \rho_2 q dt \left(\frac{1}{2} u_2^2 + g z_2\right)$$

同理，$E_{1\text{-}1'} = \rho_1 q dt \left(\frac{1}{2} u_1^2 + g z_1\right)$。

对于不可压缩流体
$$\rho_1 = \rho_2$$

故
$$\Delta E = \rho q dt \left(\frac{1}{2} u_2^2 + g z_2\right) - \rho q dt \left(\frac{1}{2} u_1^2 + g z_1\right)$$

根据能量守恒定理，外力对 1-2 段流体所做的功 W 应等于 1-2 段流体机械能的增加 ΔE。所以

$$(p_1 - p_2) q dt = \rho q dt \left(\frac{1}{2} u_2^2 + g z_2 - \frac{1}{2} u_1^2 - g z_1\right)$$

以 1-1′或 2-2′段流体所受的重力 $\rho g q dt$ 除上式，则对单位重力液体有

$$\frac{p_1}{\rho g} - \frac{p_2}{\rho g} = \frac{u_2^2}{2g} + z_2 - \frac{u_1^2}{2g} - z_1$$

$$\frac{u_1^2}{2g} + \frac{p_1}{\rho g} + z_1 = \frac{u_2^2}{2g} + \frac{p_2}{\rho g} + z_2 \tag{1-33}$$

在推导中，断面 1-1 和 2-2 是任意选的，因此可以写成在管道的任一断面有

$$\frac{u^2}{2g}+\frac{p}{\rho g}+z=\text{常数} \tag{1-34}$$

式(1-33)或式(1-34)就是理想流体的伯努利方程。在应用式(1-33)或式(1-34)时，必须满足下述四个条件：

(1)质量力只有重力。

(2)流体是理想流体。

(3)流体是不可压缩的。

(4)流动是稳定流动。

2. 伯努利方程的几何意义和能量意义

1)几何意义

z:代表断面上的流体质点离基准面的平均高度。也就是该断面中心点离基准面的高度，称为位置水头。

$\frac{p}{\rho g}$：流体力学中称为压力水头。

$\frac{u^2}{2g}$：从几何上看，$\frac{u^2}{2g}$ 代表液体以速度 u 向上喷射时所能达到的垂直高度，称为速度水头。

三项水头之和称为总水头。式(1-34)说明，在理想流体中，管道各处的总水头都相等。

2) 能量意义

z:重力为 G 的流体离基准面高度为 z 时，其位能为 Gz，因此单位重力流体所具有的位能为 z。所以 z 代表所研究的断面上单位重力流体对基准面所具有的位能，称为比位能。

$\frac{p}{\rho g}$：当重力为 G 的流体质点在管子断面上时，它受到的压力为 p，在其作用下流体质点由玻璃管中上升 h_{p}，位能提高 Gh_{p}，而压力则由 p 变为 0。也就是说，流体质点的位能之所以能提高，是由于压力 p 做功而达到的。这说明压力也是一种能量，一旦释放出来可以做功而使流体质点 G 的位能提高。流体力学中称为比压能。

$\frac{u^2}{2g}$：称为比动能，它代表单位重力流体所具有的动能。因为重力为 G，速度为 u 的流体所具有的动能为 $\frac{G}{2g}u^2$，故单位重力流体所具有的动能为 $\frac{u^2}{2g}$。

三项比能之和称为总比能。它代表单位重力流体所具有的总机械能。而式(1-34)就表示在不可压缩理想流体稳定流中，虽然在流动的过程中各断面的比位能、比压能和比动能可以互相转化，但三者的总和总比能是不变的。这就是理想流体伯努利方程的能量意义。

3. 实际流体伯努利方程

实际上所有的流体都是有黏性的，在流动的过程中由于黏性而产生能量损失，使流体的机械能降低，另外流体在通过一些局部地区过流断面变化的地方，也会引起流体质点互相冲撞产生漩涡等而引起机械能的损失。因此，在实际流体的流动中，单位重力流体所具有的机械能在流动过程中不能维持常数不变，而是要沿着流动方向逐渐减小。

4. 缓变流及其特性

缓变流必须满足下述两个条件：

(1)流线与流线之间的夹角很小，即流线趋近于平行。

(2)流线的曲率半径很大，即流线趋近于直线。

因此缓变流的流线趋近于平行的直线。不满足上述两条件之一时就称为急变流。

5. 实际流体总流的伯努利方程

实际流体总流的伯努利方程

$$\frac{\alpha_1 u_1^2}{2g}+\frac{p_1}{\rho g}+z_1=\frac{\alpha_2 u_2^2}{2g}+\frac{p_2}{\rho g}+z_2+h_{\mathrm{w}} \tag{1-35}$$

式中，α_1、α_2 为动能修正系数，对紊流 $\alpha=1.05\sim1.1$，对层流 $\alpha=2.0$，式(1-35)各项的物理意义与式(1-34)相同。但式(1-34)中各项是代表断面上各点比能的平均值。

式(1-35)有着广泛的应用。在应用时要注意以下几点。

(1)应用时必须满足推导时所用的五个条件，即①质量力只有重力；②稳定流；③不可压缩流体；④缓变流断面；⑤流量为常数。

(2)缓交流断面在数值上没有一个精确的界限，因此有一定的灵活性。如一般大容器的自由面、孔口出流时的最小收缩断面、管道的有效断面等都可当作缓变流断面。

(3)一般在紊流中 α 与 1.0 相差很小，故工程计算中取 $\alpha=1$，而层流中 $\alpha=2$。

(4) A_1 与 A_2 尽量选最简单的断面(如自由面)或各水头中已知项最多的断面。

(5)解题时往往与其他方程(如连续性方程、静力学基本方程)联立。

1.3.4 动量方程

由动量定理：物体的动量变化等于作用在该物体上的外力的总冲量，即

$$\sum \boldsymbol{F}\mathrm{d}t=\mathrm{d}(\sum m\boldsymbol{u}) \tag{1-36}$$

在稳定流动中，取一段流体 11-22，如图 1-13 所示，$\boldsymbol{u}_1$ 及 $\boldsymbol{u}_2$ 分别代表 1-1 及 2-2 处的平均速度。$\boldsymbol{F}_1$ 及 $\boldsymbol{F}_2$ 代表 1-1 和 2-2 上的总压力，$\boldsymbol{F}_R$ 为周围边界对 11-22 这一段流体的作用力(包括压力及摩擦力)，G 为 11-22 这段流体的重力。

经时间 dt 后，11-22 流到 $1'1'$-$2'2'$，其动量变化为

$$\mathrm{d}\boldsymbol{K}=\boldsymbol{K}_{1'1'\text{-}2'2'}+\boldsymbol{K}_{11\text{-}22}=(\boldsymbol{K}_{1'1'\text{-}22}+\boldsymbol{K}_{22\text{-}2'2'})-(\boldsymbol{K}_{11\text{-}1'1'}+\boldsymbol{K}_{1'1'\text{-}22})$$

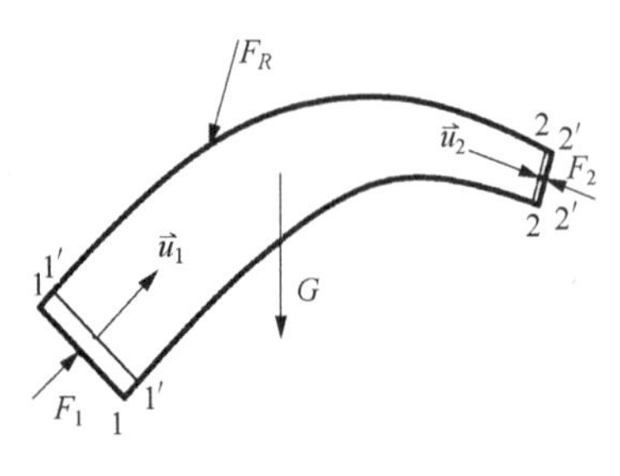

图 1-13 动量方程推导用图

在 dt 时间前后，$1'1'$-22 这一段空间中的流体质点虽然不一样，但由于是稳定流，所以各点的速度、密度等仍相同。因此 $1'1'$-22 这一段流体的动量 $\boldsymbol{K}_{1'1'\text{-}22}$ 在 dt 前后是相等的。因此上式可写成

$$\mathrm{d}\boldsymbol{K}=\boldsymbol{K}_{22\text{-}2'2'}-\boldsymbol{K}_{11\text{-}1'1'}$$

而

$$\boldsymbol{K}_{22\text{-}2'2'}=m\boldsymbol{u}_2=\rho q\mathrm{d}t\boldsymbol{u}_2$$

$$\boldsymbol{K}_{11\text{-}1'1'}=m\boldsymbol{u}_1=\rho q\mathrm{d}t\boldsymbol{u}_1$$

所以

$$\mathrm{d}\boldsymbol{K}=\rho q\mathrm{d}t(\boldsymbol{u}_2-\boldsymbol{u}_1)$$

上式可写成
$$\sum \boldsymbol{F}\mathrm{d}t = \rho q \mathrm{d}t(\boldsymbol{u}_2 - \boldsymbol{u}_1)$$
或
$$\sum \boldsymbol{F} = \rho q(\boldsymbol{u}_2 - \boldsymbol{u}_1) \tag{1-37}$$
式(1-37)就是稳定流动的动量方程,将其在各坐标轴方向投影,则成为
$$\begin{aligned} \sum F_x &= \rho q(u_{2x} - u_{1x}) \\ \sum F_y &= \rho q(u_{2y} - u_{1y}) \\ \sum F_z &= \rho q(u_{2z} - u_{1z}) \end{aligned} \tag{1-38}$$

动量方程、连续性方程和伯努利方程是流体力学中三个重要的方程。在计算流体与限制其流动的固体边界之间的相互作用力时常常用到动量方程。在应用动量方程式(1-37)或式(1-38)时,必须注意以下两点:①式(1-37)中 $\sum \boldsymbol{F}$ 是以所研究的流体段为对象的,是周围介质对该流体段的作用力,而不是该段流体对周围介质的作用力;② $\sum \boldsymbol{F}$ 应当包括作用在被研究的流体段上的所有外力。

1.4　阻力计算

实际流体伯努利方程(1-35)中有损失水头 h_{w} 一项,代表单位重力流体在流动过程中由于黏性所引起的能量损失。流体在流动中的阻力损失,其内部原因是流体黏性所产生的摩擦力使流体所具有的能量减少,这部分减少的能量转变成热能。按产生阻力损失的外部原因不同,分为沿程阻力损失(沿程阻力)与局部阻力损失(局部阻力)两类。

(1)在等直径直管中由于流体的黏性及管壁粗糙等原因,在流体流动的过程中产生的能量消耗称为沿程阻力损失。其值的大小与管线的长度成正比。单位重力流体的沿程阻力损失用 h_{l} 表示。

(2)在局部地区流体的流动边界有急剧变化引起该区域流体的互相摩擦碰撞加剧,从而产生的损失称为局部阻力损失。例如,管道中的阀、弯头及管径变化等情况。单位重力流体流过这些局部地区所产生的阻力损失用 h_{r} 表示。

若在流体流动的路程上有几种管径的管子和若干个局部阻力串联,则其总阻力损失应当为所有沿程阻力损失与局部阻力损失之和,即
$$h_{\mathrm{w}} = \sum h_{\mathrm{l}} + \sum h_{\mathrm{r}} \tag{1-39}$$
称为损失叠加原则。

1.4.1　沿程阻力损失

沿程阻力损失与流动状态有关,在讨论沿程损失计算之前,首先应当了解流动状态。

1. 流态

流体的流动状态有层流和紊流两种。如图1-14(a)所示,流体在运动过程中,不同层之间的流体质点没有相互混杂,本层的流体质点总是沿着本层流动,流体质点的运动轨迹是

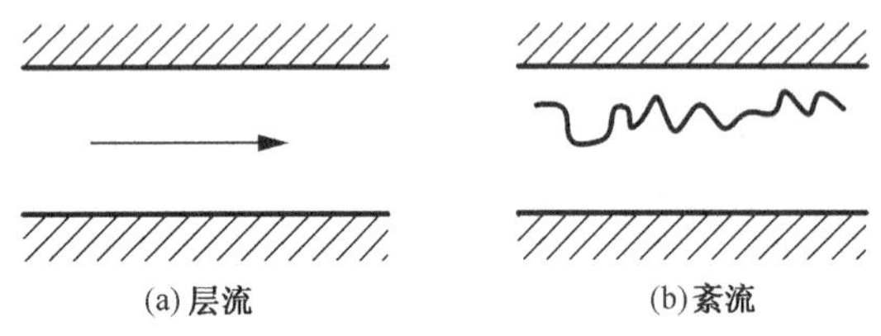

图 1-14　流动状态

一条光滑的曲线，这种流动称为层流。另一种流动是流体在流动过程中层与层之间的质点互相混杂，流体质点的运动轨迹杂乱无章，如图 1-14(b)所示，这种流动称为紊流。

在两种流动中，其阻力损失特性是不同的。层流的阻力损失符合内摩擦定理式(1-5)，而紊流则不然。

2. 流态的判别：雷诺数

实验证明，流动类型与流速 u、流体的运动黏度 ν 及管径 d 有关。当 $\frac{ud}{\nu}$ 超过某一临界值时，流动就变成紊流，而 $\frac{ud}{\nu}$ 小于该临界值时，流动是层流。$\frac{ud}{\nu}$ 称为雷诺数，以 Re 表示，Re 的临界值称为临界雷诺数，以 Re_k 表示。

Re 是一个无因次数，实践证明，工程上 $Re_k \approx 2300$。当 $Re > 2300$ 时，流动是紊流，而 $Re < 2300$ 时，流动是层流。

上述结论是对于圆形断面的管道而言的，对于非圆形断面的流体通道，可用水力半径进行计算。

对圆形管道来说，水力半径 R 与管道直径 d 的关系是 $d=4R$，把这一结论代入 Re 的计算式，有

$$Re = \frac{4Ru}{\nu}$$

或

$$\frac{Ru}{\nu} = \frac{Re}{4}$$

令

$$\frac{Ru}{\nu} = Re_R \tag{1-40}$$

则

$$Re_R = \frac{Re}{4} \tag{1-41}$$

因此以水力半径所构成的雷诺数 Re_R 也一样可以用来判断流动类型，其临界值是 580。

例 1.1　液压系统输油管直径为 $d=20\text{mm}$，流量为 $5\times10^{-4}\,\text{m}^3/\text{s}$。使用 N32 机械油，油温 50℃，试判断其流动类型。

解　流速

$$u = \frac{q_1}{\frac{\pi}{4}d^2} = \frac{5\times10^{-4}}{\frac{\pi}{4}\times0.02^2} = 1.59(\text{m/s})$$

运动黏度

$$\nu = 0.19\times10^{-4}(\text{m}^2/\text{s})$$

则

$$Re_R = \frac{ud}{\nu} = \frac{1.59\times0.02}{0.19\times10^{-4}} = 1680 < 2300$$

流动类型为层流。

3. 沿程损失计算

沿程阻力损失的计算公式

$$h_l = \lambda\frac{l}{d}\frac{u^2}{2g} \tag{1-42}$$

式中，无因次数 λ 称为沿程阻力系数。层流状态下，$\lambda=\frac{64}{Re}\sim\frac{75}{Re}$。

式(1-42)也适用于紊流沿程阻力计算。圆管紊流的沿程损失除了黏性内摩擦损失，还与流体自身的湍动、固体边界的影响等因素有关。λ 不仅与 Re 有关，还与管壁的粗糙情况有关，即

$$\lambda=f(Re,\frac{\varepsilon}{d}) \tag{1-43}$$

式中，ε 为管壁绝对粗糙度，反映管壁粗糙情况的一个值；d 为管径，$\frac{\varepsilon}{d}$ 称为相对粗糙度。表 1-4 列出了几种常用管子的 ε 值。

表 1-4　几种常用管子的 ε 值

管壁材料	ε 值/mm	管壁材料	ε 值/mm
无缝钢管	0.04～0.17	冷拔铜管及黄铜管	0.0015～0.01
铸铁管	0.25～0.42	旧钢管	0.6～0.67
镀锌钢管	0.25～0.39	玻璃管	0.0015～0.01
冷拔铝管及铝合金管	0.0015～0.06	橡胶软管	0.01～0.03

由于 Re 和 $\frac{\varepsilon}{d}$ 都是无因次数，因此紊流的 λ 也是一个无因次数，$\lambda=f\left(Re,\frac{\varepsilon}{d}\right)$ 的关系只能从实验中求出。图 1-15 就是表示式(1-43)这一关系的实验曲线。

图 1-15 中横坐标为雷诺数 Re，纵坐标为 λ，而相对粗糙度 $\frac{\varepsilon}{d}$ 为参量(右边所标的数字分别代表每一条线的相对粗糙度)。

根据图形的特点，可分成以下几个区域。

1) 层流区

在图中 $Re<2300$ 的范围内，阻力系数 λ 与粗糙度无关，仅是 Re 的函数。

2) 临界区

在 $2300<Re<4000$ 的范围内，这是层流与紊流之间的临界区。在这一范围内流态很不稳定。工程上一般也避免在这一范围内使用。

当 $Re>4000$ 以后的范围都是紊流区。在这一范围内根据阻力特性的不同又可分为几个区域。

3)光滑管区

在图 1-15 中最下部这一条曲线代表光滑管区，在这条线上，λ 也只是 Re 的函数。与粗糙度无关，即

$$\lambda=f(Re)$$

光滑管区是层流边层大于粗糙度的区域。

4) 阻力平方区

在图 1-15 中虚线 MN 右边这一范围内，所有的曲线都变成直线，这就说明在这一范围内 Re 对 λ 不起作用，即

$$\lambda=f\left(\frac{\varepsilon}{d}\right)$$

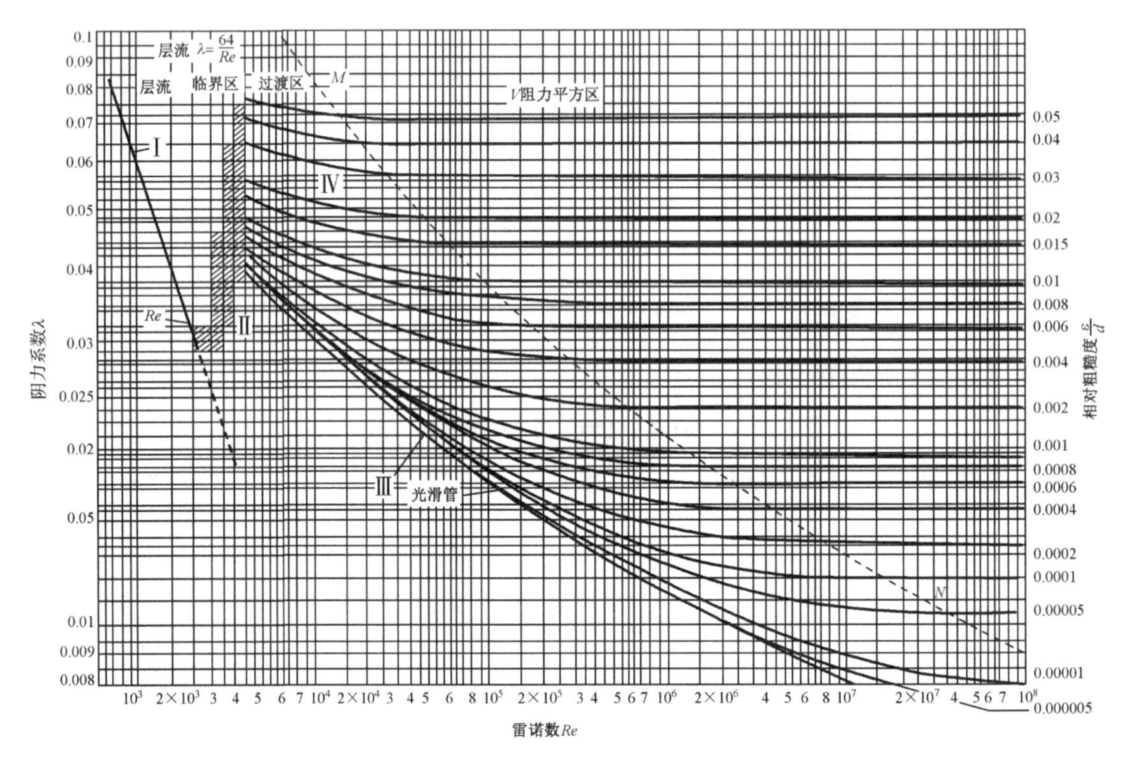

图 1-15　阻力系数 $\lambda = f\left(Re, \frac{\varepsilon}{d}\right)$ 曲线

其原因是这一范围内层流边层厚度很小，粗糙度完全凸出在层流边层之外，对流动产生了充分的影响。由式(1-42)可看出，当 λ 与 Re 无关时，阻力 h_l 与 u^2 成正比。因此该区域称为阻力平方区。

5）过渡区

在光滑管与阻力平方区之间的范围内称为过渡区。在这一范围内，粗糙度已经凸到层流边层之外，但还没全部凸出来，因此 Re 与 λ 同时发挥作用，即

$$\lambda = f\left(Re, \frac{\varepsilon}{d}\right)$$

一般阻力计算可以直接用图 1-15 来决定 λ 值。计算步骤如下：

(1) 根据管径 d、流速 u 及运动黏度，算出 Re。

(2) 根据管子的相对粗糙度 $\frac{\varepsilon}{d}$ 从图 1-15 右边找出与计算得的 $\frac{\varepsilon}{d}$ 相应的一条曲线，再根据算出的 Re 查出 λ 值。

例 1.2　油泵的输油管直径为 $d=25\text{mm}$，流量为 0.6L/s，油液黏度为 $1.9\times10^{-5}\ \text{m}^2/\text{s}$，管长 10m，试求其压力降为多少？油密度为 900kg/m^3。

解

$$u = \frac{0.6\times10^{-3}}{\frac{\pi}{4}\times(2.5\times10^{-2})^2} = 1.22(\text{m/s})$$

$$Re = \frac{ud}{\nu} = \frac{1.22\times2.5\times10^{-2}}{1.9\times10^{-5}} = 1600 < 2300 \quad 层流$$

$$\lambda = \frac{64}{Re} = \frac{64}{1600} = 0.04$$

$$h_1 = \lambda \frac{l}{d} \frac{u^2}{2g} = 0.04 \times \frac{10}{0.025} \times \frac{1.22^2}{2 \times 9.81} = 1.21(\text{m})$$

所以，由此引起的压力降

$$\rho g h_1 = 900 \times 9.81 \times 1.21 = 1.07 \times 10^4 (\text{Pa})$$

1.4.2　局部损失计算

前面已经指出了局部损失（也称局部阻力）的产生是局部地区流体质点间相互摩擦碰撞加剧所致。这种摩擦和碰撞加剧的原因主要是该地区所产生的旋涡。如图 1-16(a)所示，管路断面突然放大，由于有惯性，流体质点不可能在小断面一出口就立即转90°弯，而只能逐渐转弯，因此主流断面是逐渐扩大的。在主流和管壁之间就出现死水区，产生旋涡。又如，在管子转弯时，弯管内壁的流体也不可能产生急转弯，因此主流也要脱离弯管内壁，如图 1-16(b)所示，所以在该处也要产生旋涡。

各种局部阻力产生的本质都是由于旋涡引起的。实验证明，局部阻力的大小与流过局部阻力处的速度水头成正比，即

$$h_r = \zeta \frac{u^2}{2g} \tag{1-44}$$

式中，ζ 称为局部阻力系数，ζ 取决于局部阻力产生处管道的几何形状，不同的几何形状有不同的 ζ 值，一般流体力学书籍及水力学或液压手册中都载有各种有关的 ζ 值备查。下面列出几种工程中常用的局部阻力系数作为计算参考。

1. 管径突然扩大

管径突然扩大前后的断面分别为 A_1 和 A_2（图 1-17），其局部阻力系数 ζ 可按表 1-5 查出。

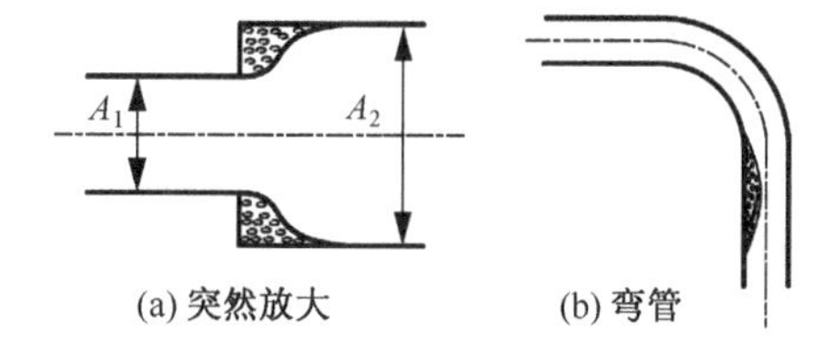

图 1-16　局部损失

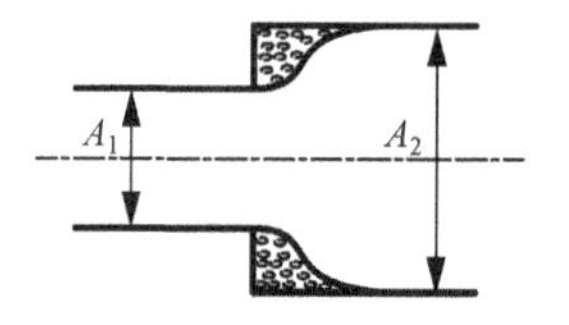

图 1-17　管径突然扩大

表 1-5　管径突然扩大的局部阻力系数 ζ 值

$\frac{A_1}{A_2}$	1	0.9	0.8	0.7	0.6	0.5
ζ_1	0	0.0123	0.0625	0.184	0.444	1.0
ζ_2	0	0.01	0.04	0.09	0.16	0.25
$\frac{A_1}{A_2}$	0.4	0.3	0.2	0.1	0	
ζ_1	2.25	5.44	16	81	∞	
ζ_2	0.36	0.49	0.64	0.81	1	

注：ζ_1 对应于扩大后流速；ζ_2 对应于扩大前流速。

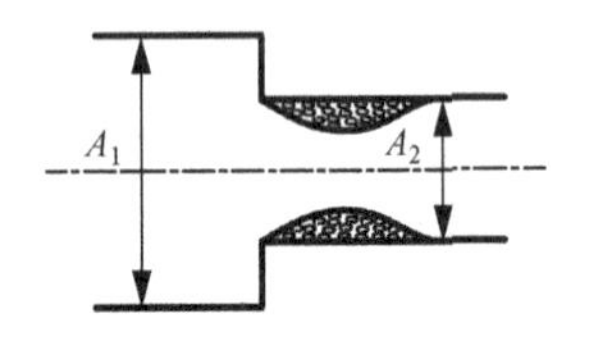

图 1-18 管径突然缩小

2. 管径突然缩小

管径突然缩小的阻力系数 ζ 与管径突然放大不同，原因在于造成能量损失的涡流出现的位置不同。突然放大的旋涡是在大管径处，突然缩小的旋涡是在小管径处，如图 1-18 所示，这两者断面比相同时 ζ 值并不相等。

管径突然缩小的局部阻力系数如表 1-6 所示。

表 1-6 管径突然缩小的局部阻力系数 ζ 值(对应于缩小后流速)

$\frac{A_1}{A_2}$	<0.01	0.1	0.2	0.3	0.4	0.5
ζ	0.5	0.47	0.45	0.38	0.34	0.3
$\frac{A_1}{A_2}$	0.6	0.7	0.8	0.9	1.0	
ζ	0.25	0.20	0.15	0.09	0	

3. 管道入口和出口

管道入口相当于突然收缩时 $\frac{A_2}{A_1}<0.01$，即 $\zeta=0.5$；管道出口相当于突然放大 $\frac{A_1}{A_2}=0$ 的情况，$\zeta=1.0$。

4. 液压阀

各种液压阀的阻力系数，原则上要由实验决定，也可参考该阀在额定流量 q_n 时的压力损失 Δp_n（可由产品说明书中查得），当流量与额定流量不同时，其压力损失为

$$\Delta p=\Delta p_n\frac{q^2}{q_n^2} \tag{1-45}$$

1.5 孔口出流及缝隙流动

1.5.1 孔口出流

孔口及管嘴出流在工程中有着广泛的应用，在液压与气动系统中，大部分阀类元件都利用薄壁孔工作。

1. 薄壁孔口出流

所谓薄壁孔口，理论上是孔的边缘，是尖锐的刃口，实际上只要孔口边缘的厚度 δ 与孔口的直径 d 的比值 $\frac{\delta}{d}\leqslant 0.5$，孔口边缘是直角即可。图 1-19 所示为一典型的薄壁孔，孔前管道直径为 D，其流速为 u_1，压力为 p_1，孔径为 d。

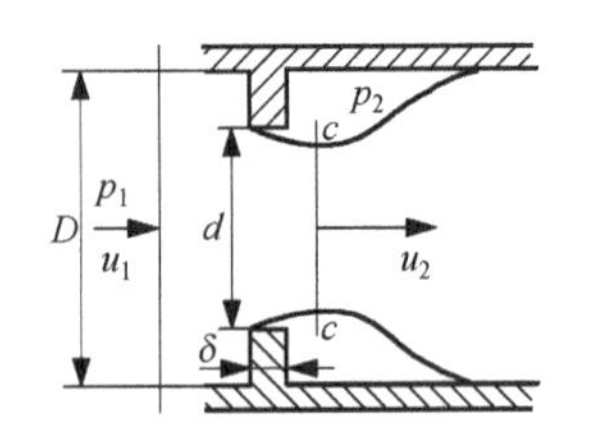

图 1-19 薄壁孔口出流

流体经薄壁孔出流时，管轴心线上的流体质点做直线运动，靠近管壁和孔板壁的流体质点在流入孔口前，其运动方向与孔的轴线方向（即孔口出流的主流方向）基本上是垂直的。在孔口边缘流出时，由于惯性作用，其流动方向逐渐从与主流垂直的方向改变为与主流平行的方向。孔口流出的流股的断面在脱离孔口边缘时逐渐收缩，到收缩至最小断面 c-c 时流股边缘

的流体质点的流动方向与主流流动方向完全一致，因此是缓变流断面。c-c断面后，主流断面又逐渐扩大到整个管道断面，在主流和管壁之间则形成旋涡区。

在孔口前管道断面与孔口后的最小收缩断面处列伯努利方程，则有

$$\frac{p_1}{\rho g}+\frac{u_1^2}{2g}=\frac{p_2}{\rho g}+\frac{u_2^2}{2g}+\zeta\frac{u_2^2}{2g}$$

式中，u_2 为 c-c 断面的流速；ζ 为小孔的局部阻力系数。由于孔壁厚度 δ 很小，因此忽略沿程阻力。由于一般情况下管道断面远大于孔口断面，$\frac{u_1^2}{2g}\ll\frac{u_2^2}{2g}$，因此忽略 $\frac{u_1^2}{2g}$。上式简化为

$$\frac{p_1}{\rho g}=\frac{p_2}{\rho g}+(1+\zeta)\frac{u_2^2}{2g}$$

则
$$u_2=\frac{1}{\sqrt{1+\zeta}}\sqrt{2g\frac{p_1-p_2}{\rho g}}=\frac{1}{\sqrt{1+\zeta}}\sqrt{\frac{2\Delta p}{\rho}}$$

或
$$u_2=\varphi\sqrt{\frac{2\Delta p}{\rho}} \tag{1-46}$$

式中，φ 称为流速系数。

$$\varphi=\frac{1}{\sqrt{1+\zeta}} \tag{1-47}$$

若收缩断面 c-c 的面积为 A，则孔口流出的流量

$$q=u_2A_c$$

又令 A_c 与孔口断面之比为收缩系数 ε，即

$$\varepsilon=\frac{A_c}{A} \tag{1-48}$$

则
$$q=u_2A\varepsilon=\varepsilon\varphi A\sqrt{\frac{2\Delta p}{\rho}} \tag{1-49}$$

令
$$C_d=\varepsilon\varphi \tag{1-50}$$

C_d 称为流量系数，则
$$q=C_dA\sqrt{\frac{2\Delta p}{\rho}} \tag{1-51}$$

式中，ζ、φ、ε、C_d 都可由实验确定。

实验证明，当管道尺寸较大时（$\frac{D}{d}\geqslant 7$），由孔口流出的流股得到完全收缩，此时 $\varepsilon=0.63\sim0.64$，对薄壁小孔的局部阻力系数 $\zeta=0.05\sim0.06$，由式(1-47)、式(1-50)可得薄壁孔的流速系数 $\varphi=0.97\sim0.98$，流量系数 $C_d=0.60\sim0.62$。

2. 短管出流

如图 1-20 所示，一般孔壁厚度 $l=(2\sim4)d$ 时属短管出流，当 l 再长时就按管路计算了。

设断面 1-1 比孔口断面 2-2 大很多，故 1-1 断面的流速相对于孔口出口流速 u 可忽略。列 1-1 和 2-2 断面的伯努利方程

$$\frac{p_1}{\rho g}=\frac{p_2}{\rho g}+\frac{u^2}{2g}+\zeta\frac{u^2}{2g}$$

式中，ζ 为短管的局部阻力系数。

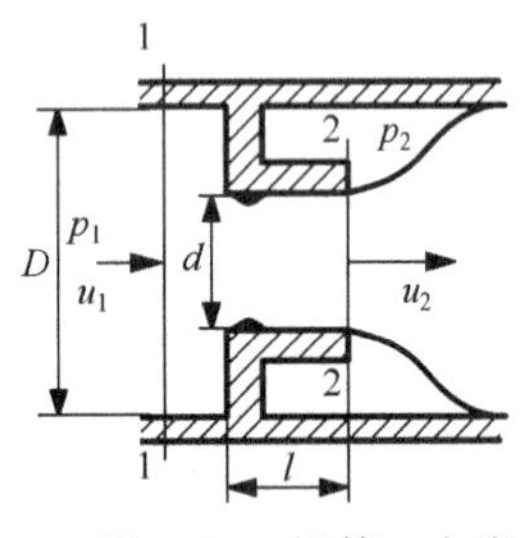

图 1-20　短管口出流

$$u = \frac{1}{\sqrt{1+\zeta}}\sqrt{\frac{2(p_1 - p_2)}{\rho}}$$

令 $\varphi = \dfrac{1}{\sqrt{1+\zeta}}$ 为短管的流速系数，则

$$u = \varphi\sqrt{\frac{2\Delta p}{\rho}} \tag{1-52}$$

孔口断面为 A，则通过的流量为

$$q = uA = \varphi A\sqrt{\frac{2\Delta p}{\rho}} = C_d A\sqrt{\frac{2\Delta p}{\rho}} \tag{1-53}$$

短管流量系数 C_d 与其流速系数 φ 相等。

把式(1-52)、式(1-53)与式(1-46)、式(1-51)相比较可以看出短管的计算公式与薄壁孔口计算公式是完全一样的。但短管较薄壁孔口的阻力大，因此 ζ 大，相应的流速系数较小。实验证明 $\varphi = 0.8 \sim 0.82$。

1.5.2　缝隙流动

在工程中经常碰到缝隙中的流体流动问题，如在液压元件中，凡是有相对运动的地方，就必然有缝隙存在，如活塞与缸体之间、阀芯与阀体之间、轴与轴承座之间等。由于缝隙的高度很小，因此其中的液体流动大都是层流。

1. 平行缝隙流动

设缝隙间的高度为 δ，缝隙的宽度为无限大，$2h$ 为缝隙中心处的流层高度，如图 1-21 所示。

通过宽度为 b 的缝隙的流量为

$$q = \frac{b\delta^3\Delta p}{12\mu l} \tag{1-54}$$

或

$$\Delta p = \frac{12\mu l q}{b\delta^3} \tag{1-55}$$

其断面上的平均流速为

$$u = \frac{q}{b\delta} = \frac{\delta^2\Delta p}{12\mu l} \tag{1-56}$$

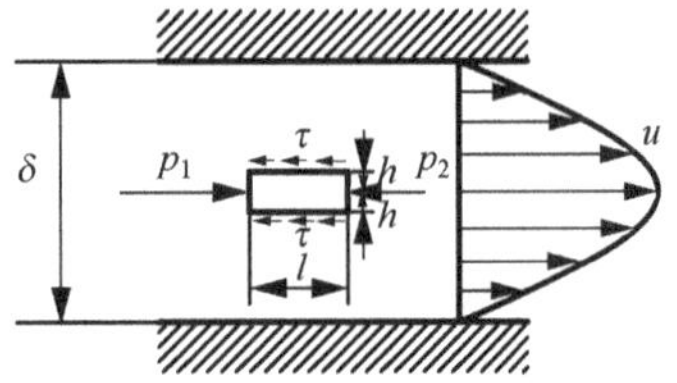

图 1-21　平行缝隙间的流动

从式(1-54)可见通过缝隙的流量 q 与 Δp 成正比。

从式(1-54)还可看出，缝隙的流量与高度 δ 的三次方成正比，因此在工程中，为了减小缝隙泄漏量，首先应当减小缝隙的高度，这是最有效的办法。

式(1-55)说明压差 Δp 与距离 l 成正比，因此，压力沿长度方向是直线下降的。

2. 环形缝隙中的流体流动

环形缝隙与平面缝隙的流动，在本质上是一致的，只是把平面缝隙弯成圆环形而已。也就是平面缝隙中的宽度 b 用环形长度 πD 代替。由于环形缝隙在四周方向是连续的，没有两端的边界，所以壁面固定的环形缝隙中，流体的流量公式可直接由式(1-54)计算，即

$$q = \frac{\pi D\delta^3\Delta p}{12\mu l} \tag{1-57}$$

在液压系统中，使用各种液压阀来控制液压能的传递。虽然液压阀的种类繁多、结构各异，

对于液压介质的传送过程而言,流体通过这些液压阀的控制阀口等局部结构的流动过程,符合本节所讨论的孔口出流或缝隙出流规律。式(1-53)、式(1-54)以及式(1-57)可以统一表达为

$$q = kA\Delta p^m \tag{1-58}$$

式中,q 为流过局部控制结构的流量,m^3/s;k 为局部控制结构决定的特征系数(薄壁孔口 $k = C_d\sqrt{\frac{2}{\rho}}$,$\sqrt{\frac{m^3}{kg}}$;环形缝隙 $k = \frac{\pi D\delta^3}{12\mu l}$,$\frac{m}{Pa \cdot s}$);$A$ 为局部控制结构的过流面积,m^2;Δp 为局部控制结构进出口的压力差,Pa;m 为局部控制结构决定的指数(薄壁孔口 $m = 0.5$,环形缝隙 $m = 1$)。

式(1-58)表明,流体流经阀口等控制结构时,将产生一定程度的压力差(压降),该压差值与流过阀口的流量、阀口的过流面积、液压介质的种类以及阀口的结构有关,随流量的增加而增大。控制阀口对流体的流动呈现出阻碍作用,在液压技术中把这种对液流的阻碍作用称为液压阻力,简称为液阻(不同于液阻效应)。

习惯上我们把液阻定义为阀口压降与流经阀口的流量的比值,即

$$R = \frac{\Delta p}{q} \tag{1-59}$$

式中,R 为阀口的液阻,$\frac{Pa}{m^3/s}$;Δp 为控制阀口的压力降,Pa;q 为流经阀口的流量,$\frac{m^3}{s}$。

由式(1-58)、式(1-59)可得,液阻 $R = \frac{\Delta p}{q} = \frac{\Delta p^{1-m}}{kA}$。　(1-60)

1.6　液压冲击及空穴现象

在液压传动系统中,液压冲击和空穴现象会给系统带来不利影响,因此需要了解这些现象产生的原因,并采取措施加以防治。

1.6.1　液压冲击

在液压传动系统中,常常由于一些原因而使液体压力突然急剧上升,形成很高的压力峰值,这种现象称为液压冲击。

1.液压冲击的危害

系统中出现液压冲击时,液体瞬时压力峰值可以比正常工作压力大好几倍。液压冲击会损坏密封装置、管道或液压元件,还会引起设备振动,产生很大的噪声。有时冲击会使某些液压元件(如压力继电器、顺序阀等)产生误动作,影响系统正常工作。

2.液压冲击产生的原因

液压冲击产生的原因在于液体及管线系统存在弹性,从而造成流体的压力能与动能之间相互转换而形成振荡。在阀门突然关闭或运动部件快速制动等情况下,液体在系统中的流动会突然受阻。这时,由于液流的惯性作用,液体就从受阻端开始,迅速将动能逐层转换为液压能,因而产生了压力冲击波。此后,这个压力冲击波又从该端开始反向传递,将压力能逐层转化为动能,这使得液体又反向流动。然后,在另一端又再次将动能转化为压力能,如此反复地进行能量转换。这种压力冲击波的迅速往复传播,便在系统内形成压力振荡。这一振荡过程,

由于液体受到摩擦力及液体和管壁的弹性作用不断消耗能量，才使振荡过程逐渐衰减而趋向稳定，产生液压冲击的本质是动量变化。

3. 冲击压力

假设系统正常工作的压力为 p，产生压力冲击时的最大压力为

$$p_{\max} = p + \Delta p$$

式中，Δp 为冲击压力的最大升高值。

由于液压冲击是一种非定常流动，动态过程非常复杂，影响因素很多，故精确计算 Δp 值是很困难的。这里给出两种液压冲击情况下 Δp 值的近似计算公式。

1）管道阀门关闭时的液压冲击

设管道截面积为 A，产生冲击的管长为 l，压力冲击波第一波在 l 长度内传播的时间为 t_1，液体的密度为 ρ，管中液体的流速为 u，阀门关闭后的流速为零，则由动量方程得

$$\Delta p A = \rho A l \frac{u}{t_1}$$

整理后得

$$\Delta p = \rho l \frac{u}{t_1} = \rho c u \tag{1-61}$$

式中，$c = l/t$ 为压力冲击波在管中的传播速度。

应用式(1-61)时，需要先知道 c 值的大小，而 c 值不仅与液体的体积弹性模量 K 有关，还与管道材料的弹性模量 E、管道的内径 d 及壁厚 δ 有关。在液压传动中 c 值一般为 900～1400m/s。

若流速 u 不是突然降为零，而是降为 u_1，则式(1-61)可写成

$$\Delta p = \rho c(u - u_1) \tag{1-62}$$

没压力冲击波在管中往复一次的时间为 t_c，其中 $t_c = 2l/c$。当阀门关闭时间 $t < t_c$ 时称为突然关闭，此时压力峰值很大，这时的冲击称为直接冲击，其值可按式(1-61)或式(1-62)计算；当 $t > t_c$ 时，阀门不是突然关闭，此时压力峰值较小，这时的冲击称为间接冲击，其 Δp 值可按下式计算

$$\Delta p = \rho c(u - u_1)\frac{t_c}{t} \tag{1-63}$$

2）运动部件制动时的液压冲击

设总质量为 $\sum m$ 的运动部件在制动时的减速时间为 Δt，速度减小值为 Δu，液压缸有效面积为 A，则根据动量定理得

$$\Delta p = \frac{\sum m \Delta u}{A \Delta t} \tag{1-64}$$

式中忽略了阻尼和泄漏等因素，计算结果偏大，但比较安全。

4. 减小压力冲击的措施

分析式(1-62)～式(1-64)中 Δp 的影响因素，可以归纳出减小压力冲击的主要措施有以下几点。

(1)尽可能延长阀门关闭和运动部件制动换向的时间。在液压传动系统中采用换向时间可调的换向阀就可做到这一点。

(2)正确设计阀口，限制管道流速及运动部件速度，使运动部件制动时速度变化比较均匀。

例如，在机床液压传动系统中，通常将管道流速限制在4.5m/s以下，液压缸驱动的运动部件速度一般不宜超过10m/min等。

(3)在某些精度要求不高的工作机械上，使液压缸两腔油路在换向阀回到中位时瞬时互通。

(4)适当加大管道直径，尽量缩短管道长度。加大管道直径不仅可以降低流速，而且可以减小压力冲击波速度c值；缩短管道长度的目的是减小压力冲击波的传播时间t_c；必要时，还可在冲击区附近设置卸荷阀和安装蓄能器等缓冲装置。

(5)采用软管，增加系统的弹性，以减少压力冲击。

1.6.2　空穴现象

在流动的液体中，当某处的压力低于空气分离压时，原先溶解在液体中的空气就会分离出来，从而导致液体中出现大量的气泡，这种现象称为空穴现象；如果液体中的压力进一步降低到饱和蒸气压，液体将迅速汽化，产生大量蒸气泡，使空穴现象更加严重。

空穴多发生在阀口和液压泵的进口处。由于阀口的通道狭窄，液流的速度增大，压力则下降，容易产生空穴现象；若泵的安装高度过高、吸油管直径太小、吸油管阻力太大或泵的转速过高，都会造成进口处真空度过大而产生空穴现象。

1.空穴现象的危害

空穴现象是一种有害的现象，它主要有以下几方面的危害。

(1)液体在低压部分产生空穴后，到高压部分气泡又重新溶解于液体中，周围的高压液体迅速填补原来的空间，形成无数微小范围内的液压冲击，这将引起噪声、振动等有害现象。

(2)液压系统受到空穴现象引起的液压冲击而造成零件的损坏。另外由于析出空气中有游离氧，对零件具有很强的氧化作用，引起元件的腐蚀，这些称为气蚀作用。

(3)空穴现象使液体中带有一定量的气泡，从而引起流量的不连续及压力的波动。严重时甚至断流，使液压系统不能正常工作。

2.减少空穴现象和气蚀现象措施

为减少空穴现象和气蚀的危害，通常采取下列措施。

(1)减小孔口或缝隙前后的压力降。一般希望孔口或缝隙前后的压力比$p_1/p_2<3.5$。

(2)降低泵的吸油高度，适当加大吸油管直径，限制吸油管的流速，尽量减小吸油管路中的压力损失(如及时清洗过滤器或更换滤芯等)。对于自吸能力差的泵要安装辅助泵供油。

(3)管路要有良好的密封，防止空气进入。

(4)提高液压零件的抗气蚀能力，采用抗腐蚀能力强的金属材料，提高零件表面粗糙度指标等。

1.7　液压介质的选择与应用

1.7.1　液压油的种类及应用

工程中常用液压介质分类如下：

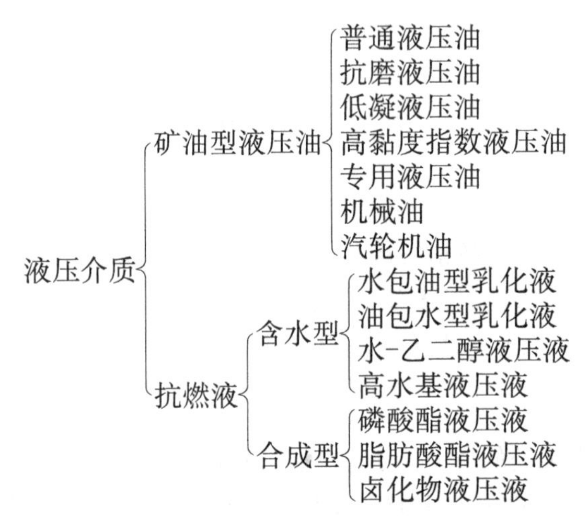

液压介质的分类与产品符号见表 1-7(摘自 GB/T 7631.2—2003)。

液压介质产品可用统一的形式表示,如 ISO-L-HM32(可缩写成 L-HM32)。该符号中,L 表示类别(润滑剂、工业用油和相关产品);HM 表示介质的品种(具有抗磨、防锈和抗氧性的精制矿油);32 是黏度等级代号(GB/T 3141—1994 中规定的黏度等级)。

表 1-7　液压介质的分类与产品符号

组别符号	应用范围	特殊应用	更具体应用	组成和特性	产品符号 ISO-L
H	液压系统	流体静压系统		无抑制剂的精制矿油	HH
				精制矿油,改善防锈与抗氧性	HL
				HL 油,改善抗磨性	HM
				HL 油,改善黏温性	HR
				HM 油,改善黏温性	HV
				无特定难燃性的合成	HS
			使用环境可接受液压液的场合	甘油三酸酯	HETG
				聚乙二醇	HEPG
				合成酯	HEES
				聚 α 烯烃和相关烃类产品	HEPR
			液压导轨系统	HM 油,并具有抗黏滑性	HG
			用于使用难燃液压液的场合	水包油型乳化液	HFAE
				化学水溶液	HFAS
				油包水乳化液	HFB
				含聚合物水溶液①	HFC
				磷酸酯无水合成液	HFDR
				其他成分的无水合成液	HFDU

注:① 这类液体也可以满足 HE 品种规定的生物降解性和毒性要求。

1.7.2　液压介质的选用

液压介质应有适宜的黏度和良好的黏温特性;油膜强度要高;具有较好的润滑性能;能抗氧化,稳定性好;腐蚀作用小,对涂料、密封材料等有良好的适应性;同时液压介质还应具有一定的消泡能力。

选择液压介质时,除专用液压油外,首先要确定介质的种类。根据液压系统对介质是否有抗燃性的要求,决定选用矿油型液压油还是抗燃型液压液。另外,根据系统中所用液压泵的类型选用介质的黏度,参见表 1-8。

表 1-8　液压泵用油黏度推荐值　（单位：mm^2/s）

工作温度/℃		5～40	40～80
齿轮泵		17～40	63～88
叶片泵	p<7MPa	17～29	25～44
	p>7MPa	31～40	37～54
轴向柱塞泵		25～44	40～98
径向柱塞泵		17～62	37～154

选择液压介质，还应考虑环境温度与工作压力（表 1-9）、执行机构速度等。当工作温度在60℃以下，载荷较轻时，可选用机械油；当工作温度超过 60℃时，应选用汽轮机油或普通液压油。当设备在很低温度下启动（如冬季露天作业的工程机械等）时，须选用低凝液压油。对于抗燃型液压液，当工作温度低于 60℃时，可选用乳化液或水-乙二醇液压液；当温度高于 60℃时，应选用脂肪酸酯或磷酸酯液压液。

表 1-9　不同环境、温度与工作压力条件下液压介质的选择

工作压力	<7MPa	7～14MPa	7～14MPa	>14MPa
温度	<50℃	<50℃	50～80℃	80～100℃
室内固定设备	HL	HL，HM	HM	HM
寒冷、严寒地区	HR	HV，HS	HV，HS	HV，HS
地下水上	HL	HL，HM	HM	HM
高温	HFAE	HFB	HFDR	HFDR
明火附近	HFAS	HFC		

1.7.3　液压介质的使用

液压介质是液压系统进行能量的传输与控制的媒介，长期承受高压、高温、剪切等物理作用以及氧化与分解等化学作用而发生变质，加之液压元件长期工作中产生的金属与非金属碎屑、工作环境中的粉尘与水分的侵入，都会造成液压介质的污染与性能劣化。由于液压介质的污染引发的液压系统故障，占故障总量的 70%以上。正确使用液压介质是保证液压系统正常工作的关键。

1. 污染物的种类及污染原因

使液压介质污染的物质主要有以下几类：①固体污染物——切屑、铸造砂、灰尘、焊渣等。②液体污染物——水、清洗油或其他种类的液压油。③气体污染物——混入的空气或介质中分离出的空气。如表 1-10 所示。

表 1-10　各种污染物的来源

污染物来源	污染物种类														
	金属粉粒	研磨粉	铸造砂	焊渣	锈屑	灰尘	涂料片	密封材料	橡胶粉粒	纤维	油变质物	水分	其他液体	空气	微生物
清洗，制造	√	√	√	√	√	√	√	√	√	√	√		√		
保管运输				√	√	√					√	√			√
外露处或维修时进入	√	√		√	√	√	√	√	√	√		√	√	√	√
工作中产生	√	√		√	√	√	√	√	√	√	√	√		√	√

2. 污染程度的测定及污染等级标准

1)液压介质中固体污染物

(1)目测法是用肉眼直接观察介质污染程度的方法。由于人眼的能见度下限为 40μm，所以这种方法只能用于对介质清洁度要求不高的系统。

(2)比色法是把一定体积油样中的污染物用滤纸过滤出来，根据滤纸的颜色来判断介质的污染程度。需要有丰富的经验，才能做出较准确的判断，只能用于对介质清洁度要求不太高的系统。

(3)颗粒计数法是用一定体积介质中所含各个尺寸颗粒的数目即颗粒尺寸分布来表示介质污染程度的一种方法。常用的颗粒计数法有手动显微镜法、自动显微镜法、光散射法和光遮蔽法。常用仪器有光学显微镜、光散型凝聚测量仪和遮光型传感器等。目前工程中较常用的基于颗粒计数法的污染等级标准 NAS1638 见表 1-11。

表 1-11　NAS1638 污染等级标准（100mL 中的颗粒数）

污染等级	颗粒尺寸范围/μm				
	5～15	15～25	25～50	50～100	>100
00	125	22	4	1	0
0	250	44	8	2	0
1	500	89	16	3	1
2	1000	178	32	6	1
3	2000	350	63	11	2
4	4000	712	126	22	4
5	8000	1425	253	45	8
6	16000	2850	506	90	16
7	32000	5700	1012	180	32
8	64000	11400	2025	360	64
9	128000	22800	4050	720	128
10	256000	45600	8100	1440	256
11	512000	91200	16200	2880	512
12	1024000	182400	32400	5760	1024

(4)颗粒质量法是用阻留在滤油器上污染物的质量来表示介质污染程度的方法。通常是使 100mL 的介质通过 0.8μm 的滤纸以阻留污染物。测定方法简单容易，但不能反映颗粒的尺寸分布，不便于污染源的分析。目前工程中较常用的基于颗粒质量法的污染等级标准见表 1-12。

表 1-12　NAS1638 固体污染物等级标准代号

污染等级	100	101	102	103	104	105	106	107	108
质量/mg	0.02	0.05	0.10	0.30	0.50	0.7	1.0	2.0	4.0

(5)淤积指数法(肖尔丁指数)是根据介质中污染物堵塞滤油器的倾向来判断介质污染程度的方法。这种方法对 5μm 以下的颗粒的测定颇为有效，但对污染程度的表达不直观，又不能反映颗粒的尺寸分布，不便于污染源的分析。

2)液压介质中的液体污染物

液压介质中的液体污染物主要是水分。液压介质中的水会影响介质的黏度，降低介质润滑性能，造成系统中金属元件的腐蚀、在系统的低压部位产生汽蚀等现象。液压介质中的水还会与液压油发生化学作用产生胶质和油泥以及酸性物质，引起相关元件的卡滞、堵塞与腐蚀破坏。矿油型液压介质的含水量必须精确测量，测定矿油型液压介质含水量的标准方法是卡尔·费歇尔(Karl Fischer)法。实验仪器为卡尔·费歇尔水分测定仪等。

3)液压介质中的气态污染物

液压介质中的含气量增加会降低液压系统的刚度，造成爬行、汽蚀等不良现象。工程中，一般通过对相关结构合理设计以及规范液压系统操作管理的方法，来避免气体侵入液压系统。液压介质中气体污染物的测定，目前尚无标准。

3. 液压介质的更换

在使用过程中，由于液压介质自身特性及工作环境等的影响，在受到高温、高压、氧化等物理、化学作用下，液压介质的性能指标会发生改变，当变化后的指标不能保证系统正常高效运行时，需要对工作介质进行更换。

思考题与习题

1-1　流体具有哪些特点？

1-2　流体的黏性是什么？所有的流体都有黏性吗？黏性的度量方法有哪些？

1-3　黏度的影响因素有哪些？

1-4　为什么气体的可压缩性大？

1-5　什么是空气的相对湿度？

1-6　静压力有哪些特点？

1-7　流体内的静压力由哪两部分组成？它们是否都能在连通的流体内到处传递？

1-8　什么是等压面？等压面一定是水平面吗？为什么？

1-9　简述伯努利方程的物理意义。

1-10　概念解释：理想流体、稳定流动、流线及特点、流管、湿周。

1-11　连续性方程的本质是什么？其物理意义是什么？

1-12　概念解释：层流、紊流、雷诺数。

1-13　流体的流动有几种类型？各有何特点？

1-14　液压系统中流速的选择应考虑哪些问题？

1-15　孔口出流的基本特征是什么？

1-16　通过节流装置或阀口的流动状态希望是层流还是紊流？为什么？

1-17　短管出流的流量系数为什么比薄壁孔的大？

1-18　通过节流口后流体的能量如何变化？

1-19　液压冲击的产生原因是什么？如何降低液压冲击造成的危害？

1-20　液压系统设计时一般将回油管插到液面以下，为什么？

1-21　密闭容器内液压油的体积压缩系数为 $1.5\times10^{-3}\mathrm{MPa}^{-1}$，压力在 1MPa 时的容积为 $2\times10^{-3}\mathrm{m}^3$。问在压力升高到 10MPa 时液压油的容积是多少？

1-22　某液压油的运动黏度为 $68mm^2/s$，密度为 $900kg/m^3$，计算其动力黏度。

1-23　20℃时 200mL 蒸馏水从恩氏黏度计中流尽的时间为 51s，如果 200mL 的某液压油在 40℃时从恩氏黏度计中流尽的时间为 232s，已知该液压油的密度为 $900kg/m^3$，试计算该液压油在 40℃时的恩氏黏度、运动黏度及动力黏度。

1-24　计算深度为 5000m 处海水的密度。设海面上海水的密度为 $1.026\times10^3 kg/m^3$，海水的体积弹性模量为 $2.1\times10^3 MPa$。

1-25　如题 1-25 图所示，液压缸内径为 150mm，柱塞直径为 100mm，液压缸中充满油液，如果柱塞上作用 50000N 的力，不计油液所受重力的影响，计算液压缸内的液体压力。

1-26　如题 1-26 图所示微压计，度数精度为 0.5mm，当测压范围为 100～200mm 液柱时，要求测量误差小于±0.2%，试确定倾角 θ。

1-27　如题 1-27 图所示等直径管道输送油液的密度为 $890kg/m^3$，已知 $h=15m$，测得压力如下：(1) $p_1=0.45MPa$，$p_2=0.4MPa$。(2) $p_1=0.45MPa$，$p_2=0.25MPa$。分别确定油液的流动方向。

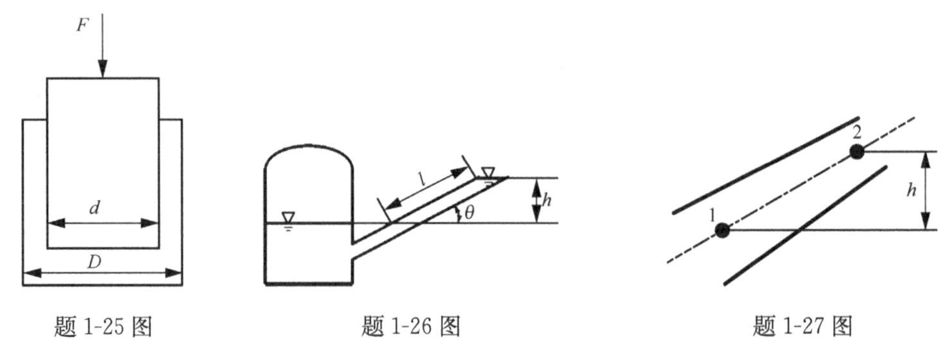

题 1-25 图　　题 1-26 图　　题 1-27 图

1-28　如题 1-28 图所示系统，设管端喷嘴直径 $d_n=50mm$，管道直径为 100mm，不计管路损失，计算：(1)喷嘴出流速度 v_n 及流量。(2) E 处的压力与流速。(3)为增大流量，可否加大喷嘴直径？喷嘴最大直径是多少？

1-29　如题 1-29 图所示消防水龙，已知水龙出口直径 $d=50mm$，水流流量 $q=2.36m^3/min$，水管直径 $D=100mm$，为保证消防水管不致后退，计算消防队员的握持力。

1-30　虹吸管道如题 1-30 图所示，已知水管直径 $d=100mm$，水管总长 $L=1000m$，$h_0=3m$，计算流量 q_0（局部阻力系数：入口 $\zeta=0.5$，出口 $\zeta=1.0$，弯头 $\zeta=0.3$。沿程阻力系数 $\lambda=0.06$）。

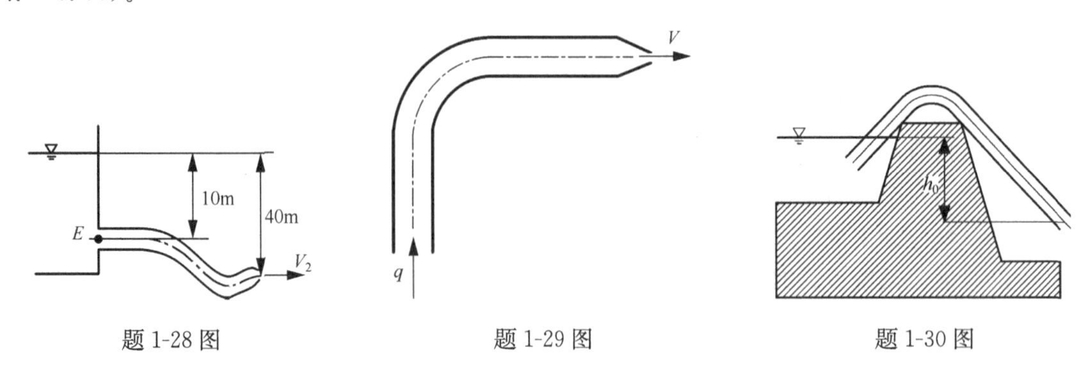

题 1-28 图　　题 1-29 图　　题 1-30 图

1-31　沿直径 $d=200\text{mm}$，长度 $L=3000\text{m}$ 的钢管（$\varepsilon=0.1\text{mm}$），输送密度为 $\rho=900\text{kg/m}^3$ 的油液，质量流量 $q=9\times10^4\text{kg/h}$，若其黏度 $\nu=1.092\text{cm}^2/\text{s}$，计算沿程损失。

1-32　如题1-32图所示管路，已知：$d_1=300\text{mm}$，$l_1=500\text{m}$；$d_2=250\text{mm}$，$l_2=300\text{m}$；$d_3=400\text{mm}$，$l_3=800\text{m}$；$l_{AB}=800\text{m}$，$d_{AB}=500\text{mm}$；$l_{CD}=400\text{m}$，$d_{CD}=500\text{mm}$。B 点流量为 $q=300\text{L/s}$，计算全程压力损失。

1-33　水箱侧壁上有一直径为100mm的薄壁孔，在3.6m的水头下出流量为41L/s，已知收缩断面直径为80mm，计算收缩系数、流量系数与流速系数。

1-34　飞机起落架的油气减振器如题1-34图所示，阻尼孔直径为3mm，长度为12mm，活塞直径为120mm，油液密度为 890kg/m^3，已知减振器内空气初始压力3.2MPa，气体高度150mm，当减振器受到幅值为50kN的阶跃冲击时，计算活塞的收缩时间与收缩量。

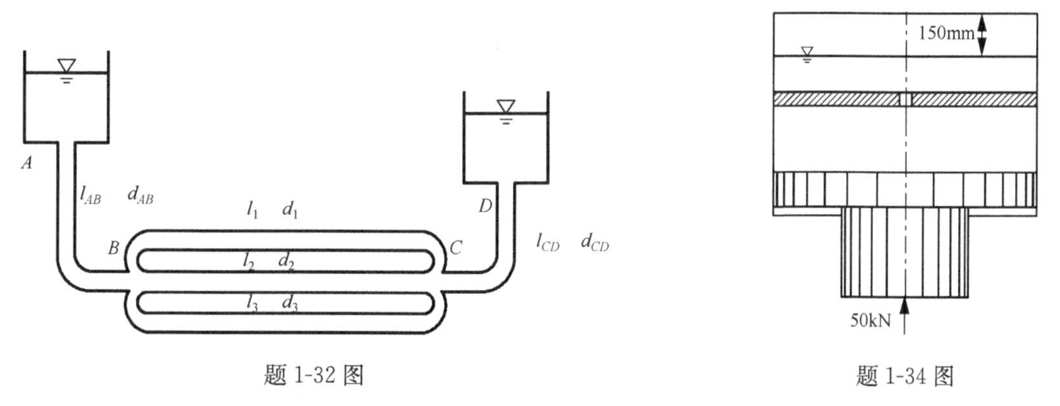

题1-32图　　题1-34图

1-35　汽车油过滤器滤芯是由一组环形平板组成的，平板之间的缝隙0.2mm，环形平板外径75mm，内径30mm，平板数量21片，油液黏度6°E，计算流量为0.2L/s时的压力损失。

第二篇　液 压 传 动

第2章　绪　　论

2.1　液压传动概述

2.1.1　液压传动系统的工作原理

液体容易流动，而且几乎是不可压缩的。液体受压后，其内部的压力强度的变化可以向各个方向传递。液压传动技术正是利用了液体的这一特性。

现以图2-1(a)所示的液压千斤顶为例来说明液压传动系统的工作原理。当将手柄1向上扳动时，小活塞3向上移动，其下端由小活塞3端部与缸筒2之间形成的密封容积，产生一定的真空度。在大气压力的作用下，油箱7中的油液通过管道6和单向阀5进入小液压缸2的下腔。当将手柄1向下压时，小活塞3下移，其下端由活塞3端部与缸筒2之间形成的封闭容积减小，油液压力升高，使单向阀5关闭。受压的油液则经管道4和单向阀10进入大液压缸12的下腔，推动大活塞11上移，顶起负载13。若上下不停地扳动手柄1，油液则不断地进入大液压缸，使负载渐渐升起。这种靠受压液体在密闭容积中的流动传递动力的方式称为液压传动。截止阀8打开后，可使大液压缸中液体流回油箱，负载随之下降。

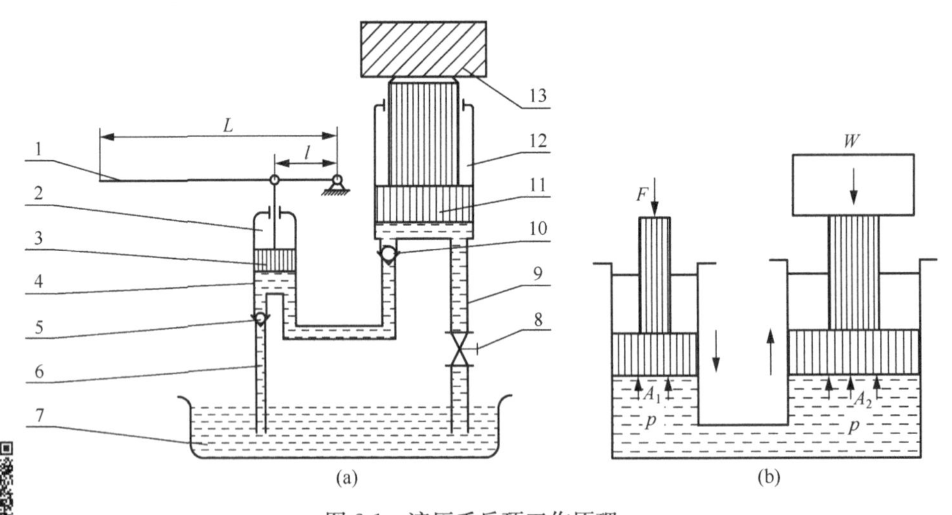

图2-1　液压千斤顶工作原理

1. 手柄；2. 缸筒；3. 小活塞；4、6、9. 管道；5、10. 单向阀；7. 油箱；8. 截止阀；11. 大活塞；12. 大液压缸；13. 负载

2.1.2　液压传动的主要工作特征

为分析方便，将液压千斤顶简化成如图2-1(b)所示原理图，并假定液压油是没有黏性且不可

压缩的理想液体，活塞和缸壁之间的摩擦力忽略不计，各间隙处(即单向阀的钢球和阀座之间、活塞和缸壁之间等)没有任何泄漏，不考虑活塞的质量，忽略液柱高度所产生的附加压力。

1. 工作特征一

根据上面的假设，可以得出下列平衡方程

$$p=\frac{W}{A_2}=\frac{F}{A_1} \tag{2-1}$$

式中，p 为封闭容积内液体的压力，Pa；W 为外负载力，N；A_2 为大活塞的有效作用面积，m^2；F 为在小活塞上所施加的力，N；A_1 为小活塞的有效作用面积，m^2。

当然，大活塞之所以上升，是因为通过手柄在小活塞上施加了作用力 F，迫使小液压缸里的油流入大液压缸内，而大活塞上的外负载 W 又阻止油液的这种流动。处于小活塞、大活塞和相关缸壁及管道之间的油液，正是受到这种“前阻后推”的作用，受到挤压产生压力，把小活塞上由人所施加的动力传递到大活塞上，举起负载，做了功。可见，力的传递是通过液体压力来实现的，并且外负载力越大，液体的压力越高，也就是说，液压系统的压力取决于负载。

还需强调指出：压力取决于负载是液压技术中非常重要的基本概念。对于实际液体，负载应包括油液在管道和元件中流动时所受到的“阻力”等负载效应在内。值得注意的是，液压元件、辅件的强度和密封材料决定了压力不能随负载无限增大。

2. 工作特征二

由图 2-1(b)可看出，当小活塞在力 F 作用下向下运动一段距离 h_1 后，它所排出的油液体积为 $V=A_1h_1$。依前面的假设条件，体积为 V 的油将全部进入大液压缸，推动大活塞向上移动距离 h_2，因此

$$V=A_1h_1=A_2h_2 \tag{2-2}$$

设活塞移动时间为 t，可得 $q=\frac{V}{t}=A_1v_1=A_2v_2$

或

$$v_2=\frac{A_1v_1}{A_2}=\frac{q}{A_2} \tag{2-3}$$

式中，q 为由小液压缸流出(即进入大液压缸)的流量，m^3/s；v_1 为小活塞的下移速度，m/s；v_2 为大活塞的上升速度，m/s。

由式(2-2)和式(2-3)可看出，液压传动中运动(指小活塞和大活塞的移动)的传递是按照容积变化相等的原则进行的，执行机构(大活塞)的运动速度取决于进入执行机构的流量，这就是液压传动的第二个工作特征。只要能连续调节进入执行机构的流量，就能无级调节执行机构的运动速度。因此，在液压传动中，实现无级调速是很容易的。

3. 液压功率

液压千斤顶的输出功率 P_2 为

$$P_2=W\cdot v_2=p\cdot A_2\cdot\frac{q}{A_2}=p\cdot q \tag{2-4}$$

式中，P_2 为液压千斤顶的输出功率，kW。

式(2-4)说明，液压力做功，其功率等于压力和流量的乘积。这个结论具有普遍意义，无论是对液压泵、液压马达还是对液压阀等，涉及液压功率的计算时，均是如此。

2.2 液压传动系统的组成

实际的液压系统是各式各样的，为了更好地了解液压传动系统的组成，下面以某车床刀架液压系统为例予以说明。参照图 2-2(a)所示的车床刀架液压系统，在车削工件过程中，要求刀架慢速进给，实现刀具对工件的切削加工，确保被加工零件的质量要求；切削完成后，要求刀架快速反向退回，以缩短辅助时间，提高劳动生产率。如图 2-2(a)所示，在切削进给时，电磁铁 6 带电，油箱 21 中的油液经过滤器 20 进入液压泵 19，液压泵 19 排出的压力油经管道 3、电磁换向阀 17、管道 7 进入无杆腔 8，液压缸有杆腔的油经管道 12、节流阀 13、管道 15、电磁换向阀 17、管道 18 流回油箱，液压缸活塞 9 和活塞杆 11(二者组成为一体)带动刀架 10 慢速向右运动，实现刀具对工件的慢速切削。改变节流阀 13 的通流面积，可以改变活塞的运动速度，即改变了刀具的走刀速度。切削完成后，使电磁铁断电，电磁换向阀阀芯在弹簧 16 的作用下复位到左端。此时，液压泵排出的压力油经管道 3、电磁换向阀 17、管道 15、单向阀 14(也有较少的油通过与单向阀并联的节流阀 13)、管道 12 进入液压缸的有杆腔，液压缸无杆腔的油经管道 7、电磁换向阀 17、管道 18 流回油箱，液压缸活塞杆带动刀架快速退回，完成一个工作循环。

在刀具切削工件过程中，存在着负载阻力，只有当活塞推力大于负载阻力时，才能完成切削工作。图 2-2(a)中溢流阀 4 用于调定液压系统的工作压力，满足液压缸活塞所需要的压力，实现刀具对工件的切削加工。当然，溢流阀 4 还能起过载保护作用，系统的工作压力由压力表 5 显示。

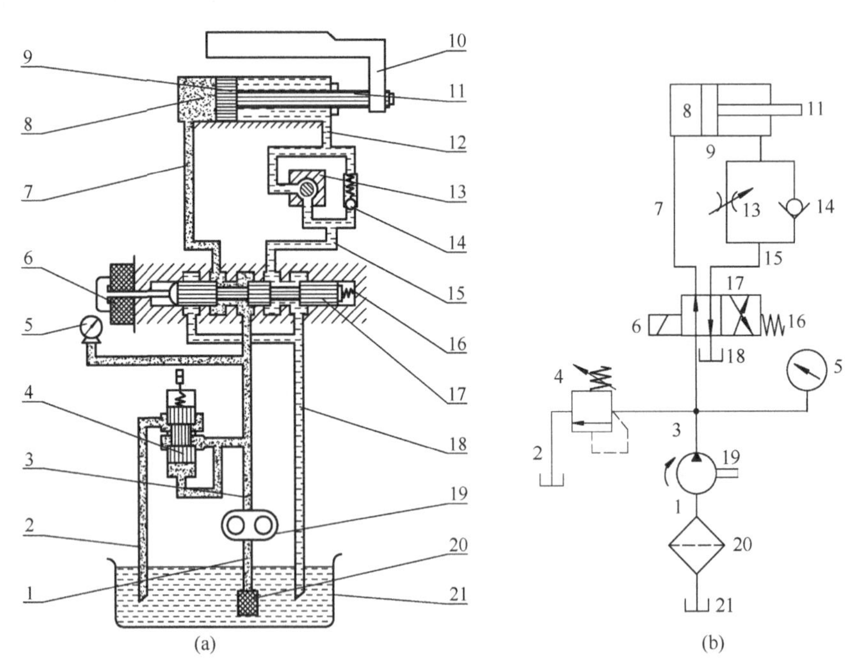

图 2-2 车床刀架液压系统

1. 吸油管；2、18. 回油管；3、7、12、15、18. 管道；4. 溢流阀；5. 压力表；6. 电磁铁；8. 无杆腔；9. 活塞；10. 刀架；11. 活塞杆；13. 节流阀；14. 单向阀；16. 弹簧；17. 电磁换向阀；19. 液压泵；20. 过滤器；21. 油箱

通过对车床刀架液压系统的分析，可看出一个液压系统通常由以下五个部分组成。

(1) 动力装置。动力装置的作用是向液压系统提供具有一定压力的工作液体，它将原动机输入的机械能转换成液体的压力能。液压泵19就是液压系统的动力装置。

(2)执行机构。液压系统的执行机构包括液压缸和液压马达，它们的作用是分别把液体的压力能转换成直线运动形式的机械能和旋转运动形式的机械能。

(3)控制调节装置。在图2-2(a)中，用于控制液流的方向、流量和压力的元件统称为阀，它们分别是电磁换向阀17、节流阀13和溢流阀4等，这些对液压能的传递进行控制的元件统称为控制调节装置。

(4)辅助装置。用于液压介质的储存、过滤、传输以及对液压参量进行测量和显示等的元件都属于辅助装置，也称为辅件。液压系统中的辅件主要有油箱、过滤器、管件、密封件、加热器、冷却器、压力表等。

(5)工作介质。工作介质用以传递动力并起润滑作用。根据使用环境和主机的不同，需采用不同的工作介质。常用的工作介质有石油基油液和合成液压液等。

2.3　液压传动的优缺点

液压传动与其他传动方式相比，主要优点有：

(1)液压传动装置的体积小、重量轻，即功率重量比大。

(2)由于流量易于连续调节，所以液压传动实现无级调速方便，且调速范围大、性能好。

(3)液压传动装置工作平稳、响应快，可频繁启动、制动和换向。

(4)液压传动装置易于实现过载保护。

(5)液压传动所用元件和辅件便于实现标准化、系列化和通用化。

(6)液压介质有良好的润滑性和防锈性，有利于延长液压元件的使用寿命。

液压传动的主要缺点有：

(1)因为存在泄漏和液体可压缩性，所以采用液压传动难以保证严格的传动比。

(2)液压传动装置的性能受温度的影响较大。

(3)布置液压管路如布置导线灵活，再加上工作介质在管路中流动时功率损失较大，故液压传动不宜远距离传输能量。

(4)工作介质容易被污染而造成液压系统的失效和故障。

2.4　液压系统图的图形符号

图2-2(a)所示的车床刀架液压系统是采用结构示意的办法来表示的。这种图直观，容易理解，但绘制时很麻烦。为此，国家标准《流体传动系统及元件图形符号和回路图　第1部分：用于常规用途和数据处理的图形符号》(GB/T 786.1—2009)规定了一整套液压最新的系统职能符号，用以表示液压元件和辅件。将图2-2(a)所示的车床刀架液压系统，用职能符号表示，如图2-2(b)所示。应该强调的是，以职能符号表示的液压系统原理图，应以元件的静止位置或零位置表示，否则需做说明。图2-2(b)中的电磁换向阀17就不是以零位置表示的，而是电磁铁带电的情形。故将电磁换向阀17的外接油管画在靠近电磁铁一侧，这与结构示意图2-2(a)所表示的电磁阀17的油路连通关系是一致的。

2.5 液压技术发展趋势

随着现代工业技术的发展,液压技术的发展也突飞猛进,其发展趋势主要有:

(1)高压化。提高液压系统的工作压力,可以在输出力不变的情况下,减小液压缸的缸径;同时降低系统流量,使泵的排量减小、液压管路的管径变小;进而实现系统的轻量化,节省材料和占用空间。

(2)轻量化。通过改变液压元件的结构或应用轻质材料,减小液压系统的重量。例如,液压阀采用螺纹插装阀,将阀芯直接安装到集成块内,可省去阀体部分的重量。

(3)集成化。通过结构设计的高度集成化、模块化和组合化,使液压系统的集成块与液压阀形成叠加配置和插装配置,可尽量缩短系统连接油路。也可将泵与阀、缸与阀组合在一起,形成集成化产品。

(4)伺服比例化。随着制造技术和水平的不断提高,伺服阀,尤其是比例阀的价格大幅下降,使得一部分原来采用普通液压阀的传动系统也采用了电液比例控制或伺服控制,控制精度和系统工作性能大大提高。随着数字化技术的发展,液压系统的伺服比例化有逐步被数字化取代的趋势。

(5)节能化。节能和绿色环保设计是液压技术发展的重要方向之一。液压系统的节能就是要提高液压系统能量的利用率,即提高液压系统的效率,开发研制环保、节能型产品是液压机械发展的趋势。

思考题与习题

2-1 具体说明液压系统的工作压力不能无限大的原因(假设负载可以无限大)。

2-2 流动的液体具有压力能、动能和位能,这三种能是同时存在的。哪一种能量形式在液压传动中是最主要的,为什么?

2-3 结合图 2-1 所示的液压千斤顶原理图,说明在千斤顶举升重物的过程中,考虑压力损失和不考虑压力损失两种情况下工作介质的压力分布状况。并说明把重物举升到一定高度且维持这个高度不变时,千斤顶内的工作介质所处的状态。此时还有流量吗?压力呢?

2-4 在存在泄漏的情况下,如何理解液压传动中运动的传递按照容积变化相等的原则进行?

第3章　液压泵和液压马达

3.1　概　　述

液压泵和液压马达都是液压传动系统中的能量转换元件。液压泵属于动力装置，它由原动机（如电动机、内燃机等）驱动，把机械能转换成液压能，以液体的压力和流量的形式输送到系统中去；液压马达属于执行机构，它将液压能转换成机械能，以转矩和转速的形式驱动负载做功。

3.1.1　液压泵和液压马达的工作原理及特点

1.液压泵的工作原理

图3-1所示为单柱塞液压泵的工作原理图。柱塞2装在泵体3中，和单向阀5、6共同形成密封工作腔a，柱塞2在弹簧4的作用下始终紧压在偏心轮1上。原动机驱动偏心轮1旋转，柱塞2在偏心轮1和弹簧4的作用下在泵体3中作往复运动。当柱塞2伸出时，密封工作腔a的容积由小变大，形成局部真空，油箱7中的油液在大气压作用下，经过进油管顶开单向阀6进入密封工作腔a，单向阀5在系统压力和弹簧力的作用下关闭，该过程为吸油过程；当柱塞2缩回时，密封工作腔a的容积由大变小，其中的油液受到挤压，压力升高，单向阀6在密封工作腔a压力油和弹簧力的作用下关闭，密封工作腔a压力油顶开单向阀5进入系统，该过程为排油过程。原动机驱动偏心轮1不断旋转，液压泵不断地吸油和排油。

由此可见，液压泵是依靠密封容积变化进行工作的，称为容积式泵。单柱塞液压泵只有一个工作腔，输出的压力油是不连续的。工程上，为了使液压系统的执行机构运行平稳，希望液压泵的流量连续且脉动量小，因此要用均匀排列的三缸以上的柱塞泵或其他形式的液压泵。在后面的章节将对这些液压泵逐一进行介绍。

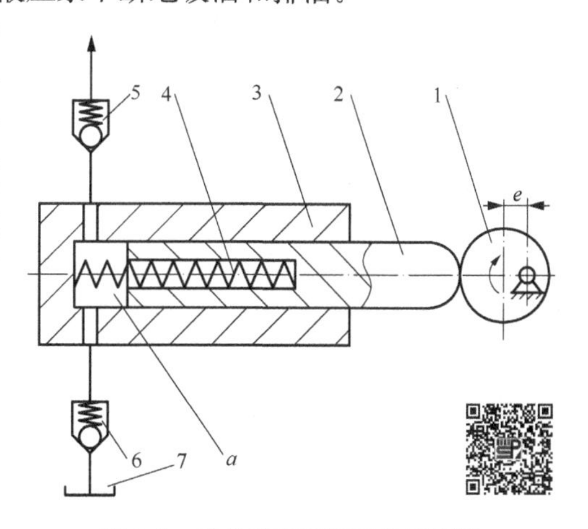

图3-1　单柱塞液压泵工作原理图

1.偏心轮；2.柱塞；3.泵体；4.弹簧；5、6.单向阀；7.油箱

2.液压泵的特点

从上述单柱塞液压泵的工作过程，可以得出液压泵的基本特点如下。

(1)具有周期性变化的密封工作腔。容积式液压泵中的密封工作腔处于吸油时称为吸油腔，吸油腔容积增大吸入油液，完成吸油过程；密封工作腔处于排油时称为排油腔，排油腔容积缩小排出油液，完成排油过程。

(2)具有相应的配油机构。配油机构使吸油腔和排油腔严格分开，保证液压泵连续工作。图3-1所示的单向阀5、6就是配油机构。吸油时，单向阀5关闭，将单向阀5后面的排油管路

(排油腔)与吸油腔隔开;排油时,单向阀 6 关闭,使吸油管路(吸油腔)与排油腔隔开。液压泵的结构原理不同,其配油机构也不相同。

液压泵能够借助大气压力自行吸油而正常工作的能力称为泵的自吸能力。在液压泵的吸油过程中,为了使液压泵能够在大气压力作用下从油箱中吸油,液压系统中的油箱必须与大气相通或采用密闭的充压油箱。

为保证液压泵在最高转速下能正常吸油,泵的吸油口存在一个最低吸入压力。泵的吸油腔的压力取决于吸油高度和吸油管路的阻力,当泵的安装高度太高或吸油阻力太大时,泵的吸油腔的压力低于最低吸入压力,液压泵将不能充分吸入油液,甚至产生空穴现象和气蚀。

3. 液压马达的特点

从能量转换方面来看,液压泵和液压马达是互逆工作的,输入液压马达的是具有一定流量和压力的油液,输出是转矩和转速。从理论上讲,液压泵和液压马达可以互逆使用。向任何一种液压泵输入一定流量的压力油,都会使其泵轴转动,输出转矩和转速,成为液压马达工况。但实际上同类型的泵和马达由于使用目的不同,导致了结构上的差异。这些不同点主要表现在:

(1)液压马达需要正反转,所以在内部结构上应具有对称性,液压泵一般是单方向旋转的,因此不要求结构对称。

(2)液压马达应保证在很宽的转速范围内正常工作,而且最低稳定转速要低,所以应采用滚动轴承或静压轴承。因为当马达转速很低时,若采用动压轴承,就不易形成润滑油膜。而液压泵转速高且一般变化很小。

(3)液压马达在输入压力油条件下工作,不必具备自吸能力。而液压泵在结构上应保证能够具备自吸能力。

(4)液压马达要求具有较大的起动转矩,并需要一定的初始密封性。

由于液压马达和液压泵具有上述不同的特点,所以同种规格的液压马达和液压泵一般不能互逆使用。

3.1.2 液压泵和液压马达的分类

液压泵和液压马达的种类较多,按其轴旋转一周输出和输入的油液的体积是否可以调节而分为定量式和变量式两类;按结构形式可分为齿轮式、叶片式、柱塞式等。

齿轮泵分为外啮合齿轮泵、内啮合齿轮泵和斜齿轮泵;叶片泵分为单作用叶片泵、双作用叶片泵;柱塞泵分为轴向柱塞泵和径向柱塞泵;液压泵另一类常用结构形式为螺杆泵,螺杆泵分为单螺杆泵、双螺杆泵和三螺杆泵。齿轮泵、双作用叶片泵和螺杆泵是定量式液压泵;单作用叶片泵、轴向柱塞泵和径向柱塞泵是变量式液压泵。

液压马达按其额定转速可分为高速和低速两大类,额定转速高于 500r/min 的属于高速液压马达,额定转速低于 500r/min 的属于低速液压马达。高速液压马达的基本形式有齿轮马达、叶片马达、轴向柱塞马达和螺杆马达,通常高速液压马达的输出转矩仅有几十牛·米到几百牛·米,所以也称为高速小转矩液压马达。

低速液压马达的基本形式是径向柱塞马达,具体结构有曲轴连杆式、液压平衡式和多作用内曲线式等。此外齿轮马达、叶片马达和轴向柱塞马达也有低速的结构形式。低速液压马达的主要特点是排量大、体积大和转速低，因此可直接与工作机构连接，不需要减速装置，使传动机构大为简化，通常低速液压马达输出转矩较大，可达几千牛·米到几万牛·米，所以也称为低速大转矩液压马达。

不同结构形式的液压马达的最高使用转速大致为：齿轮马达为1500～3000r/min；叶片马达为1500～2000r/min；轴向柱塞马达可达1000～2000r/min；曲轴连杆式马达为400～500r/min；多作用内曲线式马达为200～300r/min。

不同结构形式的液压马达的最低稳定转速大致为：多作用内曲线式马达为0.1～1r/min；曲轴连杆式马达为1～3r/min；轴向柱塞马达一般为30～50r/min，有的可达2～5r/min，个别可达0.5～1.5r/min；高速叶片马达为50～100r/min；低速大转矩叶片马达为5r/min；齿轮马达的低速性能最差，一般为200～300r/min，个别可到50～150r/min。

3.1.3 液压泵和液压马达的主要性能参数

1. 压力

(1)工作压力 p。液压泵(或液压马达)实际工作时的压力称为液压泵(或液压马达)的工作压力。在工作过程中，液压泵的工作压力取决于负载，与液压泵的流量无关。

(2)额定压力 p_{n}。液压泵(或液压马达)在正常工作条件下，按试验标准规定，能连续运转的最高压力称为液压泵(或液压马达)的额定压力。实际工作中，液压泵(或液压马达)的工作压力应小于或等于额定压力。

(3)最高允许压力 $p_{\max}$。按试验标准规定，超过额定压力 p_{n} 允许短暂运行的最高压力称为液压泵(或液压马达)的最高允许压力。

2. 排量与流量

液压泵的流量为单位时间内排出液压泵的油液体积。液压马达的流量为单位时间内输入液压马达的油液体积。

(1)排量 V。液压泵(或液压马达)轴每转一周，按其密封容腔几何尺寸变化而计算得到的排出(或输入)的油液体积，称为液压泵(或液压马达)的排量。

工程实践中，排量可以用在低压无泄漏情况下的液压泵(或液压马达)每旋转一周所排出的油液体积来表示。

(2)理论流量 q_{t}。根据液压泵(或液压马达)的密封容腔几何尺寸变化而计算得到的单位时间内排出(或输入)的油液体积，称为液压泵(或液压马达)的理论流量，一般指平均理论流量。

对于液压泵
$$q_{\mathrm{tp}}=V_{\mathrm{p}}n_{\mathrm{p}} \tag{3-1}$$
式中，q_{tp} 为泵的理论流量，$\mathrm{m^3/s}$；V_{p} 为泵的排量，$\mathrm{m^3/r}$；n_{p} 为泵的转速，r/s。

工程实践中，常把零压力差下液压泵的流量视为液压泵的理论流量。

(3)实际流量 q。液压泵工作时实际排出的流量，称为液压泵的实际流量 q_{p}。它等于液压泵的理论流量 q_{tp} 减去因泄漏、油液压缩等损失的流量 Δq_{p}，即
$$q_{\mathrm{p}}=q_{\mathrm{tp}}-\Delta q_{\mathrm{p}} \tag{3-2}$$
液压泵的理论流量与密封容积的变化量和单位时间内的变化次数成正比，与工作压力无

关。但工作压力影响泵的内泄漏和油液的压缩量，从而影响泵的实际流量。因此，液压泵的实际流量随着工作压力的升高而略有降低。

液压马达实际输入的流量称为液压马达的实际流量 q_m。它等于液压马达的理论流量 q_{tm} 加上因泄漏、油液压缩等消耗的流量 Δq_m，即

$$q_m = q_{tm} + \Delta q_m \tag{3-3}$$

(4)额定流量 q_n。在正常工作条件下，按试验标准规定(如在额定压力和额定转速下)，液压泵(或液压马达)必须保证的输出(或输入)流量。

3. 功率与效率

1) 理论功率 P_t

液压泵(或液压马达)理论上所产生(或需要)的液压功率，即

$$P_t = \Delta p q_t \tag{3-4}$$

式中，P_t 为液压泵(或液压马达)理论功率，W；Δp 为液压泵(或液压马达)的进、排油口压力差，Pa；q_t 为液压泵(或液压马达)理论流量，m^3/s。

2) 输入功率 P_i

液压泵的输入功率 P_{ip} 为实际驱动液压泵轴的机械功率，即

$$P_{ip} = 2\pi n_p T_p \tag{3-5}$$

式中，P_{ip} 为泵的输入功率，W；n_p 为泵的转速，r/s；T_p 为泵的实际输入转矩，N·m。

液压马达的输入功率 P_{im} 为实际输入液压马达的液压功率，即

$$P_{im} = \Delta p_m q_m \tag{3-6}$$

式中，P_{im} 为马达的输入功率，W；Δp_m 为马达的进、排油口压力差，Pa；q_m 为马达的实际流量，m^3/s。

3) 输出功率 P_o

液压泵的输出功率 P_{op} 为实际输出液压泵的液压功率，即

$$P_{op} = \Delta p_p q_p \tag{3-7}$$

式中，P_{op} 为泵的输出功率，W；Δp_p 为泵的进、排油口压力差，Pa；q_p 为泵的实际流量，m^3/s。

在实际的计算中，若油箱通大气，液压泵的进、排油口压力差用液压泵出口压力 p_p 代入。

液压马达的输出功率 P_{om} 为实际输出液压马达的机械功率，即

$$P_{om} = 2\pi n_m T_m \tag{3-8}$$

式中，P_{om} 为马达的输出功率，W；n_m 为马达的输出转速，r/s；T_m 为马达的实际输出转矩，N·m。

4) 容积损失与容积效率

因油液的泄漏、压缩等损失的流量称为容积损失。液压泵(或液压马达)的容积损失用容积效率来表示。

液压泵的容积效率 η_{vp} 等于泵的实际流量 q_p 与理论流量 q_{tp} 之比，即

$$\eta_{vp} = \frac{q_p}{q_{tp}} \tag{3-9}$$

因此，液压泵的实际流量 q_p 为

$$q_p = q_{tp}\eta_{vp} = V_p n_p \eta_{vp} \tag{3-10}$$

液压马达的容积效率 η_{vm} 等于马达的理论流量 q_{tm} 与实际流量 q_m 之比，即

$$\eta_{vm}=\frac{q_{tm}}{q_m}=\frac{q_{tm}}{q_{tm}+\Delta q_m} \tag{3-11}$$

因此,液压马达的实际流量 q_m 为

$$q_m=\frac{q_{tm}}{\eta_{vm}} \tag{3-12}$$

容积效率表示液压泵(或液压马达)抵抗泄漏的能力。它与工作压力、液压泵(或液压马达)工作腔中的摩擦副间隙大小、油液的黏度以及转速等有关。当工作压力较高,或间隙较大,或油液黏度较低时,因泄漏较大,故容积效率较低;转速较低时,因理论流量较小,泄漏量比例增加,使得液压泵(或液压马达)的容积效率降低。

5) 机械损失与机械效率

因运动部件之间和运动部件与流体之间摩擦而损失的能量称为机械损失。液压泵(或液压马达)的机械损失用机械效率表示。

液压泵的机械效率 η_{mp} 等于泵的理论转矩与实际输入转矩之比,即

$$\eta_{mp}=\frac{T_{tp}}{T_p} \tag{3-13}$$

因摩擦而造成的转矩损失 ΔT_p ,使得驱动泵的实际转矩 T_p 大于其理论驱动转矩 T_{tp} ,即

$$T_p=T_{tp}+\Delta T_p \tag{3-14}$$

液压马达的机械效率 η_{mm} 等于马达的实际输出转矩与理论转矩之比,即

$$\eta_{mm}=\frac{T_m}{T_{tm}} \tag{3-15}$$

由于摩擦而造成的转矩损失 ΔT_m ,使得液压马达的实际输出转矩 T_m 小于其理论输出转矩 T_{tm} ,即

$$T_m=T_{tm}-\Delta T_m \tag{3-16}$$

机械效率与摩擦损失有关,当摩擦损失加大时,对于液压泵,同样大小的理论输出功率需要较大的输入机械功率,对于液压马达,同样大小的实际输出功率需要较大的理论输出功率,故机械效率下降;当油液的黏度加大或间隙减小时,因油液摩擦或运动部件间的摩擦增大,机械效率也会降低。

6) 总效率

液压泵的实际输出功率与输入功率之比,称为液压泵的总效率 η_p,即

$$\eta_p=\frac{P_{op}}{P_{ip}}=\frac{\Delta p_p q_p}{2\pi n_p T_p}=\frac{\Delta p_p q_{tp}\eta_{vp}}{\dfrac{2\pi n_p T_{tp}}{\eta_{mp}}}=\eta_{mp}\eta_{vp} \tag{3-17}$$

因此,液压泵的总效率等于液压泵的机械效率与容积效率之积。

液压泵的输入功率即原动机的驱动功率也可写成

$$P_{ip}=\frac{\Delta p_p q_p}{\eta_p} \tag{3-18}$$

液压马达的实际输出功率与输入功率之比,称为液压马达的总效率 η_m, 即

$$\eta_m=\frac{P_{om}}{P_{im}}=\frac{2\pi n_m T_m}{\Delta p_m q_m}=\frac{2\pi n_m T_{tm}\eta_{mm}}{\dfrac{\Delta p_m q_{tm}}{\eta_{vm}}}=\eta_{mm}\eta_{vm} \tag{3-19}$$

因此,液压马达的总效率等于液压马达的机械效率与容积效率之积。

4. 液压泵的特性曲线

液压泵的特性曲线反映了液压泵的容积效率 η_{vp}、机械效率 η_{mp}、总效率 η_p 和实际输入功率 P_{ip} 与工作压力 p 的关系。它是液压泵在某种工作液体在一定转速和一定油温等条件下通过实验得出的。如图 3-2 所示，由于泵的泄漏量随工作压力升高而增加，所以泵的容积效率 η_{vp} 随着压力的升高而降低，工作压力为零时的容积效率为 100%，这时的实际流量等于理论流量。由于工作压力为零时泵的理论输出功率为零，因此相应的机械效率为零；随着工作压力的升高，最初机械效率 η_{mp} 很快上升，而后变缓。所以总效率 η_p（$\eta_p = \eta_{vp}\eta_{mp}$）始于零，随着工作压力的升高而升高，达到一个最高点后下降。泵的输入功率 P_{ip} 随着工作压力的升高而增大。

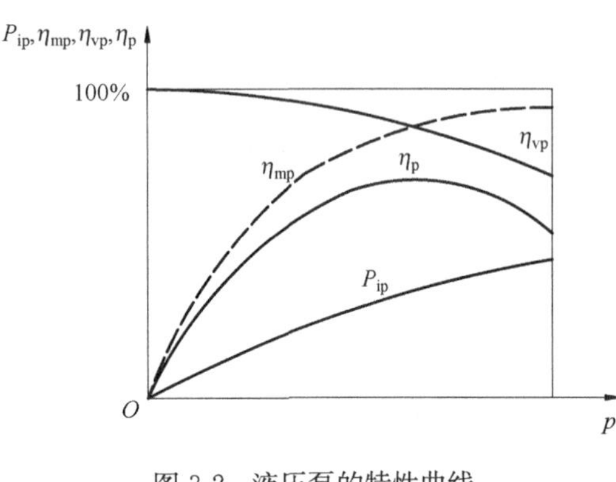

图 3-2 液压泵的特性曲线

5. 液压马达的其他性能参数

1）输出转矩和起动转矩

当液压马达进排油口的压力差为 Δp_m，实际输入液压马达的流量为 q_m，马达排量为 V_m，液压马达实际输出转矩为 T_m，输出转速为 n_m 时，液压马达输入的功率乘以液压马达的总效率等于液压马达的输出功率，即

$$\Delta p_m q_m \eta_m = 2\pi n_m T_m \tag{3-20}$$

又 $q_m = \dfrac{q_{tm}}{\eta_{vm}}$，$q_{tm} = V_m n_m$，$\eta_m = \eta_{mm}\eta_{vm}$，因此液压马达的输出转矩 T_m 为

$$T_m = \frac{\Delta p_m V_m \eta_{mm}}{2\pi} \tag{3-21}$$

由式(3-21)可以得出，根据排量的大小，可以计算在给定工作压力下液压马达所能输出的转矩的大小，也可以计算在给定的负载转矩下马达的工作压力的大小。

液压马达的起动转矩是在额定压力下，由静止状态起动时输出轴上的转矩。液压马达的起动转矩比同一压差下的运转中的转矩低，这给液压马达带载起动造成了困难，因此起动性能对液压马达是非常重要的。起动转矩降低的原因是液压马达内部各相对运动部件之间在静止状态下的摩擦力比在运动时的摩擦力大得多，引起机械效率下降。另外，还受转矩的不均匀性的影响，输出轴处于不同相位角时，其起动转矩也稍有不同，如果起动时处于转矩脉动的最小值，其起动转矩也小。实际工作中都希望起动性能好一些。

液压马达的起动性能主要由起动机械效率 η_{om} 表示，它等于马达起动转矩 T_o 与同一压差时的理论转矩 T_{tm} 之比，即

$$\eta_{om} = \frac{T_o}{T_{tm}} \tag{3-22}$$

多作用内曲线式马达的起动性能最好，轴向柱塞马达、曲轴连杆式马达居中，叶片马达较差，而齿轮马达最差。

2）实际转速、最低稳定转速、最高使用转速和调速范围

液压马达的实际转速 n_m 取决于实际输入的流量 q_m 和液压马达的排量 V_m，由于液压马

达内部有泄漏，不是所有进入马达的油液都推动马达做功。所以液压马达的实际转速要比理想情况低一些，即

$$q_m \eta_{vm} = V_m n_m$$

式中，η_{vm} 为马达的容积效率。

液压马达的实际转速为

$$n_m = \frac{q_m \eta_{vm}}{V_m} \tag{3-23}$$

最低稳定转速是指液压马达在额定压力下，不出现爬行(抖动或时转时停)现象的最低转速。液压马达在低速时产生爬行现象的原因有以下几个方面：摩擦力的大小不稳定；液压马达理论转矩的不均匀性；泄漏量大小不稳定等。其中，液压马达的泄漏量不是每个瞬间都相同，它也随转子转动的相位角度变化作周期性波动。由于低速时进入马达的流量小，泄漏所占的比重增大，泄漏量的不稳定明显地影响到参与马达工作的流量数值，从而造成转速的波动，马达低速转动时，其转动部分及所带的负载表现出来的惯性较小，所以上述影响比较明显，因而出现爬行现象。

实际工作中，一般都期望最低稳定转速越低越好。

液压马达的调速范围用最高使用转速 n_{max} 和最低稳定转速 n_{min} 之比表示，即

$$i = \frac{n_{max}}{n_{min}} \tag{3-24}$$

液压马达的最高使用转速主要受使用寿命和机械效率的限制。转速提高后，各运动副的磨损加剧，使用寿命缩短；转速高则液压马达需要输入的流量就大，因此各过流部分的流速相应增大，压力损失也随之增加，从而使机械效率降低。对某些液压马达，转速的提高还受到背压的限制。例如，曲轴连杆式液压马达，转速提高时，回油背压必须显著增大才能保证连杆不会撞击曲轴表面；随着转速的提高，回油腔所需的背压值也应随之提高；但过分地提高背压，会使液压马达的效率明显下降。

3）滑转速度

液压马达进、排油口切断后，理论上输出轴应完全不转动，但因负载转矩的作用使马达变为泵工况，马达的排油腔成为高压腔，油液从此腔泄漏，使得马达缓慢转动(滑转)。通常用额定转矩下的滑转速度表示液压马达的制动性能。液压马达不能完全避免泄漏现象，因此无法保证绝对的制动性，所以当需要长时间制动时，应该另外设置其他制动装置。

例 3.1　液压泵和液压马达组成系统，已知泵的排量 $V_p = 60\times10^{-6}\,m^3/r$，转速 $n_p = 24.17r/s$，机械效率 $\eta_{mp} = 0.92$，容积效率 $\eta_{vp} = 0.9$，泵的工作压力 $p_p = 10MPa$；马达的排量 $V_m = 60\times10^{-6}\,m^3/r$，机械效率 $\eta_{mm} = 0.92$，容积效率 $\eta_{vm} = 0.9$；液压泵至液压马达管路的压力损失为 0.3MPa。其他损失不计。求：(1)泵的输出功率 P_{op}；(2)泵的输入功率(驱动功率) P_{ip}；(3)马达输出转矩 T_m；(4)马达输出转速 n_m。

解　(1)泵的输出功率 P_{op}。

泵的实际流量

$$q_p = V_p n_p \eta_{vp} = 60\times10^{-6}\times24.17\times0.9 = 1305.18\times10^{-6}(m^3/s)$$

不计吸油管路压力损失，因此

$$\Delta p_p = p_p = 10MPa$$

泵的输出功率

$$P_{op} = p_p q_p = 10\times10^6\times1305.18\times10^{-6} = 13051.8(W)$$

(2)泵的输入功率 P_{ip}。

因为
$$\eta_p = \frac{P_{op}}{P_{ip}}$$

所以，泵的输入功率
$$P_{ip} = \frac{P_{op}}{\eta_p} = \frac{P_{op}}{\eta_{mp}\eta_{vp}} = \frac{13051.8}{0.92 \times 0.9} = 15763.04(\text{W})$$

(3)马达输出转矩 T_m。

不计回油管路压力损失
$$\Delta p_m = p_m = p_p - \Delta p$$
$$p_m = 10 - 0.3 = 9.7(\text{MPa})$$

马达转矩
$$T_m = \frac{p_m V_m \eta_{mm}}{2\pi} = \frac{9.7 \times 10^6 \times 60 \times 10^{-6} \times 0.92}{2 \times 3.14} = 85.26(\text{N} \cdot \text{m})$$

(4)马达输出转速 n_m。

不计管路流量损失　　$q_m = q_p$

马达输出转速　　$n_m = \dfrac{q_m \eta_{vm}}{V_m} = \dfrac{1305.18 \times 10^{-6} \times 0.9}{60 \times 10^{-6}} = 19.58(\text{r/s})$

3.1.4　液压泵和液压马达的图形符号

液压泵和液压马达的图形符号如表 3-1 所示。

表 3-1　液压泵和液压马达的图形符号

名称	图形符号	名称	图形符号	名称	图形符号	名称	图形符号
单向定量液压泵		单向变量液压泵		双向定量液压泵		双向变量液压泵	
名称	图形符号	名称	图形符号	名称	图形符号	名称	图形符号
单向定量液压马达		单向变量液压马达		双向定量液压马达		双向变量液压马达	

3.2　齿　轮　泵

齿轮泵是一种常用的液压泵。它的主要优点是：结构简单、制造方便、外形尺寸小、重量轻、造价低、自吸性能好、对油液的污染不敏感、工作可靠。由于齿轮泵中的啮合齿轮是轴对称的旋转体，因此允许转速较高。其缺点是流量和压力脉动大、噪声高，排量不能调节。低压齿轮泵的工作压力为 2.5MPa；中高压齿轮泵的工作压力为 7～21MPa；某些高压齿轮泵的工作压力已达到 31.5MPa；齿轮泵的最高转速一般可达 3000r/min 左右，在个别情况下(如飞机用齿轮泵)最高转速可达 8000r/min。齿轮泵的低速性能较差，当其转速低于 200～300r/min 时，容积效率过低，泵不能正常工作。按齿轮啮合形式不同，齿轮泵分为外啮合齿轮泵和内啮合齿轮泵。

3.2.1　外啮合齿轮泵

1. 外啮合齿轮泵的工作原理

外啮合齿轮泵的工作原理如图 3-3 所示，装在泵体中的一对参数相同的渐开线齿轮互相啮合。这对齿轮与前后端盖(图中未示出)和泵体形成密封工作腔，当传动轴带动齿轮按图示方向旋转时，泵的吸油腔的轮齿逐渐退出啮合，使吸油腔容积增大而吸油，油液进入齿间被带到排油腔。在泵的排油腔，轮齿逐渐进入啮合，使排油腔容积减小，将油液压出。齿轮泵齿轮啮合线分隔吸、排油腔，起到配油作用，因此外啮合齿轮泵不需要专门的配油机构，这是这种泵与其他类型泵的不同之处。

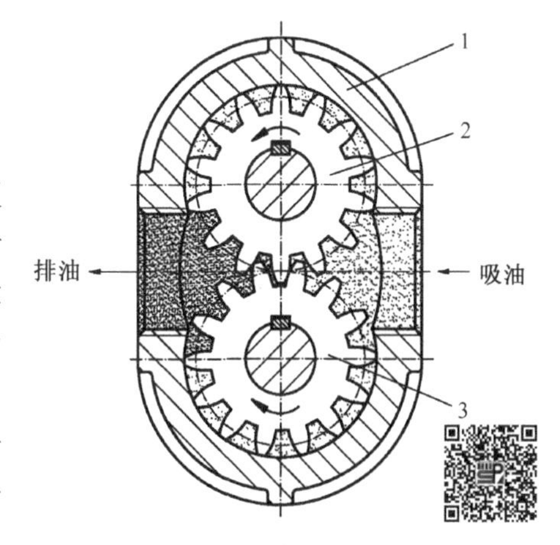

图 3-3　外啮合齿轮泵工作原理

1. 泵体；2. 主动齿轮；3. 从动齿轮

图 3-4 所示为我国自行研制的 CB-B 型齿轮泵的结构图，为了防止压力油从泵体和端盖间泄漏，并减小螺钉的拉力，在泵体的两端面各铣有油封卸荷槽 b，经泵体端面泄漏的油液由卸荷槽流回吸油腔。在泵前后端盖上开有困油卸荷槽 e，以消除泵工作时产生的困油现象。在端盖和从动轴上的卸荷孔 a、c、d，可将泄漏到轴承端部的油液引到泵的吸油腔，使传动轴处的密封圈处于低压，因而不必设置单独的外泄油口。这种泵的吸油腔不能承受高压，因此不能逆转工作。CB-B 型齿轮泵为低压泵，工作压力为 2.5MPa。

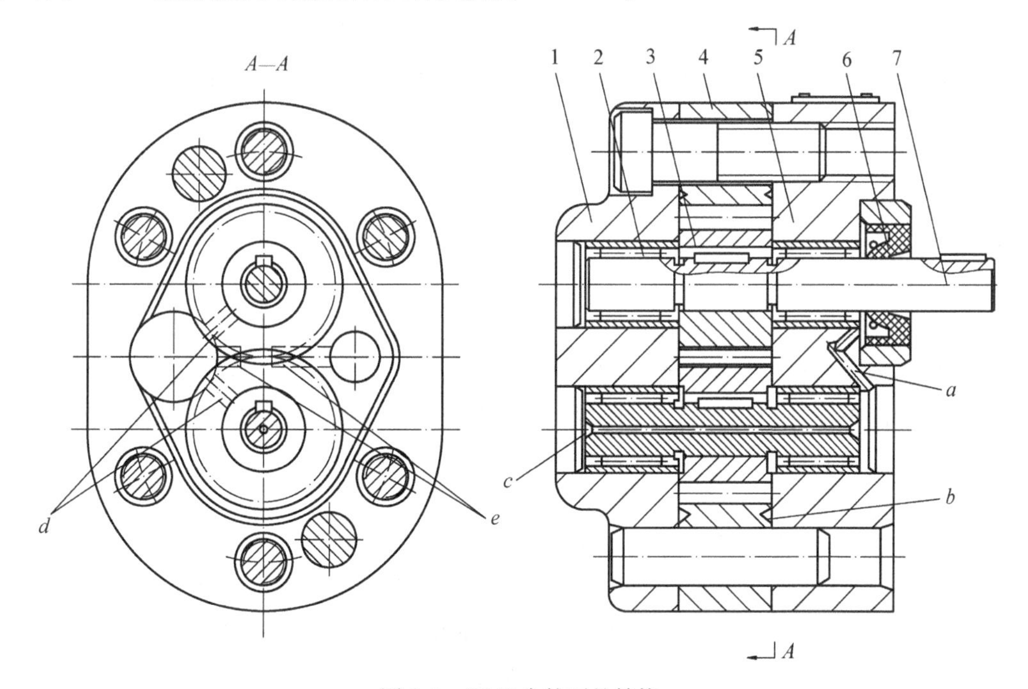

图 3-4　CB-B 齿轮泵的结构

1. 后端盖；2. 滚针轴承；3. 齿轮；4. 泵体；5. 前端盖；6. 防尘圈；7. 传动轴；

a、c、d. 卸荷孔道；b. 油封卸荷槽；e. 困油卸荷槽

2. 外啮合齿轮泵的排量与流量

根据齿轮泵的结构尺寸可计算泵的排量。外啮合齿轮泵排量的精确计算应依啮合原理来进行。在工程实践中,通常采用以下近似计算公式。可以认为泵的排量等于两个齿轮的齿间工作容积之和。假设齿间的工作容积与轮齿的有效体积相等,则齿轮泵的排量等于一个齿轮的所有齿间工作容积和轮齿有效体积的总和,即等于齿轮齿顶圆与基圆之间环形圆柱的体积,因此外啮合齿轮泵的排量为

$$V_{\mathrm{p}} = \pi DhB = 2\pi z m^2 B \tag{3-25}$$

式中,D 为齿轮分度圆直径 $D = mz$,m;h 为有效齿高 $h = 2m$,m;B 为齿宽,m;m 为齿轮模数,m;z 为齿轮齿数。

实际上齿间的工作容积要比轮齿的有效体积稍大,所以式(3-25)可近似写成

$$V_{\mathrm{p}} = 6.66 z m^2 B \tag{3-26}$$

因此外啮合齿轮泵的理论流量 q_{tp} 和实际输出流量 q_{p} 分别为

$$q_{\mathrm{tp}} = 6.66 z m^2 B n_{\mathrm{p}} \tag{3-27}$$

$$q_{\mathrm{p}} = 6.66 z m^2 B n_{\mathrm{p}} \eta_{\mathrm{vp}} \tag{3-28}$$

式中,n_{p} 为齿轮泵转速,r/s;η_{vp} 为齿轮泵的容积效率。

上面公式所表示的是齿轮泵的平均流量。实际上随着啮合点位置的不断改变,齿轮泵每一瞬时的容积变化率是不均匀的,即齿轮泵的瞬时流量是变化的。为了评价液压泵瞬时流量的品质,即液压泵的流量脉动,引入流量不均匀系数 δ_{q} 和流量脉动频率 f_{q}。

流量不均匀系数 δ_{q} 可定义为瞬时流量最大值和最小值之差与理论流量的比值。设 q_{shmax}、q_{shmin} 分别表示最大、最小瞬时流量。则流量不均匀系数 δ_{q} 可表示为

$$\delta_{\mathrm{q}} = \frac{q_{\mathrm{sh\,max}} - q_{\mathrm{sh\,min}}}{q_{\mathrm{tp}}} \times 100\% \tag{3-29}$$

流量脉动频率 f_{q} 是指单位时间内流量脉动的次数。对于齿轮泵来说,每转过一个齿时,流量脉动一次,所以流量脉动频率 f_{q} (单位为 Hz)可表示为

$$f_{\mathrm{q}} = z n_{\mathrm{p}} \tag{3-30}$$

式中,n_{p}为齿轮泵转速,r/s;z 为齿轮泵齿数。

液压系统传动的均匀性、平稳性及噪声等都和泵的流量脉动有关,理想情况是 δ_{q} 趋近于零,f_{q} 也趋近于零。但除螺杆泵和双作用叶片泵外,其他液压泵都很难达到这个要求。由于齿轮泵的流量脉动与其他类型泵相比较大,因此性能要求较高的液压系统不宜采用这种泵。

从式(3-28)可以看出流量与齿轮模数 m 的平方成正比,因此在泵的体积一定时,增大模数,流量增加,但齿数减少。研究表明,泵的齿数减小,流量脉动增大。因此,用于机床上的低压齿轮泵,要求流量均匀,齿数多取为 $z = 13 \sim 20$;而中高压齿轮泵,要求有较大的齿根强度,泵的齿数较少,而且为了防止根切而削弱齿根强度,要求齿形修正,取 $z = 6 \sim 14$。另外,流量和齿宽 B、转速 n_{p} 成正比,一般对于高压齿轮泵,$B = (3 \sim 6)m$;对于低压齿轮泵,$B = (6 \sim 10)m$。转速 n_{p} 的选取应与原动机的转速一致,一般为 750r/min、1000r/min、1500r/min、3000r/min。转速过高,会造成吸油不足,转速过低,容积效率很低,泵也不能正常工作。

3. 外啮合齿轮泵结构存在的问题及解决办法

1）泄漏

齿轮泵存在三个间隙泄漏途径：一是齿轮端面与端盖间的轴向间隙（占总泄漏量的75%～80%）；二是齿轮外圆与泵体内表面之间的径向间隙（占总泄漏量的15%～20%）；三是齿轮啮合处的间隙，通常通过啮合点的泄漏是很少的，一般不予考虑。其中，轴向间隙由于泄漏途径短、泄漏面积大而使泄漏量最大。如果轴向间隙过大，泄漏增加，使泵的容积效率下降。若轴向间隙过小，则齿轮端面和端盖间的机械摩擦损失增大，使泵的机械效率下降。因此，应严格控制泵的轴向间隙。

2）困油现象

为了保证齿轮传动的平稳性，吸、排油腔严格地隔开以使泵能均匀连续地供油，齿轮泵齿轮啮合的重合度 ε 必须大于1（一般 $\varepsilon=1.05\sim1.3$），即在前一对轮齿尚未脱开啮合之前，后一对轮齿已经进入啮合。当两对轮齿同时啮合时，在两对轮齿的啮合线之间形成一个封闭容腔，该封闭容腔与泵的吸、排油腔均不相通，且随齿轮的转动而变化，如图3-5所示。从图3-5(a)到(b)，封闭容腔逐渐减小，到两啮合点 C、D 处于节点 D 两侧的对称位置，到图3-5(b)时，封闭容腔为最小；从图3-5(b)到(c)，封闭容腔逐渐增大。当封闭容腔由大变小时，油液受挤压，压力升高，齿轮泵轴承受周期性压力冲击，同时压力油从缝隙中挤出，造成功率损失，使油液发热；当封闭容腔由小变大时，又因无油液补充而形成局部真空和空穴，出现气蚀现象，引起振动和噪声。这种因封闭容腔大小发生变化导致压力冲击和产生气蚀的现象称为困油现象。困油现象对齿轮泵的正常工作十分有害。

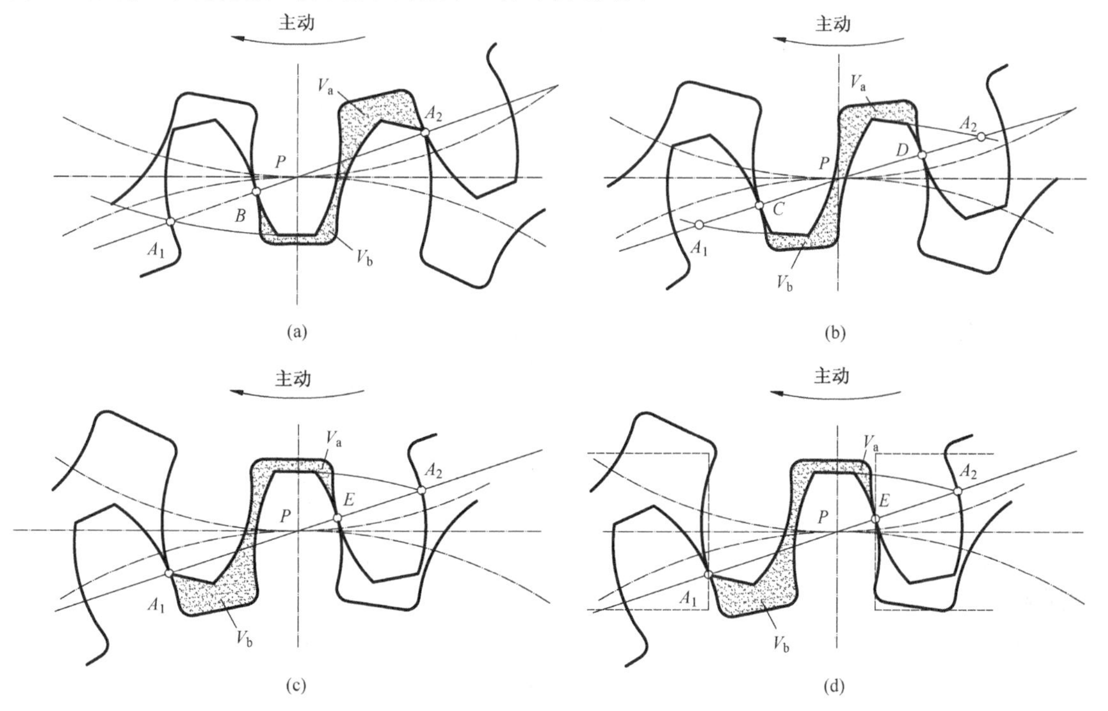

图3-5　齿轮泵的困油现象和困油卸荷槽

消除困油现象的常用办法，通常是在齿轮泵的前后端盖或浮动轴套等零件上开困油卸荷槽，如图 3-5(d)中虚线所示，当封闭容腔减小时，使其与排油腔相通，当封闭容腔增大时，使其与吸油腔相通。一般的齿轮泵两卸荷槽是非对称布置的，使其向吸油腔侧偏移了一个距离，使 V_a 在压缩到最小值的过程中始终与排油腔相通。但两卸荷槽的距离必须保证任何时候都不能使吸油腔和排油腔互通。

3)径向不平衡力

齿轮泵工作时，齿轮承受圆周油液压力所产生的径向力的作用。假设所有油液压力都作用在齿顶圆上，齿轮圆周压力的近似分布如图 3-6 所示，在吸油腔和排油腔的齿轮分别承受吸油压力 p_o 和工作压力 p_p，在齿轮和泵体内表面的径向间隙中，可以认为油液压力从吸油腔压力逐渐过渡到排油腔压力。因此，油液压力产生的径向力是不平衡的。工作压力越高，径向不平衡力越大，其结果不仅加速了轴承的磨损，缩短了轴承的寿命，而且使轴变形，造成齿顶和泵体内表面的摩擦等，使齿轮泵压力的提高受到限制。将齿轮圆周的压力分布曲线展开，可得齿轮圆周油液压力 p 随夹角 φ 的变化值，如图 3-7 所示。为了解决径向力不平衡问题，CB-B 型齿轮泵采用缩小排油腔，即减少 $2\pi-\varphi''$ 以减少排油压力对齿顶的作用面积来减小径向不平衡力，所以泵的排油口比吸油口小。

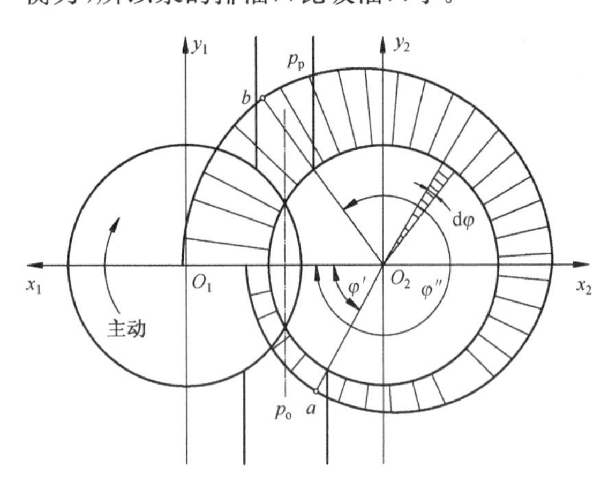

图 3-6 齿轮的圆周压力近似分布

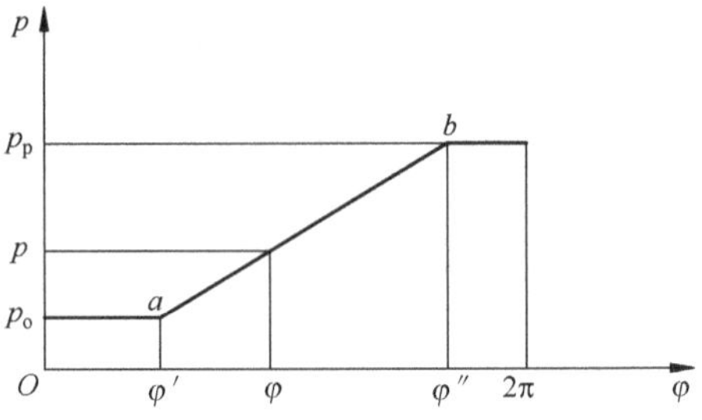

图 3-7 齿轮的圆周压力近似分布展开图

4.提高外啮合齿轮泵压力的措施

低压齿轮泵的轴向间隙和径向间隙都是定值，当工作压力提高后，其间隙泄漏量大大增加，容积效率下降到不能允许的程度(如低于 80%～85%)；另外，随着压力的提高，原来并不平衡的径向力随之增大，导致轴承失效。高压齿轮泵主要是针对上述两个问题，在结构上采取了一些措施，如尽量减小径向不平衡力和提高轴的刚度与轴承的承载能力；对泄漏量最大处的间隙泄漏采用自动补偿装置等。由于外啮合齿轮泵的泄漏主要是轴向间隙泄漏，因此下面对此间隙的补偿原理作简单介绍。

在中高压和高压齿轮泵中，轴向间隙自动补偿一般是采用浮动轴套、浮动侧板或弹性侧板，使之在液压力的作用下压紧齿轮端面，使轴向间隙减小，从而减少泄漏。图 3-8 所示是浮动轴套式间隙补偿原理。两个互相啮合的齿轮由前后轴套中的滑动轴承(或滚动轴承)支承，轴套可在泵体内作轴向浮动。由排油腔引至轴套外端面的压力油，作用在一定形状和大小的

面积 A_1 上，产生液压力 F_1，使轴套紧贴齿轮的侧面，因而可以消除间隙并可补偿齿轮侧面和轴套间的磨损量。在泵启动时，浮动轴套在弹性元件橡胶密封圈或弹簧弹力 F_t 的作用下，紧贴齿轮端面以保证密封。齿轮端面的液压力作用在轴套内端面，形成反推力 F_f。设计时应使压紧力 $F_y=(F_1+F_t)$ 大于反推力 F_f，一般取 $F_y/F_f=1\sim1.2$。此外，还必须保证压紧力和反推力的作用线重合，否则会产生力偶，致使轴套倾斜而增加泄漏。

为了满足液压系统对不同流量的要求，外啮合齿轮泵结构上还有双联泵和多联泵可供选择。

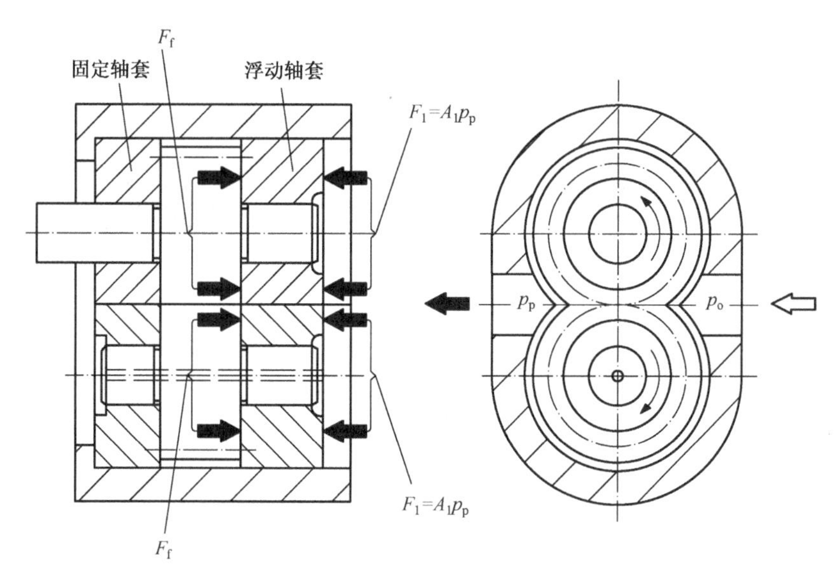

图 3-8　浮动轴套式间隙补偿原理

3.2.2　内啮合齿轮泵

内啮合齿轮泵主要有渐开线齿轮泵和摆线转子泵两种类型。

内啮合渐开线齿轮泵的工作原理如图 3-9(a)所示。相互啮合的内转子和外转子之间有月牙形隔板，月牙板将吸油腔与排油腔隔开。当传动轴带动内转子按图示方向旋转时，外转子以相同方向旋转，图中左半部轮齿脱开啮合，齿间容积逐渐增大，从端盖上的吸油窗口 A 吸油；右半部轮齿进入啮合，齿间容积逐渐减小，将油液从排油窗口 B 排出。

与外啮合齿轮泵相比，内啮合渐开线齿轮泵具有流量脉动率小(仅是外啮合齿轮泵的 1/20～1/10)、结构紧凑、重量轻、噪声低、效率高以及没有困油现象等优点。它的缺点是齿形复杂，需专门的高精度加工设备。内啮合渐开线齿轮泵结构上有单泵和双联泵，工程上应用也较多。

摆线转子泵是以摆线成形、外转子比内转子多一个齿的内啮合齿轮泵。图 3-9(b)所示是摆线转子泵的工作原理图。在工作时，所有内转子的齿都进入啮合，相邻两齿的啮合线与泵体和前后端盖形成密封容腔。内、外转子存在偏心，分别以各自的轴心旋转，内转子为主动轴，当内转子围绕轴心如图 3-9(b)所示方向旋转时，带动外转子绕外转子轴心做同向旋转。左侧油腔密封容积不断增加，通过端盖上的配油窗口 A 吸油；右侧密封容积不断减小从排油窗口 B 排油。内转子每转一周，由内转子齿顶和外转子齿谷所构成的每个密封容腔，完成吸、排油各一次。

内啮合摆线转子泵的优点是:结构紧凑、体积小、零件数少、转速高、运动平稳、噪声低等。缺点是啮合处间隙泄漏大、容积效率低、转子的制造工艺复杂等。内啮合齿轮泵可正、反转,也可作液压马达用。

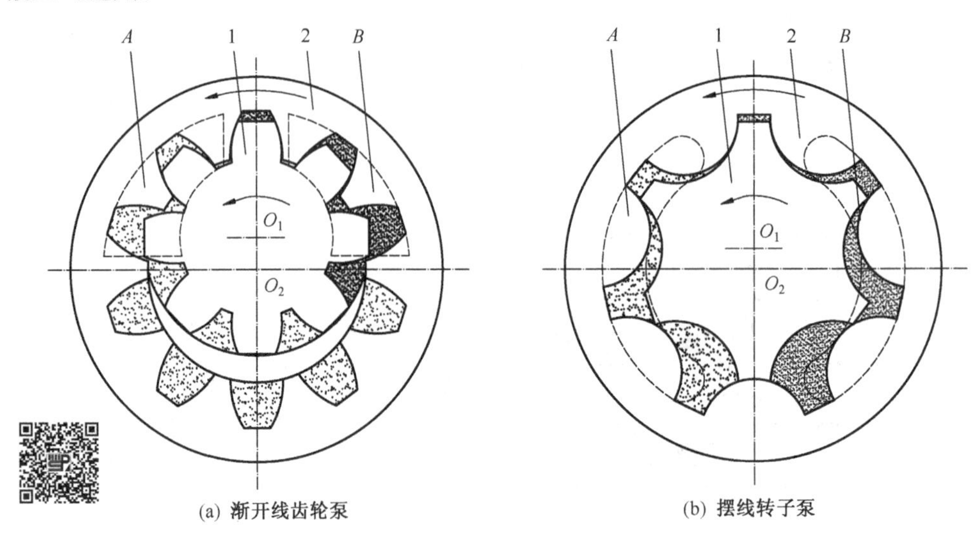

图 3-9　内啮合齿轮泵工作原理

1. 内转子;2. 外转子;*A*. 吸油窗口;*B*. 排油窗口

3.2.3　螺杆泵

螺杆泵实质上是一种外啮合的摆线齿轮泵,泵内的螺杆可以有两个,也可以有三个,图 3-10 所示为三螺杆泵的工作原理。在泵的壳体内有三根相互啮合的双头螺杆,主动螺杆 2 为凸螺杆,从动螺杆 1 是凹螺杆。三个螺杆的外圆与壳体的对应弧面保持着良好的配合。

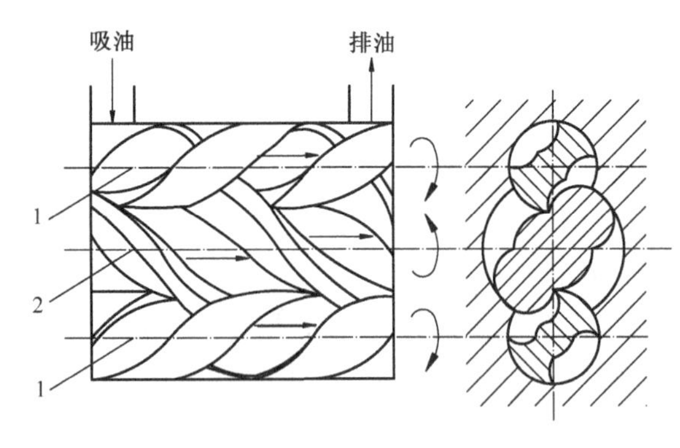

图 3-10　螺杆泵的工作原理

1. 从动螺杆;2. 主动螺杆

在横截面内,它们的齿廓由几对摆线共轭曲线组成,螺杆的啮合线把主动螺杆和从动螺杆的螺旋槽分割成若干密封工作腔。当主动螺杆带动从动螺杆旋转时,这些密封工作腔沿着轴向从左向右移动(主动螺杆每旋转一周,每个密封工作腔移动一个工作导程)。左端密封工作腔容积逐渐增大,进行吸油;右端工作腔容积逐渐缩小,将油排出。螺杆泵的螺杆直径越大,螺旋槽越深,排量也越大。螺杆越长,吸油口和排油口之间的密封层次越多,密封越好,泵的额定压力就越高。

螺杆泵结构简单、紧凑,体积小,重量轻,运转平稳,输油均匀,噪声小,允许采用高转速,容积效率高(达 90%~95%),对油液污染不敏感,因此它在一些精密机床的液压系统中得到了应用。螺杆泵的主要缺点是螺杆形状复杂,加工较困难,不易保证精度。

3.2.4 斜齿轮泵

斜齿轮泵是采用两组螺旋角相同，旋向相反的啮合斜齿轮取代直齿轮所构成的齿轮泵。如图 3-11 所示为斜齿齿轮泵的工作原理。其工作原理与直齿轮泵工作原理类似，但是斜齿轮泵的吸排油过程兼有直齿轮泵和螺杆泵的部分特性。设想将外啮合直齿轮泵采取分片式结构，即将直齿轮沿齿宽等分为 2 片、3 片或多片。每片依次错开一个角度并构成独立容腔。如将片数增加到无数片，则成为斜齿轮。因此，斜齿轮泵的吸排油过程可以看成是多个直齿轮泵依次吸排油过程的组合，其吸排油过程类似于螺杆泵的沿轴向推进和半端面吸排油。

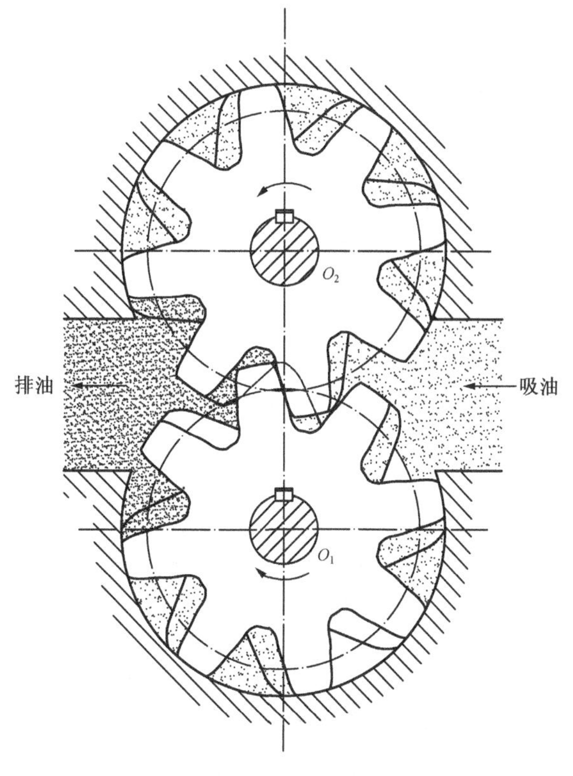

图 3-11 斜齿齿轮泵的工作原理

采用斜齿轮结构的斜齿轮泵有效地消除了附加轴向力的不良影响，具有高压大流量的特点，容积效率高（高达 98%），对油液污染不敏感，在保持直齿轮泵优点的基础上改善了流量脉动，降低了压力脉动和噪声。

3.3 叶 片 泵

叶片泵具有流量均匀、运转平稳、噪声低、体积小、重量轻、易实现变量等优点。在机床、工程机械、船舶和冶金设备中得到广泛应用。中低压叶片泵的工作压力一般为 7MPa，高压叶片泵的工作压力可达 25～31.5MPa。叶片泵的缺点是对油液的污染较齿轮泵敏感；泵的转速不能太高，也不宜太低，一般可在 600～2500r/min 范围内使用；叶片泵的结构也比齿轮泵复杂；自吸性能没有齿轮泵好。

叶片泵主要分为单作用（转子旋转一周完成吸、排油各一次）和双作用（转子旋转一周完成吸、排油各两次）两种形式。单作用叶片泵多为变量泵，双作用叶片泵均为定量泵。

3.3.1 单作用叶片泵

1. 单作用叶片泵的工作原理

单作用叶片泵的工作原理如图 3-12 所示，泵由转子 1、定子 2、叶片 3、配油盘和端盖等组成。定子具有圆柱形内表面，定子和转子间有偏心距 e，叶片装在转子槽中，并可在槽内滑动，当转子转动时，由于离心力的作用，使叶片紧靠在定子内表面，配油盘上各有一个腰形的吸油窗口和排油窗口。这样在定子、转子、叶片和两侧配油盘间就形成若干个密封的工作腔，当转子按图示的方向旋转时，在右半部分，叶片逐渐伸出，叶片间的工作腔逐渐增大，通过吸油口从配油盘上的吸油窗口吸油。在左半部分，叶片被定子内表面逐渐压进槽内，密封工作腔逐渐缩小，将油液经配油盘排油窗口从排油口排出。在吸油腔和排油腔之间，有一段封油区，把吸油腔和排油腔隔开，这种叶片泵转子每转一周，每个密封工作腔完成一次吸油和排油，因此称为单作用叶片泵。

2. 单作用叶片泵的排量和流量计算

单作用叶片泵的排量为各工作容积在泵轴旋转一周时所排出的油液的总和，如图 3-13 所示，两个叶片形成的一个工作容积 V_0 近似地等于扇形体积 V_1 和 V_2 之差，即

$$V_0 = V_1 - V_2 = \frac{1}{2}B\beta[(R+e)^2 - (R-e)^2] = \frac{4\pi}{z}RBe \tag{3-31}$$

式中，R 为定子的半径，m；e 为转子与定子之间的偏心矩，m；B 为定子的宽度，m；β 为相邻两个叶片间的夹角，$\beta = 2\pi/z$；z 为叶片的个数。

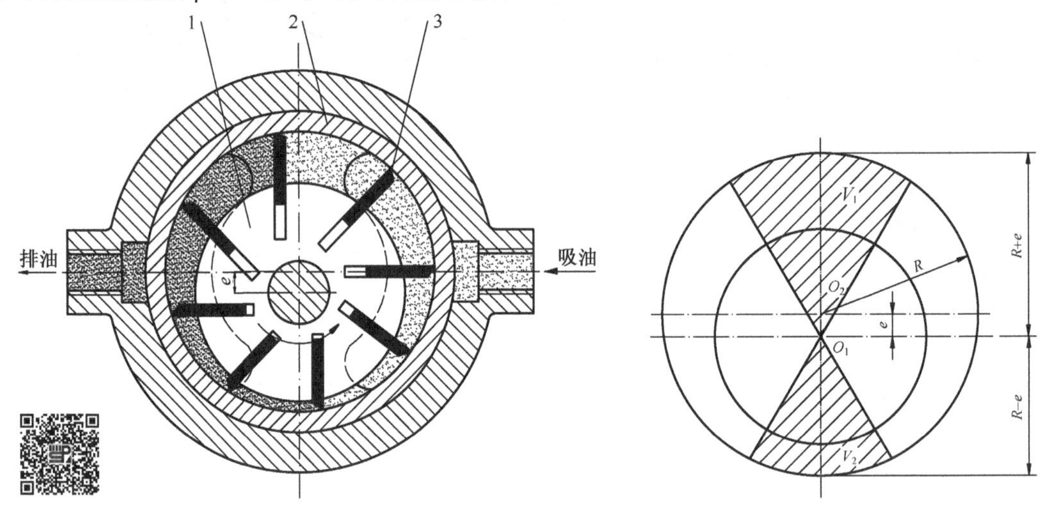

图 3-12 单作用叶片泵的工作原理

1. 转子；2. 定子；3. 叶片

图 3-13 单作用叶片泵排量计算简图

因此，单作用叶片泵的排量 V_p 为

$$V_p = zV_0 = 4\pi RBe \tag{3-32}$$

当单作用叶片泵转速为 n_p，泵的容积效率为 η_{vp} 时，泵的理论流量 q_{tp} 和实际流量 q_p 分别为

$$q_{tp} = V_p n_p = 4\pi RBen_p \tag{3-33}$$

$$q_p = q_{tp}\eta_{vp} = 4\pi RBen_p\eta_{vp} \tag{3-34}$$

上述流量计算中并未考虑叶片的厚度以及叶片的倾角对单作用叶片泵排量和流量的影响。实际上叶片在槽中伸出和缩进时，叶片槽底部也有吸油和排油过程，由于排油腔和吸油腔处叶片的底部分别与排油腔及吸油腔相通，叶片槽底部的吸油和排油恰好补偿了叶片厚度及倾角所占据体积而引起的排量和流量的减小，因此，在计算中不考虑叶片厚度和倾角的影响。

单作用叶片泵的流量也是有脉动的，理论分析表明，泵内叶片数越多，流量脉动越小，此外，泵具有奇数叶片数时的脉动比偶数叶片时小，所以单作用叶片泵的叶片数均为奇数，一般为 13 片或 15 片。

3. 单作用叶片泵的特点

(1)改变定子和转子之间的偏心便可改变排量。偏心反向时，吸油排油方向也相反。

(2)当叶片处于排油区时,叶片底部通压力油,当叶片处于吸油区时,叶片底部通低压油,叶片的顶部和底部的液压力基本平衡,避免了叶片与定子内表面严重磨损的问题。

(3)结构复杂、轮廓尺寸大、相对运动的部件多、泄漏较大、噪声较大;轴上承受不平衡的径向液压力,导致轴及轴承磨损加剧,因此额定压力不高;容积效率和机械效率都没有定量叶片泵高。但是,它能够实现变量,在功率利用上较为合理。

4. 单作用叶片泵的排量调节

单作用叶片泵的排量可调,因此常用来作为变量泵使用。变量泵可以根据液压系统中执行机构的运行速度提供相匹配的流量,尤其是运动速度变化时,避免了能量损失及系统发热,功率利用率高。按改变偏心方式的不同,变量叶片泵的变量形式分为手动变量、压力补偿变量、功率匹配变量、恒压变量以及恒流量变量等。下面介绍的是目前应用最广泛的变量叶片泵——限压式变量叶片泵。

1) 限压式变量叶片泵的工作原理

限压式变量叶片泵(也称压力补偿或压力反馈式叶片泵)是利用泵出口压力控制偏心距来自动实现变量的,根据控制油的作用方式分为外反馈式和内反馈式两种,下面分别说明它们的工作原理和特点。

(1) 外反馈限压式变量叶片泵。图3-14所示为外反馈限压式变量叶片泵的工作原理。转子1中心O_1固定,定子2可以左右移动,配油盘上的吸油窗口和排油窗口沿定子与转子的中心连线对称布置,3为最大流量调节螺钉,4为柱塞,泵出口压力p经泵内通道引入柱塞缸作用于柱塞4上,5为调压弹簧,6为调压螺钉。在泵未运转时,定子2在调压弹簧5的作用下,紧靠柱塞4,柱塞4靠在最大流量调节螺钉3上。这时,定子2与转子1有一初始偏心距e_0。调节最大流量调节螺钉3的位置,可以改变偏心距e_0的大小。

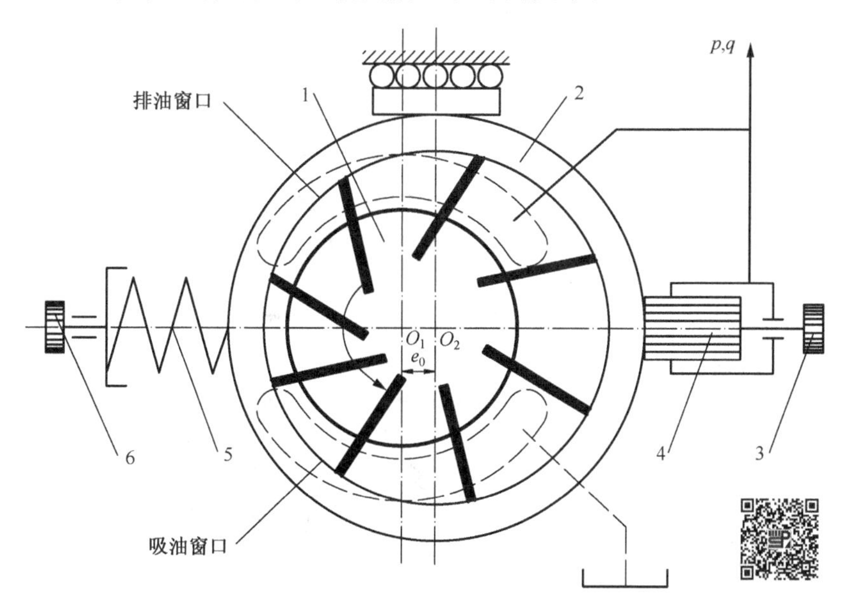

图3-14　外反馈限压式变量叶片泵的工作原理

1. 转子;2. 定子;3. 最大流量调节螺钉;4. 柱塞;5. 调压弹簧;6. 调压螺钉

泵工作时，当泵出口压力较低时，作用在柱塞 4 上的液压力 p 小于调压弹簧 5 的作用力，即

$$pA < k_s x_0 \tag{3-35}$$

式中，A 为柱塞 4 的作用面积，m^2；k_s 为弹簧刚度，N/m；x_0 为偏心距为 e_0 时的弹簧的预压缩量，m。此时定子 2 与转子 1 的偏心距最大，输出的流量最大。随着外负载的增加，泵出口的压力增大，当压力 p 达到限定压力 p_B 时，有

$$p_B A = k_s x_0 \tag{3-36}$$

调节调压螺钉 6，可改变弹簧的预压缩量 x_0，即可改变限定压力 p_B 的大小。当压力进一步提高，达到

$$pA > k_s x_0 \tag{3-37}$$

若不考虑定子移动的摩擦力，液压力克服弹簧力推动定子左移，泵的偏心距 e 减小，泵的输出流量减少。设偏心量减少时，弹簧的附加压缩量为 x，定子移动后的偏心距为 e，则

$$e = e_0 - x \tag{3-38}$$

这时定子上的受力平衡方程是

$$pA = k_s(x_0 + x) \tag{3-39}$$

将式(3-36)、式(3-39)代入式(3-38)得

$$e = e_0 - \frac{A(p - p_B)}{k_s} \quad (p \geqslant p_B) \tag{3-40}$$

式(3-40)表示了泵的偏心距随工作压力变化的关系。泵的工作压力越高，偏心距越小，泵的输出流量越少。当 $p = k_s(e_0 + x_0)/A$ 时，泵的输出流量为零。控制定子移动的作用力是将液压泵排油口的压力油引到柱塞上，然后再加到定子上，这种控制方式称为外反馈式。

(2)内反馈限压式变量叶片泵。图 3-15 所示为内反馈限压式变量叶片泵的工作原理，配油盘的吸、排油窗口相对定子与转子的中心连线是不对称的，存在偏角 θ，因此泵在工作时，排油腔的压力油作用于定子的力 F 也偏一个 θ 角，这样 F 的水平分力为 $F_x = F\sin\theta$，当水平分力超过调压弹簧调定的限定压力时，定子移动，定子与转子的偏心距减少，使泵的输出流量减小。这种泵是依靠液压力直接作用在定子上来控制变量的，称为内反馈限压式变量叶片泵。

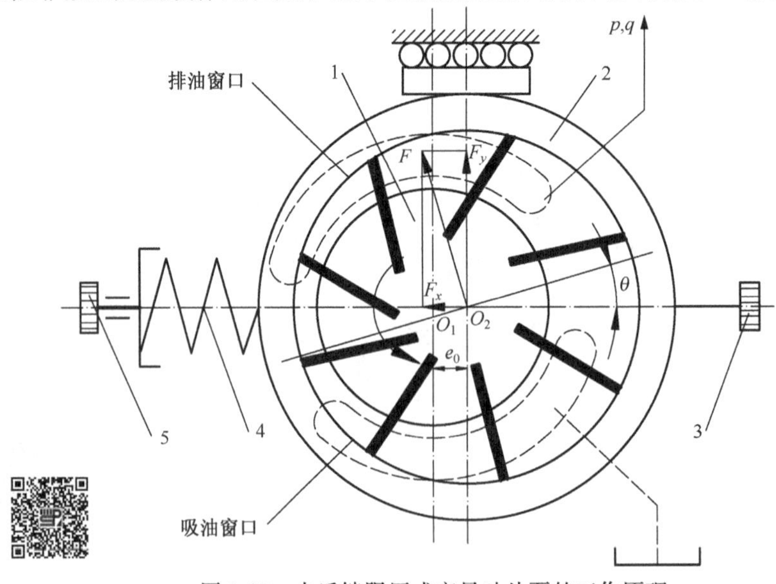

图 3-15　内反馈限压式变量叶片泵的工作原理

1. 转子；2. 定子；3. 最大流量调节螺钉；4. 弹簧；5. 弹簧预压缩量调节螺钉

2)限压式变量叶片泵的特性曲线

图 3-16 所示为限压式变量叶片泵的特性曲线，限压式变量叶片泵在工作过程中，当工作压力 p 小于预先调定的限定压力 p_B 时，液压作用力不能克服弹簧的预紧力，这时定子和转子的偏心距保持最大不变，因此泵的输出流量 q_A 不变，但由于工作压力增大时，泵的泄漏流量 q_l 也增加，所以泵的实际输出流量 q 也略有减少，如图 3-16 中的 AB 段所示。调节流量调节螺钉 3(图 3-14)可调节最大偏心距 e_0(初始偏心距)的大小，从而改变泵的最大输出流量 q_A，特性曲线 AB 段上下平移，当泵的供油压力 p 超过限定压力 p_B 时，液压作用力大于弹簧的预紧力，此时弹簧受压缩，定子向偏心距减小的方向移动，使泵的输出流量减小，压力越高，弹簧压缩量越大，偏心距越小，输出流量越小，其变化规律如特性曲线 BC 段所示。调节调压弹簧 6 可改变限定压力 p_B 的大小，这时特性曲线 BC 段左右平移，而改变调压弹簧的刚度时，可以改变特性曲线 BC 段的斜率，弹簧越"软"(k_s 值越小)，BC 段越陡，p_C 值越小；反之，弹簧越"硬"(k_s 值越大)，BC 段越平坦，p_C 值亦越大。当定子和转子之间的偏心距为零时，系统压力达到最大值 p_C，该压力称为截止压力。实际上由于泵存在泄漏，当偏心距尚未达到零时，泵的输出流量已为零。

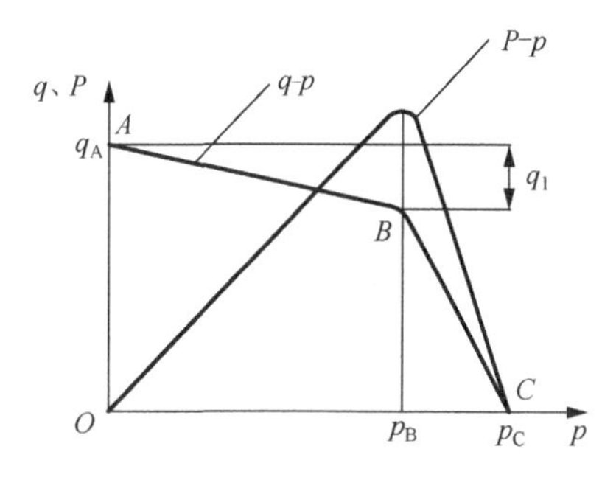

图 3-16　限压式变量叶片泵的特性曲线

限压式变量叶片泵对既要实现快速行程，又要实现工作进给(慢进)的执行元件来说是一种合适的动力装置。快速行程需要大流量，工作压力低，正好使用特性曲线的 AB 段，工作进给时负载压力升高，需要流量减少，正好使用其特性曲线的 BC 段，因而合理调整拐点压力 p_B 是使用该泵的关键。目前这种泵广泛用于要求执行元件有快速、慢速和保压阶段的中低压系统中，有利于节能和简化回路。

3.3.2　双作用叶片泵

1. 双作用叶片泵的工作原理

图 3-17 所示为双作用叶片泵的工作原理。它由定子 1、转子 2、叶片 3 和配流盘等组成。转子 2 和定子 1 中心重合，定子 1 内表面由两段半径为 R 的大圆弧、两段半径为 r 的小圆弧以及四段连接大小圆弧的过渡曲线组成。叶片 3 在转子的叶片槽内滑动，叶片受离心力和叶片根部液压力作用而紧贴定子内表面，因此，转子、叶片、定子和前后两个配油盘间形成若干个密封工作腔。随着转子旋转，当叶片从定子内表面的小圆弧区向大圆弧区移动时，叶片伸出，两个封油叶片之间的密封工作腔增大，通过配油盘上的吸油窗口吸油；由大圆弧区段移向小圆弧区时，叶片被定子内表面逐渐压进槽内，密封工作腔减小，通过配油盘上

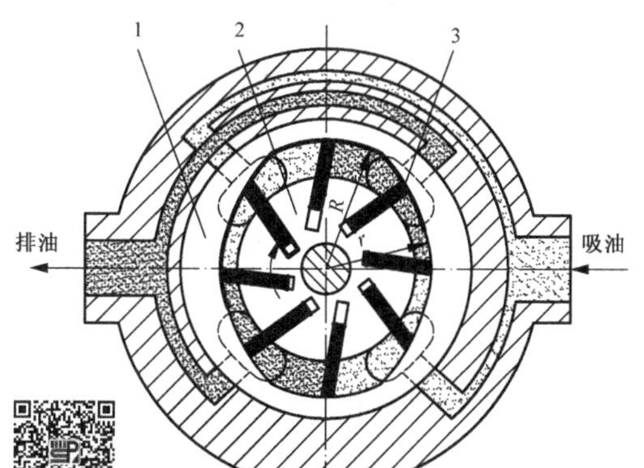

图 3-17　双作用叶片泵的工作原理
1. 定子；2. 转子；3. 叶片

的排油窗口排油。转子每转一周，密封工作腔完成两次吸、排油过程，所以称为双作用叶片泵。

泵转子体中的叶片槽底部通排油腔，因此在建立排油压力后，处在吸油区的叶片对定子内表面的压紧力为其离心力和叶片底部液压力之和。在压力还未建立起来的启动时刻，此压紧力仅由离心力产生。如果离心力不够大，叶片顶部就不能与定子内表面贴紧以形成高、低压腔之间的可靠密封，泵由于吸、排油腔沟通而不能正常工作。这就是叶片泵最低转速不能太低的原因。

双作用叶片泵的两个吸油腔和两个排油腔均为对称布置，故作用在转子上的液压力相互平衡，轴和轴承的寿命较长，因此双作用叶片泵又称为平衡式叶片泵。为了使径向力完全平衡，密封工作腔数(即叶片数)应当是双数。

2. 双作用叶片泵的排量和流量计算

因为转子旋转一周，每个密封工作腔完成两次吸、排油过程，所以当定子的大圆弧半径为 R 、小圆弧半径为 r 、定子宽度为 B 、定子叶片数为 z 、两叶片间的夹角为 $\beta=2\pi/z$ 时，每个密封工作腔排出的油液体积为半径为 R 和 r、扇形角为 β、厚度为 B 的两扇形体积之差的两倍，双作用叶片泵的排量是

$$V = 2z \cdot \frac{1}{2}\beta(R^2 - r^2)B = 2\pi(R^2 - r^2)B \tag{3-41}$$

由于一般双作用叶片泵叶片底部全部接通压力油，同时考虑叶片的厚度及叶片安放的倾角，双作用叶片泵当叶片厚度为 b 、叶片倾角为 θ 时的排量为

$$V_{\mathrm{p}} = 2\pi(R^2 - r^2)B - 2\frac{R-r}{\cos\theta}bzB = 2B\left[\pi(R^2 - r^2) - \frac{R-r}{\cos\theta}bz\right] \tag{3-42}$$

所以当双作用叶片泵的转数为 n_{p} ，工作腔效率为 η_{vp} 时，泵的理论流量和实际流量分别为

$$q_{\mathrm{tp}} = V_{\mathrm{p}}n_{\mathrm{p}} = 2B\left[\pi(R^2 - r^2) - \frac{R-r}{\cos\theta}bz\right]n_{\mathrm{p}} \tag{3-43}$$

$$q_{\mathrm{p}} = q_{\mathrm{tp}}\eta_{\mathrm{vp}} = 2B\left[\pi(R^2 - r^2) - \frac{R-r}{\cos\theta}bz\right]n_{\mathrm{p}}\eta_{\mathrm{vp}} \tag{3-44}$$

双作用叶片泵受叶片厚度的影响，且长半径圆弧和短半径圆弧也不可能完全同心，以及叶片底部槽与排油腔相通，因此泵的输出流量将出现微小的脉动，但其流量脉动率较其他形式的泵小得多，且在叶片数为 4 的整数倍时最小。因此，双作用叶片泵的叶片数一般为 12 片或 16 片。

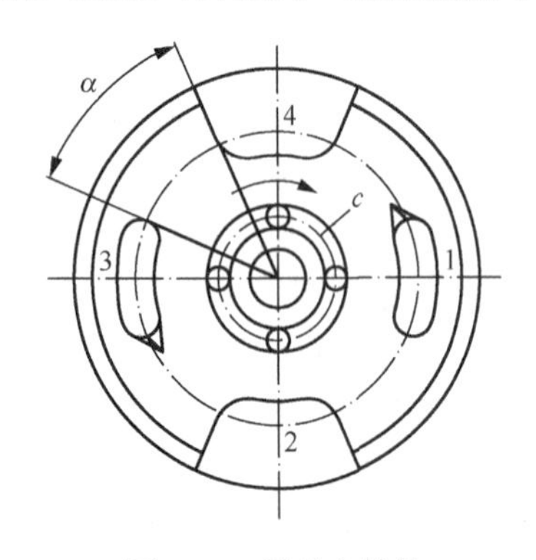

图 3-18　配油盘结构

1、3. 排油窗口；2、4. 吸油窗口；c. 环形槽

3. 双作用叶片泵的结构特点

1)配油盘

双作用叶片泵的配油盘如图 3-18 所示，配油盘有两个吸油窗口 2、4 和两个排油窗口 1、3，窗口之间为封油区，为保证吸、排油腔之间的密封，应使封油区对应的中心角 α 稍大于或等于两个叶片之间的夹角 β ($\beta=2\pi/z$)。当相邻两个叶片间密封油液从吸油区过渡到封油区(长半径圆弧区)时，其压力基本上与吸油压力相同。但当转子再继续旋转一个微小角度时，该密封工作腔突然与排油腔相通，其中油液压力突然升高，油液的体积突然收缩，致使排

油腔中的油倒流进该腔，使液压泵的瞬时流量突然减小，引起液压泵的流量脉动、压力脉动和噪声。为此，在配油盘的排油窗口，叶片从封油区进入排油区的一端，开有一个截面形状为三角形的三角槽，使两叶片之间的封闭油液在未进入排油区之前，就通过该三角槽与压力油相连，通过三角槽的阻尼作用，使压力逐渐上升，因而减缓了流量和压力脉动，并降低了噪声。环形槽 c 与排油腔相通并与转子叶片槽底部相通，使叶片的底部作用有液压力。

2)定子曲线

双作用叶片泵的定子曲线直接影响泵的性能，如流量均匀性、噪声、磨损等。过渡曲线应保证叶片贴紧在定子内表面上，且避免叶片在大、小圆弧和过渡曲线的连接点处产生很大的径向加速度，对定子产生冲击，造成连接点处严重磨损，并发出噪声。连接点处用小圆弧进行修正，可以改善这种情况。目前较广泛应用的一种过渡曲线是等加速—等减速曲线，在国外有些叶片泵上采用了三次以上的高次曲线作为过渡曲线。

3)叶片的安放倾角

以往的设计观念是将叶片相对转子半径朝旋转方向前倾一个角度 θ(常取 $\theta=10°\sim14°$)，认为设置倾角能改善处于排油腔叶片的受力，避免叶片在叶片槽中滑动困难甚至卡死，保证叶片和定子内表面的可靠接触。研究和实践表明，认为取 $\theta=0$ 更为合理，即将叶片沿着转子径向布置。当叶片的安放倾角 $\theta=0$ 时，叶片的受力状况更好，同时叶片槽的加工工艺也得到简化。目前国外一些双作用叶片泵的叶片都是径向安放的。

4.提高双作用叶片泵压力的措施

双作用叶片泵主要是通过解决以下两个问题来提高压力的：一是叶片和定子内表面的磨损问题；二是转子及叶片端面的泄漏问题。

由于一般双作用叶片泵的所有叶片槽底部始终通压力油，使处于吸油腔的叶片顶部和底部的液压力不平衡，叶片会对定子内表面产生较大的压紧力，导致定子和叶片急剧磨损，影响叶片泵的使用寿命。尤其是工作压力较高时，磨损更严重。因此，吸油区叶片两端压力不平衡，限制了双作用叶片泵工作压力的提高。双作用高压叶片泵在结构上采取减小吸油区叶片对定子内表面的作用力的措施，主要有以下几种结构。

(1)减小作用在叶片底部的液压力，利用阻尼槽或内装小减压阀，把泵的排油腔的压力油进行适当减压后再引入吸油区的叶片底部，使叶片经过吸油区时，叶片压向定子内表面的作用力不致过大。

(2)减小叶片底部作用面积。如图 3-19 所示，这种结构中采用了复合式叶片(亦称子母叶片)和阶梯式叶片。图 3-19(a)子母叶片结构中，母叶片与子叶片能自由相对滑动。压力油通过配油盘、转子槽压力通道引入子母叶片之间的中间压力腔，而母叶片底部腔则通过转子上的压力平衡孔，始终与叶片顶部液压力相同。这样，无论叶片处在吸油区还是排油区，母叶片顶部和底部腔的液压力总是相等的。当叶片处在吸油腔时，只有中间压力腔的压力油作用而使叶片压向定子内表面，减小了叶片和定子内表面间的作用力。图 3-19(b)所示为阶梯式叶片结构。阶梯叶片和转子上的阶梯叶片槽之间的中间压力腔通过配油盘上的压力通道始终与排油腔相通，而叶片的底部和所在腔相通。这样，叶片在中间压力腔中油液压力作用下压向定子表面，由于作用面积减小，其作用力不致太大，但这种结构的加工工艺性较差。

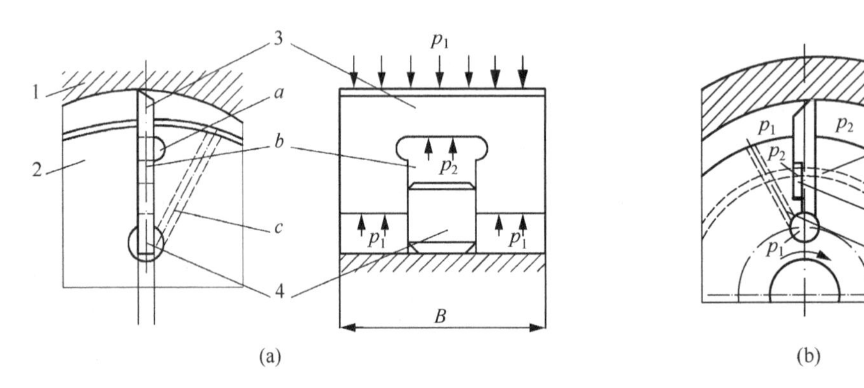

图 3-19　减小叶片作用面积的高压叶片泵叶片结构

1. 定子；2. 转子；3. 母叶片；4. 子叶片；*a*. 压力通道；*b*. 中间压力腔；*c*. 压力平衡孔

(3)使叶片顶端和底部的液压力平衡。图 3-20(a)所示的泵采用双叶片结构。两个可以作相对滑动的叶片 1 和 2 代替原来的整体叶片，叶片顶端棱边与定子内表面接触，两叶片倒角形成三角形油腔 *a*，叶片底部油腔 *b* 始终与排油腔相通，并通过两叶片间的小孔 *c* 将压力油引入油腔 *a*，因而使叶片顶端和底部的液压力基本平衡。适当选择叶片顶部棱边的宽度，可以使叶片对定子表面既有一定的压紧力，又不致使该力过大。为了使叶片运动灵活，对零件的制造精度将提出较高的要求，此结构适用于大排量的叶片泵。图 3-20(b)所示为弹簧加压式结构，这种结构叶片较厚，顶部与底部有孔相通，叶片底部的油液是由叶片顶部经叶片的孔引入的，因此叶片上下油腔的液压力基本平衡，为使叶片紧贴定子内表面，保证密封，在叶片根部装有弹簧，将叶片紧压在定子表面。

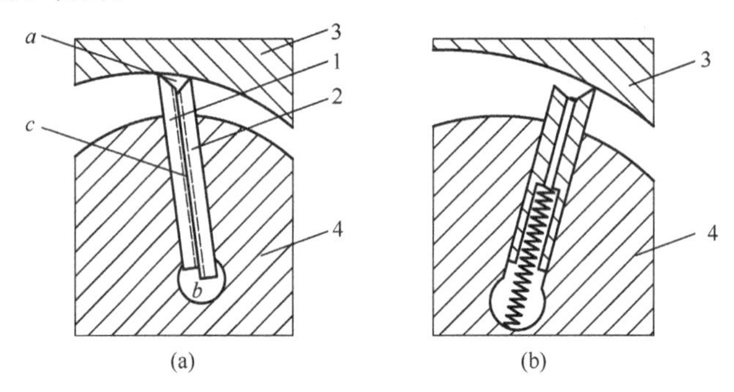

图 3-20　叶片液压力平衡的高压叶片泵叶片结构

1、2. 叶片；3. 定子；4. 转子

可以通过减小转子、叶片端面与配油盘之间的泄漏，来提高双作用叶片泵的压力，叶片泵采用浮动配油盘自动补偿轴向间隙的结构，使叶片泵在高压下也能保持较高的容积效率。图 3-21所示为 PV_2R 型中高压双作用叶片泵的结构图，它由左泵体 1、固定配油盘 2、转子 3、定子 4、浮动配油盘 5、右泵体 6 和传动轴 7 等组成。浮动配油盘的右侧通有压力油，产生的压紧力稍大于左侧的油压推力，工作时配油盘自动紧贴定子端面，并产生适量的弹性变形，使转子与配油盘之间保持很小的间隙。这种泵的额定压力为 16MPa。这种泵同时采用薄叶片(最小厚度为 1.6mm)，并提高定子强度使泵的工作压力有所提高。

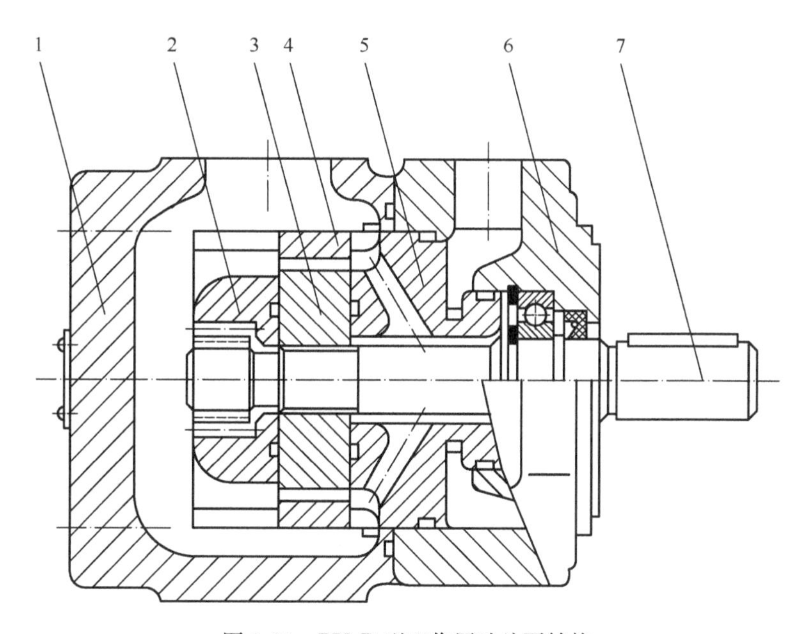

图 3-21 PV_2R 型双作用叶片泵结构

1. 左泵体;2. 固定配油盘;3. 转子;4. 定子;5. 浮动配油盘;6. 右泵体;7. 传动轴

3.4 柱塞泵

柱塞泵是利用柱塞在缸体柱塞孔中作往复运动,密封工作腔发生变化而实现吸油与排油来进行工作的。根据柱塞的排列形式不同,柱塞泵可分为轴向柱塞泵和径向柱塞泵两大类。轴向柱塞泵因柱塞的轴线与缸体轴线平行而得名。它具有结构紧凑、单位功率体积小、工作压力高(额定工作压力一般可达 31.5～40MPa)、高压下仍能保持较高的工作腔效率(一般为95%左右)、容易实现变量等优点,因此广泛应用于高压、大流量和大功率的液压系统中。轴向柱塞泵的缺点是对油液的污染比较敏感、对材质和加工精度要求也比较高、使用和维护比较严格、价格贵。径向柱塞泵由于结构复杂,体积较大,所以应用较少,因此只作简单介绍。

3.4.1 轴向柱塞泵

轴向柱塞泵按其结构特点可分为斜盘式和斜轴式两大类。

1. 斜盘式轴向柱塞泵

1) 工作原理

图 3-22 所示为斜盘式轴向柱塞泵的工作原理。柱塞 4 安装在缸体 5 上沿圆周均匀布置的柱塞孔中,斜盘 3 与缸体 5 轴线倾斜一个角度 γ,弹簧始终将柱塞 4 与斜盘 3 压紧,当原动机驱动传动轴 1 带动缸体 5 旋转时,柱塞 4 随缸体 5 旋转的同时,在斜盘 3 和弹簧的共同作用下,在柱塞孔内沿缸体轴线作往复运动。当传动轴 1 按图示方向旋转时,位于 $A—A$ 剖面右半部的柱塞不断伸出,密封工作腔逐渐增大,从配油盘的吸油窗口吸油。位于 $A—A$ 剖面左半部的柱塞不断缩回,密封工作腔逐渐减小,油液受压从配油盘的排油窗口排出。随着传动轴 1 的旋转,每个柱塞不断往复运动进行吸、排油,多个柱塞作用形成连续的流量输出。如改变斜盘

3 倾角，即改变柱塞的行程，可以改变排量。改变斜盘 3 倾角方向，即改变吸油和排油的方向，则成为双向变量泵。

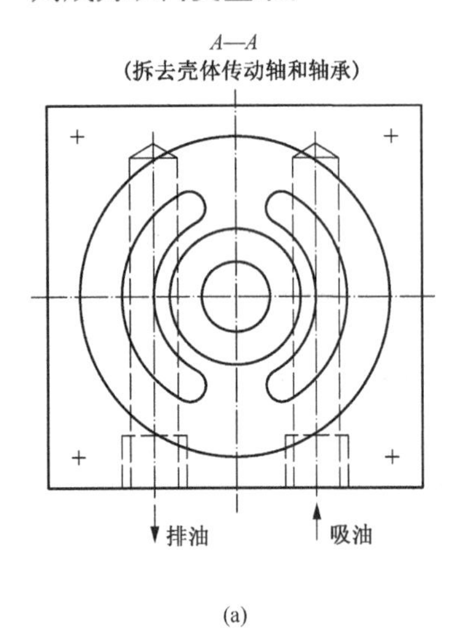

(a)

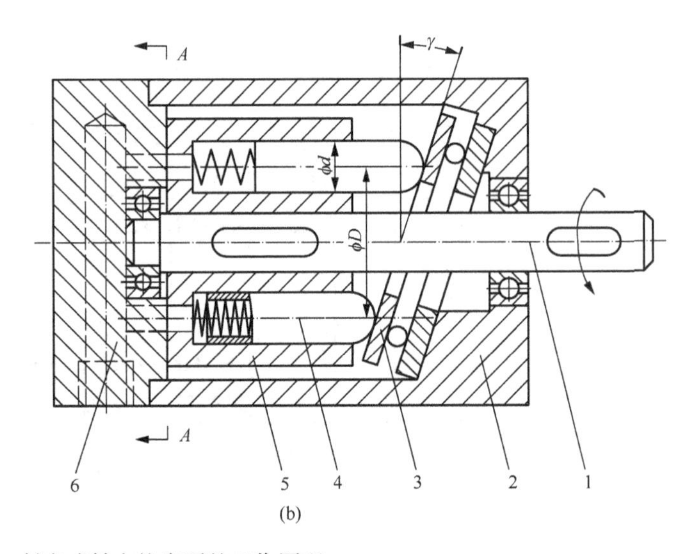

(b)

图 3-22　斜盘式轴向柱塞泵的工作原理

1. 传动轴；2. 泵体；3. 斜盘；4. 柱塞；5. 缸体；6. 配油盘

2）排量和流量计算

如图 3-22 所示，当泵的柱塞直径为 d，柱塞孔分布圆直径为 D，斜盘倾角为 γ，柱塞数为 z 时，柱塞的行程为 $s = D\tan\gamma$，所以轴向柱塞泵的排量为

$$V_{\mathrm{p}} = \frac{\pi}{4}d^2 zD\tan\gamma \tag{3-45}$$

设泵的转数为 n_{p}，工作腔效率为 η_{vp}，则泵的实际流量 q_{p} 为

$$q_{\mathrm{p}} = \frac{\pi}{4}d^2 zD_{\mathrm{np}}\eta_{\mathrm{vp}}\tan\gamma \tag{3-46}$$

实际上，由于柱塞在缸体柱塞孔中的瞬时运动速度不是恒定的，因此轴向柱塞泵的输出流量存在脉动。经过计算和实践证明，当柱塞数为奇数且柱塞数量多时，泵的脉动量较小，因而一般常用的柱塞泵的柱塞个数为 7 或 9。

3）结构特点

如图 3-22 所示的轴向柱塞泵，柱塞头部与斜盘之间为点接触，因此称为点接触型轴向柱塞泵。当泵工作时，在柱塞头部与斜盘的接触点上承受很大的挤压应力，限制了柱塞直径和泵的工作压力。因此，点接触型轴向柱塞泵不能用于高压和大流量的场合。另外，因弹簧频繁地承受交变压应力而引起疲劳破坏，影响泵的使用寿命和工作可靠性。因此，点接触型多用作液压马达使用。

图 3-23 所示为国产 CY 型斜盘式轴向柱塞泵的典型结构，该泵克服了以上缺点，在生产实际中应用十分广泛。CY 型斜盘式轴向柱塞泵由主体结构和变量机构两部分组成。CY 泵主体的主要特点为：①在柱塞头部加滑靴 9，改点接触为面接触，并将压力油引入滑靴 9 底部产生静压润滑，降低了磨损，提高了机械效率。②将分散布置在柱塞底部的弹簧改为集中弹簧 5，因弹簧承受静载荷而不会产生疲劳破坏，同时通过回程盘 3 使柱塞 8 紧贴斜盘 2。③将传动轴 7

改为半轴，悬臂端通过缸体外大轴承 10 支承，这种泵将来自斜盘 2 的径向力传至大轴承 10，泵轴只传递转矩，因此传动轴为半轴结构。由于采用了上述结构，CY 型轴向柱塞泵的额定工作压力可达 31.5MPa。不过，因为缸体外大轴承不宜用于高速，使泵的转速提高受到限制；其结构也比较复杂，使用维护要求高。

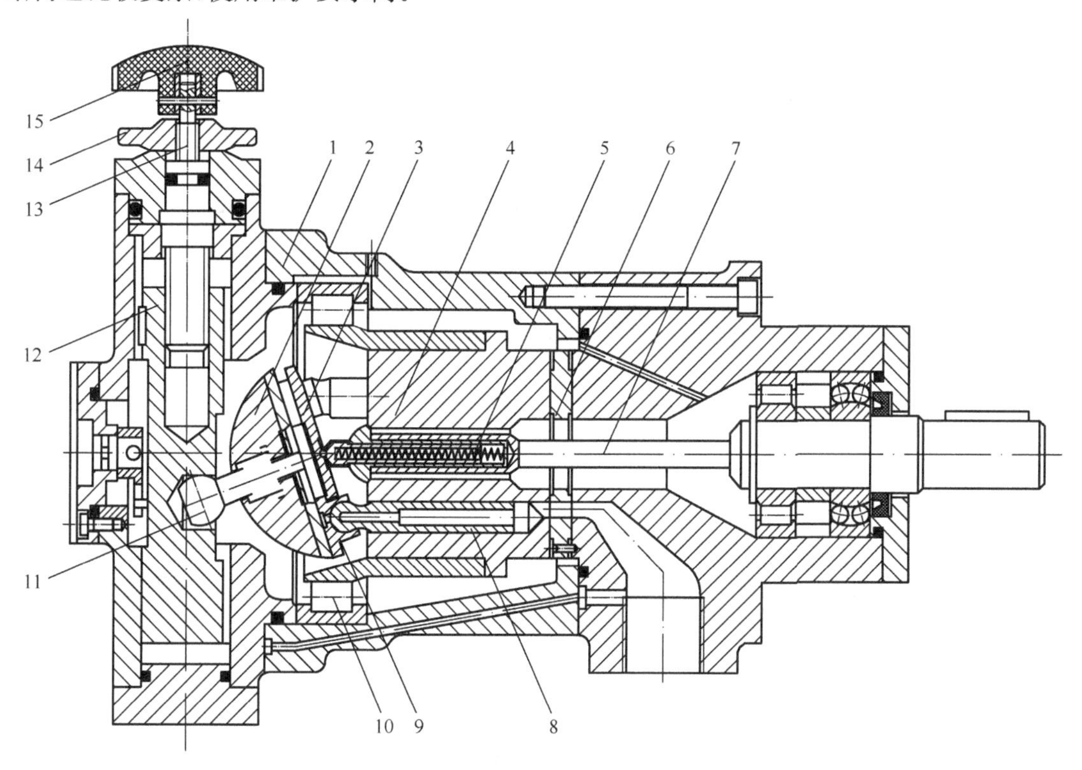

图 3-23　CY 型斜盘式轴向柱塞泵结构

1. 泵体；2. 斜盘；3. 回程盘；4. 缸体；5. 弹簧；6. 配油盘；7. 传动轴；8. 柱塞；9. 滑靴；10. 大轴承；11. 轴销；12. 变量活塞；13. 丝杠；14. 锁紧螺母；15. 调节手轮

轴向柱塞泵具有三对关键摩擦副，即柱塞与缸孔、缸体与配油盘、滑靴与斜盘平面。柱塞和缸孔之间为圆柱形滑动配合，可以达到很高的加工精度；缸体和配油盘之间，滑靴与斜盘平面之间的端面密封均为液压自动压紧，这三对摩擦副保证了工作容腔的容积变化和高低压区的密封与隔离，所以轴向柱塞泵的泄漏可以得到严格控制，在高压下其容积效率仍然较高。

柱塞泵在工作过程中，泵体内部会有泄漏油。一般泄漏油不能直接引回吸油腔，必须通过单独的泄漏油口引回油箱。而且柱塞泵在初次使用时，必须通过泄漏油口向泵体内部注满油，保证各摩擦副的润滑。

斜盘式轴向柱塞泵还有另外一种形式，称为通轴型轴向柱塞泵。它具有如下特点：①斜盘靠近原动机一端，由于传动轴穿过斜盘，因此称为通轴泵。②传动轴直接由前后端盖上的滚动轴承支承，减小了轴承尺寸，改变了传动轴的受力状态，提高了泵的转速。③变量机构的运动活塞与传动轴平行，且作用于斜盘的外缘，可以缩小泵的径向尺寸和减小实现变量所需要的操纵力。④传动轴既承受转矩又承受来自斜盘传递的径向力，所以传动轴比较粗。

图 3-24 是用于闭式回路的通轴型轴向柱塞泵，其传动轴伸出，驱动一个泵后盖上的小齿轮泵，当该泵用于闭式回路时，齿轮泵作辅助泵用，可以简化系统和管路。该泵主要用于行走

机械，行走机械的特点是发动机驱动泵，旋转速度和加速度变化范围大，通轴型柱塞泵的结构对加速度变化引起的振动具有相当好的刚性。

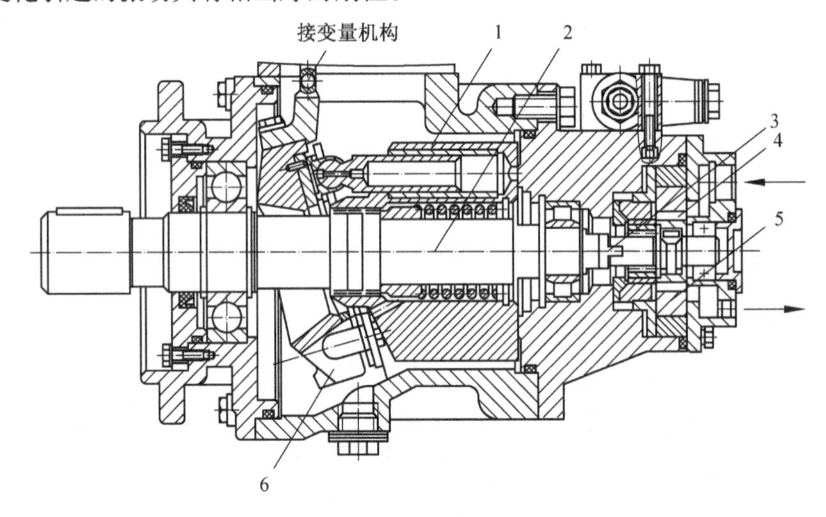

图 3-24　用于闭式回路的通轴型轴向柱塞泵结构

1. 缸体；2. 传动轴；3. 联轴器；4、5. 辅助泵内外转子；6. 斜盘

图 3-25 是 A10V 通轴型轴向柱塞泵，适用于开式回路。图中变量机构是由变量活塞 2、回程弹簧 6 及变量控制阀 7 组成。通过安装不同的控制阀可以实现多种方式的变量控制，如恒压控制、恒流量控制、恒功率控制和比例流量控制等。

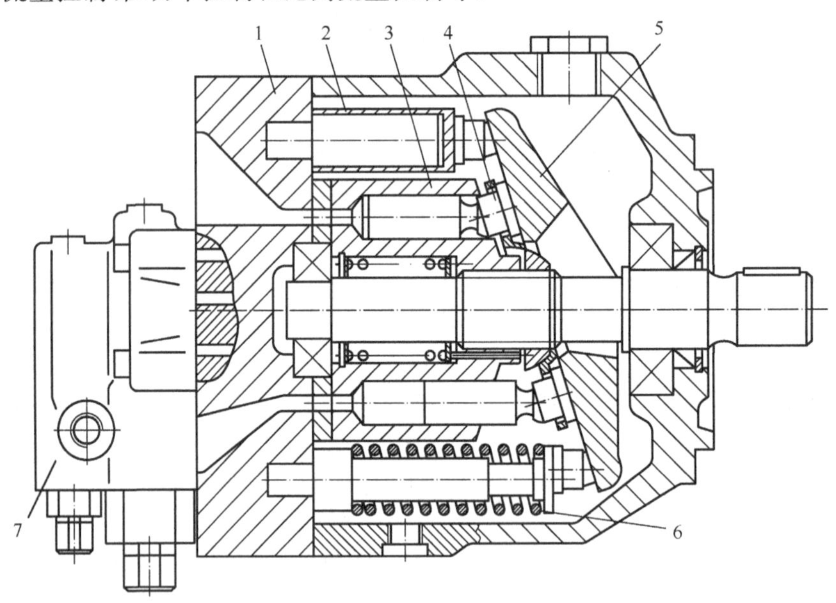

图 3-25　A10V 通轴型轴向柱塞泵结构

1. 配油盘；2. 变量活塞；3. 缸体；4. 滑履；5. 斜盘；6. 回程弹簧；7. 变量控制阀

斜盘式轴向柱塞泵中的柱塞是靠斜盘来实现往复运动的，因此斜盘对柱塞产生与轴线垂直的作用力，使柱塞受到弯矩，同时也使柱塞孔受到侧向力的作用，因此斜盘式轴向柱塞泵的斜盘倾角一般不大于 20°。

2. 斜轴式轴向柱塞泵

斜轴式轴向柱塞泵的传动轴与缸体轴线倾斜一个角度，因此称为斜轴泵。图3-26所示为A2F型斜轴式轴向柱塞泵。传动轴1由三个轴承组成的轴承组2支承，连杆和柱塞经滚压而连接在一起组成连杆柱塞副3，连杆大球头由回程盘压在传动轴1的球窝里，缸体4与配油盘6之间采用球面配流，采用这种结构，即使缸体相对于旋转轴线有些倾斜，仍能保持缸体与配油盘之间的紧密配合；并且由套在中心轴8上的碟型弹簧9将缸体4压在配油盘6上，因而具有较高的容积效率。中心轴8支承在传动轴1中心球窝和配油盘6中心孔之间，它能保证缸体很好地绕着中心轴8旋转。当原动机通过传动轴、连杆带动缸体旋转时，柱塞在缸体柱塞孔中既随缸体一起旋转，又沿缸体轴线作往复运动，通过配油盘完成吸、排油过程。由于结构简单，目前这种泵应用比较广泛。只要斜轴或轴向柱塞泵设计得当，可以使连杆的轴线与缸孔轴线间的夹角设计得很小，因而柱塞上的径向力大为减小，这对于改善柱塞和缸体孔间的磨损以及减小缸体的倾覆力矩都大有益处。斜轴式轴向柱塞泵发展较早，构造成熟。

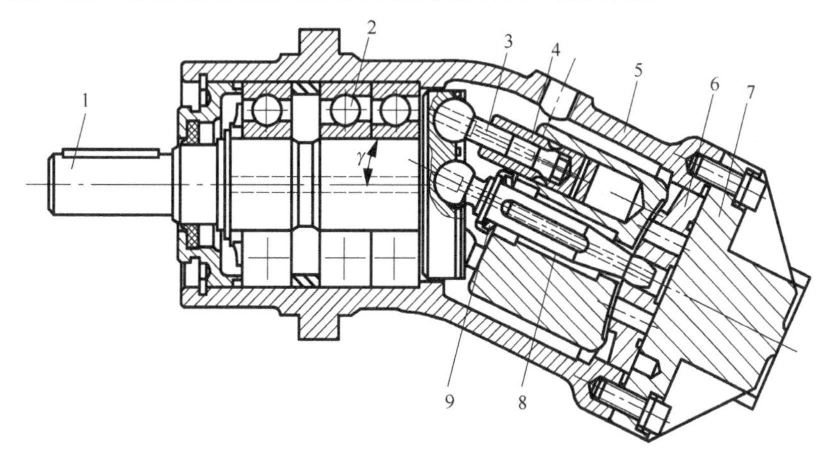

图3-26　A2F型斜轴式轴向柱塞泵结构

1. 传动轴；2. 轴承组；3. 连杆柱塞副；4. 缸体；5. 泵体；6. 配油盘；7. 后盖；8. 中心轴；9. 碟型弹簧

与斜盘式轴向柱塞泵相比，斜轴式轴向柱塞泵有如下特点：①其柱塞是由连杆带动运动的，所受径向力很小，因此允许传动轴与缸体轴线之间的夹角γ达到25°，个别甚至达到40°，因而泵的排量较大。而斜盘式轴向柱塞泵的斜盘倾角受径向力的限制，一般不超过20°。②缸体受到的倾覆力矩很小，缸体端面与配油盘贴合均匀，泄漏损失小，容积效率高；摩擦损失小，机械效率高。③结构坚固，抗冲击性能好。④由于斜轴式轴向柱塞泵的传动轴要承受相当大的轴向力和径向力，需采用承载能力大的推力轴承。轴承寿命低是斜轴式轴向柱塞泵的薄弱环节。⑤斜轴式轴向柱塞泵的总效率略高于斜盘式轴向柱塞泵。但斜轴式轴向柱塞泵的体积大，流量的调节靠摆动缸体使缸体轴线与传动轴线的夹角发生变化来实现，运动部件的惯性大，动态响应慢。

3.4.2　径向柱塞泵

1. 径向柱塞泵的工作原理

径向柱塞泵的工作原理如图3-27所示，缸体2上径向均匀排列着柱塞孔，柱塞1安装在缸体中,可在柱塞孔中往复运动。由原动机带动缸体 2 连同柱塞 1 一起旋转,所以缸体 2 一般称为转子。衬套 3 压紧在转子 2 内,并和转子 2 一起旋转,配油轴 5 固定不动。当转子 2 按图示方向旋转时,柱塞 1 在离心力(或在液压力)的作用下始终紧贴定子 4 的内表面,由于定子和转子之间有偏心距 e,柱塞 1 经过上半周时向外伸出,柱塞底部的容积逐渐增大,产生局部真空,油箱里的油液经过配油轴上的 a 孔进入油口 b,并从衬套上的油孔进入柱塞底部,完成吸油过程;当柱塞 1 转到下半周时,定子内表面将柱塞 1 向里推,柱塞底部的容积逐渐减小,向配油轴的排油口 c 排油,油液从油口 d 排出。当转子旋转一周时,每个柱塞底部的密封工作腔完成一次吸、排油过程,转子连续运转,泵不断输出压力油。为了进行配油,在配油轴 5 和衬套 3 相接触的一段加工出上下两个缺口,形成吸油口 b 和排油口 c,留下的部分形成封油区。封油区的宽度应能封住衬套上的吸排油孔,以防吸油口 b 和排油口 c 相连通,但尺寸也不能大得太多,以免产生困油现象。改变定子和转子偏心距 e 的大小,可以改变泵的排量;改变偏心的方向,泵的吸排油口方向发生改变。因此径向柱塞泵可以实现双向变量。

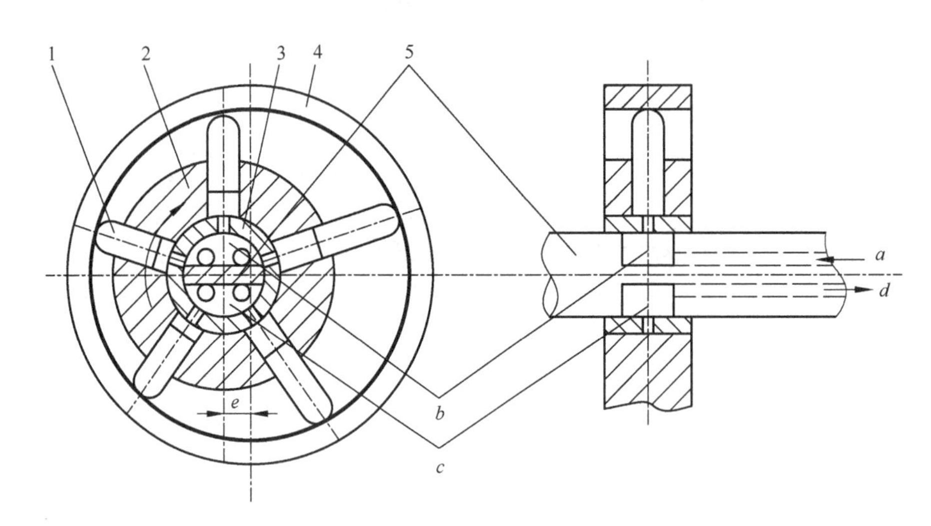

图 3-27 径向柱塞泵的工作原理

1. 柱塞;2. 缸体(转子);3. 衬套;4. 定子;5. 配油轴

由于径向柱塞泵的径向尺寸大,结构较复杂,自吸能力差,配油轴受径向不平衡液压力的作用,易于磨损,同时配油轴与衬套之间磨损后的间隙不能自动补偿,泄漏较大,从而限制了径向柱塞泵的转速和压力的提高。

2. 径向柱塞泵的排量和流量计算

当径向柱塞泵转子和定子之间的偏心距为 e 时,柱塞在缸体孔中的行程为 $2e$,设柱塞个数为 z,直径为 d 时,泵的排量为

$$V_{\mathrm{p}} = \frac{\pi}{4} d^2 \cdot 2ez = \frac{\pi}{2} d^2 ez \tag{3-47}$$

设泵的转数为 n_{p},工作腔效率为 η_{vp},则泵的实际输出流量为

$$q_{\mathrm{p}} = \frac{\pi}{4} d^2 \cdot 2ezn_{\mathrm{p}} \eta_{\mathrm{vp}} = \frac{\pi}{2} d^2 ezn_{\mathrm{p}} \eta_{\mathrm{vp}} \tag{3-48}$$

由于同一瞬时每个柱塞在缸体中径向运动速度是变化的，所以径向柱塞泵的瞬时流量是脉动的，当柱塞数较多且为奇数时，流量脉动也较小。

3.4.3　柱塞泵的变量机构

变量泵可在转速不变的情况下调节输出流量，满足液压系统执行元件的速度变化的要求，达到节能的效果。轴向柱塞泵只要改变配油盘和主轴轴线之间的夹角，即可改变泵的排量和输出流量。变量泵靠变量机构实现流量调节，不同的变量机构与相同轴向柱塞泵的泵体部分组合就成为各种不同变量方式的轴向柱塞泵。根据变量机构操纵力的形式，可分为手动、机动、电动、液控、电液控等。根据泵本身的输出参数（功率、压力和流量）实现排量自动调节的变量机构形式，可分为恒功率、恒压和恒流量等。下面是常用轴向柱塞泵变量机构的工作原理。

1. 手动变量机构

图 3-23 所示的 CY 型手动变量轴向柱塞泵的变量机构由调节手轮 15、丝杠 13、变量活塞 12、导向键等组成。调节变量时，转动手轮使丝杠旋转并带动变量活塞作向上或向下运动，在导向键的作用下，变量活塞只能轴向移动，不能转动。通过变量活塞 12 上的轴销 11 使斜盘 2 绕变量机构壳体上的圆弧导轨面的中心（即钢球中心）旋转，从而使斜盘倾角改变，达到变量的目的。当流量达到要求时，可用锁紧螺母 14 锁紧。这种变量机构结构简单，但由于要克服各种阻力，只能在停机或工作压力较低的工况下实现变量，而且不能实现远程控制。

2. 伺服变量机构

如图 3-28(a)所示为轴向柱塞泵的伺服变量机构。其工作原理为：泵输出的压力油经单向阀 6 进入变量活塞 4 的下端 d 腔。当与伺服阀芯 1 相连接的拉杆 8 不动时（图示状态），变量活塞 4 的上腔 g 处于封闭状态，变量活塞 4 不动，斜盘 3 处在某一相应的位置上。当推动拉杆 8 使伺服阀芯 1 向下移动时，伺服阀的上阀口打开，d 腔的压力油经通道 e 进入上腔 g。由于变量活塞 4 上端的有效面积大于下端的有效面积，向下的液压力大于向上的液压力，因此变量活塞 4 也随之向下移动，直到将通道 e 的油口封闭。变量活塞的移动量等于拉杆的位移量。当变量活塞 4 向下移动时，斜盘倾角增加，泵的排量增加，拉杆的位移量对应着一定的斜盘倾角；当拉杆 8 带动伺服阀芯 1 向上运动时，伺服阀芯 1 的下阀口打开，上腔 g 的油液通过卸压通道 f 接通回油，在液压力作用下，变量活塞 4 向上移动，直到伺服阀芯 1 将卸压通道 f 关闭。它的移动量也等于拉杆的移动量。这时斜盘的倾角减小，泵的排量减小。伺服变量机构加在拉杆上的力很小，控制灵敏。同样原理也可以组成伺服变量马达。图 3-28(b)所示为伺服变量机构的图形符号。

图 3-28 中推动变量活塞的压力油来自泵本身，这种控制方式称为内控式。如果控制油由外部油源供给，则称为外控式。外控式油源不受负载和压力的影响，因此控制比较稳定，且可实现双向变量。由于内控式变量泵处于零排量工况时没有流量输出，变量机构不能继续移动而无法实现双向变量。如果图中的伺服变量机构由手动推动拉杆则称为手动伺服变量，若改成电液比例变量或电液伺服变量机构，即推动拉杆的力为电磁力，则其排量与输入电流成正比，因此可以方便地实现远程控制、自动控制和程序控制。

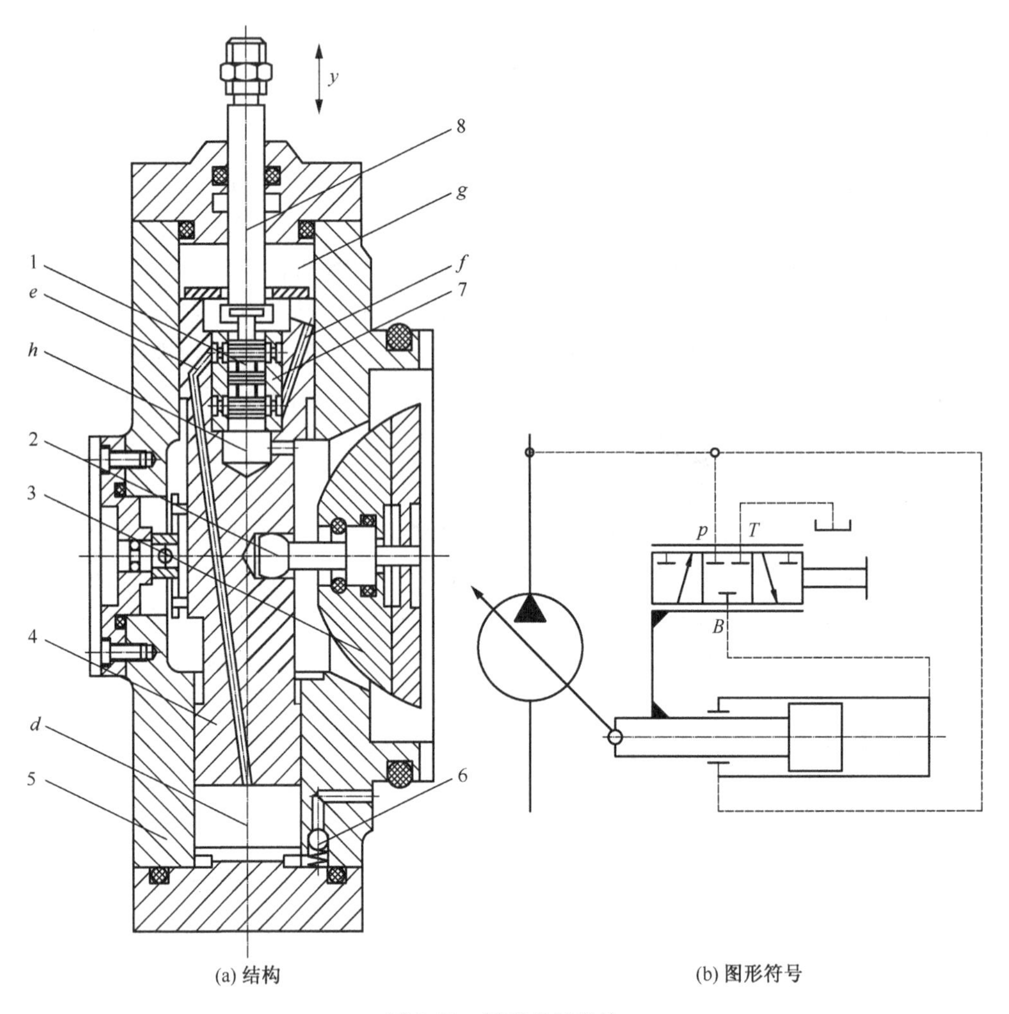

图 3-28　伺服变量机构

1. 伺服阀芯；2. 球铰；3. 斜盘；4. 变量活塞；5. 变量机构壳体；6. 单向阀；7. 阀套；8. 拉杆

3. 恒功率变量机构

恒功率变量泵可以提高液压系统的效率。图 3-29 所示为 A7V 恒功率变量斜轴式轴向柱塞泵的结构图。它的变量机构由装在后盖上的变量活塞 4、调节螺钉 5、调节弹簧 6、阀套 7、控制阀芯 8、拔销 9、大小弹簧 10 和 11、导杆 13、先导活塞 14、喷嘴 15 等组成。泵的变量机构的工作原理为：变量活塞 4 为一个阶梯状柱塞，上面为小端，下面为大端。拔销 9 穿过变量活塞 4，其左端与配油盘 2 的中心孔相配合，右端套在导杆 13 上，当变量活塞 4 上下移动时，便带动配油盘 2 沿后盖的弧形滑道滑动，从而改变缸体轴线与主轴之间的夹角，实现变量。变量活塞 4 上腔与压力油相通，同时压力油进入控制阀芯 8 的两个台阶之间。压力油通过喷嘴 15 作用于先导活塞 14 上腔产生液压力。当压力不高时，此力通过导杆 13 传到控制阀芯 8 上的力小于或等于调节弹簧 6 的力，压力油被控制阀芯 8 的两个台阶封住，没有进入变量活塞 4 下腔。这时变量活塞 4 上腔为高压、下腔为低压，在压差的作用下变量活塞 4 处于最下位置，即处于最大摆角，此时泵的输出流量最大。当压力升高时，先导活塞 14 上端的液压推力大于调节弹簧6的作用力，控制阀芯8向下移动，阀口打开，使压力油流入变量活塞4的下腔。这时，变量活塞4上下两端压力相等，由于下端面积大而上端面积小，所以变量活塞4在两端的压力差的作用下向上运动，从而使泵的摆角变小，泵的输出流量减少，实现了变量的目的。与此同时，拔销9向上运动，套在导杆13上的大小弹簧受到压缩，弹簧力通过导杆13作用于先导活塞14上，使先导活塞14上移，同时控制阀芯8也向上移动关闭阀口，于是变量活塞4就固定在某一个位置上。当压力减小时，调节弹簧6的作用力通过控制阀芯8、导杆13传到先导活塞14上，当此力大于先导活塞14上腔的液压力时，使控制阀芯8上移，将变量活塞4的大腔与低压油相通，变量活塞14在压差的作用下向下移动，并处于一个新的平衡位置。

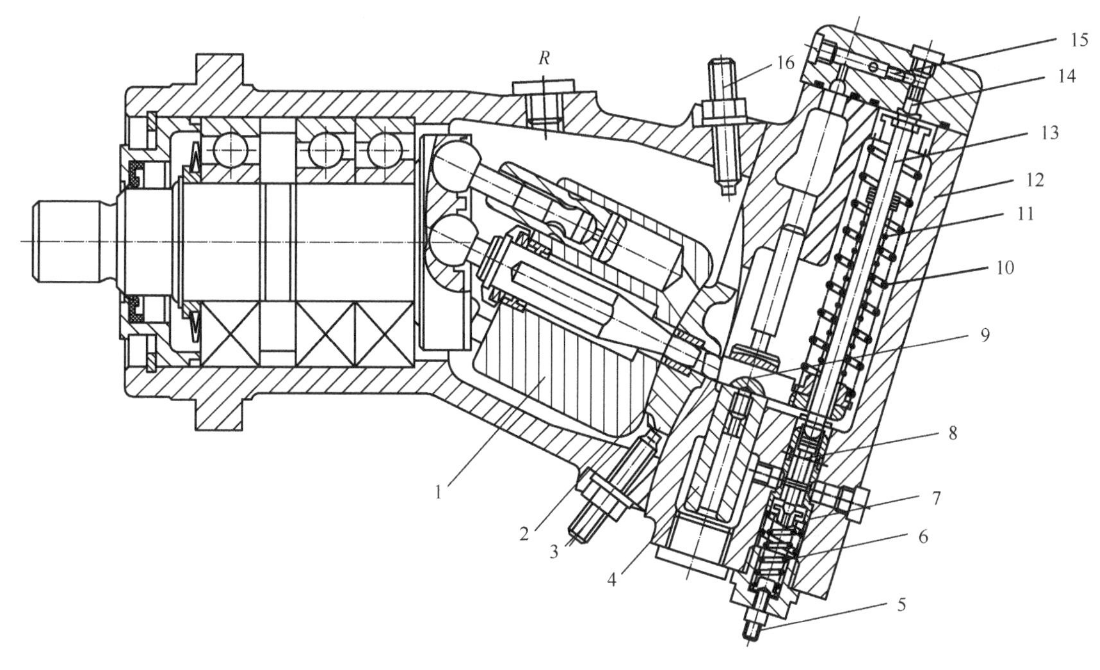

图3-29 A7V恒功率变量斜轴式轴向柱塞泵

1.缸体；2.配油盘；3.最大摆角限位螺钉；4.变量活塞；5.调节螺钉；6.调节弹簧；7.阀套；8.控制阀芯；9.拔销；10.大弹簧；11.小弹簧；12.后盖；13.导杆；14.先导活塞；15.喷嘴；16.最小摆角限位螺钉

由此可知，恒功率变量泵当工作压力升高时，泵从大摆角向小摆角变化，流量减少；相反，当工作压力减小时，泵从小摆角向大摆角变化，流量增大。图3-30所示为恒功率变量泵的流量-压力特性曲线，当变量活塞4上移开始一段距离时，仅大弹簧10起作用，作用在活塞上的液压力与大弹簧的弹簧力相平衡。当变量活塞4移动一段距离后，小弹簧11开始受压缩，两个弹簧力之和与液压力相平衡。由于上述两个弹簧的作用，泵的流量-压力特性曲线如图3-30所示的折线 ab、bc。适当选择图中折线的斜率及截距，即大、小弹簧的刚度及压缩量，可使泵的流量-压力曲线与双曲线相近似，因此可以始终大致保持流量与压力的乘积不变，即恒功率变量。

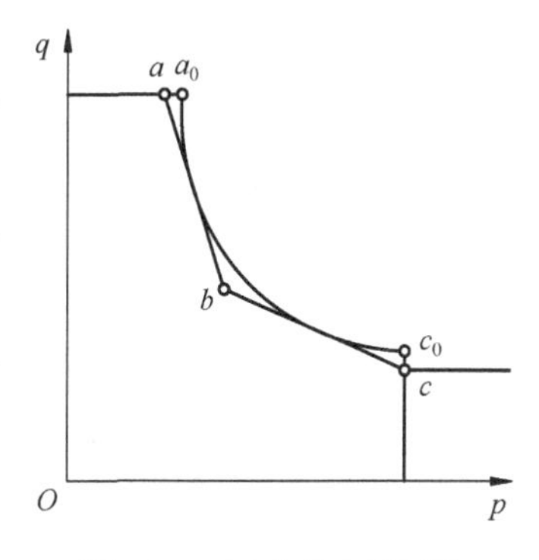

图3-30 恒功率变量泵的流量-压力特性曲线

恒功率变量泵使泵的输出动力自动调节，可以满足液压系统中执行元件空程时需要低压、大流量，工进时需要高压、小流量的要求，提高了原动机的功率利用率，是一种高效节能的动力源。它常用于压力经常变化的压力机、重型设备和工程机械等液压系统中。

4. 恒压变量机构 

恒压变量机构是通过泵出口压力与变量机构压力调定值之间的差值来调节泵的输出流量，使泵的出口压力保持定值。这种泵在系统压力未达到调定值之前为定量泵，向系统提供泵的最大流量；当系统压力达到调定值后，不管输出流量如何变化，其输出压力恒定，故称为恒压变量泵。恒压变量泵可向系统提供一个恒压源。

如图 3-31(a)所示为恒压变量机构的工作原理。泵出口压力 p 被引入先导阀芯 2 的左端，形成液压推力 pA_c 和右端调压弹簧 3 的作用力 F_s 相比较。调压弹簧的弹簧力 F_s 即为恒压变量泵的给定压力 p_0，即 $p_0=F_s/A_c$。

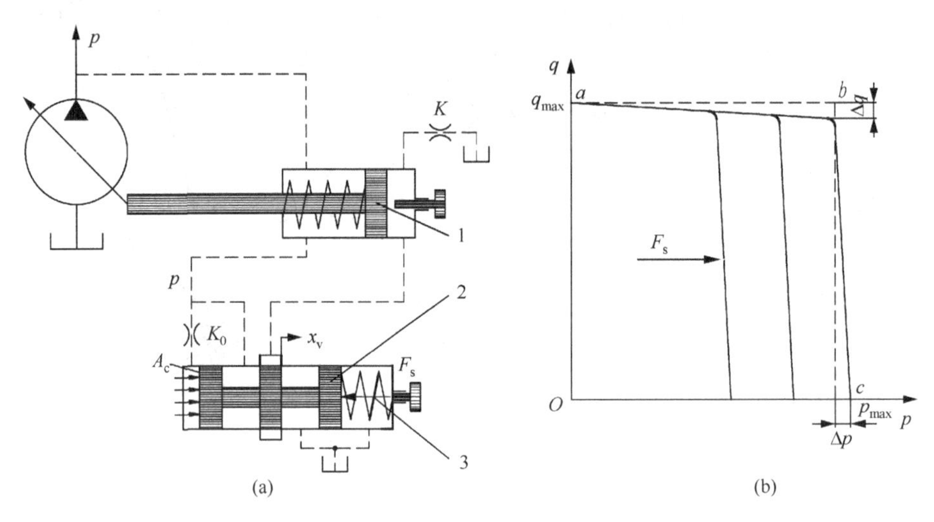

图 3-31　恒压变量机构工作原理及压力-流量特性曲线

1. 控制活塞；2. 先导阀芯；3. 调压弹簧

当泵的工作压力 $p<p_0$ 时，先导阀芯 2 的开度 $x_v=0$，控制活塞 1 右端压力为 0，在控制活塞 1 左端弹簧和泵出口压力 p 的共同作用下，变量活塞 1 将斜盘倾角 γ 调为最大的位置，使泵保持最大流量 q_{max}，在图 3-31(b)中表现为 ab 段曲线。当泵的出口压力 p 增大到恒压变量泵的给定压力，即 $p=p_0$ 时，先导阀芯 2 左端的液压推力 pA_c 将克服右端的弹簧力 F_s，把阀口打开，控制活塞 1 右端压力迅速升高，克服控制活塞 1 左端弹簧力和液压力而推动控制活塞 1 向左移动，带动斜盘，使 γ 角迅速减小，泵的流量迅速减小，在图 3-31(b)中表现为 bc 段曲线。

随着工作压力的升高，泵的泄漏量 Δq 增大，所以其 ab 段曲线并不保持水平，而是稍向下倾斜。由于恒压变量机构存在控制压力的偏差 Δp，所以 bc 段曲线也不是保持垂直。在额定压力下，Δp 为额定压力的 2%～3%。当系统在最大调定压力 p_{max} 下工作时，泵在很小的排量下工作，所排出的流量刚好等于泵的泄漏流量。调节调压弹簧 3 改变 F_s，则可得到压力不同的恒压特性。

5. 恒流量变量机构 

恒流量变量机构是使泵在转速或负载力发生变化时，保持其输出流量不变，以满足液压设备执行机构速度恒定的要求。

从流体力学关于固定薄壁孔口出流的计算公式可知，如果能使固定薄壁孔口前后压差保持不变，则通过该薄壁孔口的流量保持不变。图 3-32 所示为恒流量变量机构工作原理。在恒流量变量机构中，取检测节流口 4 前后的压差 Δp 为信号，对泵的排量进行调节和控制，使 Δp 保持定值。恒流量泵使用时根据工况要求需要先设定流量调定值，所谓流量调定值，是指通过检测节流口时产生压力降 $\Delta p=F_s/A_c$ 的流量，通过调节压差控制弹簧 3 即可改变恒流泵的流量调定值。由于采用恒流量变量机构，在不同工作压力工况下，虽然泵的负载力发生变化，但恒流量泵能保持其输出流量恒定；对于驱动泵的原动机转速变化大的场合(如内燃机驱动)，恒流量变量机构能在一定转速变化范围内保持泵输出流量基本恒定。

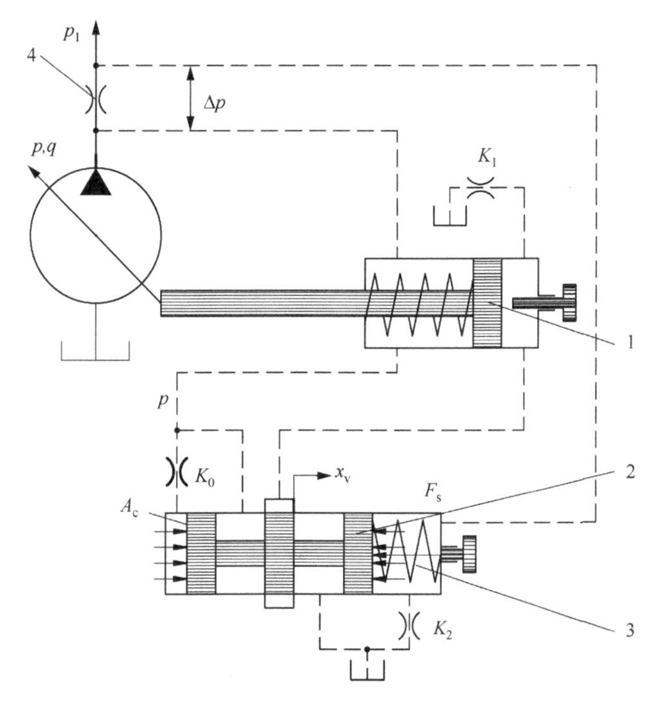

图 3-32　恒流量变量机构工作原理

1. 控制活塞；2. 先导阀芯；3. 压差控制弹簧；4. 检测节流口

恒流量变量机构的工作过程是：当泵的流量受到干扰偏离了调定值，如大于调定值后，检测节流口 4 上的压差信号 Δp 增大，先导阀芯 2 两端的液压推力 ΔpA_c 大于压差控制弹簧 3 的调定值 F_s，即 $\Delta p>F_s/A_c$，先导阀芯 2 右移，使开口量 x_v 增大，控制活塞 1 右端压力随之上升，推动斜盘，γ 角减小，流量减小。反之，当泵的流量受到干扰而小于调定值后，检测节流口 4 上的压差 Δp 下降，即 $\Delta p<F_s/A_c$，弹簧力 F_s 推动先导阀芯 2 左移，使开口量 x_v 减小，控制活塞 1 右端压力降低，在控制活塞 1 左端弹簧力和液压力的共同作用下使变量活塞 1 右移，推动斜盘，γ 角增大，流量增加。这一过程一直自动进行到先导阀芯 2 两端的力重新平衡，也就是恒流量变量机构在克服了外部干扰后又使流量恢复到调定值，即形成恒流量特性。

图 3-33(a)、(b)分别表示当转速和负载力变化时，恒流量变量泵的特性曲线。如果泵的转速过低，泵的排量即使被调到最大时流量仍小于调定值，恒流量变量泵已无法维持流量的恒定，流量将沿图 3-33(a)中的 ab 段曲线随转速上升。

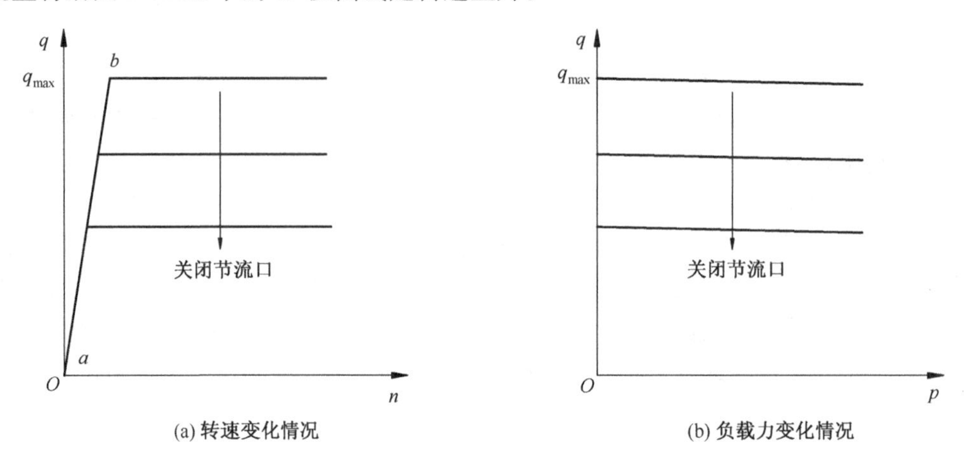

图 3-33 恒流量变量机构特性曲线

3.5 各类液压泵性能比较及应用

在国民经济的各个领域中，液压泵的应用范围很广，但可以归纳为两大类：一类统称为固定设备用液压装置，如各种机床、液压机、注塑机、轧钢机等；另一类统称为移动设备用液压装置，如起重机、各种工程机械、汽车、军用车辆、飞机等。两类液压装置对液压泵的选用有较大差异，它们的区别如表 3-2 所示。

表 3-2 两类不同液压装置的主要区别

固定设备用	移动设备用
原动机多为电机，驱动转速较稳定，多为 1500 r/min	原动机多为内燃机，驱动转速变化范围较大，一般为 500～4000 r/min
多采用中压范围，由 7～21 MPa，个别可达 25 MPa	多采用中高压范围 14～35 MPa，个别高达 45MPa
环境温度较稳定，液压装置工作温度为 50～70℃	环境温度变化范围大，液压装置工作温度为－20～110℃
工作环境较清洁	工作环境较脏、尘埃多
因在室内工作，要求噪声低，应不超过 80 dB	因在室外工作，噪声可较大，允许 90 dB
空间布置尺寸较宽裕，利于维修、保养	空间布置尺寸紧凑，不利于维修、保养
可选用常规液压油	由于工作在室外，有时选用低凝液压油

液压泵类型的选用应根据主机工作性质、运行工况合理选择，可根据以下几个方面选择液压泵。

1. 根据系统运行工况选择

(1)如果系统为单执行元件，且速度恒定，则选择定量泵。

(2)如果系统有快速和慢速运行工况，可考虑选择双联泵或多联泵。对于既要求变速运行又要求保压的，则应考虑选择变量泵，以利于节约能源。

2. 根据系统工作压力和流量选择

(1)对于高压大流量系统,可考虑选择柱塞泵。
(2)对于中低压系统可考虑选择齿轮泵或叶片泵。

3. 根据工作环境选择

(1)对于野外作业和环境较差的系统,可选择齿轮泵或柱塞泵。
(2)对于室内或固定设备用或环境好的系统,可考虑选择叶片泵、齿轮泵或柱塞泵。
液压泵的类型确定后,根据系统所要求的压力、流量大小确定其规格型号。
表 3-3 列出了液压系统中常用液压泵的主要性能。

表 3-3　液压系统中常用液压泵的性能比较

性能	齿轮泵			叶片泵		柱塞泵		
	内啮合		外啮合	单作用	双作用	轴向		径向
	渐开线	摆线转子				斜轴	斜盘	
压力范围/MPa	2～4	1.6～16	2.5～16	≤6.3	6.3～16	21～40		10～20
排量范围/(mL/r)	0.3～300	2.5～150	0.3～650	1～320	0.5～480	0.2～3600	0.2～560	20～720
转速范围/(r/min)	600～4000	1000～4500	300～7000	500～2000	500～4000	600～6000		700～1800
容积效率/%	≤96	80～90	70～95	85～92	80～94	88～93		80～90
总效率/%	≤90	65～80	63～87	71～85	65～82	81～88		81～83
噪声	小	小	中	中	中	大		中
耐污能力	一般	一般	强	一般	一般	一般	弱	一般
价格	低	低	最低	中	中低	高		高

3.6　液 压 马 达

3.6.1　高速液压马达

高速液压马达的主要特点是转速较高、转动惯量小,便于启动和制动,调速和换向的灵敏度高。高速液压马达的结构与同类型的液压泵基本相同,因此它们的主要性能特点也相似。例如,齿轮马达具有结构简单、体积小、价格低、使用可靠性好等优点和低速稳定性差、输出转矩和转速脉动性大、径向力不平衡、噪声大等缺点。但是同类型的马达与泵由于使用要求不同仍存在许多不同点。

下面分别对叶片式和轴向柱塞式液压马达予以介绍。

1. 叶片马达

图 3-34 所示为双作用叶片马达工作原理。当压力油通过配油盘进入马达后,在叶片 1 和叶片 3 上都作用有液压力,但因叶片 3 的承压面积及其合力中心的半径都比叶片

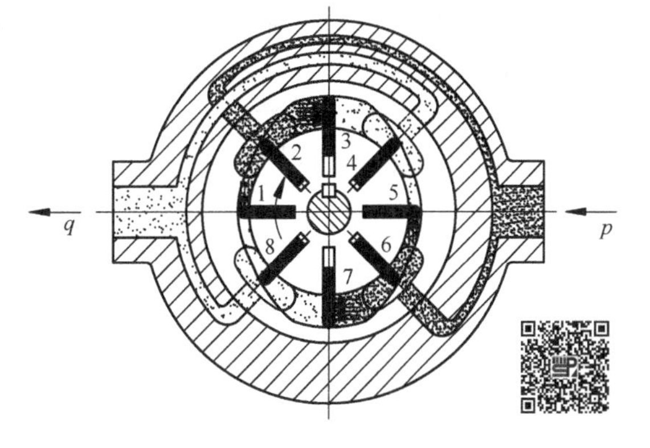

图 3-34　叶片马达工作原理

1大，因此产生驱动转矩。同样，叶片5和叶片7也产生相同的驱动转矩，其余叶片上的液压力平衡。所以叶片和转子在驱动转矩作用下沿图示方向旋转，带动传动轴输出转矩和转速。当进油方向改变时，液压马达反转。

双作用叶片马达和双作用叶片泵相比，具有以下结构特点。

(1)马达的叶片由燕式弹簧推出，使启动时叶片顶部与定子的内表面紧密接触，以保证良好的密封。而叶片泵是靠叶片与转子一起高速旋转产生的离心力使叶片紧贴定子表面起封油作用的。

(2)为满足叶片马达正反转的要求，叶片在转子中沿径向布置，且叶片顶端对称倒角。

(3)叶片底部通有压力油，将叶片压向定子表面以保证可靠密封。采用一组梭阀结构的单向阀，保证变换进出油口时叶片底部常通压力油。

叶片马达具有体积小、转动惯性小、动作灵敏、输出转矩均匀等优点，但泄漏较大，不能在很低的转速下工作，抗负载变化性能也不够好，因此一般用于转速高、转矩小和换向频繁的场合，常用于磨床回转工作台、机床操纵机构等。

2. 轴向柱塞马达

图3-35所示为斜盘式轴向柱塞马达的工作原理图。主要部件与斜盘式轴向柱塞泵基本相同。其工作原理是当压力油通过配油盘配油窗口进入柱塞底部时，产生液压力推动柱塞外伸，斜盘对柱塞产生一个法向反力 F，F 可分解成轴向分力 F_x 和垂直于轴向的分力 F_y。其中，轴向分力 F_x 与柱塞底部液压力相平衡，而 F_y 通过柱塞传到缸体上，对传动轴产生转矩。任意一个工作柱塞对传动轴产生的转矩为

$$T = F_y R\sin\theta = \Delta p_{\mathrm{m}}\pi\frac{d^2}{4}\tan\gamma \cdot R\sin\theta = \frac{\pi}{4}d^2 R\Delta p_{\mathrm{m}}\sin\theta\tan\gamma \tag{3-49}$$

式中，Δp_{m} 为马达进出油口压力差，Pa；γ 为斜盘倾角；R 为柱塞分布圆半径，m；d 为柱塞直径，m；θ 为柱塞瞬时方位角。

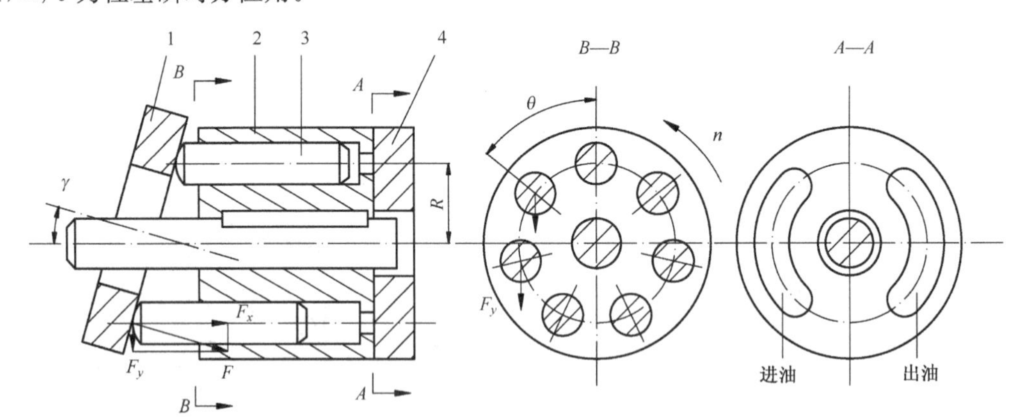

图3-35　斜盘式轴向柱塞马达原理图

1. 斜盘；2. 缸体；3. 柱塞；4. 配油盘

由式(3-49)可知，由于 θ 角的不断变化，每个柱塞产生的转矩也随时变化，马达的输出转矩等于处在进油腔半周内各柱塞瞬时转矩之和。因此，液压马达的输出转矩是有脉动的。

当液压马达的进、出油口互换时，马达反向转动。当改变马达斜盘倾角时，马达的排量也

改变，由此可以调节输出转速和转矩。

一些轴向柱塞马达与同类型轴向柱塞泵可以互逆使用。例如，SCY14－1 轴向柱塞泵，其结构基本对称，按使用说明，将配油盘适当旋转安装后则可作液压马达使用；A6V 斜轴式柱塞马达可做液压泵用，其结构与 A7V 斜轴式柱塞泵相似。

3.6.2　低速大转矩液压马达

低速马达的主要特点是排量大、体积大、低速稳定性好（一般可在 10r/min 以下平稳运转，有的可低到 0.5r/min 以下），因此可以直接与工作机构连接，不需要减速装置，使传动机构大大简化。低速马达的基本形式是径向柱塞式，其中主要包括曲轴连杆式和多作用内曲线式等。

1. 曲轴连杆式径向柱塞马达

曲轴连杆式径向柱塞液压马达又称为单作用连杆式径向柱塞液压马达。此类马达的优点是结构简单、工作可靠、品种规格多、价格低。其缺点是体积和重量较大、转矩脉动较大、低速稳定性较差。近年来，这种马达的主要摩擦副大多采用静压平衡结构，因而其效率和低速稳定性有了很大改善，最低稳定转速为 3r/min 以下。

图 3-36 所示为连杆型径向柱塞马达的工作原理，5 个（或 7 个）柱塞缸径向均匀布置，柱塞 2 通过球铰与连杆 3 连接，连杆 3 的另一端的圆弧面与曲轴 4 的偏心轮紧贴，曲轴 4 的一端通过十字接头与配油轴 5 相接。

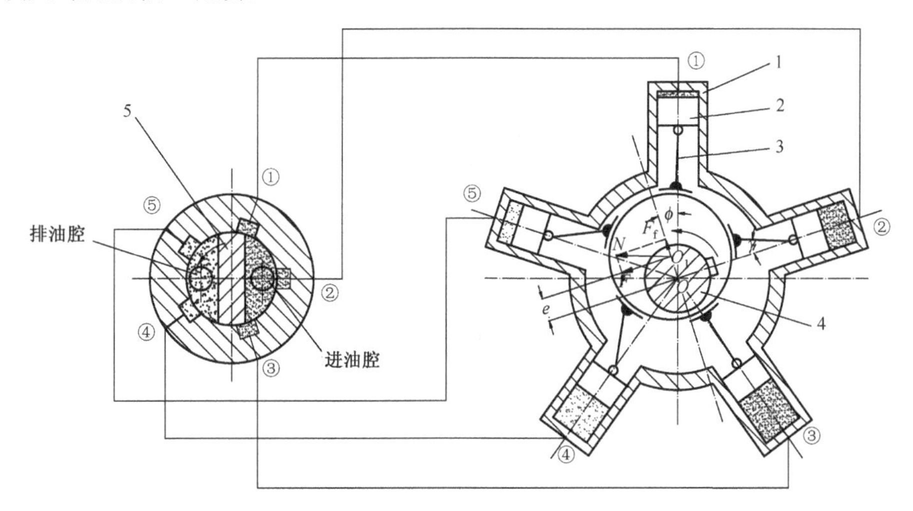

图 3-36　单作用连杆型径向柱塞马达的工作原理

1. 缸体；2. 柱塞；3. 连杆；4. 曲轴；5. 配油轴

压力油进入马达进油腔后，通过泵体上的通道①、②、③引入相应的柱塞中。压力油产生的液压力推动柱塞，通过连杆传递到曲轴偏心轮上。例如，图中柱塞缸②作用于偏心轮上的力为 N，其方向通过偏心轮的圆心 O_1，此作用力可分解为法向分力 F_f 和切向分力 F，切向分力对传动轴中心 O 产生转矩，使传动轴如图示方向旋转。传动轴旋转的总转矩等于与进油腔相通的柱塞缸所产生的转矩之和。由于配油轴随传动轴一起旋转，进油腔和排油腔依次与各个柱塞接通，从而保证传动轴连续旋转。每个柱塞进油和排油一次，传动轴转一圈，所以，又称为单作用式。

曲轴连杆式径向柱塞马达进、出口互换后，可实现马达的反转。该马达还可以做成可变量的结构。将偏心轮与马达轴分开。并采取措施使偏心距可以调节，就能达到改变马达排量的目的。

曲轴连杆型马达的配油轴的一侧为高压区，另一侧为低压区，所以配油轴工作过程受到很大的径向力，此径向力使间隙加大，造成滑动表面的磨损和泄漏量增加，致使效率下降。因此，一般采取开设对称平衡油槽的方法，使对应的压力油通道形成的液压径向力平衡。

2. 多作用内曲线径向柱塞马达

多作用内曲线径向柱塞式液压马达(简称内曲线马达)，是利用具有特殊内曲线的定子，使每个柱塞在缸体每转一周中往复运动多次的径向柱塞马达。内曲线马达具有尺寸较小、径向力平衡、转矩脉动小、启动效率高、能在很低的转速下稳定工作等优点，因此获得了广泛应用。这种马达的转速范围为 0～100r/min。适用于负载转矩很大、转速低、平稳性要求高的场合，如挖掘机、拖拉机、起重机、采煤机、牵引部件等。

图 3-37 所示为内曲线马达工作原理，它由定子 1、钢球 2、柱塞 3、缸体 4 和配油轴 5 组成。定子 1 的内表面由偶数 x 个(一般为 6 个或 8 个)均布的形状完全相同的曲线组成，每个曲线凹部的顶点将该曲线分成两个区段，一侧为进油区段(即工作区段)，另一侧为排油区段(即空载区段)。缸体的圆周方向有 z 个均布的柱塞缸孔，柱塞设计成有大小端的阶梯形，柱塞在缸体孔中往复运动，钢球 2 安装在柱塞 3 大直径端。配油轴 5 中间有进油和回油的通道，在配油轴 5 上有 $2x$ 个均布的配油窗口，其中 x 个窗口与进油相通，另外 x 个窗口与排油相通，这 $2x$ 个配油窗口分别与 x 个定子曲面的进油区段和排油区段相对应。

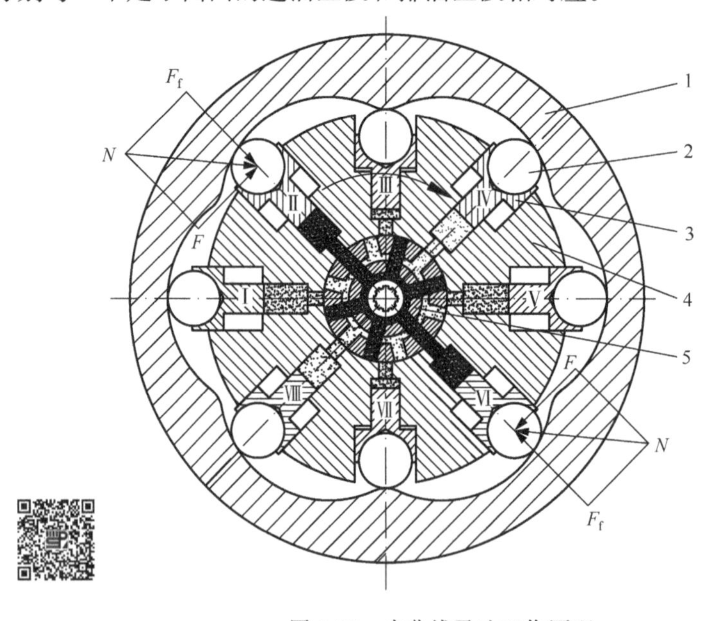

图 3-37　内曲线马达工作原理

1. 定子；2. 钢球；3. 柱塞；4. 缸体；5. 配油轴

当压力油进入柱塞(如图中柱塞Ⅱ、Ⅵ)底部时，推动柱塞向外运动，钢球压向定子曲面，而定子曲面对钢球产生法向反力 N，反力的径向分力 F_f 与作用在柱塞底部的液压力平衡，而切向分力 F 通过柱塞的大直径侧面传给缸体 4，产生使缸体 4 旋转的转矩，缸体 4 带动传动轴转动，输出转矩和转速。柱塞外伸的同时还随缸体 4 一起旋转，当柱塞到达曲面凹入顶点时，柱塞底部油孔被配油轴5封闭，与进、排油腔都不通（如图中柱塞Ⅰ、Ⅴ）。当柱塞进入定子曲面排油区段时，柱塞的径向油孔与配油轴回油通道相通，此时定子曲面将柱塞压回，油液经配油轴排出。当柱塞运动到内死点时（如图中柱塞Ⅲ、Ⅶ）柱塞底部油孔也被配油轴5封闭而与进、排油腔都不相通。每一瞬时，至少有一对柱塞可以产生转矩，使传动轴连续转动。

液压马达种类很多，应用和选择范围很宽，可根据负载对转矩和转速特性及安装和环境要求，查阅液压相关手册或产品样本选择使用。

思考题与习题

3-1　液压泵的工作原理是什么？液压泵的特点是什么？

3-2　液压马达与液压泵结构上有何异同？

3-3　什么是液压泵的额定压力和工作压力？泵的工作压力取决于什么？

3-4　液压泵和液压马达在工作中会产生哪些能量损失？产生损失的原因是什么？

3-5　齿轮泵存在的结构问题及解决方法是什么？

3-6　提高双作用叶片泵的工作压力的措施有哪些？

3-7　题3-7图所示限压式变量叶片泵的特性曲线中，AB段和BC段的意义各是什么？

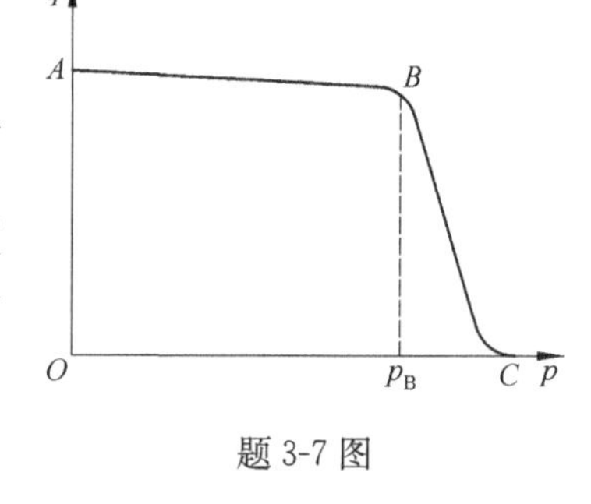

题3-7图

3-8　斜轴式轴向柱塞泵和斜盘式轴向柱塞泵在结构上有何不同？

3-9　液压泵的机械效率为0.9，当泵的压力为零时，泵输出流量为$1.77\times10^{-3}m^3/s$，当泵的压力为2.5MPa时，输出流量为$1.68\times10^{-3}m^3/s$。求：(1)泵的容积效率η_{vp}；(2)泵的输入功率P_{ip}；(3)泵的输出功率P_{op}。

3-10　液压泵的工作压力为10MPa，转速为24.17r/s，排量$V_p=100\times10^{-6}m^3/r$，容积效率为0.95，总效率为0.9。求：(1)泵的输出功率P_{op}；(2)泵的输入功率P_{ip}；(3)泵的理论功率P_{tp}。

3-11　液压马达的排量为$160\times10^{-6}m^3/r$，进口压力为10MPa，出口压力为0.5MPa，容积效率为0.95，机械效率为0.9，当输入流量为$1.2\times10^{-3}m^3/s$时，求：(1)马达的输出转矩T_m；(2)马达的输出转速n_m；(3)马达的输出功率P_{om}；(4)马达的输入功率P_{im}。

3-12　变量液压泵和液压马达组成系统，已知泵的转速25r/s，机械效率0.88，容积效率0.9；马达排量$100\times10^{-6}m^3/r$，机械效率0.9，容积效率0.92，工作中输出转矩80N·m，转速为2.67r/s，管路损失不计。求：(1)变量泵的排量V_p；(2)变量泵工作压力p_p；(3)泵的驱动功率P_{ip}。

第4章　液　压　缸

液压缸是液压系统中的执行元件，它将液压泵提供的液压能转变为机械能，使机械实现直线往复运动或摆动往复运动。液压缸具有结构简单、制造容易、工作可靠等特点，在液压系统中作为液压执行元件得到了广泛的应用。

4.1　液压缸分类与特点

4.1.1　液压缸的分类

液压缸的种类繁多，分类方法各异。按结构形式可分为活塞缸、柱塞缸、伸缩缸和摆动缸。活塞缸和柱塞缸实现直线往复运动，输出推力和速度；伸缩缸为多级活塞缸或柱塞缸；摆动缸能实现一定角度的回转摆动，输出转矩和角速度。活塞缸按出杆形式又可分为单活塞杆缸和双活塞杆缸。按供油方式液压缸又可分为单作用缸和双作用缸，单作用缸仅往缸的一侧输入液压油，活塞作单向出力运动，回程靠重力、弹簧力或者其他外力；双作用缸则分别向缸的两侧输入压力油，活塞的正反运动均靠液压力来完成。

液压缸除了可单个直接使用外，还可以几个组合或与其他机构组合，以完成特殊的功用，称为组合缸，其按特殊用途又可分为串联缸、增压缸、增速缸、多位缸、步进缸等。

4.1.2　几种典型的液压缸

本节分别介绍几种常用的液压缸类型，并推算相应的输出参量。

1. 活塞缸

1）双作用单活塞杆液压缸

如图 4-1 所示，双作用单活塞杆液压缸只有一端有活塞杆伸出，往复运动均由液压实现，其在长度方向占有的空间大致为活塞杆长度的两倍。

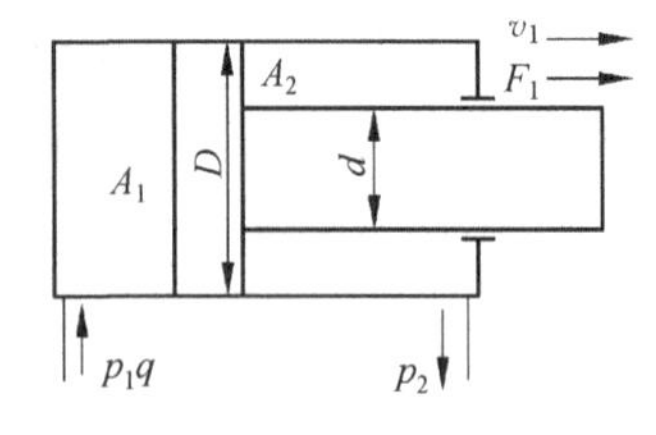

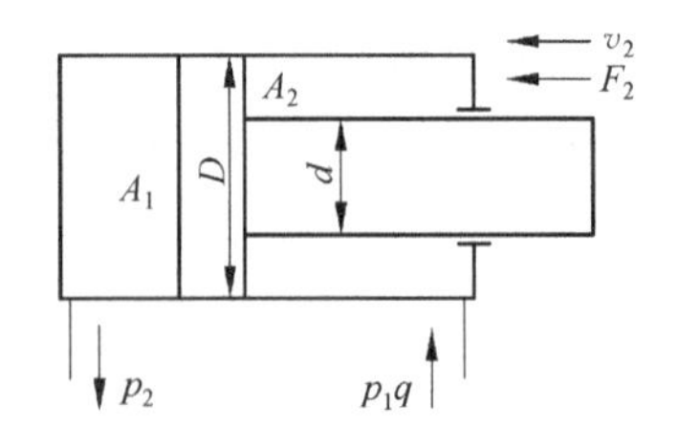

图 4-1　双作用单活塞杆液压缸

由于单活塞杆液压缸活塞两端的有效面积不等，它在两个方向上的输出推力和速度也不等。当输入液压缸的油液流量为 q，液压缸进出口压力分别为 p_1 和 p_2 时，若油液从左腔（无杆腔）输入，其活塞上所产生的推力 F_1 和速度 v_1 为

$$F_1 = A_1 p_1 - A_2 p_2 = \frac{\pi}{4}[(p_1 - p_2)D^2 + p_2 d^2] \tag{4-1}$$

$$v_1 = \frac{q}{A_1} = \frac{4q}{\pi D^2} \tag{4-2}$$

式中，d 为液压缸活塞杆的直径，m；D 为液压缸的活塞直径，m；A_1 为左腔(无杆腔)的有效工作面积，m^2；A_2 为右腔(有杆腔)的有效工作面积，m^2。

若油液从右腔(有杆腔)输入，其活塞上所产生的拉力 F_2 和速度 v_2 为

$$F_2 = A_2 p_1 - A_1 p_2 = \frac{\pi}{4}[(p_1 - p_2)D^2 - p_1 d^2] \tag{4-3}$$

$$v_2 = \frac{q}{A_2} = \frac{4q}{\pi(D^2 - d^2)} \tag{4-4}$$

由式(4-1)～式(4-4)可知，由于 $A_1 > A_2$，所以 $F_1 > F_2$，$v_1 < v_2$，可见无活塞杆端输出力大，因此常用作工作端。通常把两个方向上的输出速度 v_2 和 v_1 的比值称为速度比，记作 φ。φ 也是单活塞杆无杆腔和有杆腔的有效面积的比值，故也称为面积比。

$$\varphi = \frac{v_2}{v_1} = \frac{A_1}{A_2} = \frac{D^2}{D^2 - d^2} = \frac{1}{1-(d/D)^2} \tag{4-5}$$

GB/T 7933—2010 给出了液压缸的面积比 φ 系列，如表 4-1 所示。

表 4-1 面积比 φ

φ	1.06	1.12	1.25	1.40	1.60	2.00	2.50	5.00
d/D	0.25	0.32	0.45	0.55	0.63	0.70	0.80	0.90

可以将单活塞杆缸作如图 4-2 所示的差动连接，此时单活塞杆缸的左右两腔同时通压力油。作差动连接的液压缸成为差动液压缸。开始工作时差动缸左右两腔的油液压力相同，但是由于左腔(无杆腔)的有效面积大于右腔(有杆腔)的有效面积，故活塞向右运动，同时使右腔中排出的油液(流量为 q')也进入左腔，加大了流入左腔的流量($q+q'$)，从而加快了活塞移动的速度。实际上活塞在运动时，由于差动连接时两腔间的管路中有压力损失，所以右腔中油液的压力稍大于左腔中油液的压力，而这个差值一般都较小，可以忽略不计，则差动缸活塞推力 F_3 和运动速度 v_3 为

$$F_3 = p_1(A_1 - A_2) = p_1 \frac{\pi}{4}d^2 \tag{4-6}$$

$$v_3 = \frac{q+q'}{A_1} = \frac{q + \frac{\pi}{4}(D^2 - d^2)v_3}{\frac{\pi}{4}D^2}$$

即

$$v_3 = \frac{4q}{\pi d^2} \tag{4-7}$$

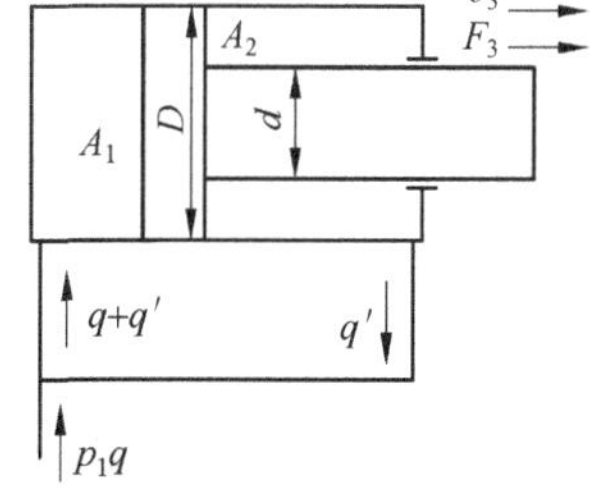

图 4-2 液压缸的差动连接

由式(4-6)、式(4-7)可知，差动连接时液压缸的推力比非差动连接时小，速度比非差动连接时快，因此，可以在不加大油源流量的情况下得到较快的运动速度。这种连接方式被广泛应用于组合机床的液压动力滑台和其他机械设备的快速运动中。

当 $D = \sqrt{2}d$ 时，差动连接的液压缸的快进和快退的速度相等，即 $v_2 = v_3$。

2）双作用双活塞杆液压缸

双作用双活塞杆液压缸的原理如图 4-3 所示。双活塞杆液压缸两端的活塞杆直径通常是相等的，因此它左、右两腔的有效面积也相等。当分别向左、右腔输入相同压力和相同流量的油液时，液压缸左、右两个方向的推力和速度相等。当活塞直径为 D，活塞杆直径为 d，液压缸进、出油腔的压力为 p_1 和 p_2，输入流量为 q 时，双活塞杆液压缸的推力 F 和速度 v 为

$$F = A(p_1 - p_2) = \frac{\pi}{4}(D^2 - d^2)(p_1 - p_2) \tag{4-8}$$

$$v = \frac{q}{A} = \frac{4q}{\pi(D^2 - d^2)} \tag{4-9}$$

式中，A 为活塞的有效工作面积，m^2。

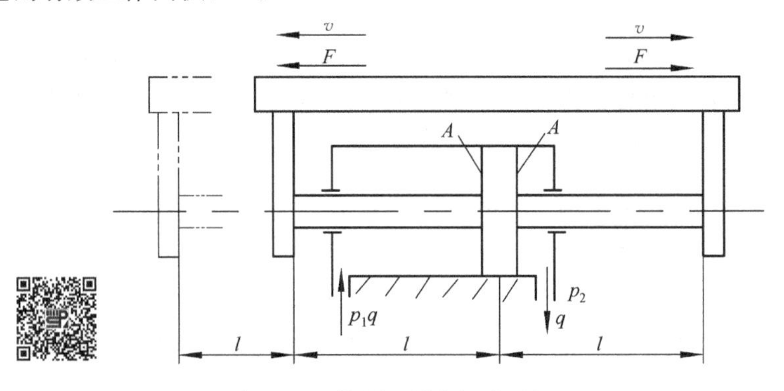

图 4-3　双作用双活塞杆液压缸

活塞杆液压缸除了图 4-1 和图 4-3 所示的这种缸体固定、活塞杆运动的结构形式，还可以将活塞杆固定，由缸体驱动工作机构运动。驱动平面磨床工作台面运动的液压缸，经常采用这种结构形式。缸体固定式的双作用活塞杆液压缸，其整个工作台的运动范围是活塞有效行程的三倍，而活塞杆固定式的双作用活塞杆液压缸，其整个工作台的运动范围是活塞有效行程的两倍，如图 4-4 所示。

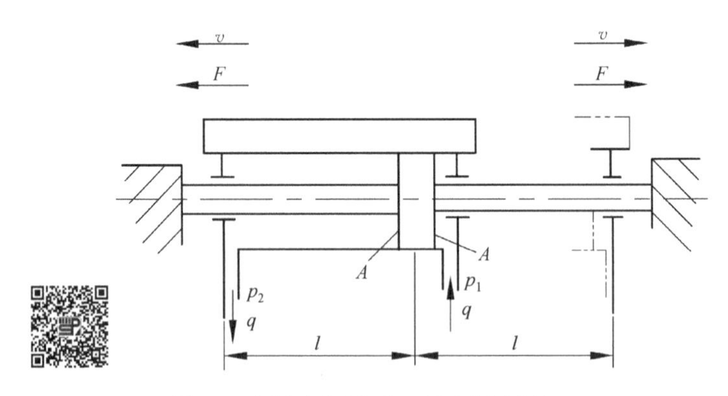

图 4-4　活塞杆固定式双活塞杆液压缸

2. 柱塞缸

柱塞缸的原理如图 4-5(a)所示，它只能实现一个方向的运动，回程靠重力、弹簧力或其他力来推动。为了得到双向运动，通常成对、反向地布置使用，如图 4-5(b)所示。

当输入液压油的压力为 p，流量为 q 时，柱塞缸产生的推力和运动速度为

$$F = Ap = \frac{\pi}{4}d^2 p \tag{4-10}$$

$$v = \frac{4q}{\pi d^2} \tag{4-11}$$

式中，A 为柱塞缸有效工作面积，m^2；d 为柱塞直径，m。

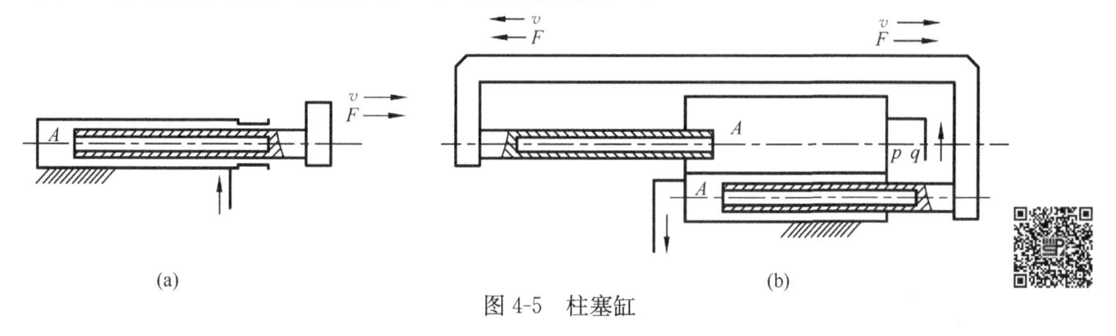

图 4-5 柱塞缸

柱塞缸的特点是缸筒内壁与柱塞没有配合要求，因此缸筒内孔只作粗加工或不加工，大大简化了缸筒的加工工艺。柱塞是端部受压，为保证柱塞缸有足够的推力和稳定性，柱塞一般较粗，质量较大，水平安装时会产生单边磨损，故柱塞缸宜垂直安装。水平安装使用时，为减轻质量和提高稳定性，用无缝钢管制成空心柱塞。

这种液压缸常用于长行程机床，如龙门刨、导轨磨、大型拉床等。

3. 增压缸

增压缸又称增压器，常与低压大流量泵配合使用，用于短时或局部需要高压的液压系统中。增压缸的工作原理如图 4-6 所示，有单作用和双作用两种形式。当输入低压 p_1 的液体推动增压缸的大活塞 D 时，大活塞即推动与其连成一体的小活塞 d，输出压力为 p_2 的高压液体。

$$\frac{p_2}{p_1} = \frac{D^2}{d^2} = K, \quad \frac{q_2}{q_1} = \frac{d^2}{D^2} = \frac{1}{K}$$

式中，$K = D^2/d^2$，称为增压比，代表其增压的能力。显然，增压能力在增大输出压力的同时，降低了有效流量，但其输出能量保持不变。

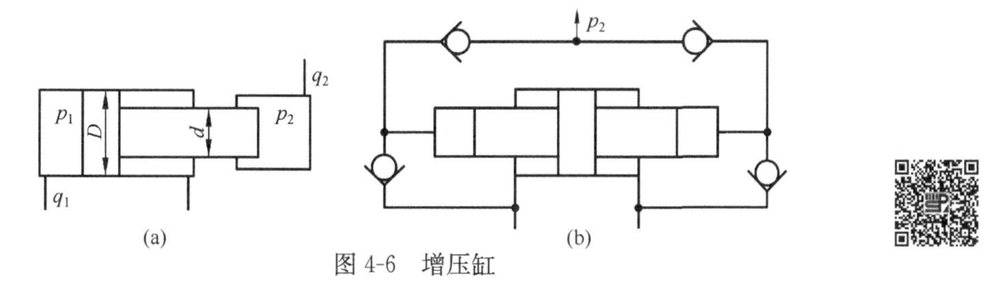

图 4-6 增压缸

图 4-6(a)中单作用增压缸只能在一次行程中连续输出高压液体；图 4-6(b)中采用双作用增压缸则可实现由两个高压端连续向系统供油。

4. 伸缩式液压缸

伸缩式液压缸又称多级液压缸，适用于安装空间受到限制但要求有很大行程的设备中。

如液压支架为适应变化较大的煤层厚度，其立柱多采用伸缩缸；某些汽车起重机液压系统中的吊臂缸等。

伸缩缸可以是如图 4-7(a)所示的单作用式，也可以是如图 4-7(b)所示的双作用式，单作用式靠外力回程，双作用式靠液压回程；伸缩缸还可以是柱塞式的，如图 4-8 所示。

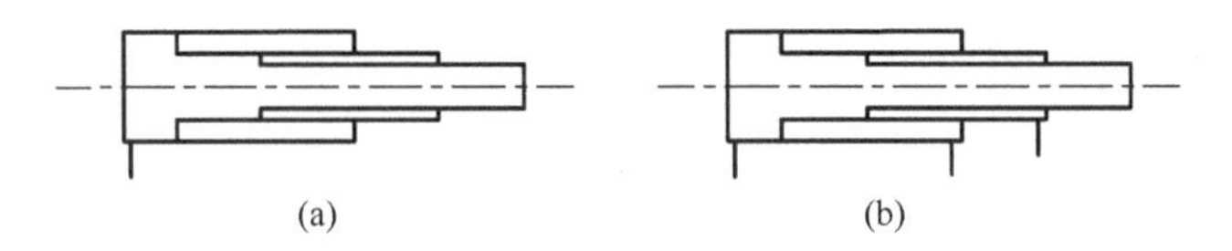

图 4-7　伸缩式液压缸

伸缩缸的外伸动作是逐级进行的，首先是最大直径的缸筒以最低的油液压力开始外伸，当到达行程终点后，稍小直径的缸筒开始外伸，直径最小的末级最后伸出，随着工作级数变大，外伸缸筒直径越来越小。在输入流量不变的情况下，伸缩缸输出推力逐级减小，速度逐级加大，其值为

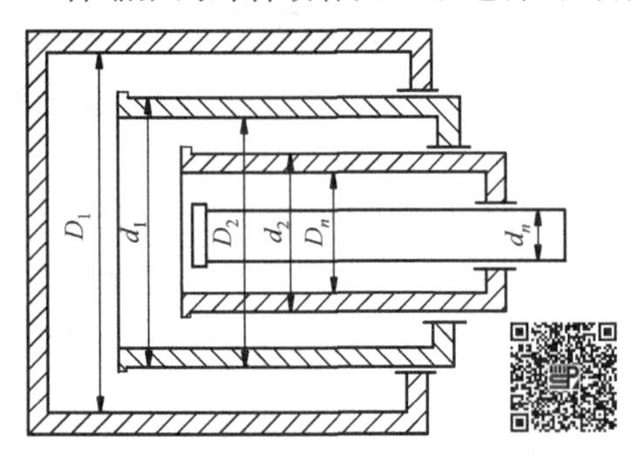

图 4-8　柱塞式伸缩缸

$$F_i = p_1 \frac{\pi}{4} D_i^2 \tag{4-12}$$

$$v_i = \frac{4q}{\pi D_i^2} \tag{4-13}$$

式中，i 指第 i 级活塞缸。

5. **摆动缸**

叶片式摆动液压缸按叶片数量的多少分单、双叶片式两种。摆动缸是一种输出轴能够直接输出转矩、往复回转角度 300°左右的回转液压缸，常用于夹具夹紧装置、送料装置、转位装置以及需要周期性进给的系统中。图 4-9(a)为单叶片式摆动缸原理图，它的摆动角度可达 300°左右。当进出油口压力为 p_1 和 p_2，输入流量为 q 时，摆动缸输出转矩 T 及回转角速度 ω 分别为

$$T = b\int_{R_1}^{R_2} (p_1 - p_2) r\mathrm{d}r = \frac{b}{2}(R_2^2 - R_1^2)(p_1 - p_2) \tag{4-14}$$

$$\omega = 2\pi n = \frac{2q}{b(R_2^2 - R_1^2)} \tag{4-15}$$

式中，b 为叶片的宽度；R_1、R_2 为叶片底部、顶部的回转半径。

图 4-9(b)为双叶片式摆动缸，它的摆动角度约为 150°，它的输出力矩是单叶片式的两倍，而角速度是单叶片式的一半。

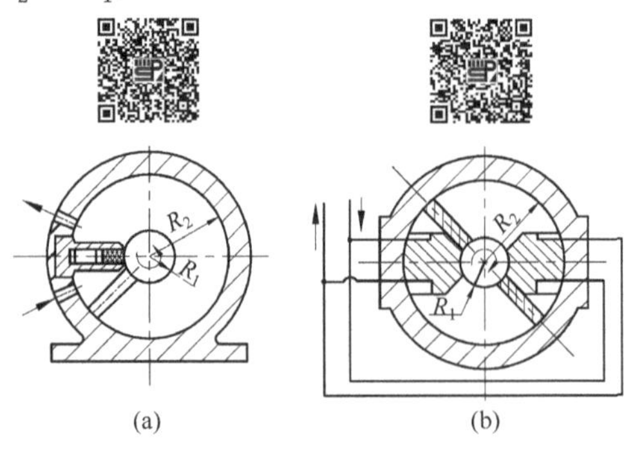

图 4-9　摆动液压缸

除了叶片式结构外，在工程机械上常用的还有齿轮齿条式和螺旋式结构的摆动缸。齿轮齿条式摆动缸是齿条通过液压缸的往复运动带动齿轮，转化为齿轮轴的正反向摆动旋转，同时将

往复缸的推力通过齿轮齿条传动副转化成齿轮轴的输出扭矩。由于齿轮轴的摆动角度与齿条的长度成正比，因此齿轮轴的摆角可以任意选择，并能大于360°。螺旋式摆动缸根据结构特点不同又分为导向杆式、花键活塞式和双螺旋式。常用的双螺旋式摆动缸通过缸体内部两对螺旋副的作用把液压力转化为扭矩输出。螺旋式摆动缸具有结构紧凑、占用空间小、泄漏小、输出扭矩极大、摆动角度大、能低角速度运行、定位精准易控制等特点，应用范围越来越广泛。

4.2 液压缸的典型结构及主要零部件

4.2.1 液压缸的典型结构举例

图4-10所示是一个较常用的双作用单活塞杆液压缸。它是由缸底2、缸筒10、支撑环7、前端盖11、活塞9和活塞杆17等组成。缸筒一端与缸底焊接，另一端前端盖11(导向套)与缸筒用螺栓15固定，以便拆装检修，两端设有油口A和B。活塞9与活塞杆17利用卡环连在一起，便于拆卸。活塞与缸孔的密封采用的是一对Y形密封圈6，由于活塞与缸孔有一定间隙，采用支撑环7定心导向。活塞杆17和活塞9的内孔由密封圈8密封。较长的前端盖11则可保证活塞杆不偏离中心，导向套外径由O形密封圈13密封，而其内孔则由Y形密封圈12和防尘圈16分别防止油外漏和灰尘带入缸内。

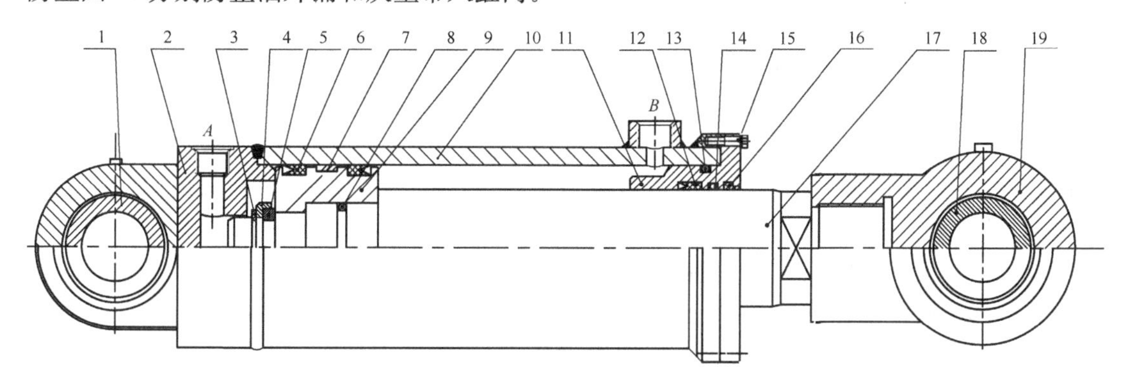

图4-10 双作用单活塞杆液压缸

1、18. 耳环衬套；2. 缸底；3. 弹簧卡圈；4. 挡环；5. 卡环(由两个半环组成)；6. 轴用Y形密封圈；7. 支撑环；8、13、14. O形密封圈；9. 活塞；10. 缸筒；11. 前端盖；12. 孔用Y形密封圈；15. 连接螺栓组件；16. 防尘圈；17. 活塞杆；19. 活塞铰链组件

图4-11所示为空心双活塞杆式液压缸的结构。由图可见，液压缸的左右两腔是通过油口b和d经活塞杆1和15的中心孔与左右径向孔a和c相通的。由于活塞杆固定在床身上，缸体10固定在工作台上，工作台在径向孔c接通压力油，径向孔a接通回油时向右移动；反之则向左移动。在这里，缸盖18和24是通过螺钉(图中未画出)与压板11和20相连，并经钢丝环12相连，左缸盖24空套在托架3孔内，可以自由伸缩。空心活塞杆的一端用堵头2堵死，并通过锥销9和22与活塞8相连。缸筒相对于活塞运动由左右两个导向套6和19导向。活塞与缸筒之间、缸盖与活塞杆之间以及缸盖与缸筒之间分别用O形圈7、V形圈4和17、纸垫13和23进行密封，以防止油液的内、外泄漏。缸筒在接近行程的左右终端时，径向孔a和c的开口逐渐减小，对移动部件起制动缓冲作用。为了排除液压缸中剩留的空气，缸盖上设置有排气孔5和14，经导向套环槽的侧面孔道(图中未画出)引出与排气阀相连。

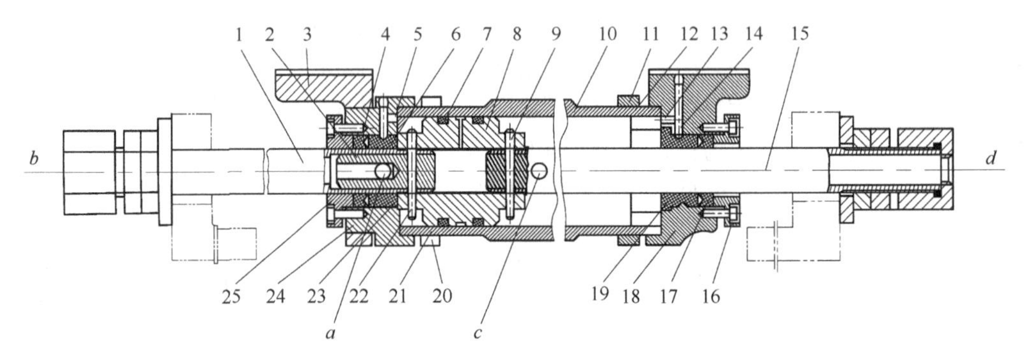

图 4-11　空心双活塞杆式液压缸的结构

1、15. 活塞杆；2. 堵头；3. 托架；4、17. V 形密封圈；5、14. 排气孔；6、19. 导向套；7. O 形密封圈；8. 活塞；9、22. 锥销；10. 缸筒；11、20. 压板；12、21. 钢丝环；13、23. 纸垫；16、25. 压盖；18、24. 缸盖

4.2.2　液压缸的组成

从上面所述的液压缸典型结构中可以看到，液压缸的结构基本上可以分为缸筒和缸盖、活塞和活塞杆、密封装置、缓冲装置和排气装置五个部分。

1. 缸筒和缸盖

图 4-12 所示为常用的缸筒和缸盖的连接方式，在设计过程中采用哪种连接方式主要取决于液压缸的工作压力、缸筒的材料和具体的工作条件。工作压力 $p<10$MPa 时，使用铸铁，常用图 4-12(a)所示的法兰连接，它结构简单，容易加工，也容易装拆，但外形尺寸和重量都较大；$p<20$MPa 时，使用无缝钢管或者锻钢，常用图 4-12(b)所示的半环连接，它容易加工和装拆，重量较轻，但缸筒壁部因开了环形槽而削弱了强度，为此有时要加厚缸壁；$p>20$MPa 时，使用铸钢或锻钢，常用图 4-12(b)、(c)所示的半环连接和螺纹连接。螺纹连接结构缸筒端部结构复杂，外径加工时要求保证内外径同心，装拆要使用专用工具，它的外形尺寸和重量都较小。图 4-12(d)所示为拉杆连接式，结构的通用性大，容易加工和装拆，但外形尺寸较大，且较重。图 4-12(e)所示为焊接连接式，结构简单，尺寸小，但缸底处内径不易加工，且可能引起变形。

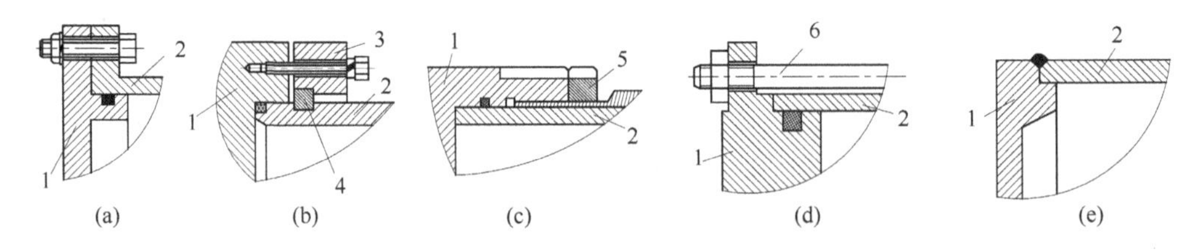

图 4-12　缸筒和缸盖结构

1. 缸盖；2. 缸筒；3. 压板；4. 半环；5. 防松螺帽；6. 拉杆

2. 活塞和活塞杆

常用的活塞和活塞杆之间有如图 4-13 所示螺母连接、卡环式连接、径向销式连接等多种连接方式，所有方式均需有锁紧措施，以防止工作时因往复运动而松开。螺母连接结构简单，安装

方便可靠，但在活塞杆上车螺纹将削弱其强度，它适用于负载较小，受力无冲击的液压缸中。半环式连接结构复杂，装拆不便，但工作较可靠。径向销式连接结构特别适用于双出杆式活塞。

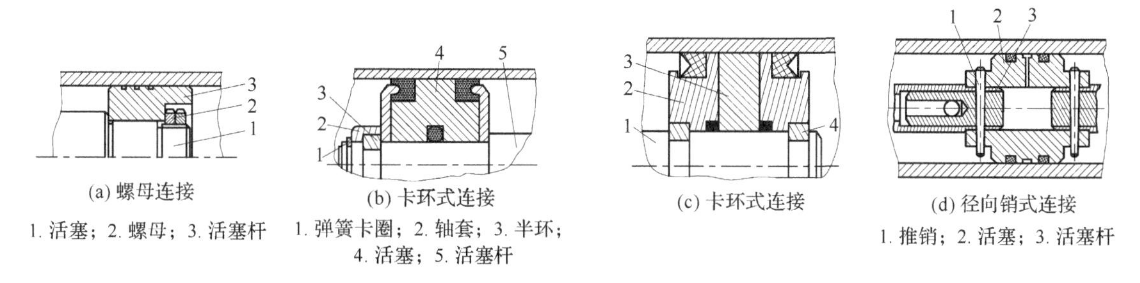

图 4-13　活塞和活塞杆结构

3. 密封装置

液压缸的密封装置用以防止油液的泄漏。液压缸的密封主要指活塞、活塞杆处的动密封和缸底与缸筒、缸盖与缸筒之间的静密封。一般要求密封装置具有良好的密封性、尽可能长的寿命、制造简单、拆装方便、成本低。密封装置设计的好坏直接影响液压缸的静、动态性能。有关密封装置的结构、材料、安装和使用等参见第 6 章。

4. 缓冲装置

对大型、高速或要求高的液压缸，为了防止活塞在行程终点时和缸盖相互撞击，引起噪声、冲击，甚至严重影响工作精度和引起整个系统及元件的损坏，必须设置缓冲装置。

缓冲装置的工作原理是利用活塞或缸筒在其走向行程终端时封住活塞和缸盖之间的部分油液，强迫它从小孔、细缝或节流阀挤出，增大液压缸回油阻力，使回油腔中产生足够大的缓冲压力，使工作部件受到制动，逐渐减慢运动速度，避免活塞和缸盖相互撞击。

常见的液压缸缓冲装置如图 4-14 所示，图 4-14(a)为间隙式缓冲装置，当缓冲柱塞进入与其相配的缸盖上的内孔时，孔中的液压油只能通过间隙 δ 排出，使回油腔中压力升高而形成缓冲压力，从而使活塞速度降低。图 4-14(b)为可调节流缓冲装置，当缓冲柱塞进入配合孔之后，油腔中的油只能经节流阀 1 排出，从而在回油腔形成缓冲压力，使活塞受到制动。这种缓冲装置可以根据负载情况调整节流阀开口的大小，改变缓冲压力的大小，但仍不能解决速度减低后缓冲作用减弱的缺点。图 4-14(c)为可变节流缓冲装置，缓冲柱塞上开有三角槽，随着柱塞逐渐进入配合孔中，其节流面积越来越小，解决了在行程最后阶段缓冲作用过弱的问题，从而使缓冲作用均匀，冲击压力小，制动位置精度高。

5. 排气装置

液压缸在安装过程中或长时间停放后，液压缸里和管道系统中会渗入空气，为了防止执行元件出现爬行、噪声和发热等不正常现象，液压缸结构应保证能及时排除积留在液压缸内的气体。一般可在液压缸内腔的最高处设置专门的排气装置，如排气螺钉、排气阀等，如图 4-15 所示。

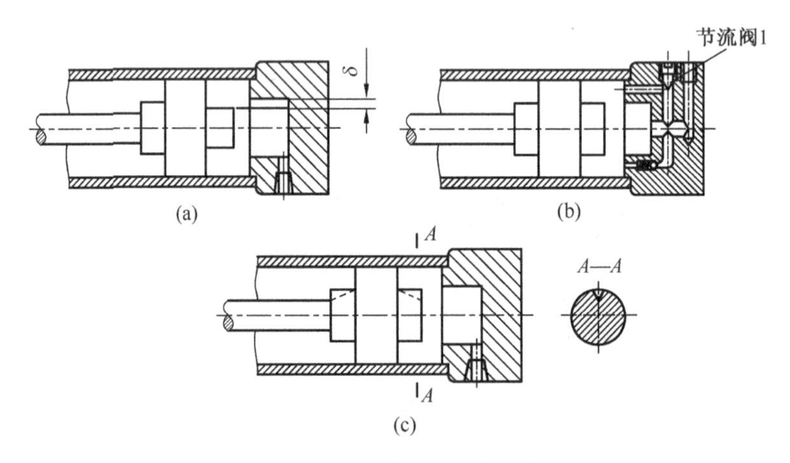

图 4-14　液压缸的缓冲装置

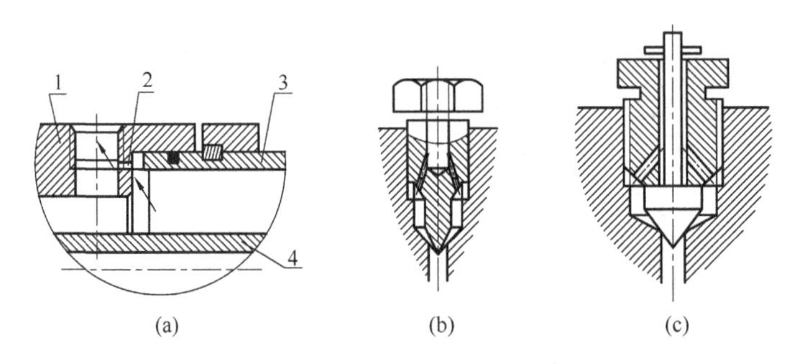

图 4-15　放气装置

1. 缸盖；2. 放气小孔；3. 缸体；4. 活塞杆

4.3　液压缸的设计与计算

4.3.1　设计内容和设计步骤

液压缸是液压传动的执行元件，它和主机工作机构直接相关，根据机械设备及其工作机构的不同，液压缸具有不同的用途和工作要求，因此在进行液压缸设计之前，必须对整个液压系统进行工况分析，选定系统的工作压力。液压缸设计的主要内容和步骤如下。

(1)根据设计要求，选择液压缸的类型和各部分结构形式、安装方式。

(2)根据受力分析，确定液压缸的工作参数和结构尺寸。

(3)根据液压缸结构尺寸和材料，计算和校核液压缸的结构强度与刚度。

(4)导向、密封、防尘、排气和缓冲等装置的设计。

(5)绘制装配图、零件图、编写设计说明书。

与液压泵和液压马达相比，液压缸的设计相对简单，但并不是一件轻而易举的事情。与液压泵和液压马达等液压元件一样，在很多实际应用中可以参考设计手册直接选用标准液压缸作为系统执行元件。标准液压缸的选用，除了选择其类型、外形、安装方式、防尘密封结构、装拆难易程度外，还必须对液压缸的技术参数进行计算和校核，以保证使用性能的可靠性和使用过程的安全性。

4.3.2 基本参数确定

1. 工作负载与液压缸推力

液压缸的工作负载是指工作机构在满负荷情况下，以一定加速度启动时对液压缸产生的总阻力，即

$$F_R = F_1 + F_f + F_g \tag{4-16}$$

式中，F_R为液压缸的工作负载；F_1为工作机构的负载、自重等对液压缸产生的作用力；F_f为工作机构在满负载下启动时的静摩擦力；F_g为工作机构满负载启动时的惯性。

液压缸的推力 F 应等于或大于其工作时的总阻力。

2. 工作速度

液压缸的运动速度与输入流量和活塞、活塞杆的面积有关。如果工作机构对液压缸的运动速度有一定要求，应根据所需的运动速度和缸径来选择液压泵；如果对液压缸运动速度没有要求，则可根据已选定的泵流量和缸径来确定运动速度。

3. 主要结构尺寸

液压缸的主要结构尺寸有缸筒内径 D、活塞杆直径 d、缸筒长度 L 和最小导向长度 H。

1) 缸筒内径 D

当给定工作负载，且选定液压系统工作压力 p（设回油背压为零）时，可依据式(4-17)、式(4-18)确定缸筒内径 D。

对无活塞杆腔，当要求推力为 F_1时

$$D_1 = \sqrt{\frac{4F_1}{\pi p \eta_m}} \tag{4-17}$$

对有活塞杆腔，当要求推力为 F_2 时

$$D_2 = \sqrt{\frac{4F_2}{\pi p \eta_m} + d^2} \tag{4-18}$$

式中，p 为液压缸的工作压力，由液压系统设计时给定；η_m为液压缸机械效率，一般取 $\eta_m = 0.95$。

选择 D_1、D_2 中较大者，按《流体传动系统及元件缸径及活塞杆直径》(GB/T 2348—2018)中所列的液压缸内径系列圆整为标准值。圆整后液压缸的工作压力应作相应的调整。

当对液压缸运动速度 v 有要求时，可根据液压缸的流量 q 计算缸筒内径 D。对于无活塞杆腔，当运动速度为 v_1，进入液压缸的流量为 q_1 时

$$D_1 = \sqrt{\frac{4q_1}{\pi v_1}} \tag{4-19}$$

对于有活塞杆腔，当运动速度为 v_2，进入液压缸的流量为 q_2 时

$$D_2 = \sqrt{\frac{4q_2}{\pi v_2} + d^2} \tag{4-20}$$

同样，缸筒内径需按 D_1、D_2 中较大者圆整为标准值。

2) 活塞杆直径 d

确定活塞杆直径 d，通常应先满足液压缸的速度或速比的要求，然后再校核其结构强度和

稳定性。若速比为 φ，则

$$d = D\sqrt{\frac{\varphi - 1}{\varphi}} \tag{4-21}$$

3) 缸筒长度 L'

液压缸的缸筒内部长度 L' 应等于活塞行程 s、导向套长度 H 和活塞宽度 B 等之和。缸筒外形长度还要考虑到两端端盖的厚度。缸筒的长度一般最好不超过其内径的 20 倍。

4) 最小导向长度 H

当活塞杆全部外伸时，从活塞支承面中点到导向套滑动面中点的距离称为最小导向长度 H（图 4-16）。如果导向长度过小，将使液压缸的初始挠度（间隙引起的挠度）增大，影响液压缸的稳定性，因此设计时必须保证有一定的最小导向长度。

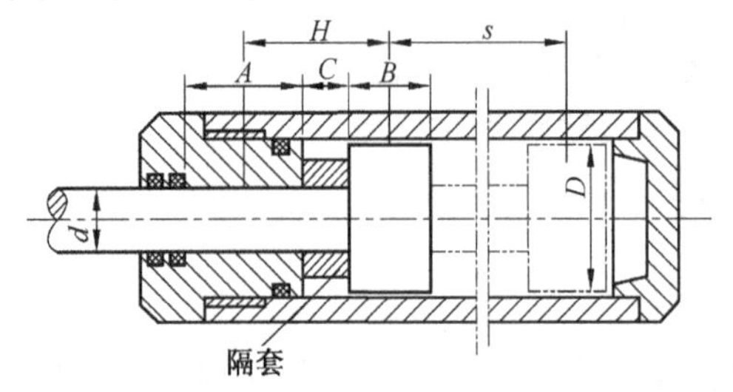

图 4-16　液压缸的导向长度

对于一般的液压缸，其最小导向长度应满足

$$H \geqslant \frac{s}{20} + \frac{D}{2} \tag{4-22}$$

式中，s 为液压缸最大工作行程；D 为缸筒内径。

一般，在 $D < 80\text{mm}$ 时取导向套滑动面的长度 $A = (0.6 \sim 1.0)D$，在 $D > 80\text{mm}$ 时取 $A = (0.6 \sim 1.0)d$；活塞的宽度 C 则取 $C = (0.6 \sim 1.0)D$。为保证最小导向长度，过分增大 A 和 C 都是不适宜的，最好在导向套与活塞之间装一隔套 K，隔套宽度 B 由所需的最小导向长度决定，即

$$B = H - \frac{A + C}{2} \tag{4-23}$$

采用隔套不仅能保证最小导向长度，还可以改善导向套及活塞的通用性。

4.3.3　液压缸的结构计算和校核

对液压缸的缸筒壁厚 δ、活塞杆直径 d 和缸盖固定螺栓的直径，在高压系统中必须进行强度校核。

1. 缸筒壁厚 δ 的计算和校核

当 $\frac{\delta}{D} < 0.08$ 时，称为薄壁缸筒，一般为无缝钢管，壁厚按材料力学薄壁圆筒公式计算

$$\delta > \frac{p_{\max} D}{2\sigma_{\mathrm{s}}} \tag{4-24}$$

当 $0.3 \geqslant \frac{\delta}{D} \geqslant 0.08$ 时，可用实用公式

$$\delta \geqslant \frac{p_{\max} D}{2.3\sigma_{\mathrm{s}} - 3p_{\max}} \tag{4-25}$$

当 $\frac{\delta}{D} > 0.3$ 时，称为厚壁缸筒，一般为铸铁缸筒，厚壁按材料力学第二强度理论计算

$$\delta > \frac{D}{2}\left(\sqrt{\frac{\sigma_{\mathrm{s}} + 0.4p_{\max}}{\sigma_{\mathrm{s}} - 1.3p_{\max}}} - 1\right) \tag{4-26}$$

式中，$p_{\max}$ 为缸筒内最高工作压力，MPa；σ_s 为缸筒材料许用应力，MPa。$\sigma_s=\dfrac{\sigma_b}{\eta}$，其中，$\delta_b$ 为材料抗拉强度，MPa。η 为安全系数，$\eta=5$。

缸筒壁厚确定之后，即可求出液压缸的外径

$$D_1=D+2\delta \tag{4-27}$$

D_1 值应按有关标准圆整为标准值。

2. 活塞杆强度及压杆稳定性计算

按速比要求初步确定活塞杆直径后，还必须满足本身的强度要求及液压缸的稳定性。活塞杆的直径 d 按下式进行校核

$$d\geqslant\sqrt{\frac{4F}{\pi\sigma_s}} \tag{4-28}$$

式中，F 为工作负荷；$\sigma_s=\dfrac{\sigma_b}{\eta}$，$\eta=1.4$。

当活塞杆的长径比 l/d 大于 10 时，要进行稳定性验算。根据材料力学理论，其稳定条件为

$$F\leqslant\frac{F_k}{\eta_k} \tag{4-29}$$

式中，F 为活塞杆最大推力；F_k 为液压缸稳定临界力；η_k 为稳定性安全系数，$\eta_k=2\sim4$。l 为活塞杆计算长度.

F_k 与活塞杆和缸筒的材料、结构尺寸、两端支承状况等因素相关。其中两端支承状况由不同的安装方式决定，并根据安装方式的不同决定活塞杆的计算长度 l、末端条件系数 n、挠度系数 C 等，如表 4-2 所示。

表 4-2 活塞杆的计算长度、末端条件系数和挠度系数

类型	一端固定，一端自由	两端铰链	一端固定，一端铰链	两端固定
安装方式				
n	0.25	1.0	2.0	4.0
C	1.0	0.5	0.35	0.25

根据实际安装方式，计算长度 l 分别取图中所示的对应值。

4.3.4 液压缸设计中应注意的问题

液压缸在使用过程中经常会遇到安装不当、活塞杆承受偏载、液压缸或活塞下垂以及活塞杆的压杆失稳等问题，在液压缸设计过程中应注意以下几点，以减少使用中故障的发生概率，提高液压缸的性能。

(1)尽量使液压缸的活塞杆在受拉状态下承受最大负载，或在受压状态下具有良好的稳定性。

(2)考虑液压缸行程终了处的制动问题和液压缸的排气问题，需要在缸内设置缓冲装置和排气装置。

(3)正确确定液压缸的安装、固定方式。液压缸两端不能同时固定,一般为一端固定,一端浮动;液压缸安装后避免增加额外的偏载或径向载荷。

(4)液压缸各部分的结构需根据推荐的结构形式和设计标准进行设计,尽可能做到结构简单、紧凑、加工、装配和维修方便。

(5)在保证能满足运动行程和负载力的条件下,应尽可能地缩小液压缸的轮廓尺寸。

(6)要保证密封可靠,防尘良好。

4.4 数字控制液压缸

数字控制液压缸是数字液压缸及其配套数字控制器的组合,简称数字液压缸。它利用极为巧妙的结构设计,几乎将液压技术的所有功能集于一身,与专门研制的可编程数字控制器配合,可高精度地完成液压缸的方向控制、速度控制和位置控制。它是集计算机技术、微电子技术、传感技术、机械技术和液压技术为一身的高科技产品,是液压技术的一次飞跃,为液压技术和控制技术带来了崭新的活力。

目前,我国已有的数字液压缸主要分为两种:一种是能够输出数字或者模拟信号的内反馈式数字液压缸;一种是使用数字信号控制运行速度和位移的数字液压缸。前者仅能够将液压缸运行的速度和位移信号传递出来,其运动控制依靠外部的液压系统实现,数字液压缸本身无法完成运动控制;后者则可以通过发送脉冲信号完成对数字液压缸的运动控制,具有结构简单、控制精度高等显著优点。

图 4-17 为数字控制电液步进液压缸的工作原理图,它由步进电动机发出的数字信号控制液压缸的速度和位移。通常这类液压缸由步进电动机和液压力放大器两部分组成。为了选择速比和增大传动转矩,二者之间有时设置减速齿轮。

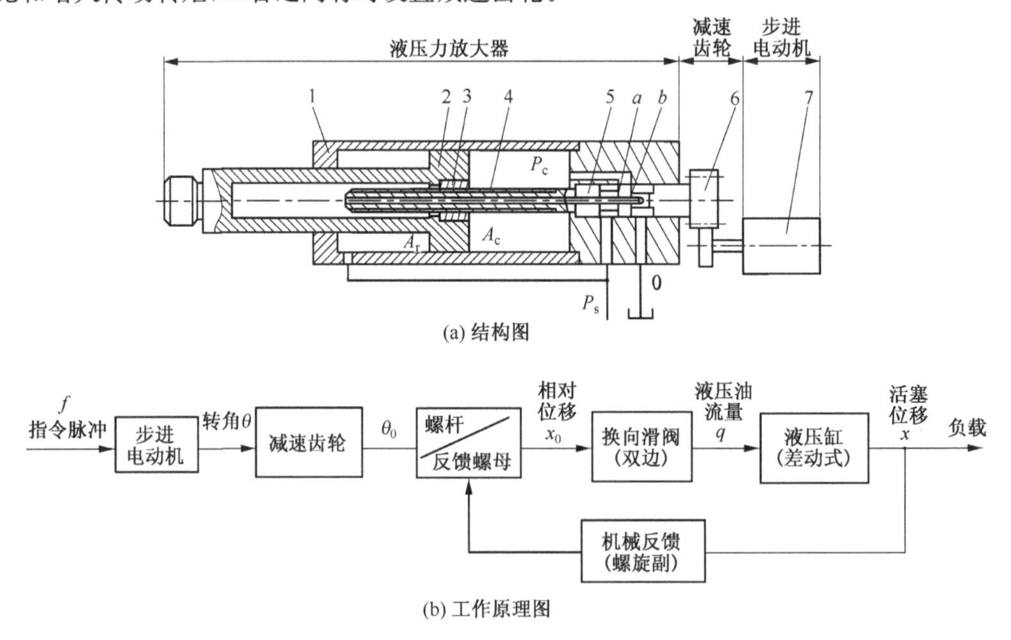

图 4-17 数字控制电液步进液压缸的工作原理图

1. 液压缸体;2. 活塞;3. 反馈螺母;4. 螺杆;5. 三通阀阀芯;6. 减速齿轮;7. 步进电动机

步进电动机是一种数/模(D/A)转换装置。可将输入的电脉冲信号转换为角位移量输出，即给步进电动机输入一个电脉冲，其输出轴转过一步距角(或脉冲当量)。由于步进电动机功率较小，因此必须通过液压力放大器进行功率放大后再驱动负载。

液压力放大器是一个直接位置反馈式液压伺服机构，它由控制阀、活塞缸、螺杆和反馈螺母组成。图 4-17(a)中电液步进液压缸为单出杆差动连接液压缸，可采用三通双边滑阀 5 来控制。压力油 p_s 直接引入有杆腔，活塞腔内压力 p_c 受阀芯 5 的棱边所控制，若差动液压缸两腔的面积比 $A_r : A_c = 1:2$，空载稳态时，$p_c = p_s/2$，活塞 2 处于平衡状态，阀口 a 处于某个稳定状态。在指令输入脉冲作用下，步进电动机带动阀芯 5 旋转，活塞及反馈螺母 3 尚未动作，螺杆 4 对螺母 3 做相对运动，阀芯 5 右移，阀口 a 开大，$p_c > p_s/2$，于是活塞 2 向左运动，活塞杆外伸，与此同时，同活塞 2 联成一体的反馈螺母 3 带动阀芯 5 左移，实现了直接位置负反馈，使阀口 a 关小，开口量及 p_c 值又恢复到初始状态。如果输入连续的脉冲，则步进电动机连续旋转，活塞杆便随着外伸；反之，输入反转脉冲时，步进电动机反转，活塞杆内缩。

活塞杆外伸运动时，棱边 a 为工作边，活塞杆内缩时，棱边 b 为工作边。如果活塞杆上存在着外负载，稳态平衡时，$p_c \neq p_s/2$。通过螺杆螺母之间的间隙泄漏到空心活塞杆腔内的油液，可经螺杆 4 的中心孔引至回油腔。

提高数字液压缸的行程精度有两种途径：第一种途径是提高步进电动机的精度，例如，如果滚珠丝杠的导程为 10mm，步进电动机的每转脉冲数由 200P/R(P/R 表示脉冲数/转)提高到 1024P/R，则数字液压缸的精度则由 0.05mm 提高到 0.01mm；第二种途径是减小滚珠丝杠的导程。

思考题与习题

4-1　液压缸在液压系统中的作用是什么？液压缸是怎么分类的？

4-2　液压缸为什么要设置缓冲装置？常见的缓冲装置有哪几种形式？

4-3　液压缸为什么要设置排气装置？如何确定排气装置的位置？

4-4　液压缸设计中应注意哪些问题？

4-5　数字液压缸的组成和工作原理是什么？

4-6　如题 4-6(a)图所示，一单杆活塞缸，无杆腔的有效工作面积为 A_1，有杆腔的有效工作面积为 A_2，且 $A_1 = 2A_2$。当供油流量 $q = 100$ L/min 时，回油流量是多少？若液压缸差动连接，如题 4-6(b)图所示，其他条件不变，则进入液压缸无杆腔的流量为多少？

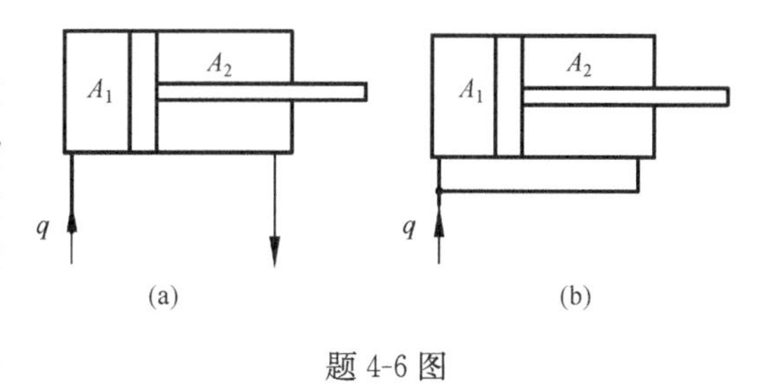

题 4-6 图

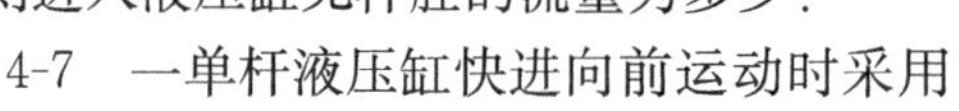

4-7　一单杆液压缸快进向前运动时采用差动连接，退回时，压力油输入液压缸有杆腔。假如活塞往复运动的速度都是 0.1m/s，退回时负载为 25000N，输入流量 q=25L/min，背压 p_2=0.2MPa。要求：(1)确定活塞和活塞杆的直径；(2)如果缸筒材料的$[\sigma]=5\times10^7\text{Pa}^2$，计算缸筒的壁厚。

4-8　如题 4-8 图所示，两个液压缸串联，其无杆腔面积为 $A_1 = 100\text{cm}^2$，有杆腔面积为

$A_2=80\text{cm}^2$，输入的压力为 $p_1=1.8\text{MPa}$，流量为 $q=16\text{L/min}$，所有损失不计，试求：(1)当缸的负载相等时，可能承担的最大负载 F 是多少？(2)若两缸负载不相等，缸Ⅱ可能承担的最大负载将比(1)条件下承担的负载大多少？(3)两缸的活塞运动速度各为多少？

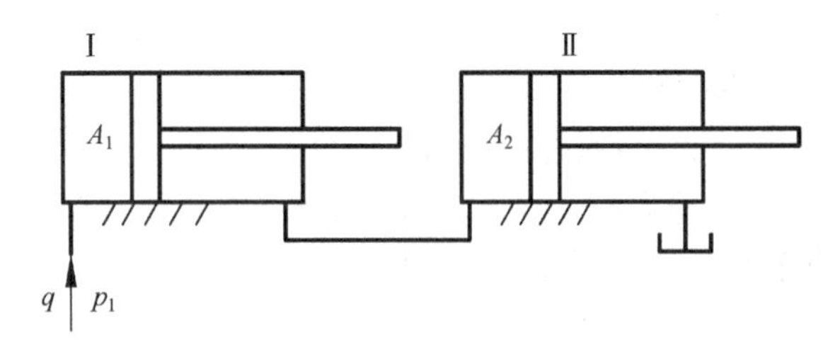

题 4-8 图

4-9 如题 4-9 图所示的并联油缸，外负载 $R_1=R_2=10^4\text{N}$，两缸无杆腔面积分别为 $A_1=25\text{cm}^2$，$A_2=50\text{cm}^2$，当泵的供油流量 $q=30\text{L/min}$，溢流阀调定压力 $p=4.5\text{MPa}$ 时。试分析：(1)Ⅰ、Ⅱ两缸的动作顺序及运动速度各为多少？(2)油泵的最大输出功率为多少？

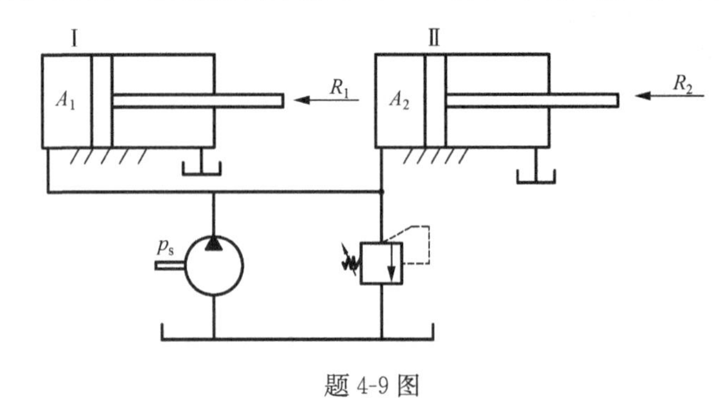

题 4-9 图

第5章 液 压 阀

5.1 概 述

在液压系统中，用来控制或调节油液流动方向、压力和流量的元件，总称为液压阀。液压阀的种类很多，本章只介绍液压系统中常见液压阀的工作原理及其性能特点。

5.1.1 液压阀的分类

按阀的功能分类，液压阀可分为：

(1)方向控制阀。用来控制油液流动方向的阀，如单向阀、换向阀等。

(2)压力控制阀。用来控制油液压力大小的阀，如溢流阀、减压阀、顺序阀等。

(3)流量控制阀。用来控制油液流量大小的阀，如节流阀、调速阀、分流集流阀等。

按操纵方式分类，液压阀可分为手动、脚踏、机动、电动、液动等，有时是几种方式组合的形式。

按连接方式分类，液压阀可分为：

(1)管式连接。管式阀采用螺纹连接，故又称为螺纹连接。

(2)板式连接。将阀类元件安装在专门的连接板上。

(3)集成连接。为使结构紧凑，简化管路，就将阀集中布置，有集成块式、叠加阀式、插装阀式等。

5.1.2 对液压阀的基本要求

(1)动作灵敏、使用可靠，工作时冲击和振动要小，使用寿命长。

(2)油液流过时压力损失小，密封性能好。

(3)结构简单紧凑，通用性好，制造装配方便。

5.2 方向控制阀

5.2.1 单向阀

1.普通单向阀

单向阀用来控制液流向一个方向流动而不能反向流动，故又称为止回阀。

图5-1所示为S型管式单向阀的结构和原理示意，其主要由阀体1、阀芯2、弹簧3和挡圈4等组成。当压力油从P_1口流入时，克服弹簧力而将阀芯顶开，通过阀芯上的径向孔，从P_2口流出；若压力油从P_2口流入，阀芯在弹簧力和液压力作用下，紧贴于阀口，截断油路。该阀采用锥形阀芯结构，又有导向部分，故密封可靠，应用较广泛。

单向阀中的弹簧主要用来克服阀芯摩擦阻力和惯性，所以弹簧刚度较小，以免产生较大的压力损失。其开启压力约为0.05MPa，额定流量时压力损失小于0.2MPa；作背压阀使用时，背压一般为0.2～0.6MPa。

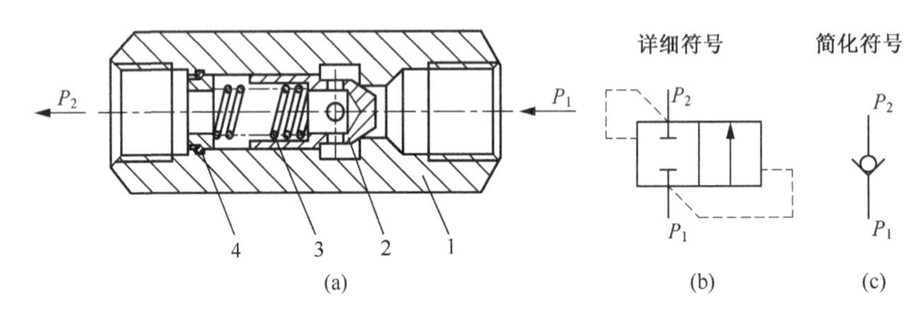

图 5-1　S 型管式直通单向阀

1. 阀体；2. 阀芯；3. 弹簧；4. 挡圈

2. 液控单向阀

普通单向阀使液流只能正向流动而不能反向流动，液控单向阀则可根据需要使液流实现反向流动。按泄油方式有内泄式、外泄式之分，按其阀芯结构有带或不带卸载阀之分。图 5-2、图 5-3 分别为带卸载阀的外泄式、内泄式液控单向阀结构原理图。

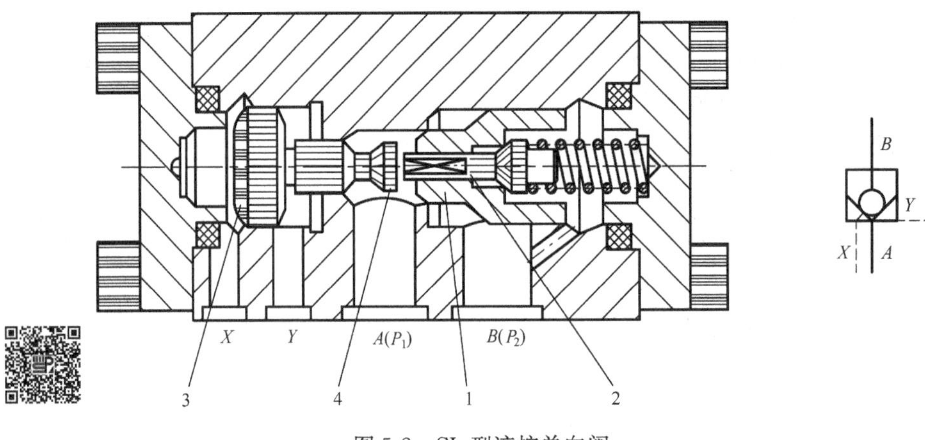

图 5-2　SL 型液控单向阀

1. 阀芯；2. 卸载阀芯；3. 控制活塞；4. 顶杆

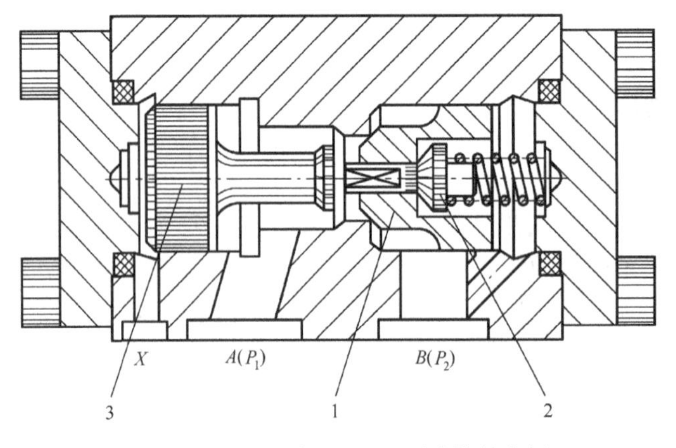

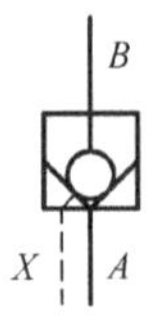

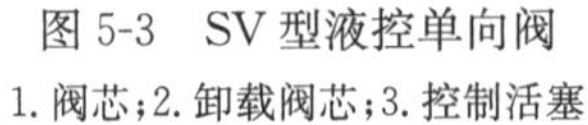

图 5-3　SV 型液控单向阀

1. 阀芯；2. 卸载阀芯；3. 控制活塞

液控单向阀除了进、出油口 A、B 外，还有控制油口 X，外泄式有泄油口 Y。当控制油口 X 不通压力油时，其作用与普通单向阀相同；当控制油口通控制压力油时，控制活塞 3 右移顶开阀芯 1，油口 A 和 B 相通，油液可在两个方向自由流通。采用带卸载阀芯 2 的结构时，控制活塞首先只需用不大的力顶开小阀芯，使弹簧腔卸压，然后再顶开阀芯 1。由于阀芯前后面积比相差很大，可大大降低控制油压力，故此种结构适于压力较高场合。其最小控制油压为主油路压力的 30%左右。

充液阀是一种大尺寸的液控单向阀，主要用于向大液压缸的腔体进行充液，并使之与主回路的压力隔离开来。它广泛应用在大型液压机、注塑机、压边机等有快速动作和较高保压要求的机械设备中，通过其从油箱向液压缸补油，从而可在小油泵条件下实现快速运动。图 5-4 为 ZSF 型碟式充液阀结构示意图。在液压缸需要快进时，液压泵带动小油缸动作，通过充液阀的作用，从 A 到 B 由油箱向油缸大量充液；加压过程中，从 B 到 A 无法打开，从而切断油从充液阀到油箱的回流。当液压缸返回时，通过 X 口的先导压力油克服弹簧力推动控制活塞 2 下移，打开主阀芯 5，使油压缸内的油大部分经充液阀排回油箱。

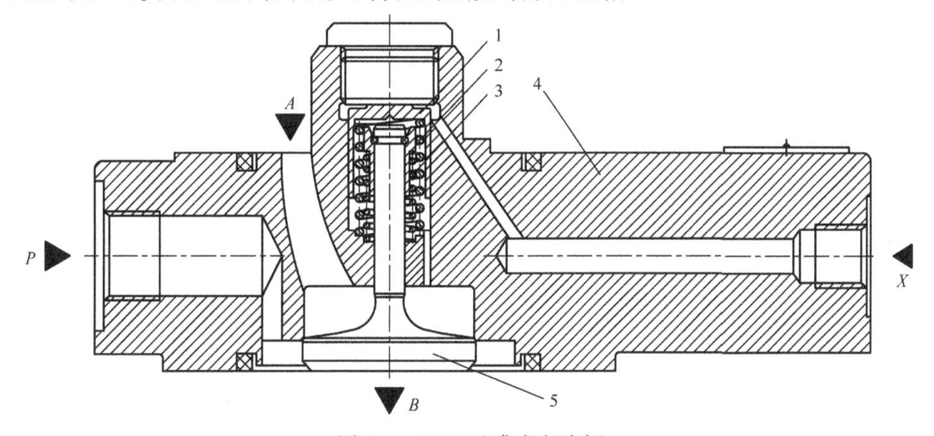

图 5-4 ZSF 型碟式充液阀

1. 控制活塞；2. 主弹簧；3. 预压缩弹簧；4. 阀体；5. 主阀芯

3. 梭阀

梭阀，是一种能够实现“或门”逻辑功能的特殊单向阀，相当于两个单向阀组合而成。图 5-5 所示为插装式梭阀，它有两个进油口 A、B，一个出油口 C，其可以自动根据 A、B 两个回路的压力高低，将钢球推向低压的一侧，从而确定油液的流动方向。在工程应用中，可用于压力排序、负载敏感或在液压回路内传递最高压力。

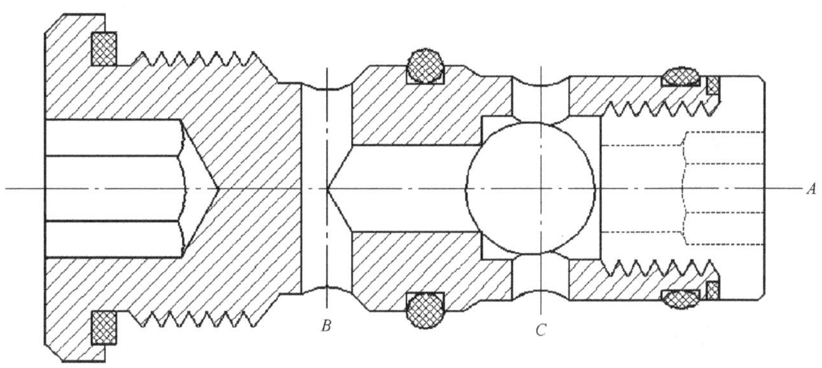

图 5-5 SSR 插装式梭阀

5.2.2　换向阀

换向阀的作用是利用阀芯和阀体之间的相对移动来开启和关闭油路，从而改变液流的方向，使液压执行元件启动、停止或变换运动方向。

对换向阀的一般要求：通油时压力损失小，通路关闭时密封性好，各油口之间的泄漏少；动作灵敏、平稳、可靠，没有冲击、噪声。

换向阀的种类很多，按阀芯的结构可分为滑阀、座阀和转阀三种，其中滑阀与座阀最为常用；按操作方式可分为手动、机动、电动、液动和电液动等多种；按阀芯在阀体内所处的位置数可分为二位和三位两种；按控制油口的通道数可分为二通、三通、四通、五通等。

1. 典型结构和工作原理

1）滑阀

滑阀是通过阀芯在阀体内轴向移动实现油路切换的，在液压系统中应用非常广泛。

滑阀式换向阀由主体部分及操纵定位机构组成。

（1）主体部分。阀体和阀芯是滑阀式换向阀的结构主体，表 5-1 所示是常见的结构形式。

表 5-1　滑阀式换向阀主体部分的结构形式

<table>
<tr><th>名称</th><th>结构原理图</th><th>职能符号</th><th colspan="3">使用场合</th></tr>
<tr><td>二位
二通阀</td><td>A　P</td><td>A
P</td><td colspan="3">控制油路的接通与切断
（相当于一个开关）</td></tr>
<tr><td>二位
三通阀</td><td>A　P　B</td><td>A B
P</td><td colspan="3">控制液流方向
（从一个方向变换成另一个方向）</td></tr>
<tr><td>二位
四通阀</td><td>A　P　B　T</td><td>A B
P T</td><td rowspan="4">控制执行元件换向</td><td>不能使执行元件在任一位置处停止运动</td><td rowspan="2">执行元件正反向运动时回油方式相同</td></tr>
<tr><td>三位
四通阀</td><td>A　P　B　T</td><td>A B
P T</td><td>能使执行元件在任一位置处停止运动</td></tr>
<tr><td>二位
五通阀</td><td>T_1　A　P　B　T_2</td><td>A B
T_1 P T_2</td><td>不能使执行元件在任一位置处停止</td><td rowspan="2">执行元件正反向运动时可以得到不同的回油方式</td></tr>
<tr><td>三位
五通阀</td><td>T_1　A　P　B　T_2</td><td>A B
T_1 P T_2</td><td>能使执行元件在任一位置处停止运动</td></tr>
</table>

(2)操纵定位装置。

①手动式换向阀。手动式换向阀直接用手操纵滑阀换向,它有弹簧自动复位和钢球定位两种形式,弹簧自动复位如图 5-6 所示。

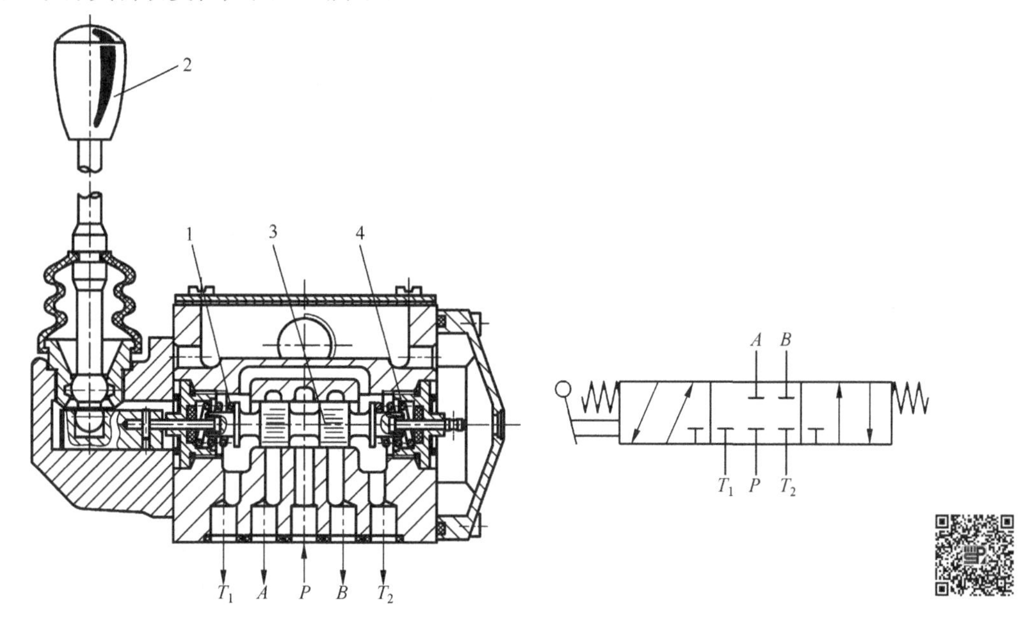

图 5-6 WMM 型弹簧自动复位式手动换向阀结构原理图

1、4. 复位弹簧;2. 扳动手柄;3. 阀芯

由图 5-6 可知,该阀是三位五通的,扳动手柄 2 即可换位;松手后,复位弹簧 4 使阀芯 3 自动回到中位(图示位置)。对于二位的弹簧自动复位式手动换向阀,当松开手柄 2 后,复位弹簧 1 把阀芯推回到初始(常态)位置。

钢球定位式换向阀与弹簧自动复位式换向阀的不同之处是:当松开手柄之后,阀芯靠钢球定位而保持在该位置上。

②机动式换向阀。机动式换向阀也称为行程换向阀,它利用挡块或凸轮使阀芯移动来控制液流的方向。机动换向阀通常是二位的,有二通、三通、四通、五通几种。二通的分常开和常闭两种形式,图 5-7 所示为二位二通常开式机动换向阀。

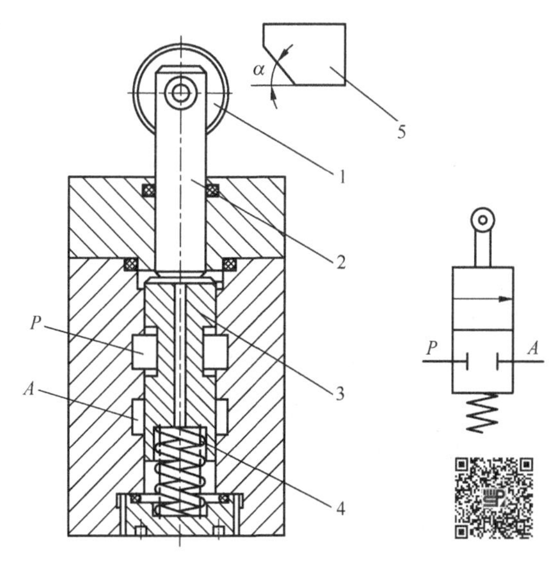

图 5-7 二位二通常开式机动换向阀

1. 滚轮;2. 阀杆;3. 阀芯;4. 弹簧;5. 挡块

③电磁式换向阀。电磁换向阀借助电磁铁的吸力推动阀芯在阀体内做相对运动来改变阀的工作位置,一般为二位和三位,通道数多为二、三、四、五。图 5-8 所示为 WE 型三位四通电磁换向阀的结构原理图。

根据电磁铁所用的电源不同,电磁换向阀又分为交流和直流两种。交流电磁铁电压多为

220V,换向时间短,推力大,电气控制线路简单,但工作时冲击和噪声较大,铁心吸不到位时,线圈易烧毁,寿命较低,切换频率一般不能高于 10 次/分钟;直流电磁铁电压多为 24V,切换特性软,对过载或低电压反应不敏感,工作可靠,切换频率较高,可达 120 次/分钟,但因需整流装置,费用较高。

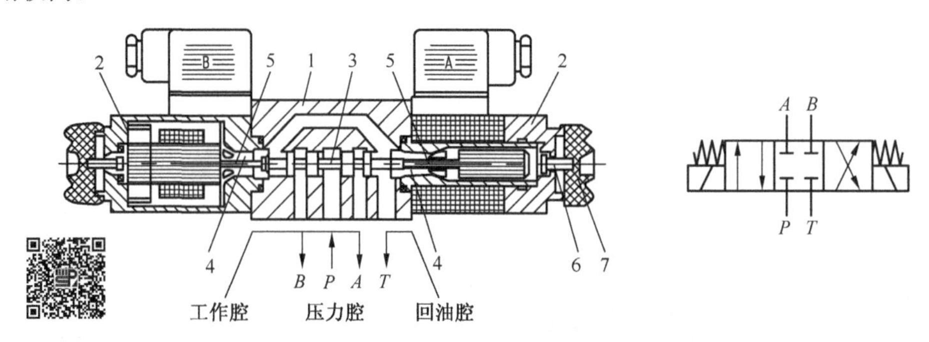

图 5-8　WE 型三位四通电磁换向阀结构原理图

1. 阀体;2. 电磁铁(左为交流电磁铁,右为直流电磁铁);3. 滑阀;
4. 复位弹簧;5. 推杆;6. 故障检查按钮;7. 橡胶保护罩

按电磁铁内部是否有油进入,又可分为干式和湿式两种。干式电磁铁内部没有油,电磁铁部分和阀体部分能分开,更换电磁铁方便,但寿命较低;湿式电磁铁内部与回油腔相通,这样衔铁在液压油里移动,可以减少磨损,并且能提高散热性能、延长使用寿命,目前已广泛取代了传统的干式电磁铁。

由于电磁铁吸力有限,故电磁换向阀的流量不能太大,一般在 63L/min 以下;且回油口背压不宜过高,一般应低于 10MPa,否则易烧毁电磁铁线圈。

④电液式换向阀。电液式换向阀由电磁滑阀和液动滑阀组合而成,下部液动滑阀为主阀,上部为电磁阀,起先导作用,用来改变液动滑阀控制压力油的方向。由于控制压力油的流量很小,因此电磁滑阀的规格较小,其工作位置由液动滑阀的工作位置相应确定。

图 5-9 所示为 WEH 型弹簧对中式电液换向阀结构原理图,A、B、P、T 为主阀的主通道,X、Y 分别为先导级的外控压力油和外排油通道。先导级的 A、B 控制通道分别和主阀的两个弹簧腔相通。当先导阀两端电磁铁断电时,主阀的两个弹簧腔与油箱相通。主阀芯 8 在两边弹簧作用下对中。当先导阀的一个电磁铁通电时,就使主阀的两个弹簧腔分别与先导阀的控制压力油、油箱接通,主阀芯在两端压差作用下移向某一端,实现主油路的换向。

图 5-9 所示的控制油路为外控外泄型,另外还有外控内泄型、内控内泄型和内控外泄型。

电液换向阀有带阻尼器和不带阻尼器两种形式。调整阻尼器的开口大小可以控制从先导阀进入主阀芯两端的供油流量,从而控制主阀的换向时间。阻尼器有装在液动滑阀体内的,也有装在电磁阀与液动阀之间的,其图形符号如图 5-10 所示。

2)球座阀

球座阀是一类方向控制阀,阀孔内有一个或多个球状或锥形阀芯,阀芯置于阀座上,由于此类换向阀多为电磁铁操纵方式,故又称为电磁球阀。

球座阀具有密封性能好、阀芯换向时间短、换向频率高(可达 250 次/分钟)、耐高压等优点,因此常用于大流量系统的先导控制或要求保压的系统。

二位三通电磁球阀结构原理如图 5-11 所示。

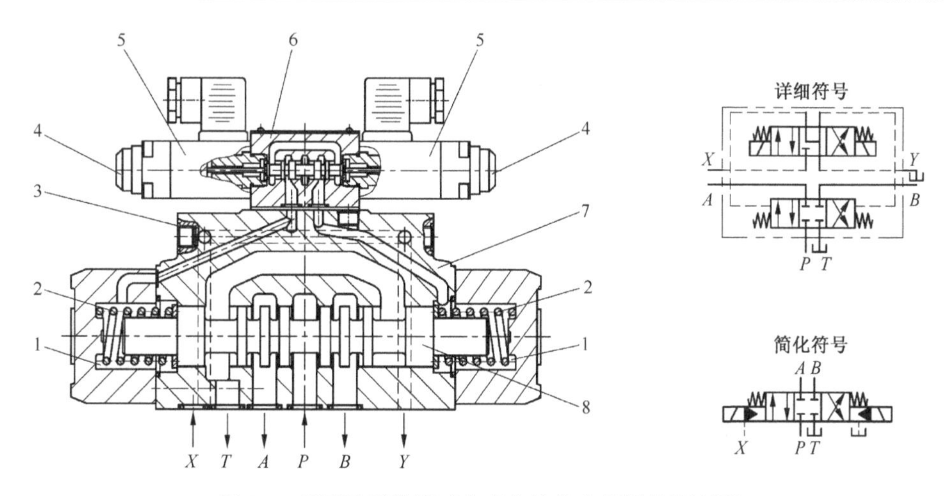

图 5-9　WEH 型弹簧对中式电液换向阀结构原理图

1. 弹簧腔；2. 复位弹簧；3. 控制油进油道；4. 故障检查按钮；5. 电磁铁；6. 先导电磁阀；7. 主阀体；8. 主阀芯

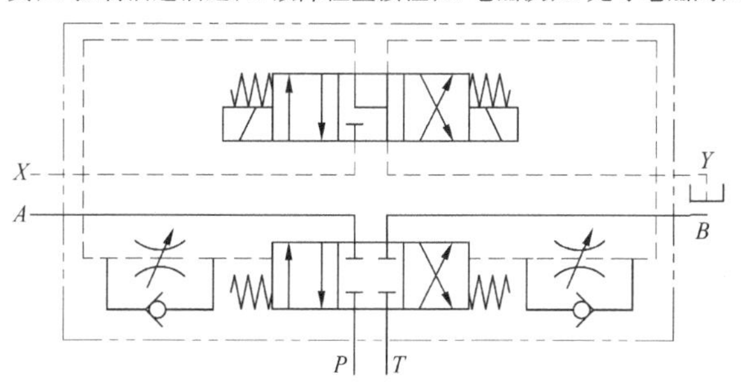

图 5-10　带叠加双单向节流阀的 WEH 型电液换向阀图形符号

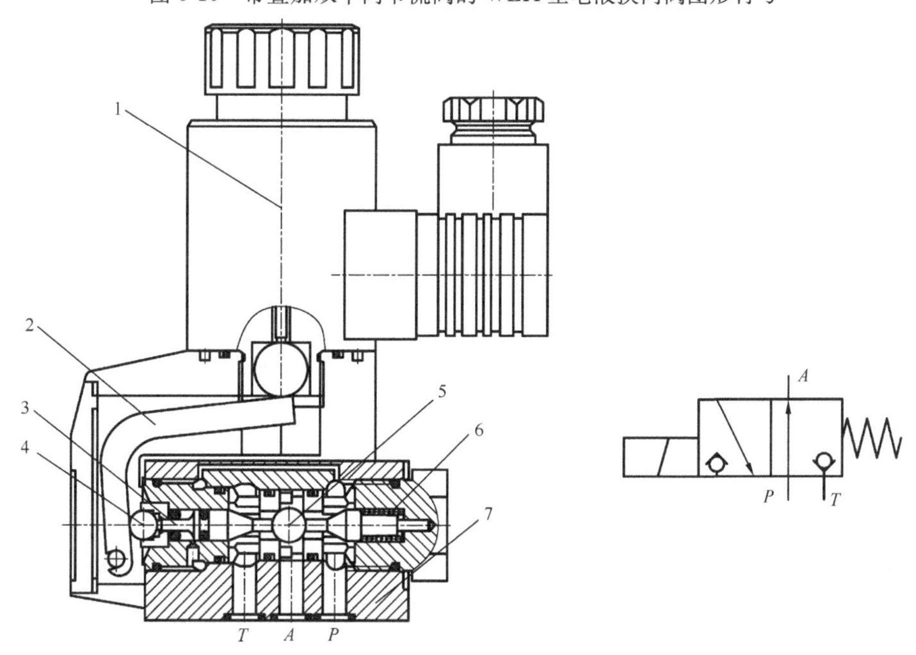

图 5-11　二位三通电磁球阀结构原理图

1. 电磁铁；2. 杠杆；3. 推力球；4. 操作推杆；5. 密封球；6. 弹簧；7. 阀体

3)多路换向阀

多路换向阀简称多路阀,它是以两个以上换向阀为主体,集换向阀、单向阀、溢流阀、补油阀和制动阀等于一体的多功能集成阀。它具有操作方便、结构紧凑、压力损失小、安装简单及通用性好等特点,因而在工程机械、起重运输机械和其他要求多个执行元件集中控制的行走机械上广泛使用。

多路换向阀阀体有整体式和分片式(组合式)两种;按照油路连接方式,多路阀可分为串联式、并联式以及复合式油路。常见的多路换向阀组合形式如图 5-12 所示。

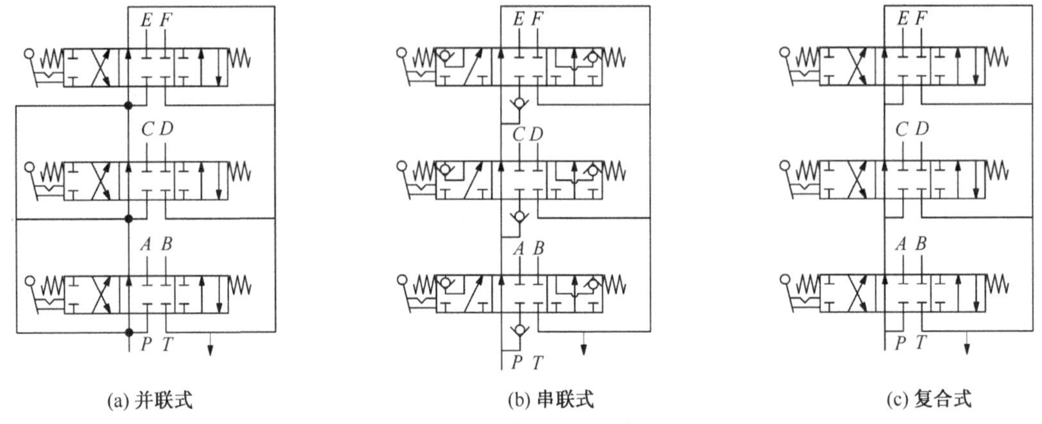

图 5-12　多路换向阀的组合形式

经过液压工程技术领域和国内外科研院所的不断研究,多路阀从传统的进出口联动方式,逐步结合了负载敏感、负流量控制、电液比例控制、抗流量饱和及负载口独立控制等先进技术,这些技术在多路阀上的交叉发展和应用,大大提高了行走机械的节能效果、控制性能及自动化程度。

4)数字阀

具有流量离散化或控制信号离散化特征的液压阀,称为数字液压阀,简称数字阀。数字阀属于一种特殊的开关/换向阀。根据国内外研究的差异,数字阀可分为狭义的数字阀与广义的数字阀。

狭义的数字阀特指由数字信号控制的开关阀及由开关集成的阀岛元件。代表元件为高速开关式数字阀,其一直在全开或者全关的工作状态下,因此压力损失较小、能耗低、对油液污染不敏感。相对于传统伺服比例阀,高速开关阀能直接将开关量的数字信号转化成流量信号,使得数字信号直接与液压系统的控制紧密结合,具有优点如下。

(1)高速开关阀只有全开和全关两种状态,节流损失大大减小。

(2)增加了控制的灵活性和功能性。

(3)阀口开度固定,对油液污染的敏感度降低。

但也正因为上述特性,这种数字阀要大规模应用于工业,还有许多问题需要解决。

(1)高速开关阀在启闭的瞬间,会对系统造成压力尖峰和流量脉动,执行器的运动会出现不连续的现象。

(2)高速开关阀的响应必须进一步提高,也必须要有稳定长时间的切换寿命。

(3)在数字阀岛的应用中,相关联的高速开关阀组间启闭要保证同步。

广义的数字阀则包含由数字信号或者数字先导控制的具有参数反馈和参数控制功能的液压阀。代表元件为增量式数字阀,其将步进电机与液压阀相结合,采用电液流量匹配控制、负载口独立控制等技术，结合阀内自带的压力流量检测方式，通过可编程阀控单元生成相应的PWM数字信号经驱动器使步进电机动作，步进电机输出与脉冲数成正比的步距角，再转换成液压阀阀芯的位移。

采用数字信号直接控制，能够满足高压大流量的应用需求。内置传感器且与数字控制器相配合使用。通过程序，可以自主决定阀的功能，使得多种多样的功能阀和先导阀可以用同一种阀控单元的形式替代。电液比例控制技术、电液负载敏感技术、电液流量匹配控制技术与负载口独立控制技术的研究和应用进一步提高了液压阀的控制精度、节能性和灵活性。数字液压阀与这些阀控技术相结合，是实现数字液压元件真正产业化，进行现有工业应用升级换代和研究的重要方向。

2. 性能和特点

三位换向阀的阀芯处于中位时，其各通道间的连接方式称为换向阀的中位机能。三位四通和五通换向阀常见的中位机能型号、滑阀状态和符号，如表5-2所示。由表可知，不同的中位机能是通过改变阀芯的开口和尺寸得到的。

表5-2 三位换向阀的中位机能

形式	滑阀状态	职能符号	形式	滑阀状态	职能符号
O	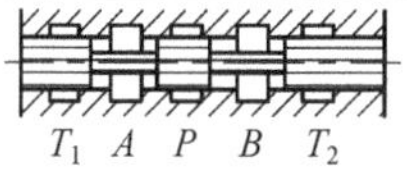 T_1 A P B T_2	 A B P T	K	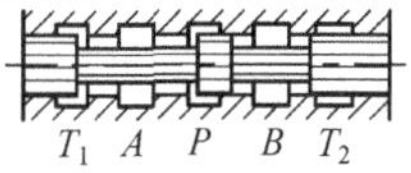 T_1 A P B T_2	 A B P T
H	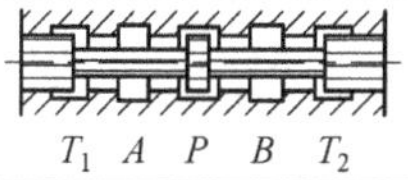 T_1 A P B T_2	 A B P T	X	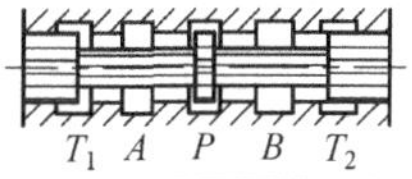 T_1 A P B T_2	 A B P T
Y	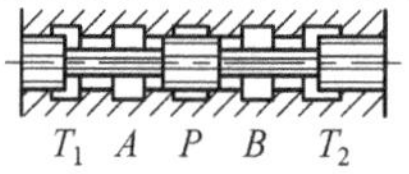 T_1 A P B T_2	 A B P T	M	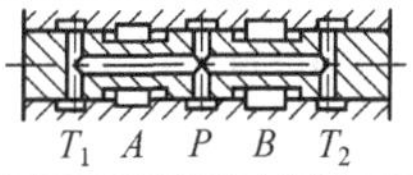 T_1 A P B T_2	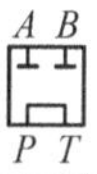 A B P T
J	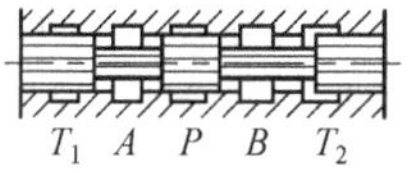 T_1 A P B T_2	 A B P T	U	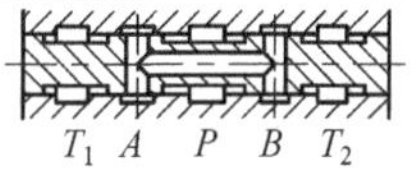 T_1 A P B T_2	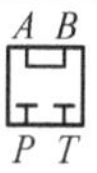 A B P T
C	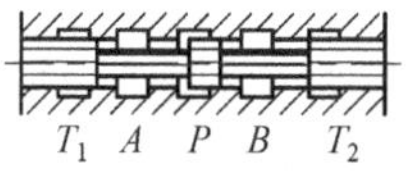 T_1 A P B T_2	 A B P T	N	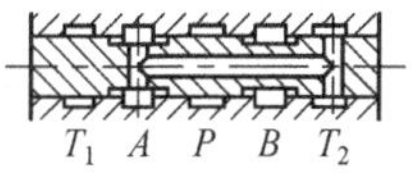 T_1 A P B T_2	 A B P T
P	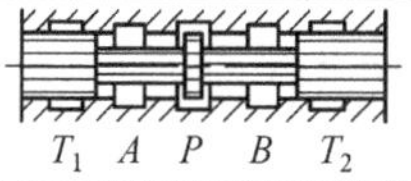 T_1 A P B T_2	 A B P T			

换向阀的中位机能不仅在换向阀芯处于中位时对液压系统的工作状态有影响，而且在换向阀切换时对液压系统的工作性能有影响。在分析和选择阀的中位机能时，通常考虑以下几点。

(1)系统保压问题。当通向液压泵的 P 口被堵塞时，系统保压。此时液压泵能用于多缸液压系统。

(2)系统卸荷问题。当通口 P 和通口 T 畅通时，整个系统卸荷。

(3)换向平稳性和换向精度问题。当通向液压缸两腔的通口 A 和 B 各自堵塞时，换向过程中易产生液压冲击，换向平稳性差，但换向精度高；当通口 A 和 B 都与通口 T 接通时，其结果与上述情况相反。

(4)启动平稳性问题。换向阀在中位时，液压缸某腔如接通油箱，则启动时该腔内无油液起缓冲作用而不能保证平稳的启动；相反的情况则易于保证启动的平稳性。

(5)液压缸在任意位置停止和“浮动”问题。当通口 A 和 B 接通时，卧式液压缸处于“浮动”状态，可以通过手摇机构使工作台移动；但立式液压缸则由于自重而不能停在任意位置上。当通口 A 和 B 被堵塞时，液压缸能在任意位置停止，但不能“浮动”。

上述为国内换向阀的中位机能形式，从国外引进的换向阀中位机能形式与此不同，且滑阀机能的内容更广泛，选用时可参阅有关液压技术手册，这里不再详述。

5.3　压力控制阀

液压系统中控制油液压力的液压阀，统称为压力控制阀。它是利用阀芯上的液压力和弹簧力相平衡的原理进行工作的。常用的压力控制阀有溢流阀、减压阀、顺序阀等。

5.3.1　溢流阀

溢流阀的主要作用是维持液压系统中的压力基本恒定，其结构有直动式和先导式两种。

1. 典型结构和工作原理

1)直动式溢流阀

直动式溢流阀是利用作用于阀芯有效面积上的液压力直接与弹簧力平衡来工作的。

图 5-13 所示为 DBD 型直动式溢流阀。在常态时，进油口 P 和回油口 T 是关闭的。当压力油从进油口 P 流入，通过阻尼孔(阻尼活塞侧面铣扁)作用在阻尼活塞底部时，液压力 $p \cdot A$ (A 为阻尼活塞底部有效作用面积)直接与弹簧 3 的弹簧力 F_s 相平衡。其工作原理是：当压力油 p 较小，即 $p \cdot A < F_s$ 时，阀口仍关闭，此时不起调压作用。当进油口压力为 p 增加到 $p \cdot A > F_s$ 时，锥阀开启，油口 P、T 相通并溢流，阀口的开度经过一个过渡过程以后，便稳定在某一定值，进口压力 p 也基本稳定在某一值。例如，当进油口压力 p 升高到 $p \cdot A > F_s$ 时，阀口打开并溢流。由于惯性等因素，阀口会开得大一些，进油口压力便降低些，使 $p \cdot A < F_s$，弹簧力使阀口关小些，于是又引起进口压力 p 增高，使阀口再次开大些。如此经过几次振荡，由于阻尼活塞阻尼孔的存在，振荡逐渐衰减而趋于稳定。调节弹簧的预紧力就可调节进油的压力 p。

当溢流阀稳定工作时，作用在锥阀和阻尼活塞上的力平衡方程为

$$p \cdot A = F_s \pm F_f \tag{5-1}$$

一般锥阀芯及阻尼活塞的摩擦力 F_f 都较小，在只考虑稳态工作性能时可忽略，则式(5-1)可简化为

$$p = \frac{F_s}{A} \tag{5-2}$$

式中，p 为溢流阀进口压力(调节压力)；F_s 为溢流阀调压弹簧力；A 为阻尼活塞底部有效作用面积。

由式(5-2)可知，对某个具体阀来说，A 值是恒定的，调节弹簧力 F_s 就可以调节进口压力 p。

阻尼活塞 6 在锥阀启、闭时起阻尼作用，同时对锥阀芯 5 起导向作用，提高阀的密封性能。

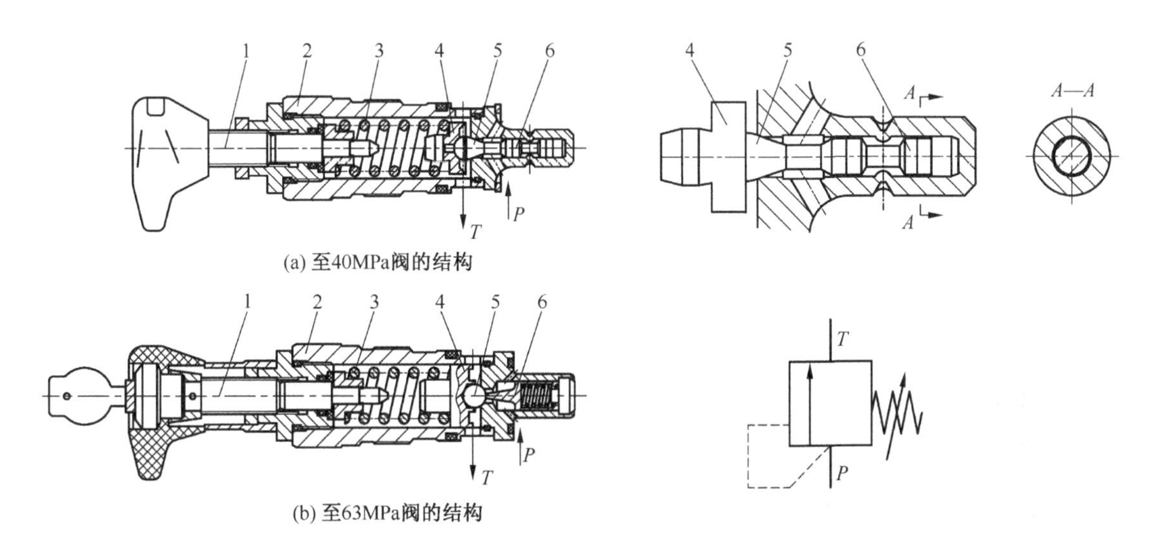

图 5-13 DBD 型直动式溢流阀(插入式)结构原理图

1. 调节螺杆;2. 阀体;3. 调压弹簧;4. 偏流盘;5. 锥阀芯;6. 阻尼活塞

偏流盘上的环形槽用来改变液流方向,以补偿锥阀 5 的液动力。

直动式溢流阀由于是液压力和弹簧力直接作用,如压力 p 较大,则弹簧力 F_s也要大,这样不仅使调节困难,而且当溢流量变化时调节压力 p 的变化就较大,故一般都只用于低压小流量场合。而 DBD 型溢流阀在结构上采取了适当措施,如阻尼活塞底部面积减小,偏流盘补偿了液动力,采用锥阀芯,使它可用于高压、较大流量场合,其定压精度也满足一般要求。

2) 先导式(电磁)溢流阀

图 5-14 为 DB(W)型先导式(电磁)溢流阀,它由主阀、先导阀和电磁换向阀组成。常态时,溢流阀处于关闭状态。压力油 p 从进油口 A 进入后分成两路:一路进入主阀芯 13 下端,另一路经控制油道 1、4、6 中的阻尼孔 2、5、14 作用在主阀芯 13 的上端和先导阀 7 的锥阀芯 8 上。当进油压力 p 较低不足以克服调压弹簧 9 的弹簧力 F'_s 时,锥阀芯 8 关闭,没有油流过阻尼孔 2。这时,主阀芯 13 两端压力相等,在平衡弹簧作用下主阀芯处于最下端位置,溢流阀仍处于关闭状态。当进油口压力升高到超过先导阀调压弹簧 9 的弹簧力 F'_s 时,锥阀芯 8 打开,压力油经阻尼孔 2、14,锥阀芯 8、控制回油道 12、回油口 B 流回油箱。由于压力油流经阻尼孔 2 时产生压力降,所以主阀芯 13 上端的压力 p_1 小于下端压力 p,当此压力差所产生的作用力超过平衡弹簧(是一根软弹簧)的作用力 F_s 时,主阀芯上移,打开溢流口,使油口 A 和回油口 B 相通,油液溢流回油箱,溢流阀实现溢流稳压。

上述过程与 DBD 型溢流阀一样,所调进口压力 p 也要经过一个过渡过程才能达到平衡状态。阻尼孔 5 起阻尼衰减作用,提高了溢流阀的工作稳定性。

当处于稳态工作时,作用在主阀芯上的力平衡方程为

$$p \cdot A = p_1 \cdot A + F_s + G + F_f \tag{5-3}$$

式中,p 为所调进口压力;p_1为主阀芯上腔压力(作用于先导阀阀芯的压力);F_s为主阀弹簧力;G 为主阀芯自重;F_f为主阀芯摩擦力;A 为主阀芯有效作用面积。

对先导阀来说,当处于稳态工作时,作用在先导阀阀芯上的力平衡方程为

$$p_1=\frac{F_s'}{A'} \tag{5-4}$$

式中，F_s' 为先导阀弹簧力；A' 为先导阀阀芯有效作用面积。

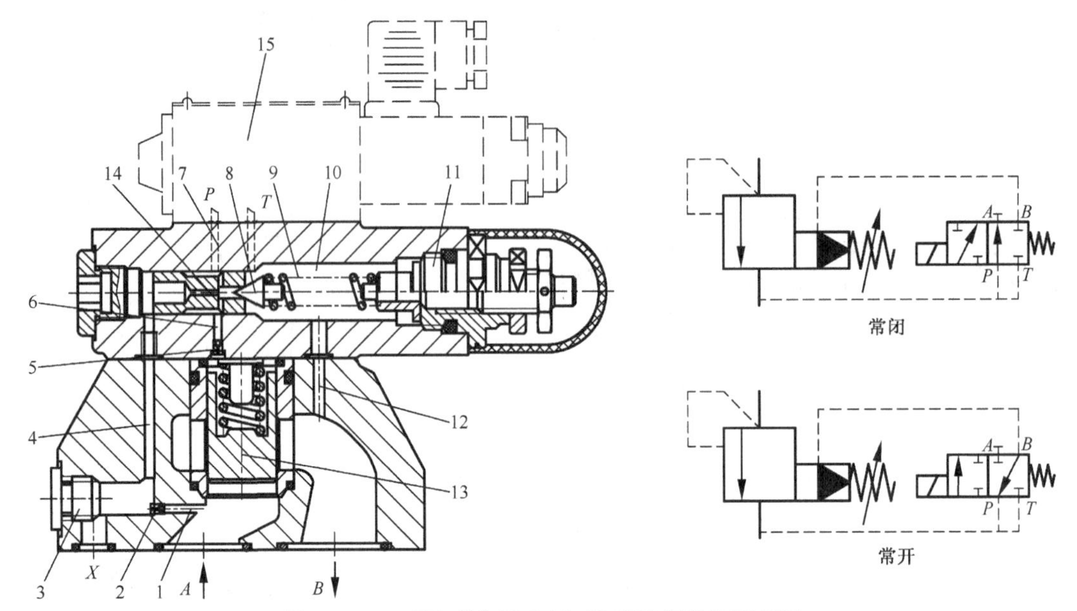

图 5-14　DB(W)型先导式(电磁)溢流阀结构原理图

1、4、6. 控制油道；2、5、14. 阻尼孔；3. 远程控制口；7. 先导阀；8. 锥阀芯；9. 调压弹簧；10. 弹簧腔；11、12. 控制回油道；13. 主阀芯；15. 电磁换向阀

若忽略主阀芯自重 G 和摩擦力 F_f，并将式(5-4)代入式(5-3)，得

$$p=p_1+\frac{F_s}{A}=\frac{F_s'}{A'}+\frac{F_s}{A} \tag{5-5}$$

由式(5-5)可知，调节先导阀弹簧力 F_s'，就可调节溢流阀进口压力 p；即使所调压力较高，因为主阀平衡弹簧为软弹簧，而流过先导阀的流量很小，先导阀阀芯 8 的有效作用面积也小，先导阀弹簧(调压弹簧)9 的刚度相对于 DBD 型溢流阀来说也较小，所以先导式溢流阀与直动式溢流阀相比较，因溢流量变化引起进口压力 p 的变化小，系统工作压力较稳定，调节起来也较轻便。

油口 3 称为远程控制口。如果此油口与另一个远程调压阀(结构与先导阀部分相同)连接，调节远程调压阀的弹簧力，即可调节主阀芯上端的液压力，从而对溢流阀的溢流压力实现远程调压，但远程调压阀所能调节的最高压力不得超过溢流阀本身先导阀的调定压力。另外，当远程控制口 3 通过二位二通换向阀接通油箱时，主阀芯上腔的油压便降得很低，又由于主阀平衡弹簧很软，故溢流阀入口油液能以很低的压力顶开主阀芯流回油箱，使主油路卸荷。所以，油口 3 又称为卸荷口。

将带卸荷的先导式溢流阀与方向控制阀组合，即可通过控制信号使溢流阀从溢流功能切换到卸荷状态。电磁溢流阀按初始状态可分为常开和常闭两种状态。其图形符号如图 5-13 所示。

2. 溢流阀的主要性能特点

1）流量压力特性

图 5-15 为溢流阀 p-q 特性曲线。由曲线可知，当溢流阀的流量增加时，其调节压力 p 也

增加；当溢流量从 q_0 增加到额定流量 q_n 时，调节压力由 p_0（或 p_1）增加到 p_n，这个压力变化值 $\Delta p=p_n-p_0$ 或（p_n-p_1）即为溢流阀的调压偏差。其调压偏差主要取决于调压弹簧刚度。

对先导式溢流阀来说，当先导阀弹簧调整好之后，主阀芯上端的压力 p_1 基本恒定，p_1 与入口压力 p 很接近，即通过阻尼孔的压降 $\Delta p=p-p_1$ 很小，所以主阀弹簧刚度较小。当溢流量变化引起主阀芯位置变化时，弹簧力 F_s 值变化小，故其调压偏差 Δp 相对于直动式溢流阀要小，即先导式溢流阀的压力稳定性好。

先导式溢流阀的特性曲线上有一拐点，溢流阀在拐点处的工作压力是不稳定的，一般希望工作压力高于拐点压力。

2）启闭特性

启闭特性是指溢流阀从开启到闭合过程中，通过溢流阀的流量与其对应的控制压力之间的关系。当开始溢流与停止溢流时，流经溢流阀的流量为公称流量的1%时的压力，前者为开启压力 p_k，后者为闭合压力 p_b，二者与额定压力下的调定压力 p_s 之比值 p_k/p_s、p_b/p_s 的百分数，分别为开启压力比和闭合压力比。比值越大，它的静态调压偏差就越小，它所控制的系统压力便越平稳。由于溢流阀的阀芯在工作中受到摩擦力的作用，阀口开大和关小时的摩擦力方向刚好相反，致使阀的开启特性和闭合特性产生差异，其特性曲线如图5-16所示。

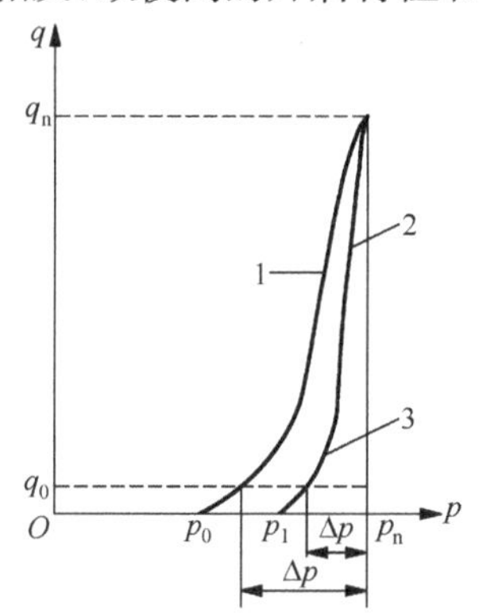

图5-15 溢流阀的 p-q 特性

1. 直动式；2. 先导式；3. 拐点

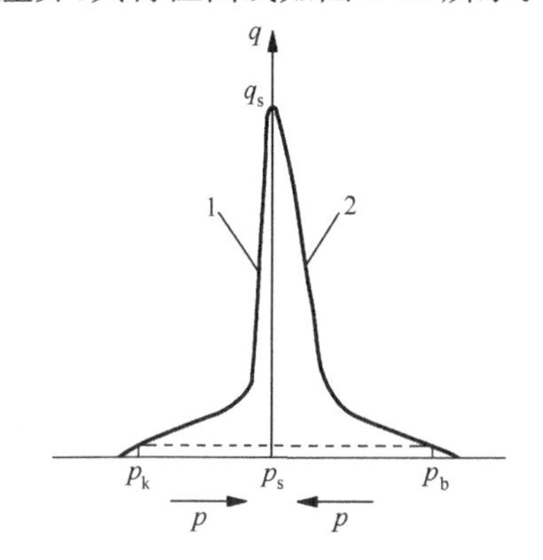

图5-16 溢流阀启闭特性

1. 开启特性；2. 闭合特性

3）压力、流量调节范围

溢流阀的工作压力和流量均是指阀所允许使用的最高压力和允许通过的最大流量。若改变先导式溢流阀先导阀弹簧的刚度，可以扩大其压力调节范围。如将先导阀弹簧分别选用四种规格，就能实现0.5～7MPa、3.5～14MPa、7～21MPa、14～35MPa的四种调压范围。溢流阀的最大流量和最小稳定流量即为其流量调节范围。通过最大流量时，溢流阀应无噪声。其最小稳定流量取决于压力平衡性要求，一般以额定流量的15%为宜。

4）卸荷压力

溢流阀打开远程控制口接通油箱作卸荷阀用，并通过额定流量时，其进、出口处的压差 Δp，称为卸荷压力。一般卸荷压力为0.15～0.4MPa。

3. 溢流阀的应用

（1）溢流定压作用。在定量泵节流调速系统中，溢流阀处于常开状态，保证了泵的工作压力基本不变。

(2)防止系统过载。在变量泵调速系统中,系统正常工作时,阀口处于关闭状态,液压泵输出流量全部进入执行元件。当系统超载,系统的压力超过溢流阀调定值时,溢流阀迅速打开,油液流回油箱,系统压力不再升高,确保系统安全。此时的溢流阀称为安全阀。

(3)背压作用。在液压系统的回油路上串接一溢流阀,形成可调的回油阻力,即背压,以改善执行元件的运动平稳性。

(4)远程调压和系统卸荷作用。利用远程控制口进行远程调压或系统卸荷。

5.3.2 减压阀

减压阀是将阀的进口压力(一次压力)经过减压后使出口压力(二次压力)降低并稳定的一种阀,又称为定值输出减压阀。减压阀也有直动式和先导式两种,先导式减压阀性能较好,最为常用。

1. 典型结构和工作原理

图 5-17 所示为 DR 型先导式减压阀的结构原理图及职能符号,其结构和 DB 型溢流阀相似,也是由主阀和先导阀两大部分组成的。但减压阀的作用是调节与稳定出口压力,所以它是由出口引压力油与弹簧力相平衡来工作的;减压阀不工作时阀口是常开的,由于其进、出油口都有压力,因此它的泄油口需单独从外部接回油箱。

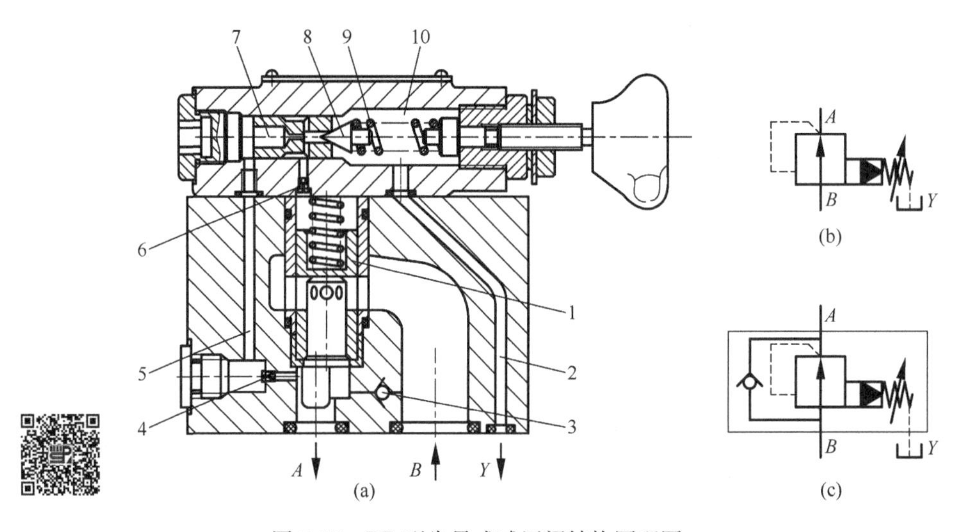

图 5-17　DR 型先导式减压阀结构原理图

1. 主阀芯;2. 泄漏油通道(Y);3. 单向阀;4、6. 阻尼孔;5、7. 通道;8. 锥阀芯;9. 调压弹簧;10. 调压弹簧腔

当高压油 p_1(一次压力油)从油口 B 进入时,二次压力油 p_2 从油口 A 流出,同时出口压力油 p_2 经阻尼孔 4、6 到达主阀芯 1 上端,并作用在锥阀芯 8 上。当出口压力低于调压弹簧 9 的调定值时,锥阀 8 关闭,通过阻尼孔 4 的油不流动,主阀芯 1 上、下两腔压力相等。主阀芯 1 在平衡弹簧(软弹簧)的作用下处于最下端位置,减压口全部打开。当 A 腔的压力超过调压弹簧 9 的调定值时,锥阀芯 8 打开,油液从泄油孔 Y 流回油箱。由于油液流经阻尼孔 4 时产生压力降,主阀芯下部压力大于上部压力。当这个压差产生的作用力大于平衡弹簧的作用力时,主阀芯上移,减压口开度减小,油液流经减压口时压力损失加大,出油口 A 腔压力 p_2 降低,经过一

个逐步衰减的过渡过程以后，使作用在主阀芯上的液压力与弹簧力平衡而处于稳态工作状态，从而保证出口压力基本稳定在预先调定值。

减压阀是利用出口压力 p_2（二次压力）作为控制信号，自动地控制减压口的开度，以保持出口压力基本恒定。如进口压力 p_1 升高，在阀芯还未作出相应的反应时，出口压力 p_2 也有瞬时的升高，使主阀芯受力不平衡而上移，阀口减小，通过减压口的压降增大，从而使出口压力降至调定值。同理，当出口压力由于某种原因发生变化时，减压阀阀芯也会作出相应的反应，最后使出口压力 p_2 稳定在调定值上。

DR 型减压阀设有远程控制口，可实现远程控制，其工作原理与溢流阀的远程控制相同。

如果需要压力油从 A 口流向 B 口，可将减压阀与单向阀并联组合成单向减压阀，其符号如图 5-17(c)所示。

2. 减压阀的性能

1) p_2-q 特性

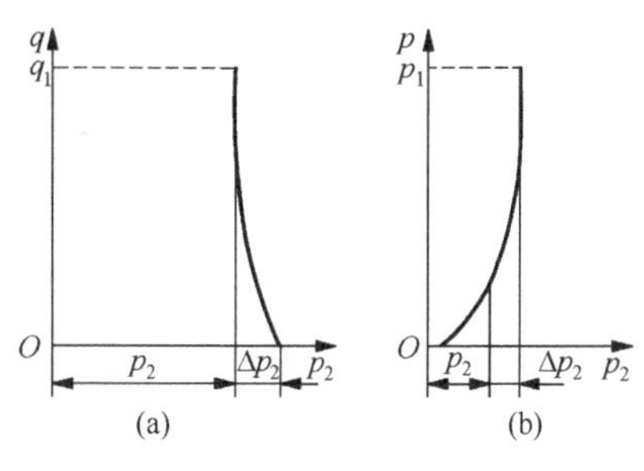

图 5-18 减压阀的工作特性

图 5-18(a)为 DR 型减压阀 p_2-q 特性曲线。进口压力 p_1 基本恒定时，若通过减压口的流量增加，则减压口开度有所加大，但是阀口压降也有所增加，因而出口压力 p_2 略微下降。当减压阀出口不输出油液时，其出口压力基本上仍能保持恒定，此时有少量压力油经减压口（此时减压口很小）由先导阀（锥阀）通过外泄口 Y 排回油箱，保持该阀处于工作状态。

2) p_1-p_2 特性

当减压阀的进口压力 p_1 发生变化时，同样引起主阀芯阀口开度发生变化，从而使出口压力 p_2 相应地有微小变化，如图 5-18(b)所示。

3. 减压阀的应用

减压阀主要用于降低和稳定某支路的压力。由于其调压稳定，也可用来限制工作部件的作用力以及减小压力波动，改善系统性能等。

5.3.3 顺序阀

顺序阀依靠系统中的压力变化来控制阀口的启、闭，进而控制液压系统中各执行元件动作的先后顺序。

根据控制方式及泄漏油排放方式的不同，顺序阀可分为内控内泄式（可用作背压阀）、内控外泄式、外控外泄式（可用作顺序阀（平衡阀））、外控内泄式（可用作卸荷阀）。按其结构形式划分有直动式（多用于低压系统）和先导式（多用于中、高压系统）。

1. 典型结构和工作原理

图 5-19 是一种 DZ 型先导式顺序阀的结构原理图。A 腔的压力油由通道 1 经阻尼孔 5 作用在先导阀 7 的控制活塞 6 左端，同时 A 腔压力油经阻尼孔 11 进入主阀芯 2 的上腔。当 A 腔压力高于调压弹簧 9 的调定值时，先导阀控制活塞向右移动，使控制台肩 8 控制的环形通口打开。于是主阀芯 2 上腔的油液经阻尼孔 4、控制台肩 8 和通道 3 流到 B 腔，由于阻尼孔 11 所产生的压降

使主阀芯开启，将 A、B 腔接通。使 A、B 腔接通的最低控制压力是由调压弹簧 9 的调定值决定的，但接通后，A 腔压力取决于液压系统的工作状态，此值可以远大于其调定值。由此可见，顺序阀是压力控制的阀，而溢流阀是控制压力的阀，且两者在结构上也存在区别。当 A、B 腔接通后，一般主阀芯 2 抬起到最高位置，A、B 腔压力差为 0.1～0.4MPa。由于 A、B 腔都是压力油，故调压弹簧腔的泄漏油必须由通道 Y 或 Y_1 在无背压下排回油箱。

若要使油液从 B 腔向 A 腔流动，可采用单向阀与之并联的结构。

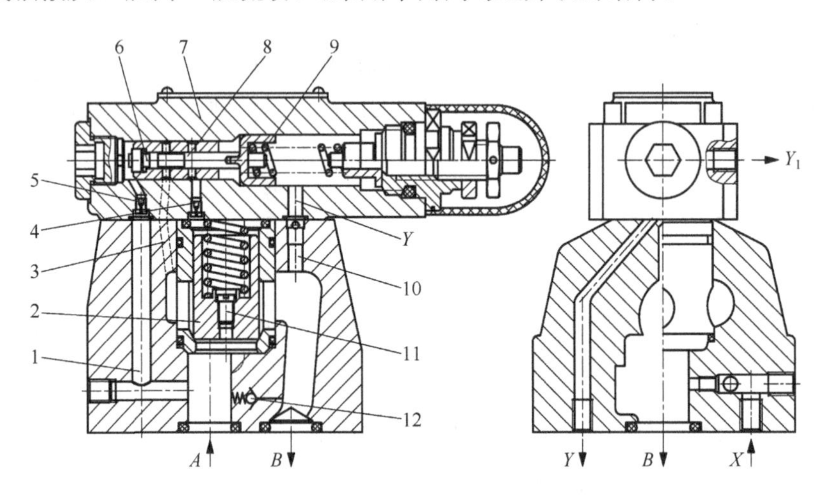

(a) 内控外泄式顺序阀结构示意图

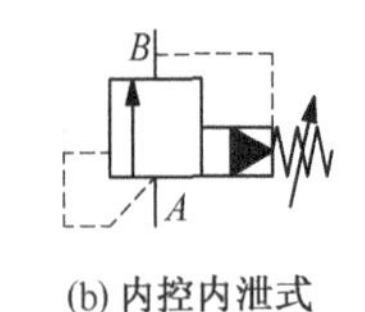

(b) 内控内泄式

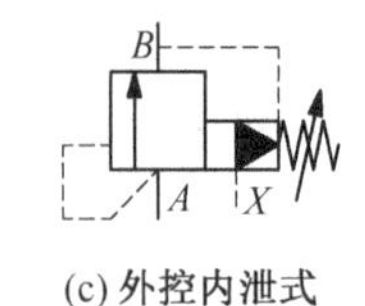

(c) 外控内泄式

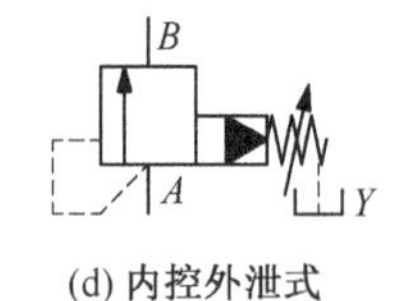

(d) 内控外泄式

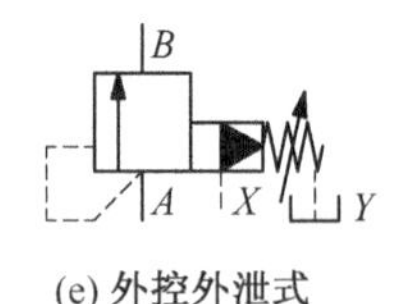

(e) 外控外泄式

图 5-19　DZ 型先导式顺序阀

1. 通道；2. 主阀芯；3、10. 通道；4、5、11. 阻尼孔；6. 先导控制活塞；7. 先导阀；8. 控制台肩；9. 调压弹簧；12. 单向阀

2. 顺序阀的应用

(1)用以实现多缸的顺序动作。

(2)用于使立式部件不因自重而下降的平衡回路中。

(3)用于压力油卸荷，作双泵供油系统中低压泵的卸荷阀。

5.4　流量控制阀

流量控制阀简称流量阀，它通过改变阀通流面积来调节液阻和流量，以调节执行元件的运动速度。

常用的流量控制阀有节流阀、调速阀、分流集流阀。

对流量阀的主要要求：具有足够的流量调节范围，能获得较低的最小稳定流量，温度和压力变化对流量的影响要小，调节方便，泄漏小。

5.4.1　节流阀

1. 节流口的流量特性

节流口的流量特性取决于节流口的结构形式。根据第 1 章有关孔口流量计算的公式，考虑到实际产品中的节流口既不是薄壁孔也不是细长孔，故其流量特性介于薄壁孔和细长孔之间，可以综合地用下式表示

$$q = KA(\Delta p)^m \tag{5-6}$$

式中，K 为由节流口形状、流液状态、油液性质等因素决定的系数，具体数值由实验得出；A 为节流口的通流面积；Δp 为节流口前后的压力差；m 为节流口指数，$m=0.5\sim1$，薄壁小孔 $m=0.5$，细长小孔 $m=1$。

图 5-20 的节流口的流量特性曲线，OA 为 $m=1$ 时的曲线，OB 为 $m=0.5$ 时的曲线。一般节流口的特性曲线介于 OA 与 OB 之间。

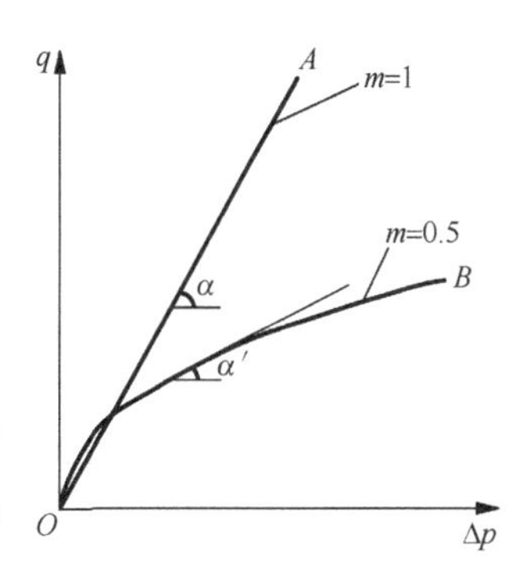

图 5-20　节流阀的流量特性曲线

由式(5-6)可知，节流口的流量是否稳定，与节流口前后的压力差、油温以及节流口结构形状等因素密切相关。

1)压力对流量稳定性的影响

在使用中，当节流阀的通流面积调定后，由于负载的变化，节流口前后的压差 Δp 亦会变化，使流量不稳定。由式(5-6)可知，m 越大，Δp 的变化对流量的影响就越大，故节流口宜制成薄壁孔。

2)温度对流量稳定性的影响

油温的变化引起黏度变化，从而对流量产生影响，这对细长小孔十分明显。

3)节流口的阻塞现象

当节流口的通流截面积很小时，在保持所有因素都不变的情况下，通过节流口的流量会出现脉动，甚至发生断流，即节流阀的阻塞现象，造成液压系统执行元件速度的不均匀。因此，为防止节流口的阻塞，一方面要规定节流阀的最小稳定流量，另一方面要加强油液物理特性和化学稳定性，并采用水力半径大的节流口。

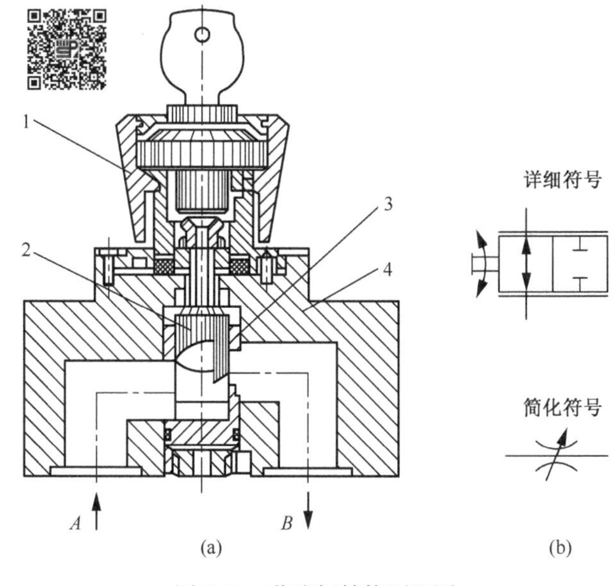

图 5-21　节流阀结构原理图
1. 调节手轮；2. 阀芯；3. 阀套；4. 阀体

2. 节流阀的结构和工作原理

节流阀的结构主要取决于节流口的形式，一般有轴向三角沟槽式和周向缝隙式两种。

图 5-21 中，节流阀采用转阀结构。阀芯 2 上的螺旋曲线开口与阀套 3 上

的窗口匹配后，构成具有某种形状的棱边形节流口。转动手轮1(此轮可用钥匙锁定)时，螺旋曲线相对于阀套窗口升高或降低，从而调节阀口的通流面积，获得所需流量。

3. 节流阀的应用和性能特点

(1)用以实现系统的加载。

(2)用以控制执行机构的运动速度。

(3)其缺点是当负载压力发生变化时，流量稳定性比较差，所以只适用于负载变化不大或对调速稳定性要求不高的场合。

5.4.2 调速阀

调速阀实际上是一种进行了压力补偿的节流阀。它由定差减压阀和节流阀串联而成，由减压阀的自动平衡作用来进行压力补偿，使节流口前后压差 Δp 基本保持恒定，从而稳定所通过的流量。

图5-22所示为调速阀的工作原理图。压力为 p_1 的油液经减压口后，压力降为 p_2，并分成两路，一路经节流口去执行元件，另一路作用于减压阀阀芯的右端面(包括阀芯肩部环形面积)。压力为 p_2 的油液经节流口后降为 p_3，并将其引到减压阀芯有弹簧端左端。这样节流阀口前后的压力油分别引到定差减压阀阀芯的右端和左端。定差减压阀芯两端的作用面积 A 相等，设弹簧力为 F_s，则当减压阀芯处于稳态工作时，阀芯的力平衡方程为(忽略摩擦力等)

$$p_3A + F_s = p_2A$$

$$p_2 - p_3 = \Delta p = \frac{F_s}{A} \tag{5-7}$$

这说明节流口前后压差 Δp 始终与减压阀芯的弹簧力相平衡而保持不变，即通过调速阀的流量不变。

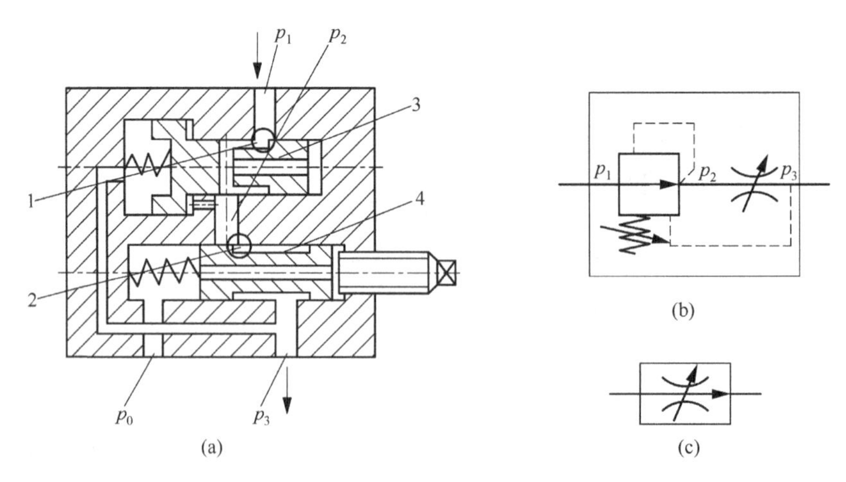

图5-22　调速阀的工作原理图

1.减压口；2.节流口；3.减压阀部分；4.节流阀部分

定差减压阀在负载变化时进行压力补偿的过程如下:若负载增加,引起调速阀出口压力p_3增加,作用在减压阀芯左端的液压力增大,使减压阀阀芯失去力平衡而右移;于是减压口增大,通过减压口的压力损失减小,使p_2也增大;结果使(p_2-p_3)基本上未变,从而流量也不变。同理,若负载不变,而p_1发生变化,也可以使(p_2-p_3)基本不变。当然,从一个平衡状态转变到新的平衡状态时,会经过一个动态过程。

调速阀正常工作时,要求至少有0.4~0.5MPa压差。这是因为压差小时,减压阀阀芯在弹簧力作用下处于最右位置,减压口全部打开,不能起到稳定节流阀前后压差的作用,这时调速阀就相当于一个普通节流阀。图5-23所示为调速阀与普通节流阀的流量特性比较,应注意此图中横坐标Δp为液压阀进、出油口之间的压差。

由于调速阀具有压力补偿的功能,负载变化时,能使其流量基本保持不变,所以它适用于负载变化较大或对调速稳定性要求较高的场合。

图5-24为2FRM型单向调速阀的结构原理图。压力油从A腔进入调速阀后,先经减压阀1减压,再由节流阀节流,从B腔流出。节流口是薄刃形的。该阀在减压阀处装有行程调节器8。调速阀未工作时,减压阀的开度最大,这时不起减压作用。若调速阀突然投入工作,通过调速阀的流量会出现一个峰值,称为流量的跳跃现象。为防止或减少这种现象,在调速阀未工作时,利用行程调节器8使减压阀阀芯预调到接近于正常工作的位置。

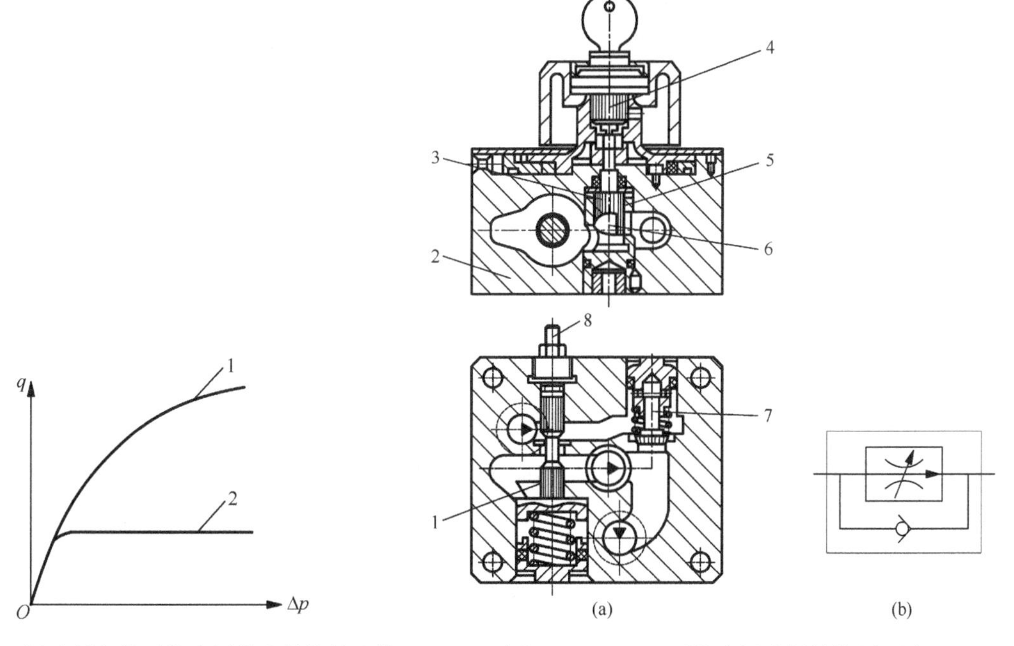

图5-23 调速阀和普通节流阀的流量特性比较

1. 节流阀;2. 调速阀

图5-24 2FRM型单向调速阀结构原理图

1. 减压阀;2. 阀体;3. 节流杆;4. 调节元件;5. 薄刃孔;6. 节流窗口;7. 单向阀;8. 行程调节器

5.4.3 分流集流阀

分流集流阀是保证两个或多个执行元件实现速度同步的元件,也称同步阀。

分流集流阀可按油流方向分为分流阀(出口分流)、集流阀(进口分流)和分流集流阀(双向分流)三种。为使流量不受负载压力变化的影响,它具有压力补偿功能。

图 5-25(a)、(b)分别是分流集流阀的结构和原理示意图,图 5-25(c)、(d)分别是其作为分流阀和集流阀的工作图。分流时,从 P 腔来的油液经过固定节流孔 F_A、F_B 和可变节流孔 f_A、f_B至 A 口和 B 口;集流时,油液分别从 A 腔和 B 腔经过可变节流口 f_C、f_D和固定节流口 F_A、F_B,再汇集到 T 腔流回油箱。

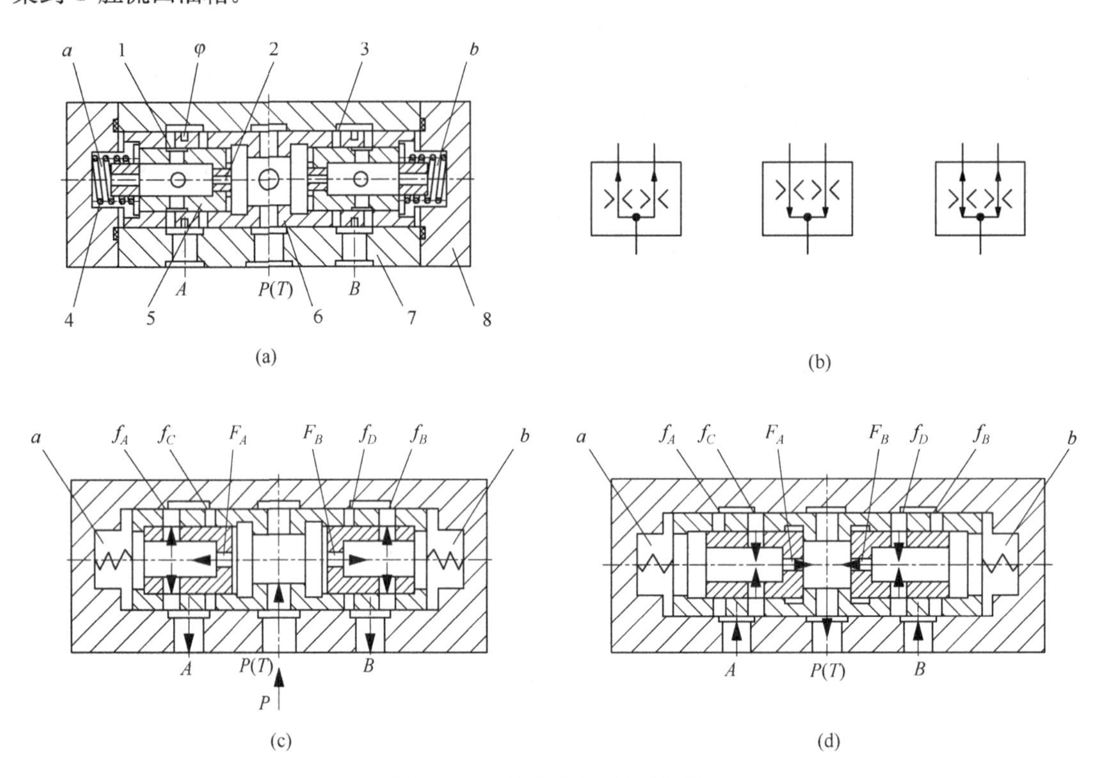

图 5-25　分流集流阀结构原理图

1. 分流变节流口;2. 定节流;3. 集流变节流口;4. 对中弹簧;5. 换向活塞;6. 阀芯;7. 阀体;8. 阀盖

分流集流阀的工作原理是:分流时,左、右两换向活塞都处于左端和右端[图 5-25(c)],压力油进入 P 腔后,分两路分别进入左右两固定节流孔 F_A 和 F_B,再分别流经可变节流孔 f_A 和 f_B,由 A、B 两油口分别进入各自的执行元件。如果两执行元件负载压力相等($p_A=p_B$),两液流所遇到的阻力相同,左、右节流孔上的压差($\Delta p_a=\Delta p_b$)相等,则 $q_A=q_B$,两执行元件的速度相等。若两执行元件负载压力不等,设 $p_A>p_B$,使阀芯左端 a 室的压力 p_a大于其右端 b 室的压力 p_b,于是阀芯带着活塞一起向右运动,将可变节流孔 f_A逐渐增大,f_B逐渐关小,其结果是 p_a下降,p_b升高,当 p_a和 p_b相等时,阀芯就停止移动(当然这需要经过一个动态过渡过程),处于一个新的平衡位置,这时流量 q_A、q_B又相等。

集流时,左右两换向活塞都靠向中心[图 5-25(d)]。其工作原理同分流时类似。

该阀由分流到集流(或相反)的转换,是由外加换向阀控制液流方向来实现的。分流阀(或集流阀)的同步误差为 2%~3%,但要求阀上保持一定的压降(0.8~1MPa),故不宜用于低压系统。

5.5 二通盖板式插装阀

5.5.1 二通盖板式插装阀概述

二通盖板式插装阀又称为逻辑插装阀，它是在20世纪70年代，根据各类控制阀阀口在功能上或固定或可调或可控液阻的原理，发展起来的一类覆盖压力、流量、方向以及比例控制等的新型控制阀类。它的基本构件为标准化、通用化、模块化程度很高的插装式阀芯、阀套、插装孔和适应各种控制功能的盖板组件，具有流通能力大、密封性好、控制自动化程度高等特点，特别给高压大流量液压系统的设计、制造、运行带来诸多便利与很好的经济效益，迅速发展成高压大流量领域主导控制阀品种。

二通盖板式插装阀与普通液压阀相比较，具有下述特点。

(1)通流能力大，特别适用于大流量的场合，其最大通径可达200～250mm，通过的流量可达10000L/min。

(2)密封性好，泄漏小，油液流经阀的损失小。

(3)阀芯动作灵敏，抗污染能力强。

(4)结构简单，易于实现标准化。

5.5.2 二通盖板式插装阀的基本结构与工作原理

1. 二通盖板式插装阀基本结构

二通盖板式插装阀通常是由插装单元、先导元件、控制盖板和插装块体四部分组成的，如图5-26所示。

插装单元是二通盖板式插装阀的主阀(或称功率元件)，将其插装在插装块体(或称集成块)中，通过它的开启、关闭动作和开启量的大小来控制液流的通断或压力的高低、流量的大小，以实现对液压执行机构的方向、压力和速度的控制。

插装单元的工作状态由各种先导元件控制，先导元件是二通盖板式插装阀的控制级。常用的控制元件有电磁球阀和滑阀式电磁换向阀等。先导元件除了以板式连接或叠加式连接安装在控制盖板上，还经常以插入式连接方式安装在控制盖板内部，有时也安装在阀体上。

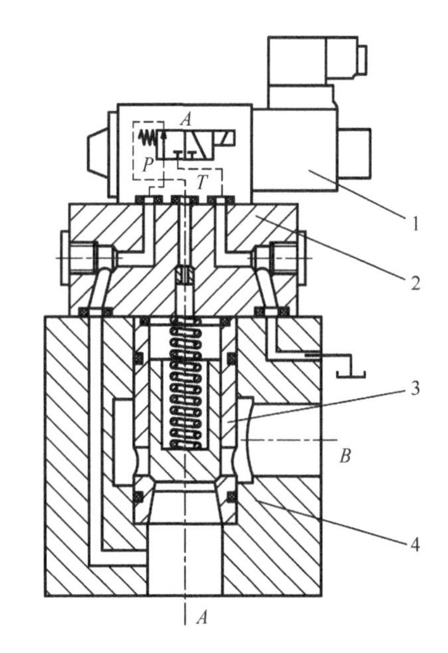

图5-26 二通盖板式插装阀的组成

1. 先导元件；2. 控制盖板；3. 插装单元；4. 插装块体

控制盖板不仅起盖住和固定插装件的作用，还起着连接插装件与先导元件的作用；此外，还具有各种控制机能，与先导元件一起共同构成插装阀的先导部分。

插装阀体上加工有插装单元和控制盖板等的安装连接孔口和各种流道。由于插装阀主要采用集成式连接形式，一般没有独立的阀体，在一个阀体中往往插有多个插装件，所以有时也称为集成块体。

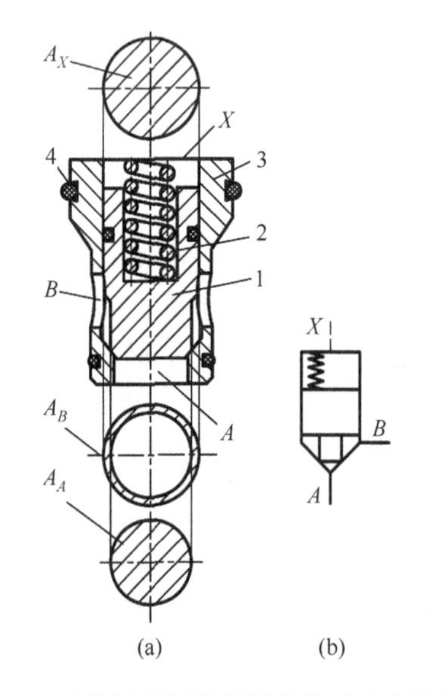

图 5-27　二通盖板式插装阀插装单元基本结构形式

1. 阀芯；2. 弹簧；3. 阀套；4. 密封件

2. 二通盖板式插装阀的工作原理

图 5-27 所示的二通盖板式插装阀的插装单元由阀芯、阀套、弹簧和密封件组成。图中 A、B 为主油路接口，X 为控制油腔，三者的油压分别为 p_A、p_B 和 p_X，各油腔的有效作用面积分别为 A_A、A_B、A_X，由图可知

$$A_X = A_A + A_B \tag{5-8}$$

面积比：

$$\alpha_{AX} = \frac{A_A}{A_X} \tag{5-9}$$

根据阀的用途不同，面积比 α_{AX} 有 $\alpha_{AX}<1$ 和 $\alpha_{AX}=1$ 两种情况。

二通盖板式插装阀的工作状态是由作用在阀芯上的合力的大小和方向来决定的。当不计阀芯的重量和摩擦阻力时，阀芯所受的合力 $\sum F$ 为

$$\sum F = p_X A_X - p_A A_A - p_B A_B + F_1 + F_2 \tag{5-10}$$

式中，F_1 为弹簧力；F_2 为阀芯所受稳态液动力。

由式(5-10)可见，当 $\sum F>0$，即

$$p_X > \frac{p_A A_A + p_B A_B - F_1 - F_2}{A_X} \tag{5-11}$$

时，阀口关闭。

当 $\sum F<0$，即

$$p_X < \frac{p_A A_A + p_B A_B - F_1 - F_2}{A_X} \tag{5-12}$$

时，阀口开启。

由此可见，二通盖板式插装阀的工作原理是依靠控制腔(X 腔)的压力来启闭。控制腔压力满足式(5-11)时，阀口关闭；控制腔压力满足式(5-12)时，阀口开启。

5.5.3　插装单元的结构形式

根据使用条件不同，插装单元的结构形式和结构参数还可做许多相应的变化，例如，在结构上有滑阀形式的、常开式的，阀芯上带节流塞的，阀套与阀芯滑动配合面上带密封圈的等。在结构参数上可具有不同的面积比 α_{A_X}、不同的开启压力和不同的锥角等。

1. 方向阀插装单元

方向阀插装单元的结构形式如图 5-27 所示，其特征是具有较大的面积比，一般为 1:1.1 左右。由于 B 腔作用面积很小，$B \to A$ 流动时的开启压力很高，所以通常只允许工作流向 $A \to B$ 的

单向流动。如将面积比改为 1:2 或 1:1.5,使 B 腔作用面积加大,$B \to A$ 流动时的开启压力也相应下降了,所以,这种面积比的插装单元允许用于工作流向为 $A \to B$ 和 $B \to A$ 的双向流动。

2.方向流量阀插装单元

方向流量阀插装单元的结构形式如图 5-28 所示,其特征是阀芯头部带有一个节流塞,或称缓冲凸头。图中节流塞为三角槽的圆柱形图,也有带圆锥形的形式,面积比一般为 1:2 或 1:1.5。该插装单元要求换向无冲击或者要求用作节流元件实现流量控制的场合。

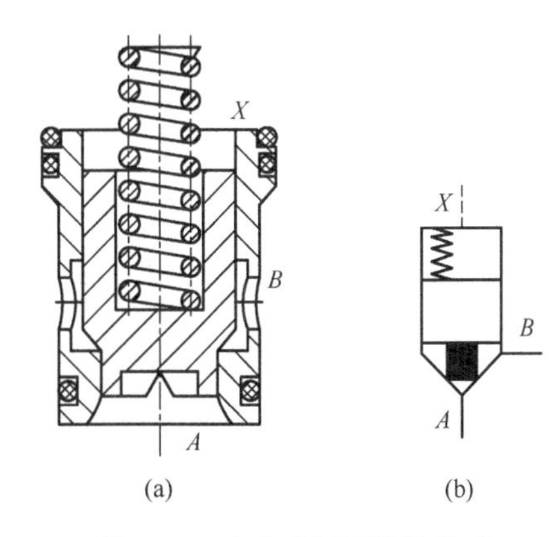

图 5-28 方向流量阀插装单元

3.压力控制插装单元

压力控制插装单元的结构形式如图 5-29 所示。

图 5-29(a)所示插装单元的特征是具有最大的面积比 1:1,阀芯上无节流塞。这种形式的插装单元主要用来组成溢流阀、顺序阀、卸荷阀及电磁溢流阀等压力控制阀。

图 5-29(b)所示插装单元的特征是具有较大的面积比,一般为 1:1.05~1:1.1。阀芯上带有阻尼螺塞,沟通了 A 腔与 X 腔,组成先导压力阀时不需再旁置阻尼螺塞,应用比较方便,A 腔通过 X 腔与 B 腔之间有泄漏。该插装单元主要用来组成多种压力控制阀,也常用来实现二位二通开关机能。

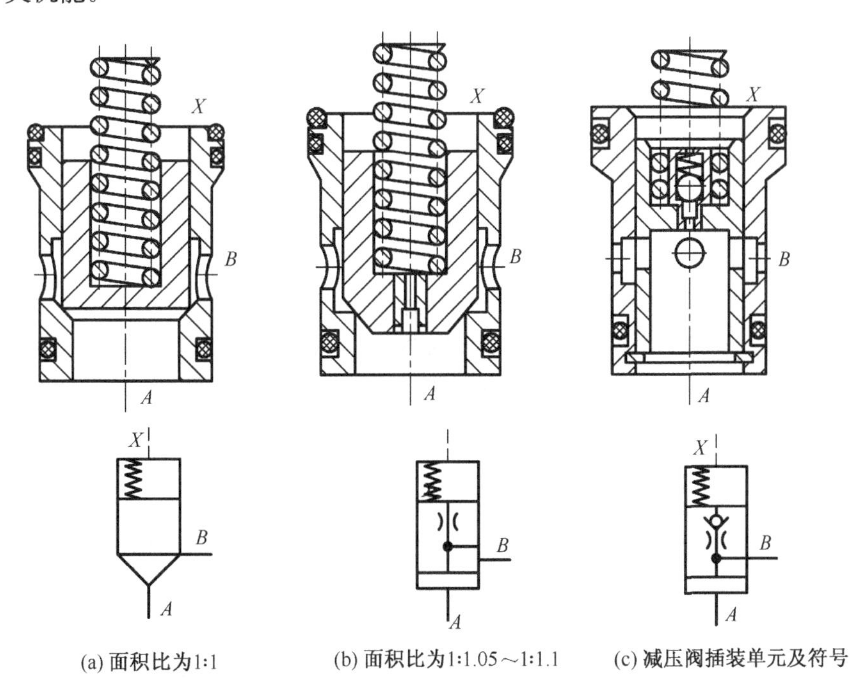

图 5-29 压力控制插装单元

图 5-29(c)所示为减压阀插装单元，其特征是采用了滑阀式结构，面积比为 1:1，常开型。减压工作油流方向为 $B \rightarrow A$。阀芯中还有一个单向元件，允许 $A \rightarrow X$ 单向流动。可保持插装单元的常开状态，还可防止 A 腔压力超过 X 腔压力，使减压阀失控。该插装单元的主要用途是构成减压阀。用螺塞代替单向元件后经常在二通流量阀中作差压阀使用。

5.5.4 二通盖板式插装阀控制组件

1. 方向控制组件

图 5-30 所示的基本型单向阀组件是典型的控制盖板加方向阀插装单元。在控制盖板内含一控制通道 h，内设置一节流螺塞 f，以调节通道的液阻值。控制通道可单独接外控压力油，也可直接与主油口 A 或 B 相通，控制通道与 A 或 B 相通的图形符号如图 5-31 所示。

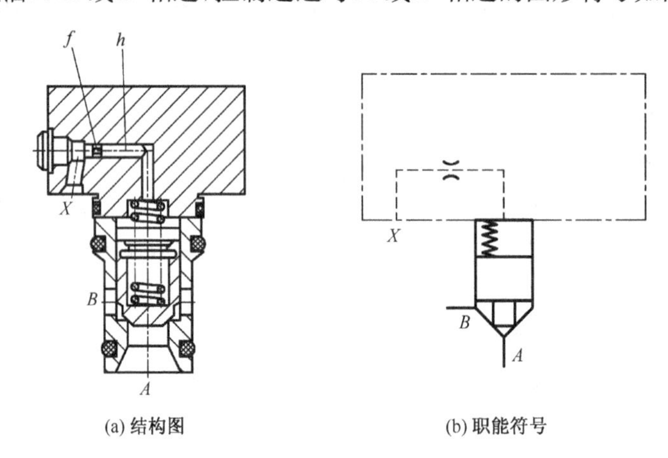

(a) 结构图　　(b) 职能符号

图 5-30　基本型单向调阀组件

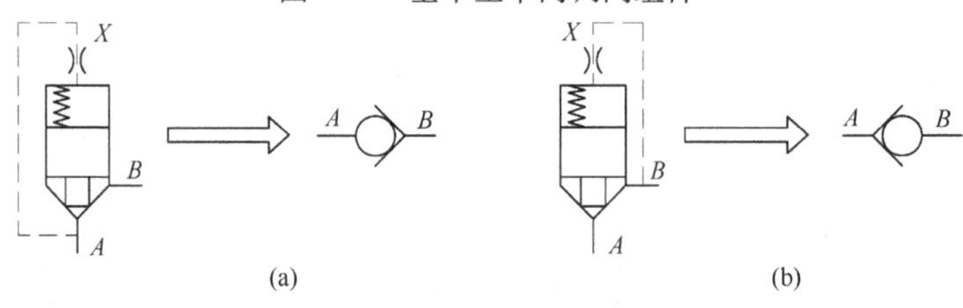

(a)　　(b)

图 5-31　普通单向阀

如图 5-32 所示，用一个二位四通电磁先导阀对四个方向阀插装单元进行控制，组成了一个四通阀，该四通阀等效于一个二位四通电液换向阀。

2. 压力控制组件

二通盖板式插装阀的压力控制组件有溢流控制组件、顺序控制组件和减压控制组件三类，其中溢流控制组件和顺序控制组件的结构、工作原理与图 5-14 所示的传统溢流阀相似，在此不再介绍。

图 5-33 所示的减压控制组件由滑阀式减压阀插装单元 1、控制盖板 2、先导调压阀 3 及微流量调节器 4 组成。其作用分别为：先导调压阀调压，滑阀式减压阀插装单元减压，微流量调节器使控制流量不受干扰而保持恒值，一般为 1.1～1.3L/min。

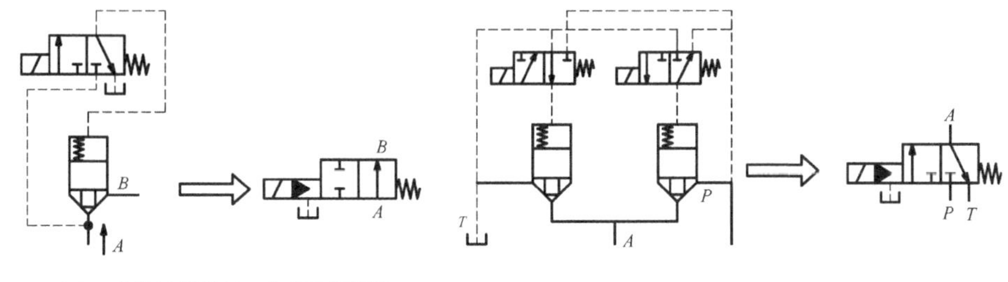

(a) 一个先导滑阀与一个方向阀插装单元组成的二位二通插装阀

(b) 两个先导滑阀与两个方向阀插装单元组成的二位三通插装阀

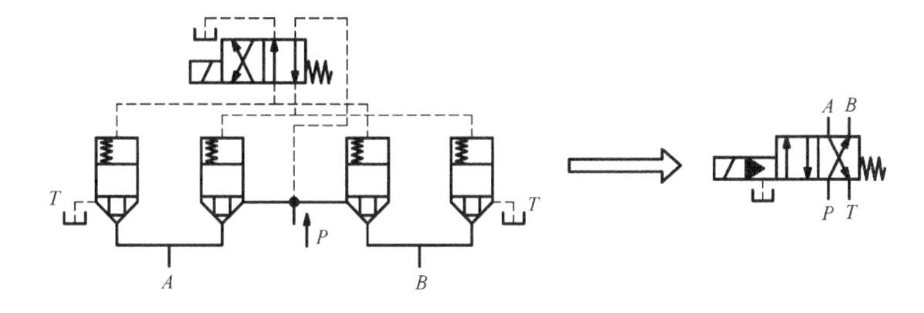

(c) 一个先导滑阀与四个方向阀插装单元组成的二位四通插装阀

图 5-32 不同先导滑阀与不同的方向阀插装单元组成的二位多通插装阀

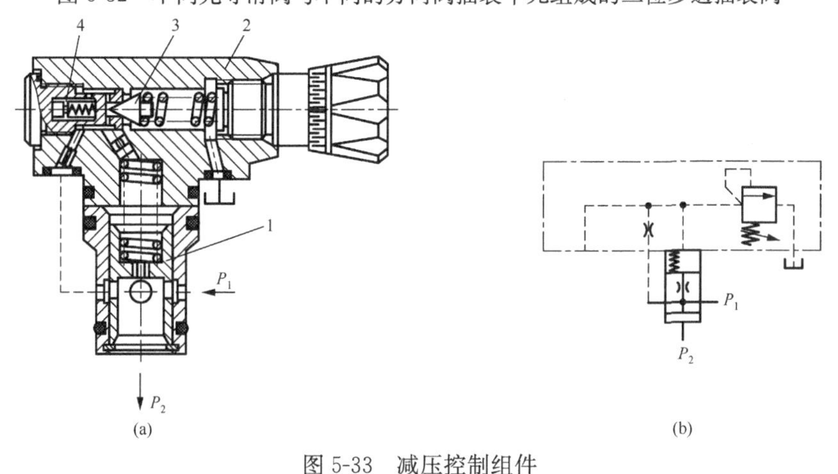

图 5-33 减压控制组件

1. 减压阀插装单元;2. 控制盖板;3. 先导调压阀;4. 微流量调节器

3. 流量控制组件

图 5-34 所示节流式流量控制组件是用行程调节器来限制阀芯行程,以控制阀口开度而达到控制流量的目的,其阀芯尾部带有节流口。

图 5-35 所示的二通型流量控制组件是由一个定差减压阀 1 与一个节流阀 2 串联组成的,该组件有一个输入口 P_1 和一个输出口 P_2,故通称为二通型。其作用是当节流阀的阀口开度调定后,由定差减压阀保持节流阀口两端的压差为一定值,当油源压力或负载变化时,节流阀口输出的流量保持恒定。

4. 应用简介

在大流量液压系统中,可用多个插装单元与先导阀、控制盖板组成复合控制阀。图 5-36(a) 所示为 5 个插装单元与其他元件组成的复合控制阀。其中元件 1、3 为方向阀插装单元,阀口的开启和关闭用于接通或切断油口 P 与 B、A 与 T；元件 2 为流量阀插装单元，用于接通或切断油口 P 与 A，阀的开口大小可通过行程调节器调节；元件 4、5 为压力阀插装单元，元件 4 与压力先导阀组成背压阀，元件 5 与先导阀组成电磁溢流阀。其等效的系统如图 5-36(b)所示。

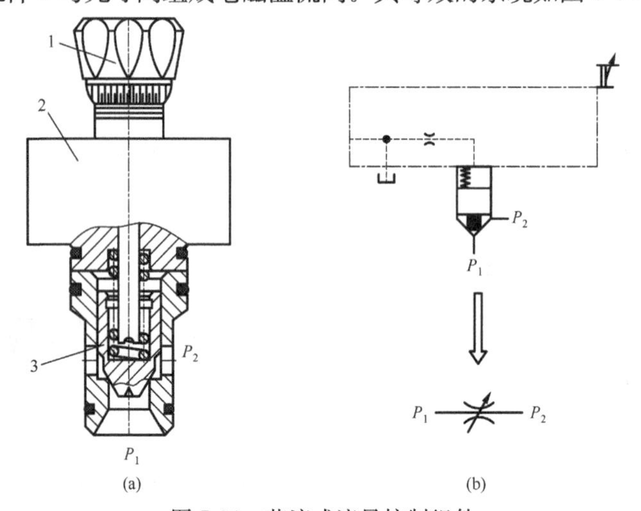

图 5-34　节流式流量控制组件

1. 行程调节器；2. 控制盖板；3. 流量阀插装单元

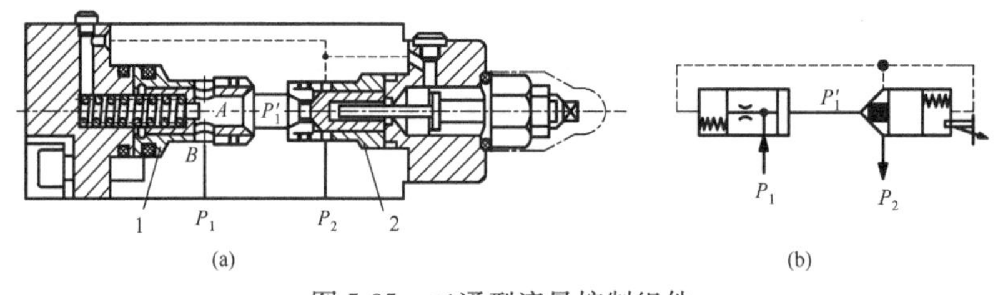

图 5-35　二通型流量控制组件

1. 减压阀；2. 节流阀

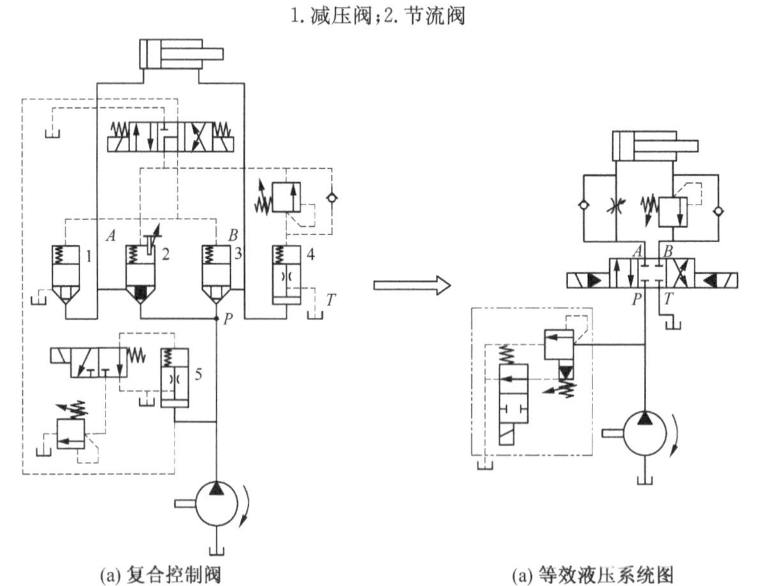

图 5-36　复合控制阀及其等效液压系统图

1、3. 方向阀插装单元；2. 流量阀插装单元；4、5. 压力阀插装单元

5.6 其他安装形式液压阀

5.6.1 螺纹式插装阀

螺纹式插装阀原先多见于工程机械用阀，而且往往作为主要阀件(如多路阀)的附件形式，近10年来，在盖板式插装阀技术的影响下，逐步在小流量范畴发展成独立体系。

插装阀分别在25通径及以上的高压大流量(二通盖板式插装阀)和6通径的高低压小流量(螺纹式插装阀)两个区段发挥其技术优势，占了控制阀产品相当大的比重，10、16通径是多种形式阀并存重叠最多的区段。

螺纹式插装阀与二通盖板式插装阀相比，具有如下特点。

(1)功能实现。盖板式插装阀一般多依靠先导阀来实现完整的液压阀功能，螺纹式插装阀多依靠自身来提供完整的液压阀功能。

(2)阀芯形式。盖板式多为锥阀，螺纹式既有锥阀，也有滑阀。

(3)安装形式。盖板式插装阀的阀芯、阀套等插入阀体，依靠盖板固连在块体上；螺纹式插装阀组件依靠螺纹与块体连接。

(4)标准化与互换性。两者插孔都有相应标准，插件互换性好，便于维修。

(5)适用范围。盖板式插装阀适用于16通径及以上高压大流量的系统；螺纹式插装阀适用于小流量系统。

螺纹式插装阀同样按功能分类有：方向控制螺纹式插装阀、压力控制螺纹式插装阀、流量控制螺纹式插装阀。

1. 方向控制螺纹式插装阀

图5-37所示为二位三通电磁滑阀，当电磁铁不通电时，弹簧将阀芯推到允许 P 口与 A 口之间双向自由流通的位置。当电磁铁通电时，电磁铁推动阀芯到它的第二个位置，封闭 P 口而允许 A、T 口之间自由流通。

2. 压力控制螺纹式插装阀

图5-38所示为直动式溢流阀的典型结构。

3. 流量控制螺纹式插装阀

图5-39所示为可变节流器型的流量控制阀。这种阀中没有压力补偿，沿两个方向都能调节流量。图5-40所示为一个方向控制螺纹插装阀与一个节流阀组成的节流回路的阀孔安装示意图。

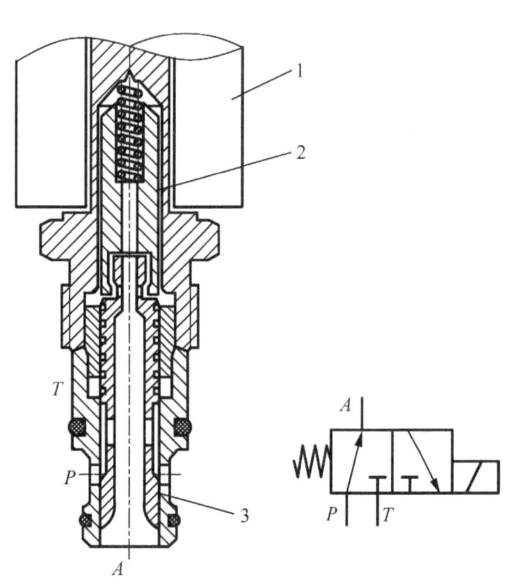

图5-37 螺纹插装式二位三通电磁滑阀

1.电磁铁线圈；2.衔铁；3.阀芯

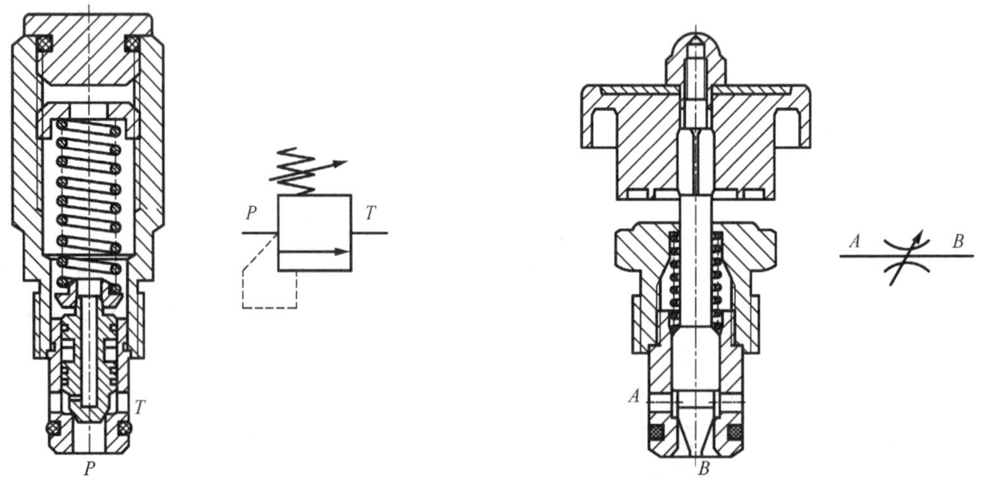

图 5-38　螺纹插装式溢流阀　　　　图 5-39　螺纹插装式节流阀

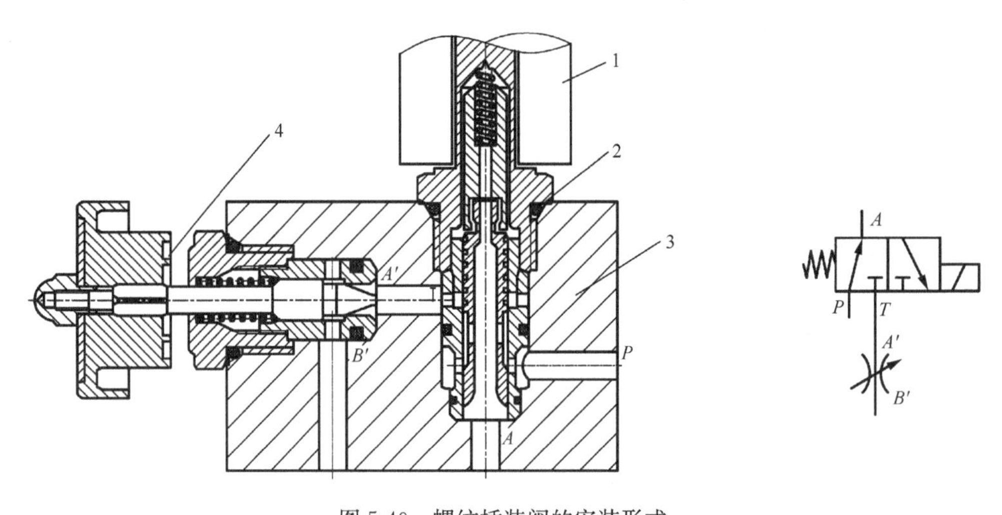

图 5-40　螺纹插装阀的安装形式

1. 插装式换向阀；2. 密封件；3. 插装阀块体；4. 插装式节流阀

5.6.2　叠加阀

以叠加的方式连接的液压阀称为叠加阀。它是在板式连接的液压阀集成化的基础上发展起来的液压元件。

叠加阀在系统配置形式上有独到之处。它安装在换向阀和底板块之间，由相关的起压力、流量和方向控制作用的叠加阀组成控制回路。每个叠加阀不仅具有某种控制功能，还起着油路通道的作用。这样，由叠加阀组成液压系统，阀与阀之间由自身作通道体，按一定次序叠加后，由螺栓将其串联在换向阀与底板块之间，即可组成各种典型液压回路。一般来说，同一规格系列的叠加阀的油口和螺钉孔的位置、大小、数量都与相同规格的标准换向阀相同。

由叠加阀组成的液压系统结构紧凑，配置灵活，系统设计、制造周期短，标准化、通用化和集成化程度较高。

叠加阀现有 6 通径、10 通径、16 通径、22 通径四个规格系列，额定流量为 30～200L/min。

叠加阀的分类与一般液压阀相同，可分为压力控制阀、流量控制阀和方向控制阀三类。其中方向控制阀仅有单向阀类，换向阀不属于叠加阀。叠加阀在系统安装、配置形式上有其独到之处。

如图 5-41 所示，叠加阀系统最下面一般为叠加阀集成安装底板，其上具有进、回油口及各回路与执行机构连接的油口。一个叠加阀组一般控制一个执行机构。如系统中有多少个执行元件需要集中控制，就可将相应数量的叠加阀组竖立并排安装在多联底板上。

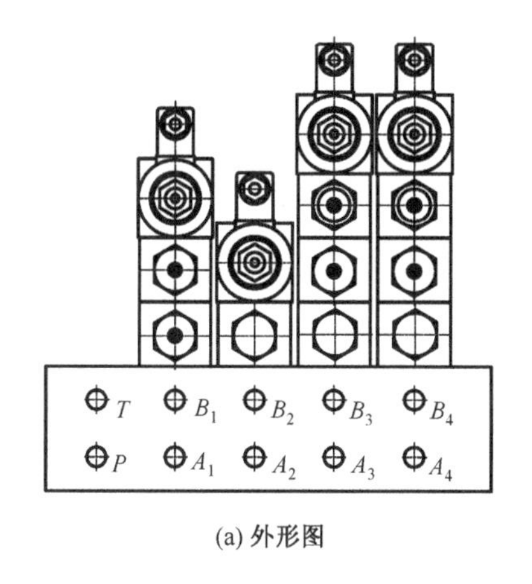

(a) 外形图

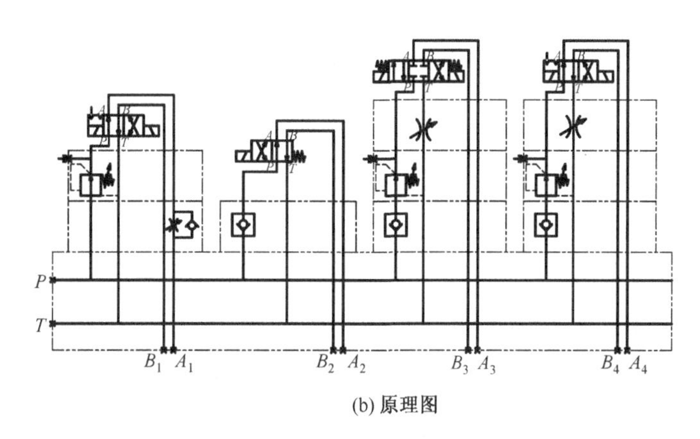

(b) 原理图

图 5-41　多联叠加液压阀组

思考题与习题

5-1　液控单向阀的工作原理是什么，举例说明液压锁对执行元件的双向锁紧作用。

5-2　二位四通电磁阀能作二位三通或二位二通阀使用，具体接法如何？

5-3　说明三位滑阀(换向阀)中位机能为 M、P、H、Y 型的特点及其应用。

5-4　哪些阀可以作背压阀用，哪种阀最好？单向阀当背压阀用时需采取什么措施？

5-5　试从结构原理图和职能符号图说明溢流阀、减压阀、顺序阀的异同和特点。

5-6　如题 5-6 图所示，溢流阀 1 的调节压力 $p_1=4\text{MPa}$，溢流阀 2 的调节压力为 $p_2=2\text{MPa}$。问：(1)当图示位置时，泵的出口压力为多少？(2)当 1YA 通电时，p 等于多少？(3)当 1YA 与 2YA 均通电时，p 等于多少？

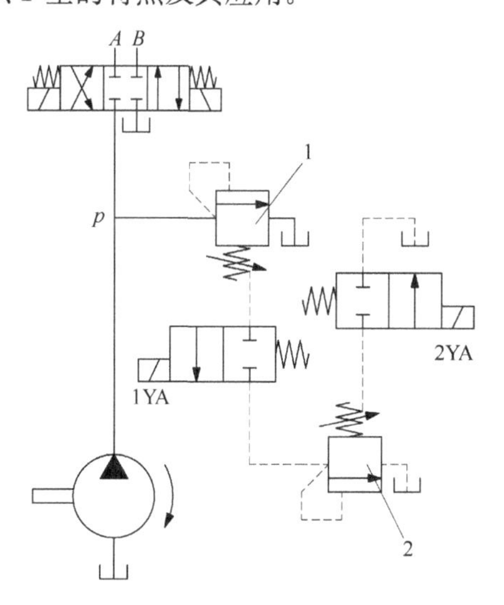

题 5-6 图

5-7　如题 5-7 图所示，设溢流阀的调节压力为 4.5MPa，减压阀的调节压力为 2.5MPa。问：(1)当液压缸活塞空载($F=0$)快速前进时，p_1 等于多少？p_2 等于多少？(2)当活塞碰上死挡铁以后，p_1 等于多少？p_2 等于多少？

5-8　如题5-8图所示，两个不同调定压力的减压阀串联后的出口压力取决于哪个减压阀，为什么？两个不同调定压力的减压阀并联后，出口压力取决于哪个减压阀，为什么？

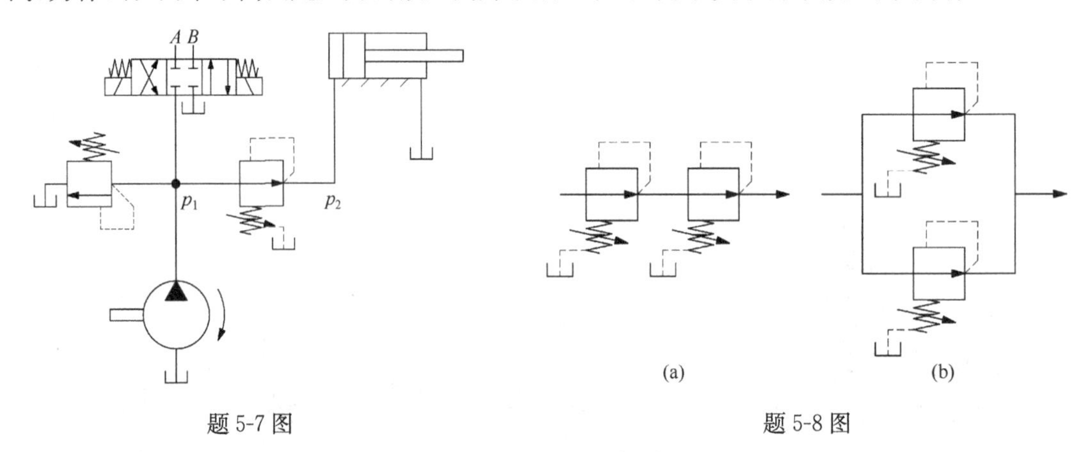

题5-7图　　　　题5-8图

5-9　什么是叠加阀？它在结构和安装形式上有何特点？

5-10　题5-10图所示二通盖板式插装阀组成的回路中，先导阀电磁铁如何动作才能实现表中的换向机能？

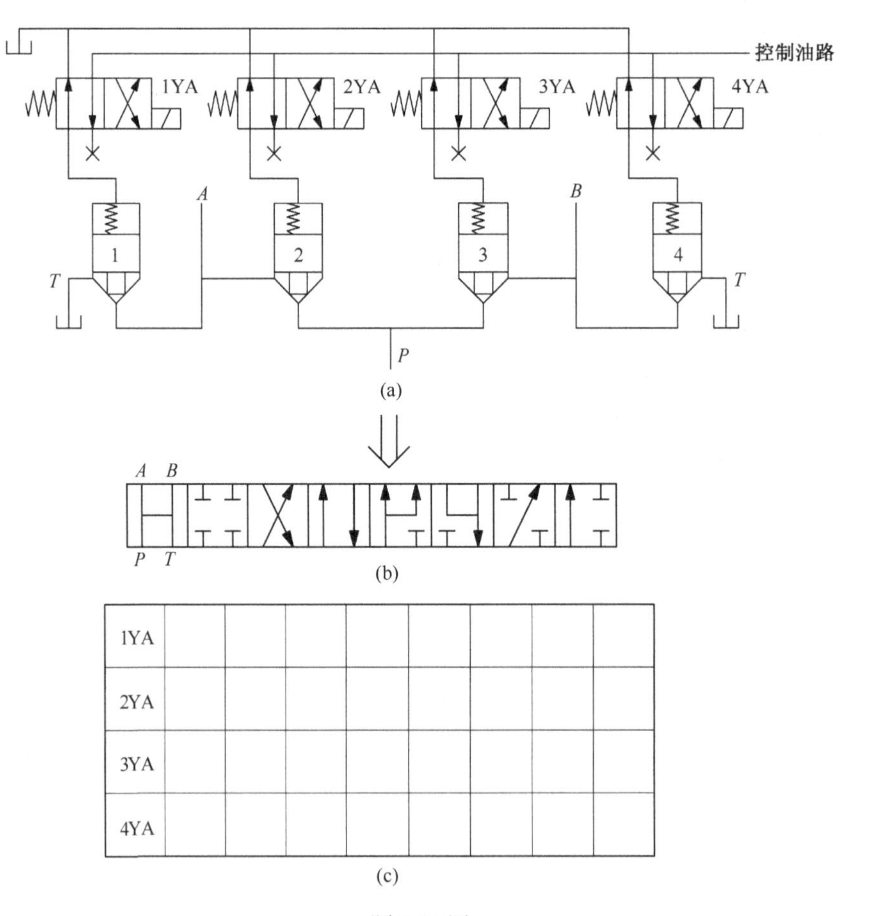

1YA								
2YA								
3YA								
4YA								

(c)

题5-10图

5-11 如题5-11图所示，其中节流阀是否能对液压缸的速度进行调节，为什么？

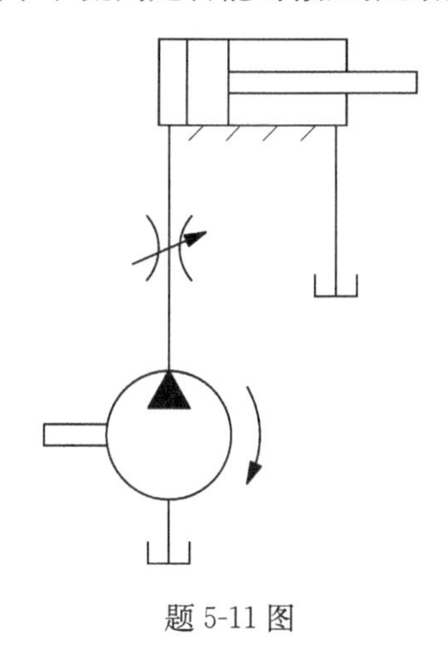

题5-11图

第 6 章　液压辅助元件

液压传动系统中的辅助元件，如蓄能器、过滤器、油箱、热交换器、压力继电器、压力表及压力表辅件、管件、密封件等，都是系统中不可缺少的组成部分，对系统的动态性能、工作稳定性、工作寿命、噪声和温升等都有直接影响，必须予以重视。其中油箱需根据系统要求自行设计，其他辅助装置则做成标准元器件，供设计选用。

6.1　蓄　能　器

6.1.1　蓄能器的功能

在液压传动系统中，蓄能器用来储存和释放液体的压力能。它的基本作用是，当系统的压力高于蓄能器内液体的压力时，系统中的液体充进蓄能器中，直到蓄能器内外压力相等；反之，当蓄能器内液体的压力高于系统的压力时，蓄能器内的液体流到系统中，直到蓄能器内外压力平衡。因此，蓄能器可以在短时间内向系统提供压力液体，也可以吸收系统的压力脉动和减小压力冲击等。

6.1.2　蓄能器的类型

如图 6-1 所示，蓄能器的结构形式主要有重力式、弹簧式、充气式和薄膜式等类型。

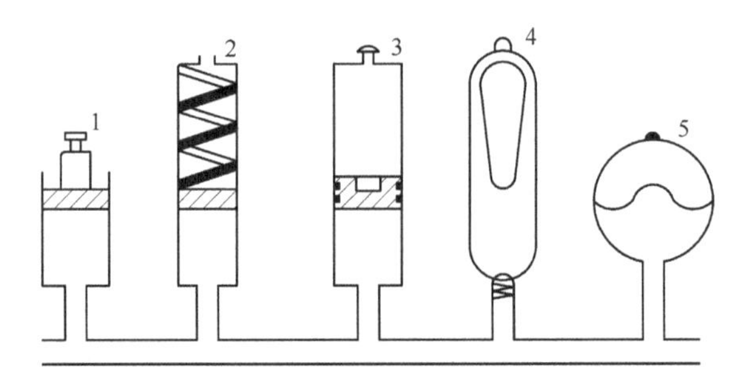

图 6-1　各种形式蓄能器

1. 重力式；2. 弹簧式；3. 活塞式；4. 气囊式；5. 薄膜式

1. 重力式蓄能器

重力式蓄能器的结构如图 6-2 所示。它利用重物的势能来储存、释放液压能。当压力油充入蓄能器时，油液推动柱塞 2 上升，在重物 1 的作用下以一定压力储存起来。这种蓄能器的特点是结构简单，容量大，在释放压力能过程中，压力稳定。但其结构尺寸大而笨重，运动惯性大，反应不灵敏，易漏油，有摩擦损失。因此，重力式蓄能器只供蓄能用，常用作大型固定设备的第二油源。

2. 弹簧式蓄能器

弹簧式蓄能器的结构如图 6-3 所示。它利用弹簧的压缩和伸长来储存与释放压力能，弹簧 2 和压力油之间由活塞 3 隔开。它的结构简单，反应灵敏。但容量小，易内泄并有压力损失，不适于高压和高频动作的场合，一般可用于小容量、低压（$p<12$MPa）系统，用作蓄能和缓冲。

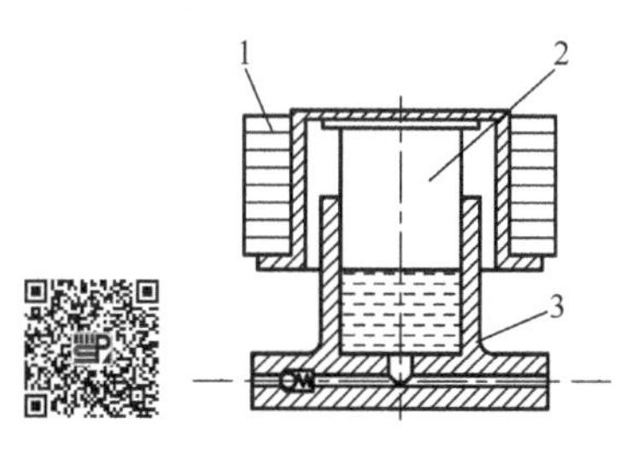

图 6-2　重力式蓄能器

1. 重物；2. 柱塞；3. 缸体

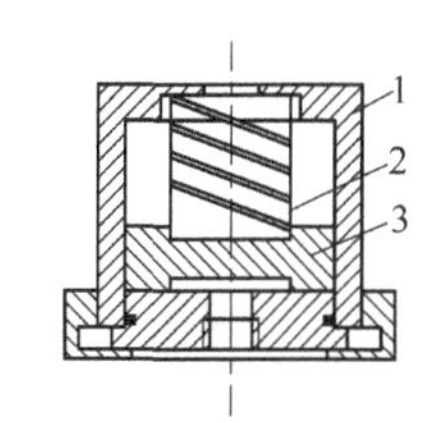

图 6-3　弹簧式蓄能器

1. 壳体；2. 弹簧；3. 活塞

3. 充气式蓄能器

充气式蓄能器是利用密封气体的压缩膨胀来储存、释放能量的，主要有气瓶式、活塞式和气囊式三种。

1)气瓶式蓄能器

如图 6-4(a)所示，气瓶式蓄能器又称为直接接触式蓄能器。气体 1 和油液 2 在蓄能器中是直接接触的。它的特点是容量大，但由于气体容易混入油液中，影响系统工作的平稳性，而且耗气量大，需经常补气，因此仅适用于中、低压大流量的液压系统。

2)活塞式蓄能器

如图 6-4(b)所示，蓄能器中的气体 1 与油液 3 由一个浮动的活塞 2 隔开。活塞的上部为压缩空气，气体由气阀充入，其下部经油孔通向系统。活塞随下部压力油的储存和释放而在缸筒内来回滑动。为防止活塞上下两腔互通而使气液混合，在活塞上装有 O 形密封圈。这种蓄能器结构简单，工作可靠、寿命长，主要用于大流量的液压系统；但因活塞有一定的惯性和 O 形密封圈存在有较大摩擦力，所以反应不够灵敏。因此只适用于储存能量，或在中、高压系统中吸收压力脉动。另外，密封件磨损后，会使气液混合，影响系统的工作稳定性。

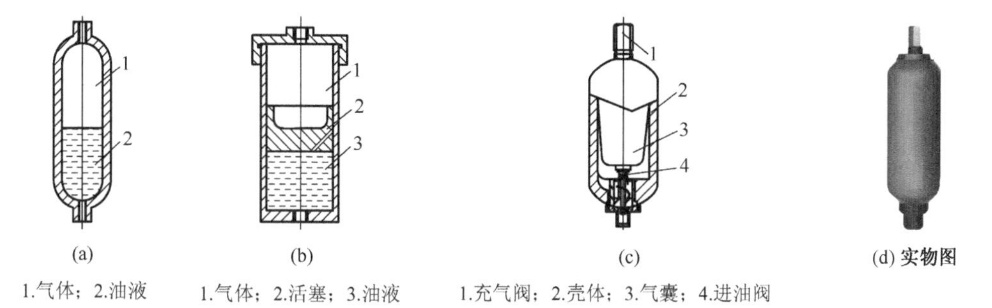

图 6-4　充气式蓄能器

3)气囊式蓄能器

气囊式蓄能器目前应用得最为广泛,其结构如图 6-4(c)所示。它主要由充气阀 1、壳体 2、气囊 3 和进油阀 4 组成。气体和油液由气囊隔开,气囊用耐油橡胶制成,固定在耐高压的壳体上部,气囊内充入惰性气体(一般为氮气)。壳体下端的进油阀是一个用弹簧加载的菌形阀,它能使油液进出蓄能器时气囊不会挤出油口。充气阀在蓄能器工作前为气囊充气,充气完毕将自动关闭。另外,充气阀处可作检查气囊内气压大小的接表口。气囊式蓄能器的结构保证了气液的密封可靠,其主要特点是气囊惯性小、反应灵敏、结构尺寸小、安装容易,克服了活塞式蓄能器的缺点。因此,它的应用广泛,但工艺性较差。充气式蓄能器实物如图 6-4(d)所示。

4. 薄膜式蓄能器

薄膜式蓄能器利用薄膜的弹性来储存、释放压力能。主要用于小容积和小流量工作情况,如用作减振器、缓冲器和用于控制油的循环等。

5. 蓄能器的图形符号

蓄能器的图形符号如表 6-1 所示。

表 6-1　蓄能器图形符号

蓄能器一般符号	气体隔离式	重力式	弹簧式

6.1.3　蓄能器的应用

蓄能器在液压系统中的用途很多,主要用作辅助动力源、漏损补偿、应急动力源、系统保压、脉动阻尼器及液压冲击吸收器等。

1. 辅助动力源

蓄能器最常见的用途是作为辅助动力源。图 6-5 所示为压力机液压系统。在工作循环中,当液压缸慢进和保压时,蓄能器把液压泵输出的压力油储存起来,达到设定压力后,卸荷阀打开,泵卸荷;当液压缸在快速进退时,蓄能器与泵一起向液压缸供油,完成一个工作循环。这里,蓄能器的容量要选成其提供的流量加上液压泵的流量,以能够满足工作循环的流量要求,并能在循环之间重新充够油液。因此,在系统设计时可按平均流量选用较小流量规格的泵。

2. 应急动力源

当液压系统工作时,由于泵或电源的故障,液压泵突然停止供油,会引起事故。对于重要的系统,为了确保工作安全,就需用一适当容量的蓄能器作为应急动力源。图 6-6 所示为用蓄能器作应急动力源的液压系统,当液压泵突然停止供油时,蓄能器便将其储存的压力油放出,使系统继续在一段时间内获得压力油。

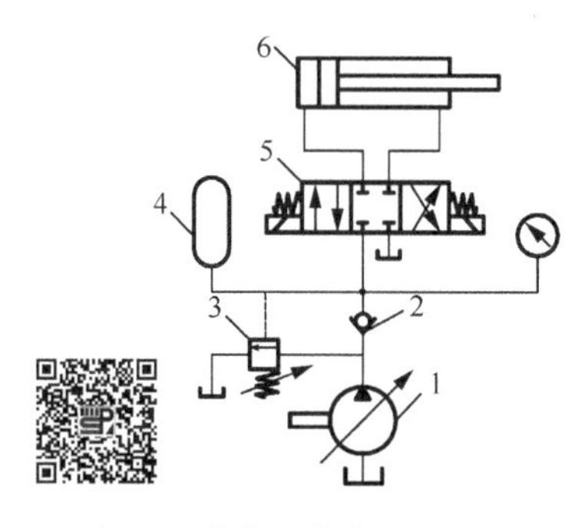

图 6-5　蓄能器作辅助动力源

1. 液压泵；2. 单向阀；3. 卸荷阀；4. 蓄能器；5. 换向阀；6. 液压缸

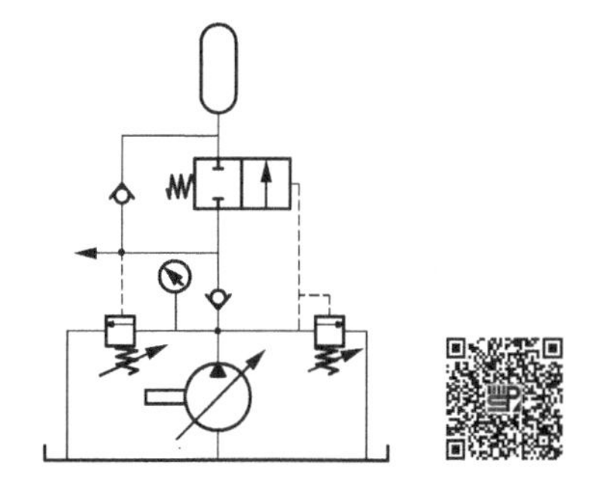

图 6-6　蓄能器作应急动力源

3. 保压装置

应用蓄能器使液压系统保持压力，从而使液压泵卸荷以降低功率的消耗。图 6-7(a)和图 6-7(b)所示为这种回路，系统的压力可由蓄能器来保持。当系统压力达到所需的数值时，通过压力继电器 A 使液压泵卸荷，或通过顺序阀 C 控制二位二通阀 B 和卸荷溢流阀使液压泵卸荷。

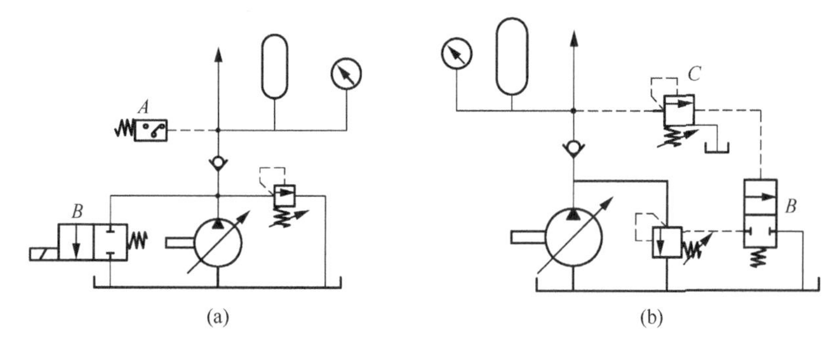

图 6-7　蓄能器作保压用

4. 吸收压力脉动和液压冲击

在液压系统中安装蓄能器，可以吸收和减小压力脉动峰值，这是防止振动与噪声的措施之一。图 6-8 所示即为吸收压力脉动用蓄能器回路。在高压、大流量管路内，若在靠近快速关闭的阀门的管路上安装蓄能器，能够使液体的流速变化减小，缓冲冲击压力，从而使系统中的管路和工作元件免遭损坏。图 6-9 所示为装有作为吸收压力脉动用蓄能器吸收冲击用的蓄能器回路。

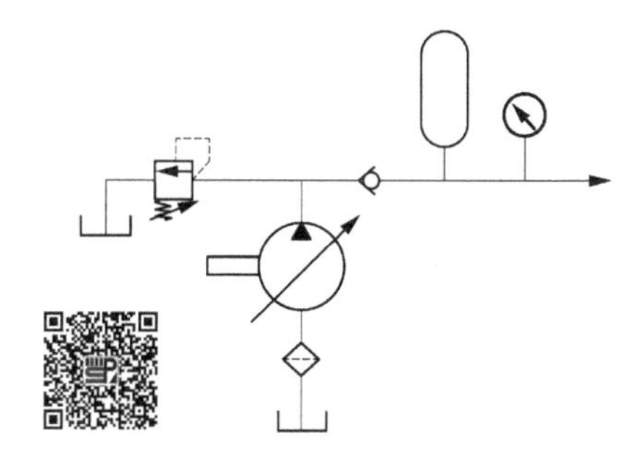

图 6-8　吸收压力脉动用蓄能器

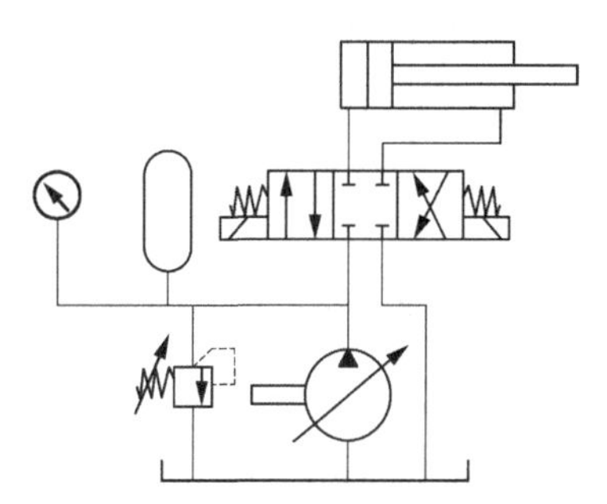

图 6-9　吸收冲击用的蓄能器

6.1.4 蓄能器的容量计算

容量是选用蓄能器的依据，其大小视用途而异。在选用蓄能器时，要根据液压系统的最高工作压力、最低工作压力和执行元件所需耗油量来确定。合理地选择蓄能器将会提高其容积利用率。现以气囊式蓄能器为例加以说明。

1. 作辅助动力源时的容量计算

这时的蓄能器储存和释放压力油的容量与气囊中气体体积的变化量相等，而气体状态的变化应符合玻意耳定律，即

$$p_0V_0^n = p_1V_1^n = p_2V_2^n = 常数 \tag{6-1}$$

式中，p_0 为气囊的充气压力，Pa；V_0 为气囊充气的容积，m^3，即蓄能器容量，这时气囊应充满壳体内腔；p_1 为系统最高工作压力，Pa，即泵对蓄能器储油结束时的压力；V_1 为气囊被压缩后相应于 p_1 时的气体体积，m^3；p_2 为系统最低工作压力，Pa，即蓄能器向系统供油结束时的压力；V_2 为气体膨胀后相应于 p_2 时的气体体积，m^3；n 为多变指数。

当蓄能器用于保压和补漏时，气体膨胀过程缓慢，与外界热交换充分，可认为是等温变化过程，$n=1$；当蓄能器作辅助或应急动力源时，释放液体的时间短，气体快速膨胀，热交换不充分，这时可视为绝热过程，$n=1.4$。其动容积 p-V 曲线图如图 6-10 所示。在实际工作中的状态变化在绝热过程和等温过程之间，因此 $1<n<1.4$。

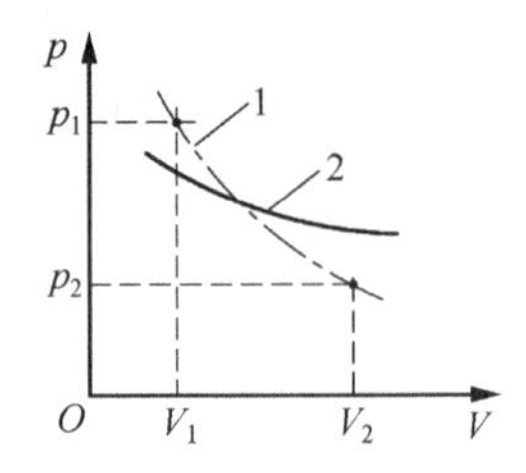

图 6-10　蓄能器的 p-V 曲线

1. 绝热线($n=1.4$)；
2. 等温线($n=1$)

体积差 $\Delta V(=V_2-V_1)$ 为供给系统的油液体积，代入式(6-1)，便可求得蓄能器容量 V_0，即

$$V_0 = \left(\frac{p_2}{p_1}\right)^{\frac{1}{n}} V_2 = \left(\frac{p_2}{p_0}\right)^{\frac{1}{n}} (V_1+\Delta V) = \left(\frac{p_2}{p_0}\right)^{\frac{1}{n}} \left[\left(\frac{p_0}{p_1}\right)^{\frac{1}{n}} V_0 + \Delta V\right]$$

由此得

$$V_0 = \frac{\Delta V\left(\frac{p_2}{p_0}\right)^{\frac{1}{n}}}{1-\left(\frac{p_2}{p_1}\right)^{\frac{1}{n}}} \tag{6-2}$$

充气压力 p_0 在理论上可与 p_2 相等，但为保证在压力 p_2 时蓄能器仍有能力补偿系统泄漏，应使 $p_0<p_2$，一般取 $p_0=(0.8\sim0.85)p_2$ 或 $0.9p_2>p_0>0.25p_1$。在实际选用时，蓄能器的总容积 V_0 比理论计算值大 5%为宜，具体可查有关手册和资料。如已知 V_0，也可反过来求出储能时的供油体积，即

$$\Delta V = p_0^{\frac{1}{n}} V_0 \left[\left(\frac{1}{p_2}\right)^{\frac{1}{n}} - \left(\frac{1}{p_1}\right)^{\frac{1}{n}}\right] \tag{6-3}$$

2. 作吸收冲击用时的容量计算

这时准确计算比较困难，因其与管路布置、液体流态、阻尼情况及泄漏大小等因素有关。一般按经验公式计算缓和最大冲击压力时所需的蓄能器最小容量，即

$$V_0 = \frac{0.04qp_2(0.0164L-t)}{p_2-p_1} \tag{6-4}$$

式中，q 为阀口关闭前管内流量，L/min；p_2 为系统允许的最大冲击压力，Pa，一般取 $p_2 \approx 1.5p_1$；L 为发生冲击的管长，即压力油源到阀口的管道长度，m；t 为阀口由开到关的时间，s，突然关闭时取 $t=0$；p_1 为阀口开、闭前管内工作压力，Pa。

式(6-4)只适用于在数值上 $t<0.0164L$ 的情况。

6.2 过 滤 器

液压与气压系统的大多数故障是介质被污染而造成的，因此，保持工作介质清洁是系统正常工作的必要条件。油液中的污染物会使液压动力元件、液压执行元件和液压控制元件等内部相对运动部分的表面划伤，加速磨损或卡死运动件，堵塞阀口，腐蚀元件，使系统工作可靠性下降，寿命降低。如果杂质将节流阀口或溢流阀阻尼孔堵塞，则会造成系统故障。在适当的部位上安装过滤器可以截留油液中不可溶的污染物，使油液保持清洁，保证液压系统正常工作。

过滤器的主要性能指标是过滤精度。过滤器的过滤精度是指其能从油液中过滤掉的杂质颗粒尺寸。过滤器按过滤精度可以分为粗过滤器、普通过滤器和精过滤器。它们分别能滤掉油液中尺寸为 100μm 以上、10～100μm 和 10μm 以下的杂质颗粒。

液压系统所要求的油液过滤精度是杂质的颗粒尺寸小于液压元件运动表面间隙。这样就可以避免杂质颗粒使运动件卡住或者急剧磨损。另外，杂质颗粒尺寸应该小于液压系统中节流孔或缝隙的最小间隙，以免造成堵塞。

6.2.1　过滤器的类型和结构

在液压系统中，常见的过滤器按滤芯的材料和结构形式的不同，可分为网式、线隙式、纸芯式、烧结式及磁性过滤器等；按照滤芯材料的过滤机制，过滤器可分为表面型过滤器（网式、线隙式）、深度型过滤器（纸芯式、烧结式）、吸附型过滤器（磁性过滤器）；按过滤器的连接方式，过滤器可分为管式、法兰式和板式等；按安放的位置不同，过滤器还可以分为吸滤器、压滤器和回油过滤器。有的过滤器还带有污染堵塞发讯装置。

1. 网式过滤器

网式过滤器为粗过滤器，其结构如图 6-11 所示，图 6-11(a)为两种不同安装方式的过滤器。在周围开有很多窗孔的塑料或金属筒形骨架上，包着一层或两层铜丝网。过滤精度由网孔大小和层数决定，有 80μm、100μm 和 180μm 三个等级。网式过滤器实物如图 6-11(b)所示。

由于网式过滤器阻力损失小，过滤精度不高，通常安装在液压泵的吸油口，以防止较大的杂质颗粒进入泵内。目前常用的网式过滤器网孔直径为 0.08～0.18mm 时，其压力损失不超过 0.025MPa；网孔直径为 0.18～0.4mm 时，其压力损失不超过 0.004MPa。应选择过滤器的过滤通流能力是液压泵流量的 2 倍以上，以保证液压泵吸油充分，防止液压泵泵口吸油阻力过大而产生气蚀。

网式过滤器结构简单、清洗方便、通油能力大，但过滤精度低，常用于吸油管路作吸滤器，对油液进行粗滤。

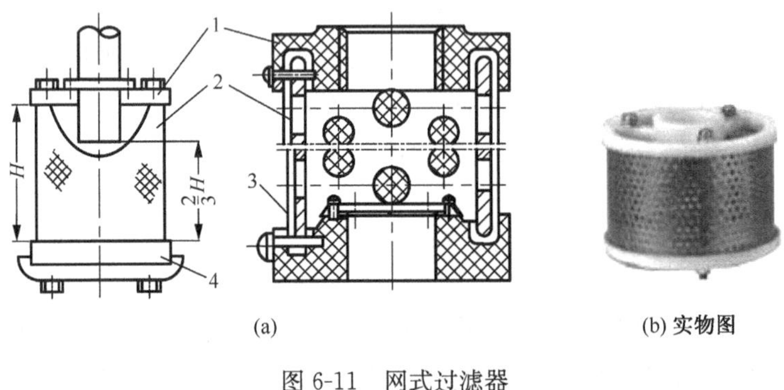

(a)　　(b) 实物图

图 6-11　网式过滤器

1. 上盖；2. 铜丝网；3. 骨架；4. 下盖

2. 纸质过滤器

纸质过滤器又称纸芯式过滤器，目前应用得最为广泛，其结构如图 6-12 所示。它的结构与线隙式过滤器基本相同，只是滤芯采用了纸芯。纸芯由厚为 0.35～0.7mm 的平纹或皱纹的酚醛树脂或木浆微孔滤纸组成。为了增大滤芯强度，滤芯一般分为三层，外层采用粗眼钢板网，中层为纸质滤芯，折叠成图 6-12(b)所示形状以增大过滤面积，里层由金属丝网与滤纸一并折叠在一起。滤芯的中央还装有支承弹簧。这样就提高了滤芯强度，延长了寿命。纸质过滤器的过滤精度高(5～30μm)，通常有 0.1mm 和 0.02mm 两种。其压力损失为 0.01～0.04MPa，可在高压(38MPa)下工作。由于较小的壳体中可装入表面积很大的滤纸芯，因此，其结构紧凑、通油能力大，一般配备壳体后用作压滤器。其缺点是无法清洗，为一次性使用，需经常更换滤芯。

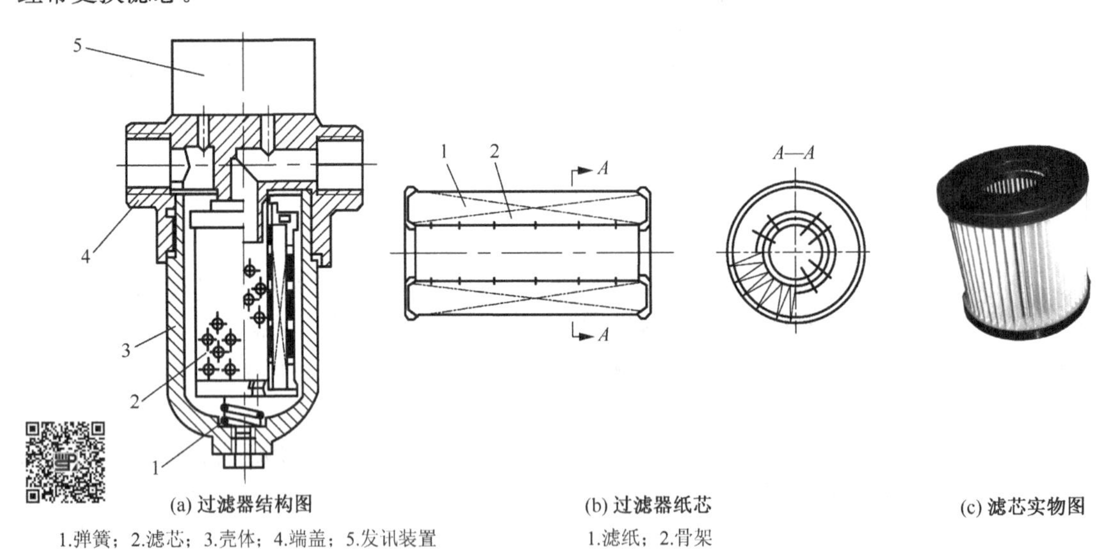

(a) 过滤器结构图　　(b) 过滤器纸芯　　(c) 滤芯实物图

1.弹簧；2.滤芯；3.壳体；4.端盖；5.发讯装置　　1.滤纸；2.骨架

图 6-12　纸质过滤器

纸质过滤器的滤芯能承受的压力差较小(0.35MPa)，为了保证过滤器能正常工作，不致因杂质逐渐聚积在滤芯上引起压差增大而压破纸芯，过滤器顶部装有堵塞状态发讯装置。

3. 磁性过滤器

磁性过滤器的工作原理是利用磁铁吸附油液中的铁质微粒。但一般结构的磁性过滤器对其他污染物不起作用,通常用作回流过滤器。它常用作复式过滤器的一部分。

4. 复式过滤器

复式过滤器即上述几类过滤器的组合。例如,在图6-11所示的滤芯中间,再套入一组磁环即成为磁性烧结式过滤器。复合过滤器性能更为完善,一般设有多种结构原理的堵塞状态发讯装置,有的还设有安全阀。当过滤杂质逐渐将滤芯堵塞时,滤芯进出油口的压力差增大。若超过所调定的发讯压力,发讯装置便会发出堵塞信号。如不及时清洗或更换滤芯,当压差达到所调定的安全压力时,类似于直动式溢流阀的安全阀便会打开,以保护滤芯免遭损坏。

安装在回油路上的纸质磁性过滤器,适用于对铁质微粒要求去除干净的传动系统。

5. 过滤器发讯装置

过滤器长期工作,油液中的杂质积聚在滤芯表面,使得通流面积逐渐减小,通流阻力逐渐上升。为了保证过滤器能够正常工作,需要过滤器带有堵塞发讯装置。

过滤器发讯装置与过滤器并联,其结构如图6-13所示。它的工作原理是其 P_1 口与过滤器进油口相通,P_2 口与出油口相通。过滤器进、出油口两端的压力差 $\Delta p(=p_1-p_2)$与发讯装置的活塞2上的作用力与弹簧5的弹簧力相平衡。油液杂质逐渐堵塞过滤器,使 p_1 压力上升,当压力差 Δp 达到一定数值时,压力差作用力大于弹簧力,推动活塞及永久磁铁4右移。这时,干簧管6受磁性作用吸合触点,接通电路,使接线柱1连接的电路报警,提醒操作人员更换滤芯。电路上若增设延时继电器,还可在发讯一定时间后实现自动停机保护。通常,过滤器堵塞报警压力差值为0.3MPa左右。

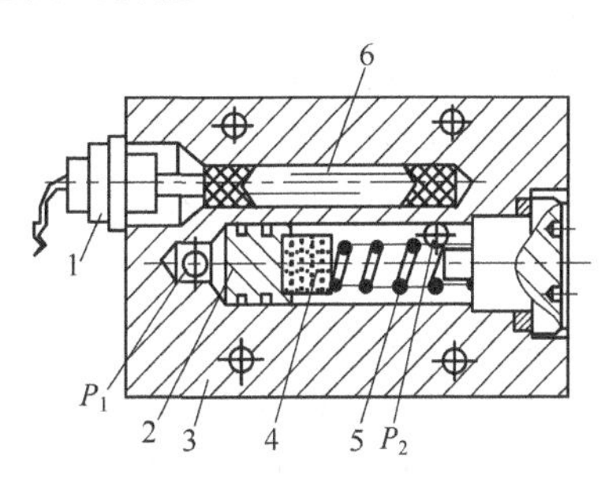

图6-13　过滤器发讯装置
1. 接线柱;2. 活塞;3. 阀体;
4. 永久磁铁;5. 弹簧;6. 干簧管

6. 过滤器的图形符号

根据国家标准,过滤器的图形符号如表6-2所示。

表6-2　过滤器图形符号

一般图形符号	磁性过滤器的图形符号	带污染指示过滤器的图形符号

6.2.2　过滤器的选用

过滤器按其过滤精度(滤去杂质颗粒的大小)的不同,有粗过滤器、普通过滤器、精密过滤器和特精过滤器四种。不同的液压系统有不同的过滤精度要求,具体要求如表6-3所示。

表 6-3　各种液压系统的过滤精度要求

系统类别	润滑系统	传动系统			伺服系统
工作压力 p/MPa	0～2.5	＜14	14～32	＞32	≤21
精度 d/μm	≤100	25～50	≤25	≤10	≤5

过滤器的选用应考虑下列因素。

(1)有足够的过滤能力。过滤能力即一定压降下允许通过过滤器的最大流量。不同类型的过滤器可通过的流量值有一定的限制,需要时可查阅有关样本和手册。

(2)能承受一定的工作压力。过滤器壳体耐压能力应能承受其所在管路的工作压力。液压系统中的管路工作压力各有不同,应根据工作压力选取相应的过滤器。

(3)有足够的过滤精度。过滤精度是指通过滤芯的最大尖硬颗粒的大小,以其直径 d 的公称尺寸(单位 μm)表示。其颗粒越小,精度越高。精度分粗($d \geqslant 100\mu m$)、普通($10\mu m \leqslant d < 100\mu m$)、精($5\mu m \leqslant d < 10\mu m$)和特精($1\mu m \leqslant d < 5\mu m$)四个等级。

应该指出,近年来有一种推广使用高精度过滤器的观点。研究表明,液压元件相对运动表面的间隙大多在 1～5μm 范围内。因而工作中首先是这个尺寸范围内的污染颗粒进入运动间隙,引起磨损,扩大间隙,进而更大颗粒进入,造成表面磨损的一系列反应。因此,若能有效地控制 1～5μm 的污染颗粒,则这种系列反应就不会发生。试验和严格的检测证实了这种观点。实践证明,采用高精度过滤器,液压泵和液压马达的寿命可延长 4～10 倍,可基本消除阀的污染、卡紧和堵塞故障,并可延长液压油和过滤器本身的寿命。

吸油管路中的过滤器要求过滤器前后的初始压差不超过 35kPa,工作中的最大压差不超过 15～35kPa。压油管路中的过滤器由于易受泵的脉动和压力冲击,要求过滤材料的刚性和滤芯结构设计强度要好。回油管路中的过滤器除了考虑过滤精度和强度,还要考虑结构的抗冲击性。单独循环过滤系统的过滤器最大的特点是不受主油路流量变化的影响,要求设计强度低,一般为 0.2～0.35MPa,但纳污容量大、使用寿命长。

推荐的液压系统清洁度与过滤精度见表 6-4。

表 6-4　推荐液压系统的清洁度与过滤精度

工作类别	系统举例	油液清洁度		要求过滤精度/μm
		ISo4406	NAS1638	
极关键	高性能伺服阀、航空航天实验室、导弹、飞船控制系统	12/9 13/10	3 4	1 1～3
关键	工业用伺服阀、飞机、数控机床、液压舵机、位置控制装置、电液精密液压系统	14/11 15/12	5 6	3 3～5
很重要	比例阀、柱塞泵、注塑机、潜水艇、高压系统	16/13	7	10
重要	叶片泵、齿轮泵、低速马达、液压阀、叠加阀、插装阀、机床、油压机、船舶等中高压工业用液压系统	17/14 18/15	8 9	10～20 20
一般	车辆、土方机械、物料搬运液压系统	19/16	10	20～30
普通保护	重型设备、水压机、低压系统	20/17 21/16	11 12	30 30～40

(4)过滤器材质与液压介质的相容性。如果过滤材质在工作介质的温度和热作用下出现软化与熔融,或者在酸、碱及其他化学制剂影响下出现变质(如变脆、发胀、软化、分解),则过滤器材质与该种液压介质不相容。为保证过滤器的正常工作,必须根据液压介质的种类来选择

与之相容的过滤材质。过滤器材质与液压介质的相容性可参照国际标准(ISO 2943)的规定进行验证。

(5)过滤器滤芯应易于清洗和更换。

(6)在一定的温度下,过滤器应有足够的耐久性。

6.2.3 过滤器的安装

在液压系统中,过滤器的作用与其在管路中的安装位置有关。通常有以下几种情况。

1. 安装在泵的压油管路上

如图6-14(a)所示,这种安装方式主要用来滤除可能侵入阀类元件的污染物,保护除泵以外的其他液压元件。一般采用10~15μm过滤精度的过滤器。由于过滤器在高压下工作,壳体应能承受系统工作压力和冲击压力。过滤阻力不应超过0.35MPa,以减小因过滤所引起的压力损失和滤芯所受的液压力,并应有安全阀或堵塞状态发讯装置,以防泵过载和滤芯损坏。为了防止过滤器堵塞时引起液压泵过载或滤芯裂损,可在压力油路上设置一旁通阀,其阀的开启压力应略低于过滤器滤芯的最大允许压差。

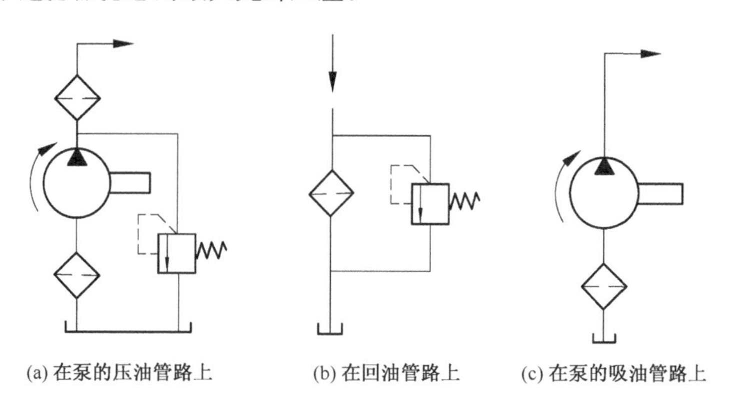

(a) 在泵的压油管路上　(b) 在回油管路上　(c) 在泵的吸油管路上

图6-14 过滤器的安装位置

2. 安装在回油管路上

如图6-14(b)所示,这种安装方式可滤去油液流入油箱以前的污染物,为泵提供清洁的油液。由于回油路上压力低,可采用强度和刚度较低但过滤精度较高的精过滤器回油滤油,并允许过滤器有较大的压力降,保证油箱回油的清洁,间接地保护了系统。与过滤器并联的溢流阀起着旁通阀的作用,也可简单地并联一单向阀作为安全阀,以防堵塞或低温启动时高黏度油液流过过滤器引起的系统压力的升高。

3. 安装在系统的分支油管路上

当泵流量较大时,若仍采用上述各种油路过滤,过滤器可能过大。为此可在只有泵流量20%~30%的支路上安装一小规格过滤器,对油液起滤清作用。

4. 安装在泵的吸油管路上

如图6-14(c)所示,这种安装方式主要用来保护泵不致吸入较大的机械杂质,一般都采用过滤精度较低的粗过滤器或普通精度过滤器。因为泵从油箱吸油，为了不影响泵的吸油性能，吸油阻力应尽可能小，否则将造成液压泵吸油不畅或出现空穴现象并产生强烈噪声。这时过滤器的通油能力应大于液压泵流量的两倍以上，压力损失不得超过0.035MPa。

5. 单独过滤系统

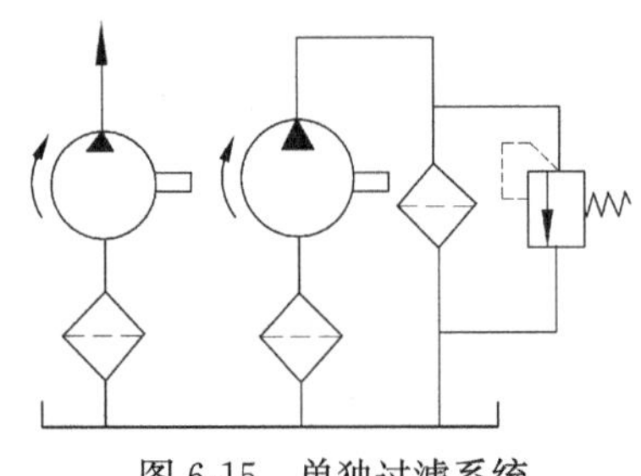

图6-15　单独过滤系统

单独过滤系统是由专用液压泵和过滤器单独组成一个独立于液压系统之外的过滤回路，用于滤除油液中的杂质，以保护主系统。过滤系统连续运转，可以滤掉油箱中油液的杂质，适用于大型机械设备中的液压系统，如图6-15所示，滤油车也可起此作用。研究表明，在压力和流量波动下，过滤器的功能会大幅度降低，单独的过滤回路不受系统压力的影响，故过滤效果较好。

安装过滤器时应注意，一般过滤器只能单向使用，进出油口不可反用。因此，过滤器不要安装在液流方向可能变换的油路上。必要时可将单向阀和过滤器进行组合，来组成可以进行双向过滤的过滤装置，目前双向过滤器也已出现。

6.3　油箱与热交换器

6.3.1　油箱

1. 功用

油箱的功用主要是储存油液，此外还起着散发油液中热量(在周围环境温度较低的情况下则是保持油液中热量)、释出混在油液中的气体、沉淀油液中污物等作用。有时它还兼作液压元件和阀块的安装台。

2. 结构

液压系统中的油箱有整体式和分离式两种。整体式油箱利用主机的内腔作为油箱，这种油箱结构紧凑，各处漏油易于回收，但增加了设计和制造的复杂性，维修不便，散热条件不好，且会使主机产生热变形。分离式油箱单独设置，与主机分开，减少了油箱发热和液压源振动对主机工作精度的影响，因此得到了普遍的采用，特别在精密机械上。

油箱的典型结构如图6-16所示。由图可见，油箱内部用隔板5将吸油管6与回油滤油器2所接回油管隔开。顶部、侧部分别装有液位计7和排放污油的放油阀8。安装阀组及其驱动电机液压泵的安装板则固定在油箱盖板面上。此外，近年来又出现了充气式的闭式油箱，它不同于开式油箱，其油箱是整个封闭的，顶部有一充气管，可送入0.05～0.07MPa过滤纯净的压缩空气。空气或者直接与油液接触，或者被输入到蓄能器式的皮囊内不与油液接触。这种油箱的优点是改善了液压泵的吸油条件，但它要求系统中的回油管、泄油管承受背压。油箱本身还须配置安全阀、电接点压力表等元件以稳定充气压力，因此它只在特殊场合下使用。

按油箱液面是否与大气相通，可分为开式油箱和闭式油箱。开式油箱广泛用于一般的液压系统，闭式油箱则用于水下和高空无稳定气压及对工作稳定性或噪声有严格要求的场合（空气混入油液是工作不稳定和产生噪声的主要原因）。这里仅介绍开式油箱。

在初步设计油箱时，其有效容量可按下述经验公式确定，即

$$V = mq_{\mathrm{p}} \tag{6-5}$$

式中，m 为系数，低压系统时 $m=2\sim4$，中压系统时 $m=5\sim7$，中、高压或高压大功率系统时 $m=6\sim12$；q_{p} 为液压泵的流量，L/min。

对功率较大且连续工作的液压系统，必要时还应进行热平衡计算，以最后确定油箱容量。下面结合图 6-16 的油箱结构示意图，分述设计要点如下。

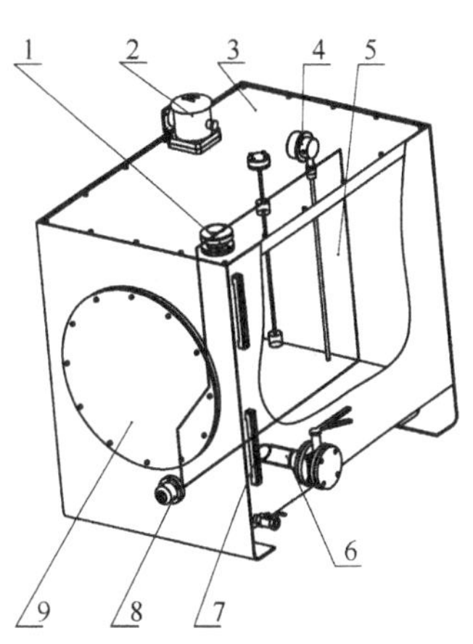

图 6-16　油箱结构示意图

1. 空气过滤器；2. 回油滤油器；3. 盖板；4. 电接点温度计；5. 隔板；6. 吸油管；7. 液位计；8. 加热器；9. 清洗窗

3. 设计时的注意事项

(1)基本结构。为了在相同的容量下得到最大的散热面积，小型油箱外形以立方体或长六面体为宜。油箱的顶盖上一般要安放泵和电动机（也有的置于油箱旁边或油箱下面）以及阀的集成装置等，据此可基本确定箱盖的尺寸；另外，最高油面只允许达到箱高的 80%，这样就可基本确定箱高的尺寸。油箱一般用厚度为 2.5～4mm 的钢板焊成，顶盖要适当加厚并用螺钉通过焊在箱体上的角钢加以固定。顶盖可以是整体的，也可分为几块。泵、电动机和集成阀组可直接固定在盖板上，也可固定在安装板上，安装板与盖板间应垫上橡胶板以缓和振动。油箱底脚高度应在 150mm 以上，以便散热、搬移和放油。油箱要有吊耳，以便吊装和运输。油箱应有足够的刚度，大容量且较高的油箱要采用骨架式结构。

(2)吸、回和泄油管的设置。泵的吸油管与系统回油管管口之间的距离应尽可能远些，并且都应插在最低油面之下。吸油管应采用容易将过滤器从油箱内取出的连接方式，所安装过滤器的位置要在油面以下较深的部位，距油箱底面不得小于 50mm，这是因为油箱底部有沉淀物，安装太低时容易把杂质吸入泵内。吸油管离箱壁要有三倍以上管径的距离，以便四面进油；回油管口应加工成 45°斜口形状，以增大通流截面，并面向箱壁，以利散热和沉淀杂质。回油管口在最低油面以下以防止回油时带入空气，并能使高温油迅速流向易于散热的油箱四壁，但离箱底要大于管径的 2～3 倍，以免飞溅起泡。阀的泄油管口应在液面之上，以免产生背压；液压马达和液压泵的泄油管则应引入液面之下，以免吸入空气。为防止油箱表面泄油落地，必要时要在油箱下面或顶盖四周设盛油盘。

(3)隔板的设置。在油箱中设置隔板的目的是将吸、回油区隔开，迫使油液循环流动，分离回油带进来的气泡与杂质，利于散热和沉淀。一般设置一到两个隔板，高度约为最低油面的 2/3 或接近最大液面高。为了使散热效果好，应使液流在油箱中有较长的流程，如果与四壁都接触，效果更佳。油箱底面应有适当的倾斜度，并在最低处设置放油装置。

(4)空气滤清器与液位计的设置。空气滤清器的作用是使油箱与大气相通，保证泵的自吸能力，滤除空气中的灰尘杂物，兼作加油口用。它的容量大小可根据液压泵输出油量的大小进行选择，当油箱内的油面发生剧烈变化时，可保证油箱内不出现负压情况。它一般布置在顶盖上靠近油箱边缘处。

液位计用于监测油面高度，故其窗口尺寸应能满足对最高与最低液位的观察，有的油箱要求是低油位报警，这些皆为标准件，可按需要选用。

(5)放油与清洗窗的设置。图 6-16 所示油箱底面做成斜面，在最低处设放油口，平时用螺塞或放油阀堵住，换油时将其打开放走污油。

换油时为便于清洗油箱，大容量的油箱一般均在侧壁设清洗窗，其位置安排应便于吸油过滤器的装拆。

(6)防污密封。油箱盖板和窗口连接处均需加密封垫，各进、出油管通过的孔都需要装有密封垫。

(7)油温控制。油箱正常工作温度应为 15～65℃，必要时应安装温度计、温控器和热交换器。

(8)油箱内壁处理。新油箱经喷丸、酸洗和表面清洁后，内壁可附着与工作介质相容性好的保护膜或磷氏膜等。如果油箱用不锈钢板焊制，则可不必涂层。

(9)较大的油箱应设置手孔或入孔，便于维护。

6.3.2　热交换器

在液压系统中，热交换器包括冷却器和加热器。

冷却器和加热器的作用在于控制液压系统油液的正常工作温度，保证液压系统的正常工作。

液压系统工作时，动力元件和执行元件的容积损失、机械损失、控制调节元件和管路的压力损失、液体摩擦损失等消耗的能量几乎全部转化为热量。这些热量将使液压系统油温升高。如果油液温度过高，将严重影响系统的正常工作。液压系统的工作温度一般希望保持在 30～50℃，最高不超过 65℃，最低不低于 15℃。液压系统如依靠自然冷却仍不能使油温控制在上述范围内，需使用冷却器对油液进行降温。

液压系统工作前，如果油液温度低于 10℃，油液黏度较大，使液压泵吸油困难。为保证系统正常工作，必须设置加热器以提高油液温度。

1. 冷却器

根据冷却介质的不同，冷却器分为水冷式和风冷式两类。

1) 水冷式冷却器

水冷式冷却器分为蛇形管式、多管式和板式等。

(1) 蛇形管式冷却器。如图 6-17 所示，在油箱中安放水冷蛇形管式冷却器进行冷却是最简单的方法。它制造容易、装设方便，但冷却效率低，耗水量大，故不常使用。

(2) 多管式冷却器。常见的多管式冷却器的结构如图 6-18 所示，它主要由外壳 1、挡板 2、铜管 3 和隔板 4 等部件组成。工作时，冷却水从管内通过，高温油从壳体内管间流过形成热交换。隔板将铜管束分成两部分，使冷却水每次只能从一部分管子通过，待流到一端后，再进入另一部分管子流出，这样可以增大冷却水的流速，提高水的传热效率。为了增加油液在管间的流动速度，提高油的传热效率，使油液得到充分的冷却，还设置了适当数量的挡板，挡板与铜管垂直安装。这种冷却器由于采用强制对流的方式，散热效率较高、结构紧凑，因此应用较普遍。近来出现一种翅片管式冷却器，水管外面增加了许多横向或纵向的散热翅片，大大扩大了散热面积，改善了热交换效果。图 6-19 所示为翅片管式冷却器的一种形式，它是在圆管或椭圆管外嵌套上许多径向翅片，其散热面积可达光滑管的 8～10 倍。椭圆管的散热效果一般比圆管更好。

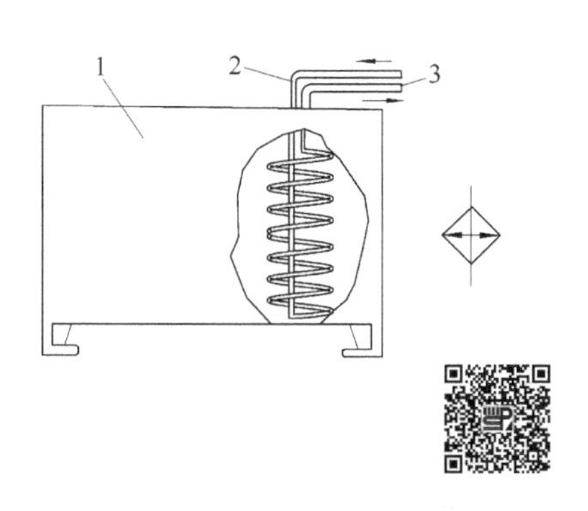

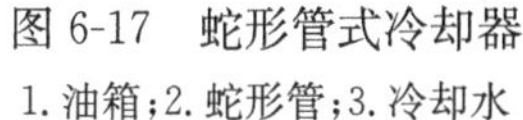
图 6-17　蛇形管式冷却器
1. 油箱；2. 蛇形管；3. 冷却水

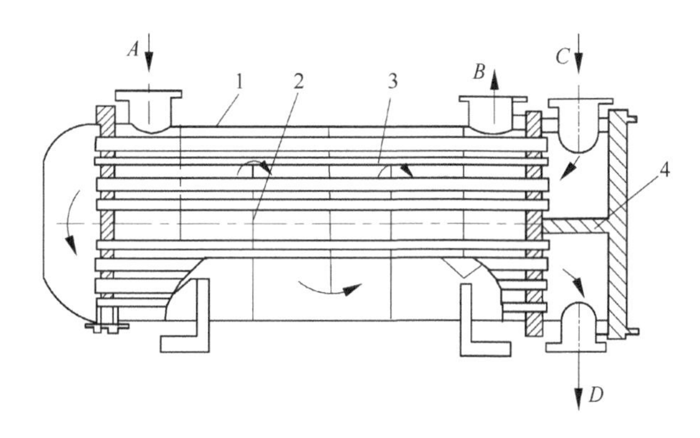

图 6-18　多管式冷却器
1. 外壳；2. 挡板；3. 铜管；4. 隔板；A. 进油；B. 出油；C. 进水；D. 出水

2) 风冷式冷却器

风冷式冷却器适用于缺水或不使用水的液压装置，如工程机械等。冷却方式可采用风扇强制吹风冷却，也可采用自然风冷却。风冷式冷却器有管式、板式、翅管式和翅片式等形式。这里仅介绍翅片式风冷却器。

图 6-20 所示为翅片式风冷却器，每两层通油板之间设置波浪形的翅片板，因此可以大大提高传热系数。如果加上强制通风，冷却效果将更好。它的结构紧凑，体积小，但易堵塞，难清洗。

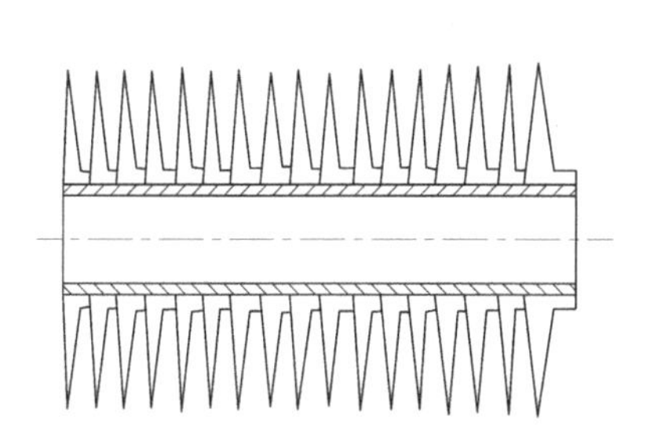
图 6-19　翅片管式冷却器

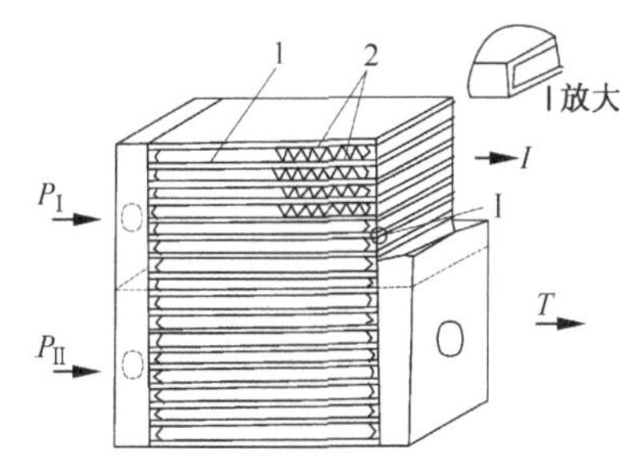

图 6-20　翅片式风冷却器
1. 通油板；2. 翅片

冷却器通常安装在液压系统的回油路上，这样可以对已经发热的油在回油箱之前进行冷却。另外，也有单独设一台泵仅供冷却器换热用的安装形式。

3)油冷机

油冷机主要是对工业用介质（如煤油、机油、水、磨削液、清洗液等）制冷及恒温，防止工作中机械设备因介质温度的变化而影响设备的正常运转及安全，如图 6-21 所示。具有完整吸送介质的循环系统与独立的电气控制系统，安装方便，操作简单直观。制冷方式：强制冷，水一油交换，水一水交换及风冷等。

油冷机的选型可先根据系统的热交换量计算所需要的散热面积，再根据散热面积对应的冷却功率进行选型设计。

图 6-21　油冷机

油冷机广泛用于轴承清洗机的清洗液降温,锻压设备液压降温,磨床磨削液的恒温,加工中心液压油的恒温,柴油机恒温,蒸气回收装置,油雾分离装置,工业用切削油及水的降温恒温等。

4) 冷却器的计算

冷却器的计算主要是根据热交换量确定需要的散热面积和冷却水量。

(1) 散热面积。冷却器散热面积的确定应根据发热功率来计算。冷却器必需的散热面积 A 为

$$A=\frac{P}{h\Delta t_{\mathrm{m}}} \tag{6-6}$$

式中,P 为发热功率,W;h 为冷却器的表面传热系数,推荐值为:蛇形管水冷 $h=110\sim175$ W/(m^2 · ℃),列管式水冷 $h=116$W/(m^2 · ℃),强制风冷 $h=35\sim350$W/(m^2 · ℃);Δt_{m}为油和水之间的平均温差,℃。

$$\Delta t_{\mathrm{m}}=\frac{t_1+t_2}{2}-\frac{t_1'+t_2'}{2} \tag{6-7}$$

式中,t_1为液压油进口温度,℃;t_2为液压油出口温度,℃;t_1' 为冷却介质进口温度,℃;t_2' 为冷却介质出口温度,℃。

(2)需要的冷却水量。为了平衡油温,冷却器冷却水的吸热量应等于液压油放出的热量,即

$$c'q'\rho'(t_2'-t_1')=cq\rho(t_2-t_1) \tag{6-8}$$

因此需要的冷却水量

$$q'=\frac{c\rho(t_2-t_1)}{c'\rho'(t_2'-t_1')}q \tag{6-9}$$

式中,c'、c 分别为水、油的比热容,$c'=4186.8$J/(kg · K),$c=1675\sim2093$J/(kg · K);q'、q 分别为水、油的流量,m^3/s;ρ'、ρ 分别为水、油的密度,$\rho'=1000$kg/m^3,$\rho=900$kg/m^3。

冷却水在冷却器内的流速应不超过 1.2m/s,压力损失为 0.05～0.08MPa。

2. 加热器

在严寒地区使用液压设备,开始工作时油温低,启动困难,效率也低,所以必须将油箱中的液压油加热。对于需要油温保持稳定的液压实验设备、精密机床等液压设备要求在恒温下工作,也必须在开始工作之前,把油温提高到一定值。加热的方法如下。

(1)用系统本身的液压泵加热,使其全部油液通过溢流阀或安全阀回到油箱,液压泵的驱动功率转化为热量,使油液升温。

(2)用表面加热器加热,可以用蛇行管蒸气加热,也可用电加热器加热。加热器的作用在于低温启动时将油液温度升高到适当的值。目前,最常用的是电加热器,其安装形式如图 6-22 所示。

电加热器的发热功率 P 可按下式估算

$$P\geqslant\frac{c\rho V\Delta t}{T\eta} \tag{6-10}$$

式中，c 为油液的比热容，$c=1675\sim2093\mathrm{J/(kg\cdot K)}$；$\rho$ 为油液的密度，$\rho=900\mathrm{kg/m^3}$；V 为油箱的容积，$\mathrm{m^3}$；Δt 为油液温升，℃；T 为加热时间，s；η 为热效率，一般取 $\eta=0.6\sim0.8$。

采用电热器加热的安装方式如图 6-22 所示，它用法兰盘水平安装在油箱侧壁上，发热部分全部浸在油液内，加热器应安装在油液流动处，以利于热量的交换。这种加热器结构简单，可根据最高和最低使用油温实现自动调节。电加热器的加热部分必须全部侵入油中，最好横向水平安装在油箱侧壁，避免因蒸发使油面降低时加热器表面露出油面。由于油液是热的不良导体，所以应注意油的对流。

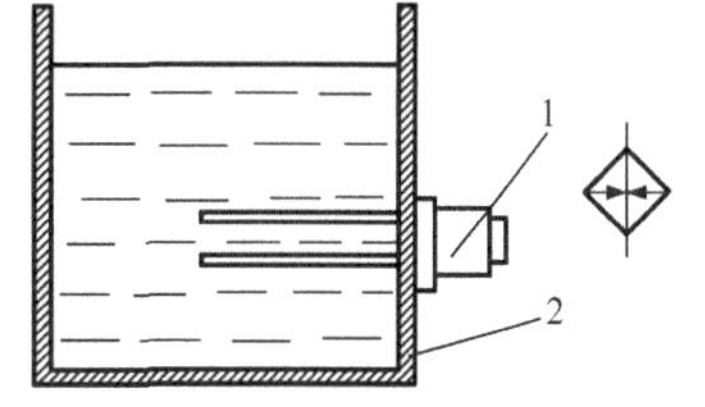

图 6-22　电加热器的安装

1. 电加热器；2. 油箱

6.4　管　　件

管件包括管道和管接头。管件的选用原则是要保证油管中油液做层流流动，管路应尽量短，以减小损失；要根据工作压力、安装位置确定管材与连接结构；与泵、阀等连接的管件应由其接口尺寸决定管径。

6.4.1　管道

1. 管道的种类及用途

液压传动系统常用的管道分金属管、橡胶软管两大类。金属管包括无缝钢管、紫铜管等；橡胶软管由钢丝编织缠绕橡胶制成管。

常用管道的用途及优缺点如表 6-5 所示。

表 6-5　管子材料及应用场合

种类	用途	优缺点
钢管	常在装拆方便处用作压力管道。中压以上用无缝钢管，常用的有 10 号、15 号冷拔无缝钢管，低压用焊接钢管	能承受高压、耐油、抗腐、不易氧化、刚性好、价格低廉，但装配时不易弯曲成形
紫铜管	在中、低压液压系统中采用，机床中应用较多，常配以扩口管接头，可用于仪表和装配不便处	装配时弯曲方便，价高、抗振能力差、易使液压油氧化，但易弯曲成形
橡胶软管	高压软管是由耐油橡胶夹以 1～3 层钢丝编织网或钢丝缠绕层做成，适用于中、高压液压系统。低压胶管由耐油橡胶夹帆布制成，用于回油管道	用于相对运动间的连接，分高压和低压两种。装接方便，能减轻液压系统的冲击，价贵、寿命低

2. 管道尺寸的确定

液压系统油管的选择与计算主要是计算管道的内径和壁厚。

(1)液压油管内径的确定。油管的内径根据管内允许流速和所通过的流量来确定，即

$$d=\sqrt{\frac{4q}{\pi v_0}} \tag{6-11}$$

式中，d 为油管内径，mm；q 为通过油管的流量，m^3/s；v_0 为油管中允许流速，m/s。

在吸油管道内液体的流速取 $v_0 \leqslant 1.5m/s$，在压力管道内的流速取 $v_0 = 5m/s$ 左右为宜，回油管道内液体的流速取 $v_0 \leqslant 2.5m/s$。

由计算所得的油管内径，应按标准管径尺寸相近的油管进行圆整。

(2)液压油管壁厚的计算。管子的壁厚可按下式计算

$$\delta = \frac{pd}{2[\sigma]} \tag{6-12}$$

式中，σ 为管子的壁厚，mm；p 为管内油液的最大工作压力，MPa；d 为油管内径，mm；$[\sigma]$为许用应力，MPa。

对钢管
$$[\sigma] = \frac{\sigma_b}{n}$$

式中，σ_b 为材料抗拉强度，MPa；n 为安全系数；当 $p<7MPa$ 时，取 $n=8$；$p \leqslant 17.5MPa$ 时，取 $n=6$；$p>17.5MPa$ 时，取 $n=4$。

对铜管
$$[\sigma] \leqslant 25MPa$$

选择管子壁厚时，还应考虑到加工螺纹对管子强度的影响。

3. 安装要求

(1)管道应尽量短，最好横平竖直，转弯少。为避免管道皱褶，减少压力损失，管道装配时的弯曲半径要足够大(表 6-6)。管道悬伸较长时要适当设置管夹。

(2)管道尽量避免交叉，平行管间距要大于 100mm，以防接触振动并便于安装管接头。

(3)软管直线安装时要有 30%左右的余量，以适应油温变化、受拉和振动的需要。弯曲半径要大于 9 倍的软管外径，弯曲处到管接头的距离至少等于 6 倍外径。

表 6-6　硬管装配时允许的弯曲半径

管子外径 D/mm	10	14	18	22	28	34	42	50	63
弯曲半径 R/mm	50	70	75	80	90	100	130	150	190

6.4.2　管接头

管接头是管道和管道、管道和其他元件(如泵、阀和集成块等)之间的可拆卸连接件。管接头与其他元件之间可采用普通细牙螺纹连接或锥螺纹连接(多用于中低压)。管接头除端直通形式外，还有二通、三通、四通和铰接等多种形式，供不同情况下选用，具体可查阅有关手册。

1. 硬管接头

按管接头和管道的连接方式分类，硬管接头有焊接式管接头、卡套式管接头和扩口式管接头三种。

1) 焊接式管接头

焊接式管接头如图 6-23 所示，它是把相连管子的一端与管接头的接管 1 焊接在一起，通过螺母 2 将接管 1 与接头体 4 压紧。接管与接头体间的密封方式有球面与锥面接触密封和平面加 O 形圈 3 密封两种形式，前者有自位性，安装时位置要求不很严格，但密封可靠性稍差，

适用于工作压力不高（约8MPa以下）的液压系统；后者可用于高压系统。接头体与液压件的连接，有圆锥螺纹和圆柱螺纹两种形式，后者要用组合垫圈5加以密封。焊接管接头制造工艺简单，工作可靠，安装方便，对被连接的油管尺寸及表面精度要求不高，工作压力可达32MPa以上，是目前应用最广泛的一种形式。

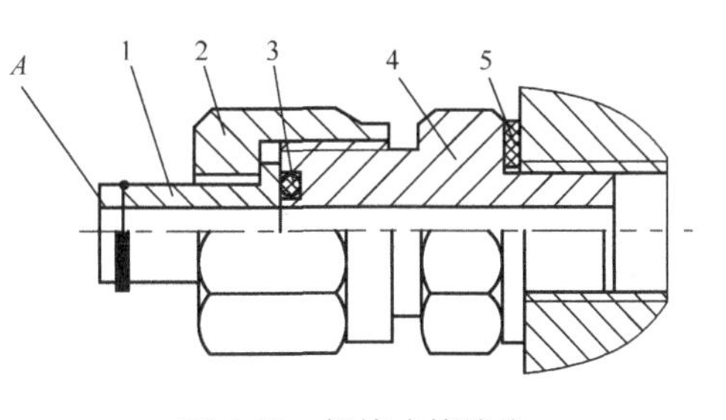

图6-23　焊接式管接头
1. 接管；2. 螺母；3. O形圈；
4. 接头体；5. 组合垫圈；A. 焊接处

2）卡套式管接头

卡套式管接头如图6-24所示，它由接头体4、卡套2和螺母3这三个基本零件组成。卡套是一个在内圆端部带有锋利刃口的金属环，刃口的作用是在装配时切入被连接的油管面起连接和密封作用。这种管接头轴向尺寸要求不严、拆装方便，不需焊接或扩口；但对油管的径向尺寸精度要求较高。采用冷拔无缝钢管，使用压力可达32MPa。油管外径一般不超过42mm。

3）扩口式管接头

扩口式管接头如图6-25所示，它适用于铜、铝管或薄壁钢管。接管1穿入导套2后扩成喇叭口（74°～90°），再用螺母3把导套连同接管一起压紧在接头体4的锥面上形成密封。

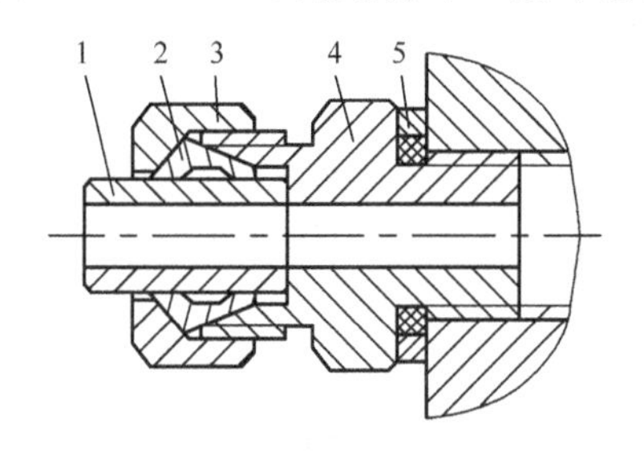

图6-24　卡套式管接头
1. 接管；2. 卡套；3. 螺母；4. 接头体；5. 组合垫圈

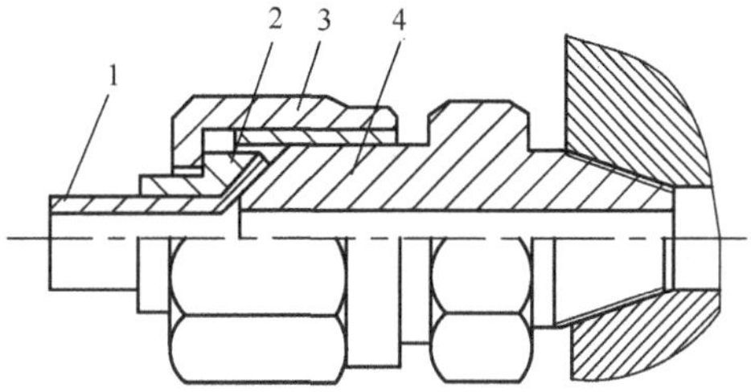

图6-25　扩口式管接头
1. 接管；2. 导套；3. 螺母；4. 接头体

2. 胶管接头

胶管接头有可拆式和扣压式两种，各有A、B、C三种类型。随管径不同可用于工作压力在6～40MPa的系统。扣压式管接头是高压胶管接头常用的一种形式。图6-26所示为A型扣压式胶管接头，装配时须剥离外胶层，然后在专门设备上扣压而成，它由接头外套和接头芯组成。软管装好再用模具扣压，使其具有较好的抗拔脱和密封性能。

3. 快速接头

当系统中某一局部不需要经常供油，或执行元件的连接管路要经常拆卸时，往往采用快速接头与高压软管配合使用。图6-27是快速接头的结构示意图，各零件的位置为油路接通位置，外套6把钢球8压入槽底使接头体10和2连接起来，单向阀4和11互相推挤使油路接通。1为挡圈，5为O形圈，9为弹簧卡圈。当需要断开时，可用力将外套向左推，同时拉出接头体10，油路断开。与此同时，单向阀阀芯4和11在各自弹簧3和12的作用下外伸，顶在接头体2和10的阀座上，使两个管内的油封闭在管中，弹簧7使外套6回位。这种接头在液压和气压系统中均有应用。

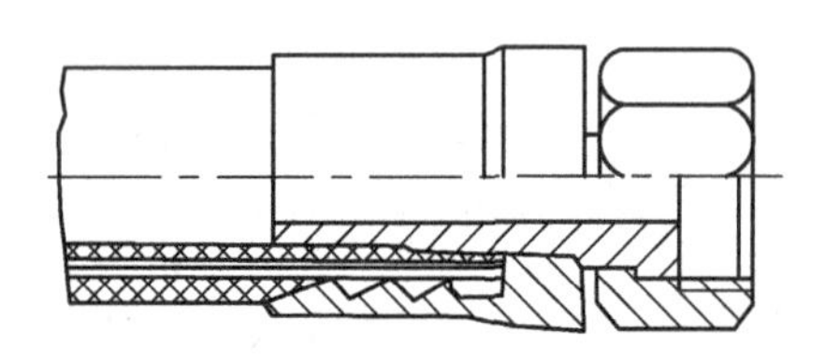

图 6-26 扣压式管接头

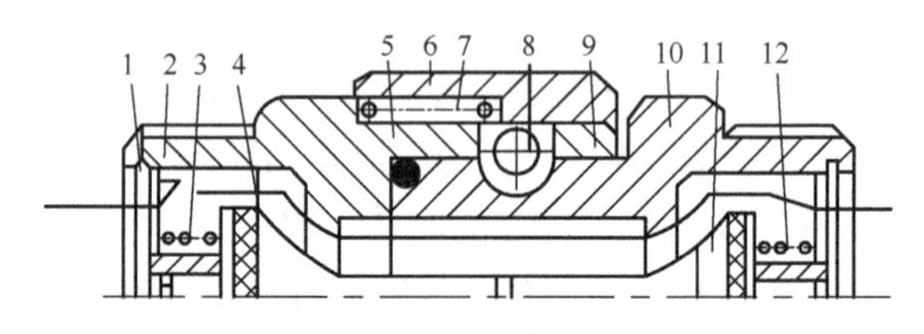

图 6-27 快速接头

1. 挡圈；2、10. 接头体；3、7、12. 弹簧；4、11. 单向阀；5. O 形圈；6. 外套；8. 钢球；9. 弹簧卡圈

6.4.3 集成块(油路块/阀块)

集成块(油路块/阀块)是将各式液压阀集成在专用阀板上，从而实现不同的功能。阀块的模块化结构，确保了系统的可靠性，方便的安装及维护使其在液压系统上应用非常广泛。

随着液压系统中连接点数目的增加，管接头漏油的可能性增加，而且曲折的流动路径延长响应时间的可能性也会增加。结果是液压油路块的应用日益增加。使用油路块大大地减小了所需外部连接点的数目，大幅度缩短了装配时间并减少了泄漏机会。由于许多阀组合成一体，因此所占用的空间减小。由于流动路径缩短并拉直，因此执行元件的响应时间缩短。由于减少了对管子、软管和管接头的需求，缩短了装配时间，因此系统成本降低。

图 6-28 集成块(油路块/阀块)

图 6-28 所示为集成回路油路块，由整块金属加工而成。结构紧凑，流道较短，可以缩短响应时间并减小压降。

阀块特点如下。

(1)可选用铸铁、碳钢、不锈钢或铝合金材料。

(2)含插装阀、板式或螺纹安装阀等各式液压阀。

6.5 常用仪表

液压系统中常用的仪表主要是压力表、温度计和流量计等，主要用于进行系统工况检测与故障诊断。进行液压元件性能实验时，如果实验对象是液压阀，主要使用这三类仪表；如果进行液压泵的实验，因为要测定泵的效率，还要用到泵的转速和转矩的测量仪表。电液伺服系统中要用到位移、速度、力等的传感器。进行油液分析时要用到显微镜、天平、铁谱仪、颗粒计数器等仪器仪表。

6.5.1 压力表

1. 压力继电器

压力继电器是利用液体的压力与弹簧力的平衡关系来启闭电气微动开关触点的液压-电气转换元件。当系统压力达到压力继电器的调定值时，发出电信号，使电气元件(如电磁铁、电机、时间继电器、电磁离合器等)动作，使油路卸压、换向，执行元件实现顺序动作，或关闭电动机使系统停止工作，起安全保护作用等。压力继电器有柱塞式、膜片式、弹簧管式和波纹管式四种结构形式。下面对柱塞式压力继电器(图 6-29)的工作原理作一介绍：当从继电器下端进油口 P 进入的液体压力达到调定压力值时，推动柱塞 1 上移，此位移通过杠杆放大后推动微动开关 4 动作，发出电信号。改变弹簧的压缩量，可以调节继电器的动作压力。

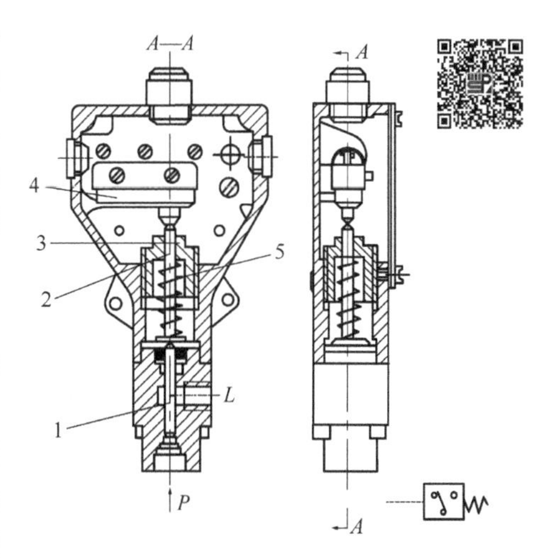

图 6-29　柱塞式压力继电器

1. 柱塞；2. 顶杆；3. 调节螺钉；4. 微动开关；5. 弹簧

压力继电器的性能指标主要有以下两项。

(1)调压范围。调节弹簧可使压力继电器最高和最低的压力范围。

(2)通断返回区间。调压弹簧调定后，接通电信号的压力与断开电信号的压力之差(接通压力大于断开压力，是由于摩擦力的作用)。此区间应有足够的数值，防止由于系统压力脉动造成压力继电器的误动作。

压力继电器应用场合：安全保护；控制执行元件的顺序动作；泵的启闭；泵的卸荷。

2. 压力表

液压系统和各回路的压力大小可通过压力表观测。常用的压力表是弹簧弯管式，结构如图 6-30 所示。它由弹簧弯管 1、放大机构 2、指针 3、基座 4 等零件组成。当弹簧弯管受压力作用发生伸张变形后，通过放大机构的杠杆、扇轮和小齿轮使指针偏转，压力越高，指针偏转角越大。

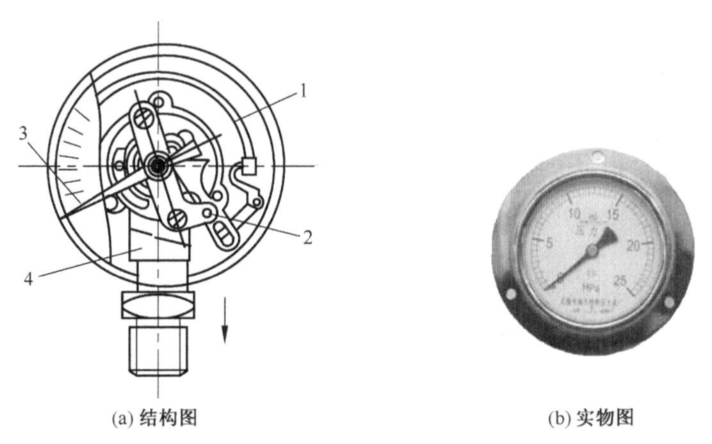

图 6-30　压力表

1. 弹簧弯管；2. 放大机构；3. 指针；4. 基座

压力表有各种精度等级，它的精度等级就是该表误差占量程的百分数。选用压力表应使它的量程大于系统的最高压力。在压力稳定的系统中，压力表量程一般为最高工作压力的 1.5 倍。压力波动较大系统的压力表量程应为最大工作压力的 2 倍，或者选用带油阻尼耐振压力表。压力表应安装在调整系统压力时便于观察的部位。

3. 压力表开关

常设的压力表应设压力表开关或限压器加以保护。常见的压力表开关结构如图 6-31 所示。旋转手轮 3 可打开或关闭压力表油路,也可适当调节手轮由针阀 2 调节油路开口,起到阻尼缓冲作用,使压力表指针动作平稳。还有一些其他类型的压力表开关,这里不多介绍。

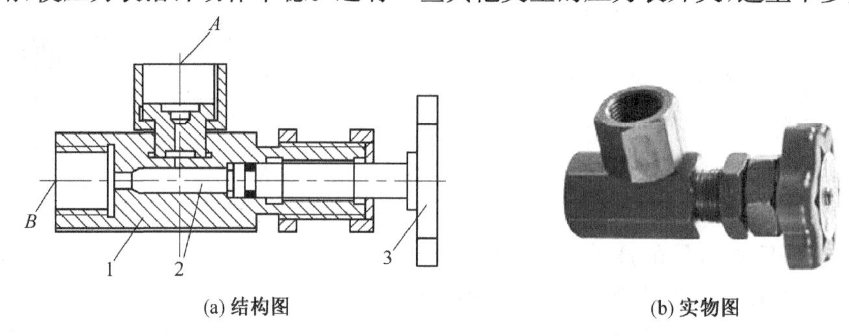

(a) 结构图　　(b) 实物图

图 6-31 压力表开关

1. 压力表开关体;2. 针阀;3. 手轮;

A. 接压力表;*B*. 接油路

6.5.2 流量计

1. 种类及其特点

测量流体流量的仪表统称为流量计或流量表。流量计是工业测量中重要的仪表之一。随着工业生产的发展,对流量测量的准确度和范围的要求越来越高,流量测量技术日新月异。为了适应各种用途,各种类型的流量计相继问世。目前已投入使用的流量计已超过 100 种。以适于测量液体流量的椭圆齿轮流量计为例,液压系统的流量大小通过流量计测量,图 6-32 为椭圆齿轮流量计的工作原理。这种流量计其实是液量计,相当于一个液压马达,通过的液体体积与轴旋转的圈数成比例。计数一定时间转过的圈数并除以这段时间即可得到这段时间的平均流量。还有不同的量程可以选用。使用时流量计的上游要设置过滤保护,并设旁通管路以便不用时使流体绕过它旁通。椭圆齿轮流量计只能卧式安装。

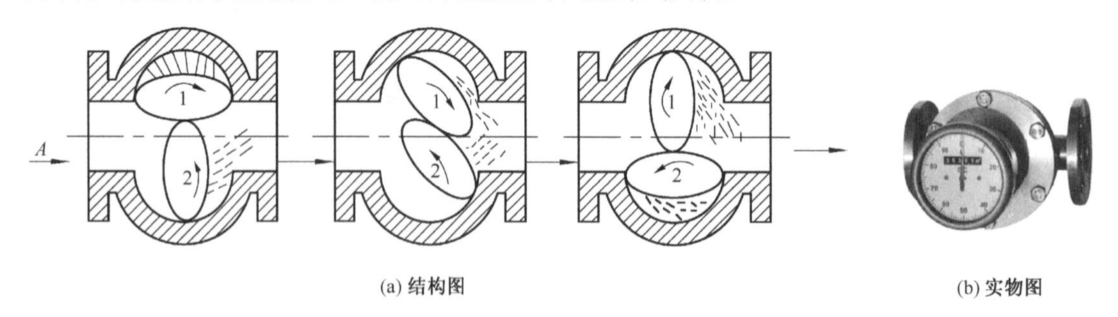

(a) 结构图　　(b) 实物图

图 6-32 椭圆齿轮流量计的工作原理

2. 流量计选型原则

流量计选型是指按照生产要求,从仪表产品供应的实际情况出发,综合地考虑测量的安全、准确和经济性,并根据被测流体的性质及流动情况确定流量取样装置的方式及测量仪表的形式和规格。

流量测量的安全可靠，首先是测量方式可靠，即取样装置在运行中不会发生机械强度或电气回路故障而引起事故；二是测量仪表无论在正常生产或故障情况下都不致影响生产系统的安全。

在保证仪表安全运行的基础上，力求提高仪表的准确性和节能性。为此，不仅要选用满足准确度要求的显示仪表，而且要根据被测介质的特点选择合理的测量方式。

6.5.3　温度计

液压系统中，不同部位的温度是不一样的。例如，电磁铁、气囊式蓄能器的上部、溢流阀的出口、泄油管等处都比较高，而冷却器出口的温度自然要低一些。一般规定的油液工作温度，是指液压泵进口的温度。油箱上设置带温度计的液位指示计是比较常见的做法。

为了控制液压系统的温度，往往用带有温度感应塞的电接点温度计发出信号，去控制电加热器的开关或冷却水电磁阀。

在液压元件实验台上，可以用铠装热电偶来测量温度，主要是被试元件进口的温度。这时要选用热容量小的传感器，保证传感器与所测油液之间充分的热接触，并估计热传递的影响，才能进行及时而准确的测量。

常用的温度测量检测仪表有玻璃膨胀式温度计、固体膨胀式温度计、压力指针式温度计。常用的温度传感器有热电阻温度传感器、热敏电阻温度传感器、热电偶温度传感器、集成式温度传感器、PN 式温度传感器。

6.5.4　液位计

液位计是检测油箱中液压介质的液位的仪表。液位计的检测方式有直接检测和间接检测两种。直接检测是最简单、最直观的测量方法，它利用连通器的原理，将容器中的液体引入带有标尺的观察管中，通过标尺读出液位的高度。间接检测是将液位信号转化成其他相关信号进行测量，如压力法、浮力法、电学法、热学法等。

直接检测式液位计的应用最为广泛，通常用于液压油箱的设计上，其工作原理和实物图如图 6-33 所示。

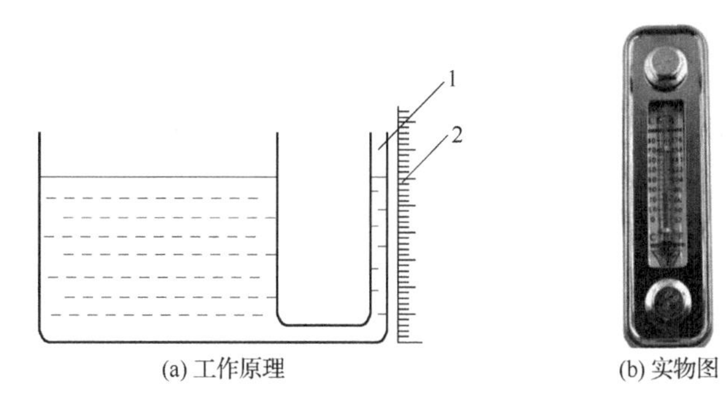

(a) 工作原理　　(b) 实物图

图 6-33　直接检测式液位计

1. 引液管；2. 标尺

直接检测式液位计通常把温度计也集成到液位计中，组成液位温度计，如图 6-33(b)所示。

6.5.5 其他仪表

电磁式转速测量装置,每转过一个齿,可从探头测到一个脉冲信号,探头接到频率计上,就可以测量齿轮轴的转速。

对于转矩传感器,产生与转矩成比例的转矩变形的阻力轴两端,各有一组齿轮和探头,所得到的两组脉冲信号的相位差与扭转矩成比例,从而可用鉴相器测出转矩的大小。当然可以测出轴的转速。当转速很低时,可以启动电动机带动壳体旋转,以便得到足够多的脉冲信号。

差动变压器由一个一次线圈和两个二次线圈构成,令交流电流流过一次线圈,让经中央铁心感应出来的二次线圈的输出,通过差动连接取出信号。当铁心在中央位置时,左右二次线圈的感应电压相等,输出为零。铁心位置离开中央时,左右二次线圈的感应电压不等,输出与它们之差成比例的交流电压。差动变压器的测量范围从几微米至几十毫米。

电测式压力测量仪表利用金属或半导体的物理特性直接将压力转换为电压、电流信号或频率信号输出,或是通过电阻应变片等将弹性体的形变转换为电压、电流信号输出。代表性产品有由压电式、压阻式、振频式、电容式和应变式等压力传感器所构成的电测式压力测量仪表。精确度可达 0.02 级,测量范围为 10Pa~700MPa。

6.6 密封装置

密封是保证液压系统正常工作的最基本也是最重要的装置。密封装置主要用来防止液体的泄漏。良好的密封是液压系统能够传递动力、正常工作的保证。如果密封不好,将会造成系统和元件的泄漏加大,使系统压力和容积效率降低,浪费能量,严重时将导致系统不能正常工作。对于液压系统,密封不良导致油液外泄污染环境,因此正确地使用密封装置是非常重要的。

根据两个需要密封的耦合面间有无相对运动,可把密封分为动密封和静密封两大类。设计或选用密封装置的基本要求是具有良好的密封性能,并随压力的增加能自动提高密封性,摩擦阻力要小,抗腐蚀,耐磨,寿命长,制造简单,拆装方便。

6.6.1 对密封装置的要求

(1)具有良好的密封件,即有适宜的弹性,能补偿所密封表面在制造上的误差与工作中的磨损,并随压力的增大自动地提高密封程度。

(2)具有良好的安定性,即油液浸泡对其形状尺寸的变化影响要小,温度对其弹性和硬度的变化影响也要小。

(3)摩擦力小,运动灵活,工作寿命长。

(4)结构简单,制造、使用、维修简便。

6.6.2 密封件的材料

常用的液压系统密封材料有以下几种。

(1)丁腈橡胶。这是一种最常用的耐油橡胶,具有良好的弹性与耐磨性,工作温度一般为-20~100℃,有一定的强度,摩擦系数较大。

(2)聚氨酯。它的耐油性能比丁腈橡胶好,既具有高强度又具有高弹性。拉断强度比一般橡胶高。它有很好的耐磨性,目前广泛用作动密封的密封材料,适应温度范围为－30～90℃。

6.6.3　常见的密封方法

1. 间隙密封

间隙密封是一种常用的密封方法,它依靠相对运动零件配合面间的微小间隙来防止泄漏。由圆环缝隙流量公式可知泄漏量与间隙的三次方成正比,因此可用减小间隙的办法来减小泄漏。一般间隙为 0.01～0.05mm,这就要求配合面加工有很高的精度。

在活塞的外圆表面一般开几道宽 0.3～0.5mm、深 0.5～1mm、间距 2～5mm 的环形沟槽,称为平衡槽。其作用如下。

(1)由于活塞的几何形状和同轴度误差,工作中具有压力的液体或气体在密封间隙中的不对称分布将形成一个径向不平衡力,称为卡紧力,它使摩擦力增大。开平衡槽后,间隙的差别减小,各向压力趋于平衡,使活塞能够自动对中,减小了摩擦力。

(2)增大工作介质泄漏的阻力,减小偏心量,提高了密封性能。

(3)对于油缸来说可储存油液,使活塞能自润滑。

2. 活塞环密封

活塞环密封依靠装在活塞环形槽内的弹性金属环紧贴缸筒内壁实现密封。如图 6-34 所示。它的密封效果比间隙密封好,适应的压力和温度范围很宽,能自动补偿磨损和温度变化的影响,能在高速中工作,摩擦力小,工作可靠,寿命长,但不能完全密封。活塞环的加工复杂,缸筒内表面加工精度要求高,一般用于高压、高速和高温的场合。

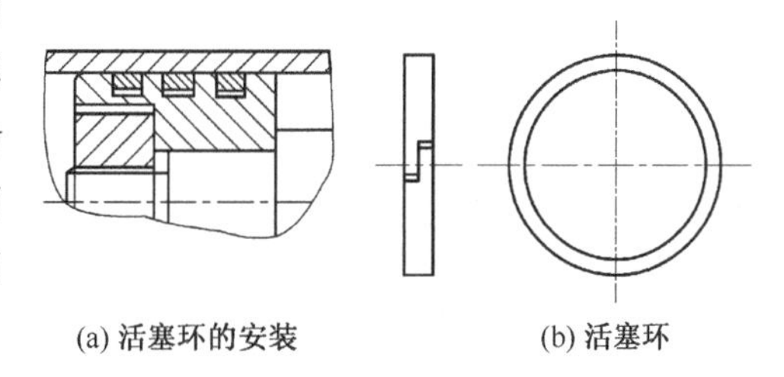

图 6-34　活塞环密封

3. 密封圈密封

密封圈密封是液压系统中应用最广泛的一种密封。密封圈有 O 形、V 形、Y 形及组合式等几种,其材料为耐油橡胶、尼龙等。

6.6.4　密封件的类型

1. O 形密封圈

O 形密封圈的截面为圆形,具有结构简单,截面尺寸小,密封性能好,摩擦系数小,容易制造等特点,主要用于静密封和滑动密封(转动密封用得较少)。其结构简单紧凑,摩擦力较其他密封圈小,安装方便,价格便宜,可在－40～120℃温度范围内工作。但与唇形密封圈(如 Y 形圈)相比,其寿命较短,密封装置机械部分的精度要求高,启动阻力较大。O 形圈的使用速度范围为 0.005～0.3m/s。

O 形圈密封原理如图 6-35 所示。O 形圈装入密封槽后,其截面受到压缩后变形。在无压力时，靠O形圈的弹性对接触面产生预接触压力，实现初始密封；当密封腔充入压力工作介质后，在压力的作用下，O形圈挤向沟槽一侧，密封面上的接触压力上升，提高了密封效果。

任何形状的密封圈在安装时，必须保证适当的预压缩量，过小不能密封，过大则摩擦力增大，且易于损坏。因此，安装密封圈的沟槽尺寸和表面精度必须按有关手册给出的数据严格保证。在动密封中，当压力大于10MPa时，O形圈就会被挤入间隙中而损坏，为此需在O形圈低压侧设置聚四氟乙烯或尼龙制成的挡圈，如图6-36所示，其厚度为1.25～2.5mm。双向受高压时，两侧都要加挡圈。

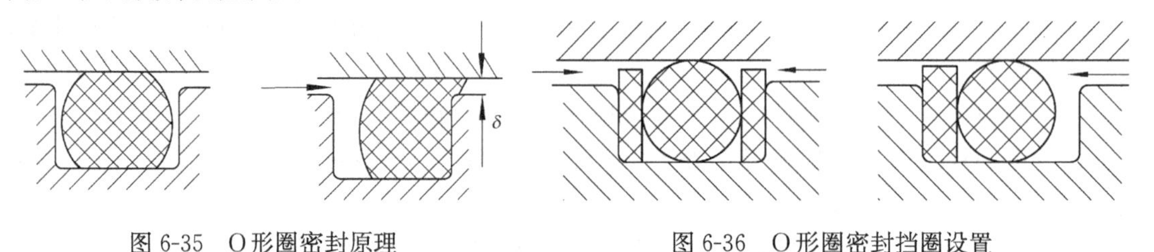

图6-35 O形圈密封原理　　图6-36 O形圈密封挡圈设置

2. 唇形密封圈

1) Y形密封圈

Y形密封圈的截面为Y形，属唇形密封圈。它是一种密封性、稳定性和耐压性较好、摩擦阻力小、寿命较长的密封圈，故应用也很普遍。Y形密封圈主要用于往复运动的密封，如液压缸活塞和活塞杆处的动密封。根据截面长宽比例的不同，Y形密封圈可分为宽截面和窄截面两种形式，图6-37所示为宽截面Y形密封圈。因受油压的作用，工作时Y形密封圈的两唇边紧紧地贴压缸筒和活塞壁上而起密封作用。

Y形密封圈的密封作用依赖于它的唇边对耦合面的紧密接触，并在压力作用下产生较大的接触压力，达到密封目的。当压力升高时，唇边与耦合面贴得更紧，接触压力更高，密封性能更好。

Y形密封圈安装时，唇口端应对着压力高的一侧。当压力变化较大、滑动速度较高时，要使用支承环，以固定密封圈，如图6-37(b)所示。

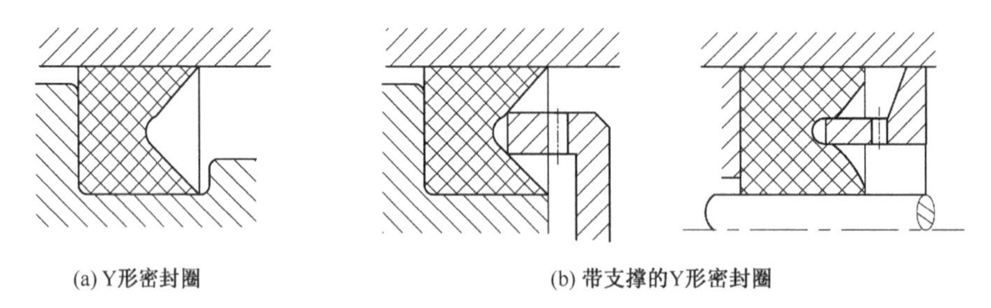

(a) Y形密封圈　　(b) 带支撑的Y形密封圈

图6-37 宽截面Y形密封圈

宽截面Y形密封圈一般适用于工作压力$p \leqslant 20$MPa、工作温度$-30 \sim 100$℃、使用速度≤0.5m/s的场合。

窄截面Y形密封圈如图6-38所示。窄截面Y形密封圈是宽截面Y形密封圈的改型产品，其截面的长宽比在2以上，因而不易翻转，稳定性好，它有等高唇Y形密封圈和不等高唇Y形密封圈两种。后者又有孔用和轴用之分，其短唇与密封面接触，A为环腔，δ为间隙，滑动摩擦阻力小，耐磨性好，寿命长；长唇与非运动表面有较大的预压缩量，摩擦阻力大，工作时不窜动。

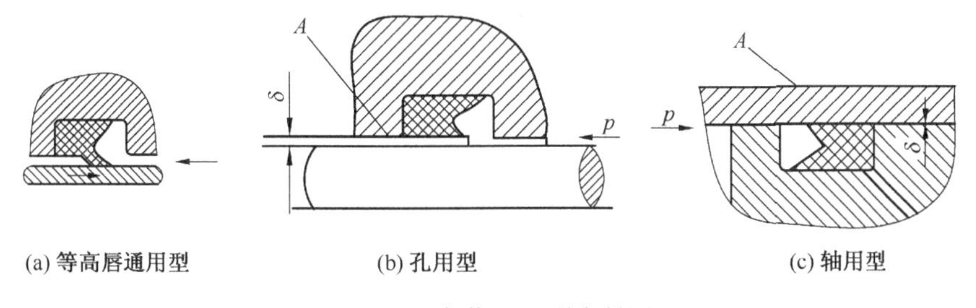

图6-38　窄截面Y形密封圈

窄截面Y形密封圈一般适用于工作压力 $p \leqslant 32$MPa，使用温度为－30～100℃的条件下工作。

此外还有Y形密封圈的改造型 Y_x 形密封圈，它分轴用密封和孔用密封，目前应用得也较普遍。

2）V形密封圈

如图6-39所示的V形密封圈截面形状为V形，它有夹织物橡胶和聚氯乙烯两种制品。V形夹织物橡胶密封由多层涂胶织物压制而成。它是由形状不同的支承环、密封环和压环三种密封件组合使用的。它的优点是耐高压，通过调节压环压力使密封效果最佳，多用于液压缸端盖与活塞杆之间的动密封。当工作压力高于10MPa时，可增加V形密封圈的数量，提高密封效果。安装时，V形密封圈的开口应面向压力高的一侧。

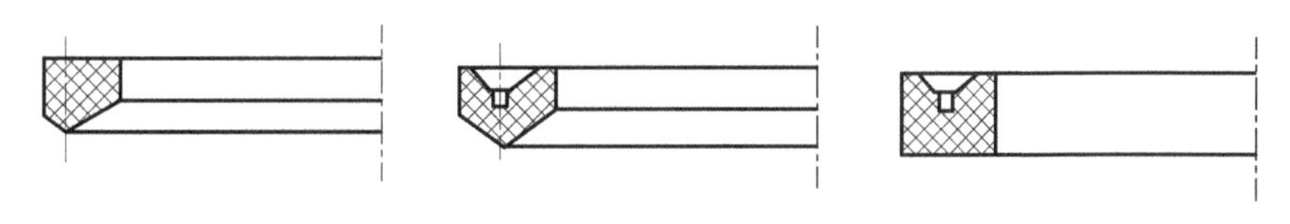

图6-39　V形密封圈

V形密封圈密封性能良好，耐高压，寿命长，通过调节压紧力，可获得最佳的密封效果，但V形密封装置的摩擦阻力及结构尺寸较大。它适宜在工作压力为 $p \leqslant 50$MPa、温度为－40～80℃的条件下工作。

3）U形密封圈

U形密封圈的密封性能较好，但单独使用时极易翻滚，因此需与锡青铜质支承环配套使用，形成组合式U形圈，其摩擦阻力较大并随工作压力的升高而增大。因此U形密封圈仅适用于工作压力较低或运动速度较低的液压缸。组合式U形圈的结构如图6-40所示。

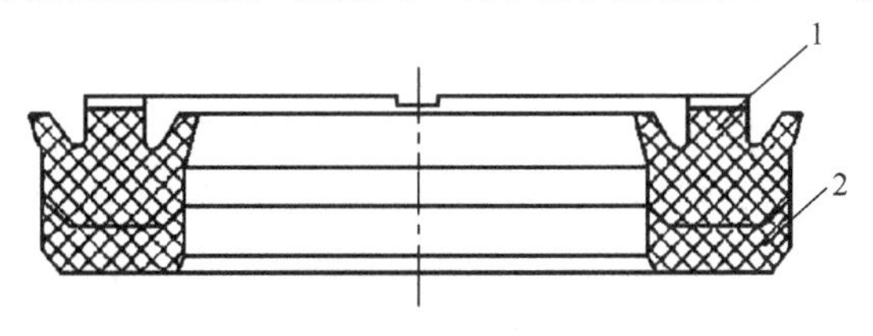

图6-40　组合式U形圈

1. U形圈；2. 挡圈

3. 组合式密封

上述各种形状的密封圈和各种不同的密封材料均有其各自的优点。新近出现的组合密封结构就是基于其各自优点而制成的。例如，聚四氟乙烯是一种新型塑料材料，它的摩擦系数极低，耐磨性好，但是弹性差，而丁腈橡胶弹性很好。将两者结合起来，互相取长补短、构成新式的组合式密封，如图 6-41 所示。图中 1 为液压缸筒；2 为聚四氟乙烯密封环，它与缸筒内壁摩擦；3 为丁腈橡胶 O 形密封圈，它对聚四氟乙烯密封环起增加弹力的作用；4 为活塞，在缸筒内往复运动。这种密封结构可以耐高压，而且摩擦力很小。

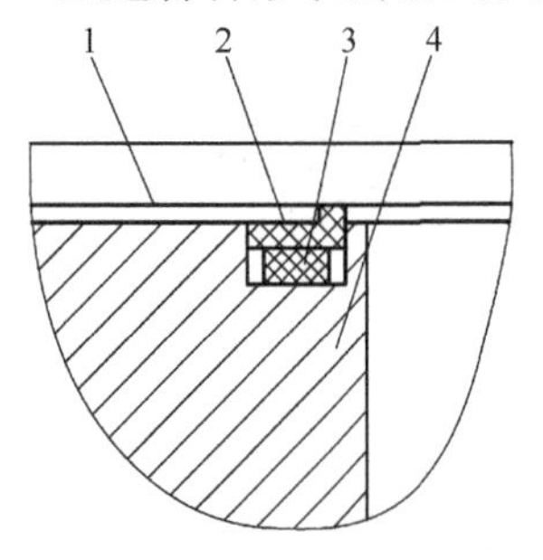

图 6-41　组合式密封

1. 缸筒；2. 聚四氟乙烯密封环；3. O 形密封圈；4. 活塞

近年来，出现了一些新型组合密封结构，其密封效果和工作性能比传统密封更佳。

1)蕾形圈

如图 6-42 所示，蕾形圈通常是由合成橡胶质的 O 形密封圈与夹布橡胶质的 Y 形密封圈的叠加使用构成的，依靠本身的变形对密封表面产生较高的初始接触应力，阻止无压力液体的泄漏。液压缸工作时，压力液体通过 O 形密封圈的弹性变形始终挤压和撑开 Y 形密封圈的密封唇部，使之紧贴密封表面而产生较高的随压力液体的压力增高而增高的附加接触应力，并与初始接触应力一起共同阻止压力液体的泄漏。

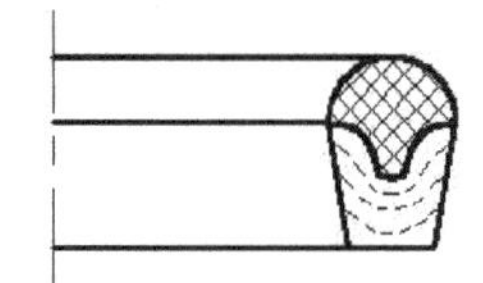
图 6-42　蕾形圈

2)格莱圈

格莱圈来通常是由合成橡胶质的 O 形密封圈与填充聚四氟乙烯质的方形密封圈的叠加使用构成的，它可分为孔用格莱圈(图 6-43(a))和轴用格莱圈(图 6-43(b))，但其密封作用是一样的，依其本身的变形对密封表面产生较高的初始接触应力，阻止无压力液体的泄漏。液压缸工作时，压力液体通过 O 形密封圈的弹性变形最大限度地挤压方形密封圈，使之紧贴密封表面而产生较高的随压力液体的压力增高而增高的附加接触应力，并与初始接触应力一起共同阻止压力液体的泄漏。

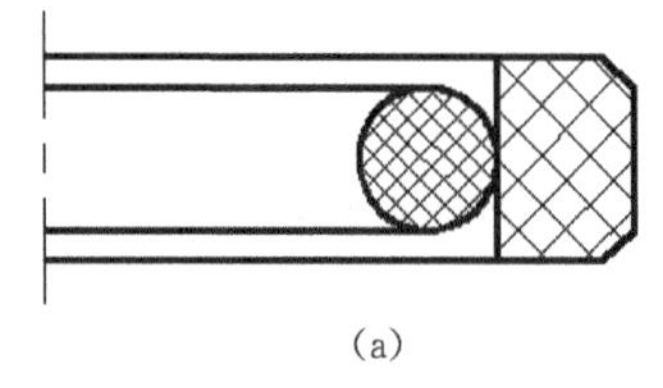
(a)

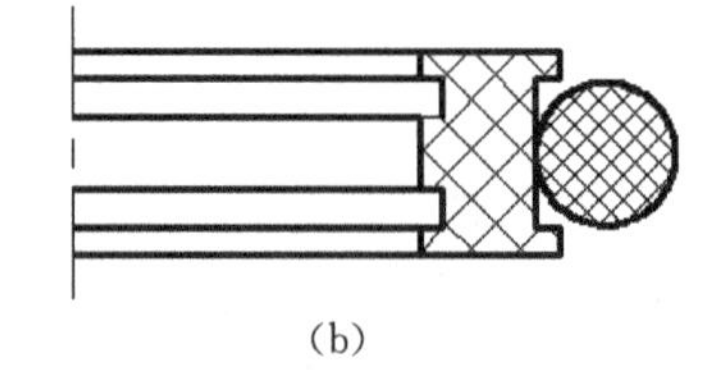
(b)

图 6-43　格莱圈

3)斯特封

斯特封通常是由合成橡胶质的 O 形密封圈与填充聚四氟乙烯质的特殊形状(矩形—梯形)的密封圈所组成的，与格莱圈一样可分为孔用斯特封和轴用斯特封，其密封作用及密封机理与格莱圈一样，但它只具有单向密封作用。斯特封具有摩擦力低、无爬行、启动力小、耐高压、沟槽结构简单等优点。孔用斯特封和轴用斯特封的结构分别如图 6-44(a)和(b)所示。

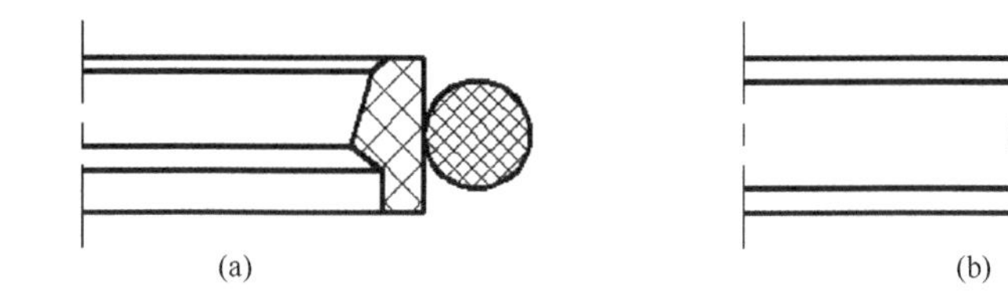

图 6-44　斯特封

4. 防尘密封圈

防尘圈是装在活塞杆上，用于防止外部灰尘混入液压缸的往复密封件。防尘圈不能承压，即不具有密封功能，它的作用仅在于防尘，必须与其他密封件配套使用。防尘圈应避免唇口与活塞杆孔或扳手对边相接触而导致被割破。防尘圈可分为唇形防尘圈、特康组合防尘圈、佐康组合防尘圈，其中唇形防尘圈又可分为有骨架唇形防尘圈、无骨架唇形防尘圈。常用的防尘圈有 P6 型、SDR 型、SM 型等。P6 型防尘圈的结构如图 6-45 所示。

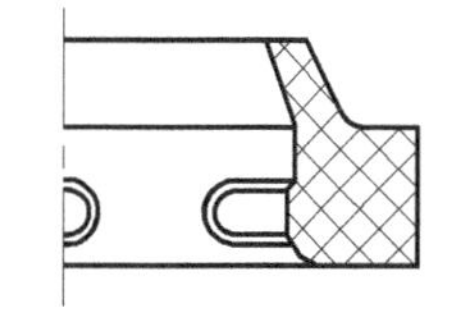

图 6-45　P6 型防尘圈

6.6.5　密封件的选择

在选择密封件时，主要考虑如下几个方面的内容，以确保密封件选择的准确性。

(1)密封材质：根据液压系统采用的液压介质类型，选择与液压介质相容的密封件材质，如磷酸酯液压液可以选择氟橡胶密封件。

(2)温度等级：根据设备的实际工作环境评估液压介质的工作温度，决定所需使用密封材质。

(3)压力等级：根据液压系统的最大工作压力等级，选择合适的密封材质。

(4)运动方向：根据密封件所在位置的运动方向，如往复、旋转、螺旋或固定等，选择合适的密封件结构类型。

(5)密封重点：根据密封件的工作点是在内径的拉杆封或是在外径的活塞封等，选择合适的密封件结构类型。

(6)尺寸大小：通过度量密封件所在位置的安装尺寸及配合要求，确定密封件的尺寸规格。

(7)还要综合考虑其他因素，如密封件的硬化(老化)、磨损、挤出等情况。

6.7　其他辅助元件

6.7.1　测压排气装置

在液压系统中，要了解某些部位的工作压力而又不想装配太多的压力表，可以在这些部位设置方便测压点。这些测压点是一些微型接口，平时系统工作时它们处于关闭状态，当需要了解该处工作压力时，将压力表插头接到测压接口上即可读出压力数值。如图 6-46 所示为测压排气装置结构图。在有些部位、液压系统需要排气时，也可使用这种微型接口排除气体而没有油耗。测压排气接头可以接在液压管路中，也可接在液压阀块上。

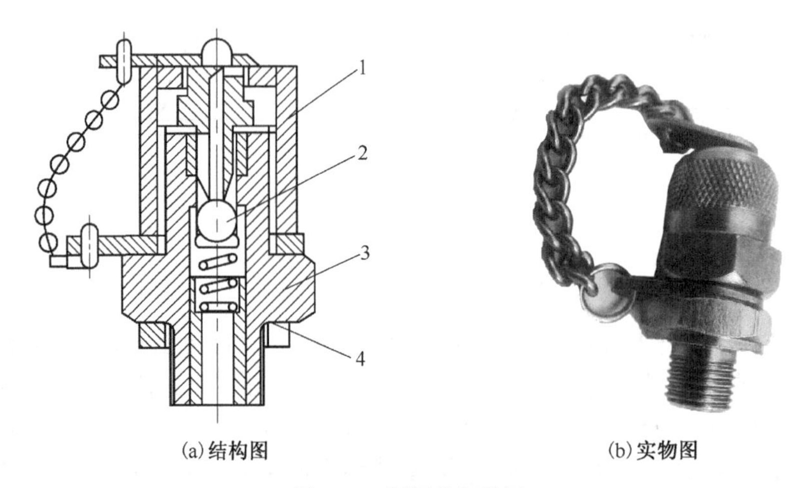

(a)结构图　　(b)实物图

图 6-46　测压排气装置

1.排气罩;2.钢球;3.接头体;4.组合垫圈

6.7.2　液压管夹

液压系统应使用管夹来固定管道,这样既可以使管布置得美观又可以减小管道的振动。结构如图 6-47 所示,具体结构尺寸可查有关液压及气压传动设计手册。

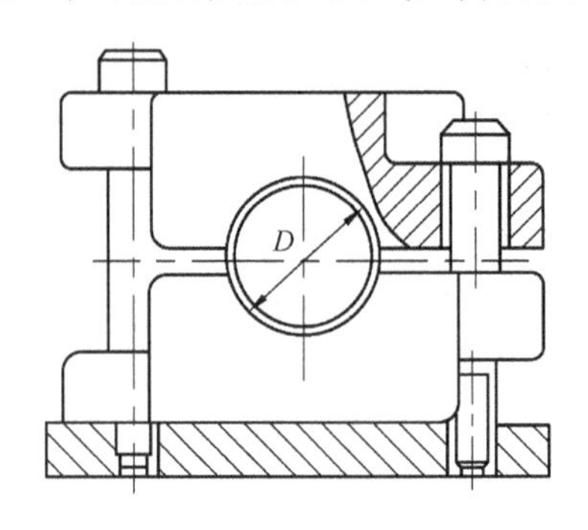

图 6-47　液压管夹

思考题与习题

6-1　蓄能器有哪些功用?

6-2　气囊式蓄能器容量为 2.5L,气体的充气压力为 2.5MPa,当工作压力从 $p_1=7\text{MPa}$ 变化至 $p_2=4\text{MPa}$ 时,试求蓄能器所能输出的油液体积。

6-3　某气囊式蓄能器用作动力源,容量为 3L、充气压力 $p_0=3.2\text{MPa}$。系统最高和最低工作压力分别为 7MPa 和 4MPa。试求蓄能器能够输出的油液体积。

6-4　液压系统最高和最低工作压力各是 7MPa 和 5.6MPa。其执行元件每隔 30s 需要供油一次,每次输油 1L,时间为 0.5s。

(1)若用液压泵供油,该泵应有多大流量?

(2)若改用气囊式蓄能器(充气压力为 5MPa)完成此工作,则蓄能器应有多大容量?

(3)向蓄能器充液的泵应有多大流量?

6-5　试举出过滤器的三种可能的安装位置,怎样考虑各安装位置上过滤器的精度?

6-6　油箱有哪些作用?

6-7　一单杆液压缸,活塞直径 $D=0.1\text{m}$,活塞杆直径 $d=0.056\text{m}$,行程 $L=0.5\text{m}$。现从有杆腔进油,无杆腔回油。问由于活塞的移动使有效底面积为 0.2m^2 的油箱液面高度发生多大变化?

6-8　根据液压系统的实际工作压力,如何选择压力表量程?

6-9　油管与接头有几种形式,它们的使用范围有何不同?

6-10　有一液压泵向系统供油,工作压力为 6.3MPa,流量为 40L/min,试选定供油管尺寸。

6-11　比较各种密封装置的密封原理和结构特点,它们各用在什么场合较为合理?

第 7 章　液压基本回路

任何液压系统都是由若干液压基本回路组成的。所谓液压基本回路，是指将某些液压元件组合，从而能实现某种规定功能的液压子系统。按其在液压系统中的作用，基本回路可分为：压力控制回路——控制整个系统或局部油路的工作压力；速度控制回路——控制和调节执行元件的运动速度（角速度）；方向控制回路——控制执行元件的运动方向和锁停；多执行元件控制回路——控制两个或两个以上执行元件的工作顺序、互不干扰等。

本章讨论的是最常见的液压基本回路。熟悉和掌握这些基本回路的组成、工作原理及其应用，是分析、设计和使用液压系统的基础。

7.1　压力控制回路

所谓压力控制回路，就是利用压力控制阀来控制整个液压系统或局部油路的压力值，达到调压、卸荷、减压、增压、保压、泄压及工作机构平衡等目的，以满足液压系统对不同压力值的要求，使执行元件按预定程序完成工作任务。

7.1.1　调压回路

调压回路在液压系统中起到调定或限制最高工作压力的作用，或者使执行元件机构在不同的工作阶段实现多级压力变换。调压回路的这一功能由溢流阀来完成。

图 7-1 是最基本的调压回路，回路中液压泵的最高工作压力由与其并联的溢流阀的调定压力决定。当液压缸的运动速度由通过节流阀的流量控制时，溢流阀处于开启状态，此时液压泵的工作压力等于溢流阀的调定压力。当液压缸快进时，泵的流量全部进入缸的无杆腔（此状态图 7-1 未绘出），此时的溢流阀处于关闭状态，泵的工作压力小于溢流阀的调定压力。如果该图中的液压泵改为变量泵，泵按系统的需求提供流量，没有多余流量从溢流阀溢流，溢流阀经常处于关闭状态，此时的溢流阀做安全阀使用。只有当系统工作压力达到或超过溢流阀调定压力时，溢流阀才开启，对系统起安全保护作用。溢流阀调定压力必须大于执行元件的最大工作压力与管路上各种压力损失之和。做溢流阀时可大于 5%～10%，做安全阀时则可大于 10%～20%。

图 7-2 为远程调压回路。如果在先导型溢流阀 1 的远程控制口上接一远程调压阀（直动式溢流阀）2，则系统压力可由阀 2 远程调节控制，直动式溢流阀可以安装在便于操作的地方。主溢流阀的调定压力必须大于远程调压阀的调定压力。

图 7-3 为多级调压回路。主溢流阀 1 远程控制口通过三位四通换向阀 4 分别连接具有不同调定压力值的远程调压阀 2 和 3。当换向阀处于左位时，压力由阀 2 调定；换向阀处于右位时，压力由阀 3 调定；换向阀处于中位时，系统最高压力由主溢流阀 1 来调定。

图 7-4 为通过电液比例溢流阀进行无级调压的比例调压回路。根据执行元件工作过程各个阶段的不同要求,调节输入比例溢流阀的电流,即可达到调节系统工作压力的目的。

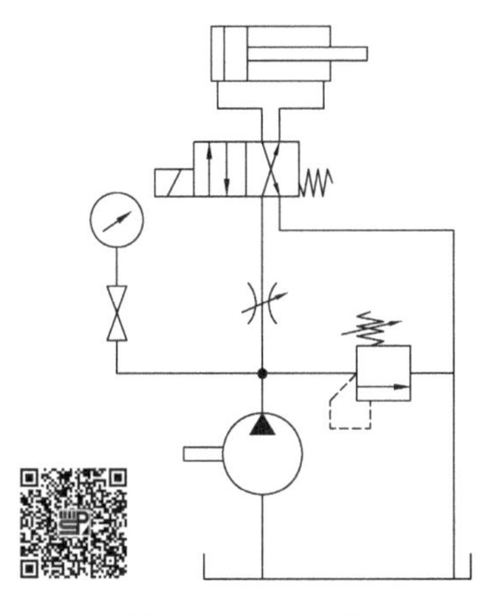

图 7-1　调压回路

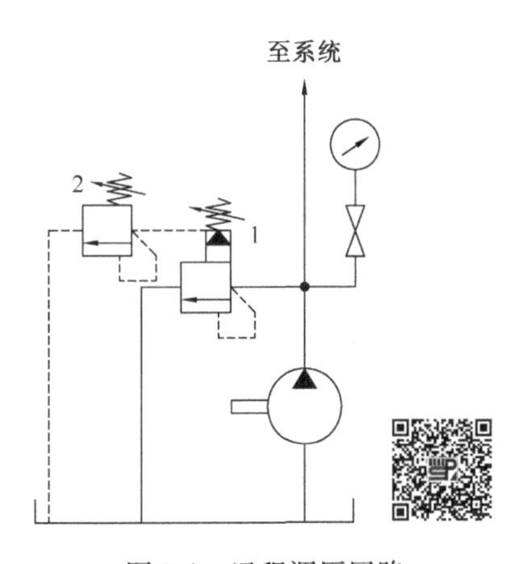

图 7-2　远程调压回路

1. 先导式溢流阀;2. 远程调压阀

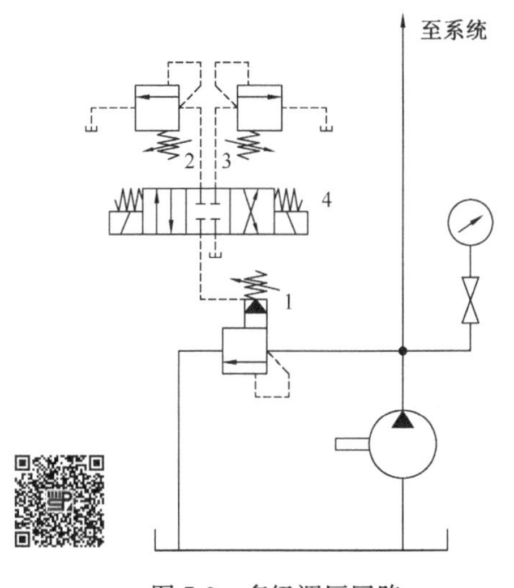

图 7-3　多级调压回路

1. 主溢流阀;2、3. 远程调压阀;4. 换向阀

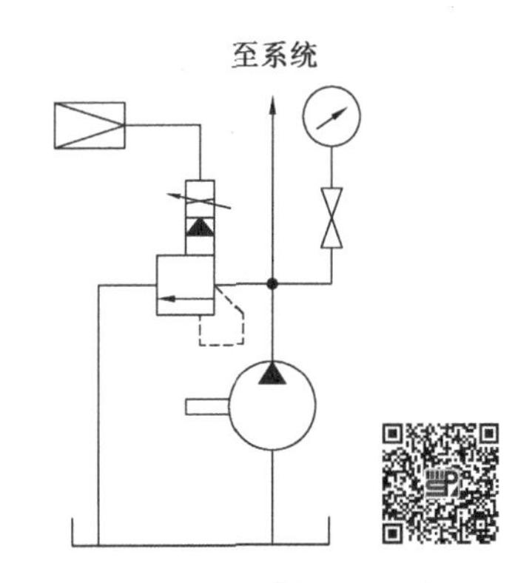

图 7-4　比例调压回路

7.1.2　减压回路

减压回路是使系统某一支路具有低于系统压力调定值的稳定工作压力,如机床的工件夹紧、导轨润滑及液压系统的控制油路等,常需用减压回路。

图 7-5(a)为最常见的减压回路,在所需低压的支路上串接一个定值减压阀 2,减压阀的出口回路压力就由该减压阀的调定压力决定。单向阀 3 的作用是防止油液倒流。图 7-5(b)为二级减压回路。在先导式减压阀 2 的遥控口上接入远程调压阀 3,当二位二通换向阀处于右位时,缸 4 的压力由远程调压阀 3 的调定压力决定。当换向阀处于左位时,缸 4 的压力由阀 2 的调定压力决定。阀 3 的调定压力必须低于阀 2。

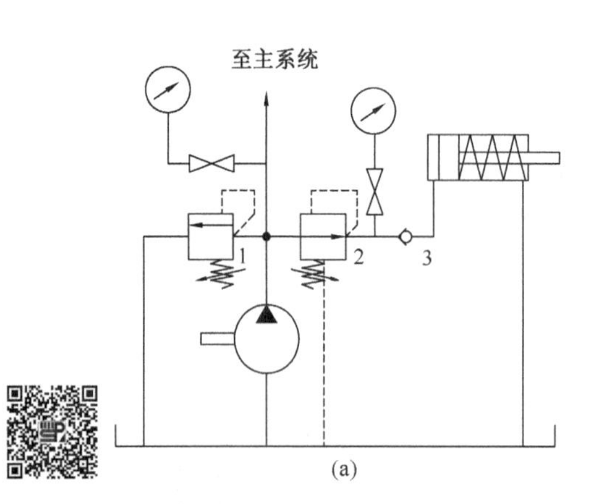

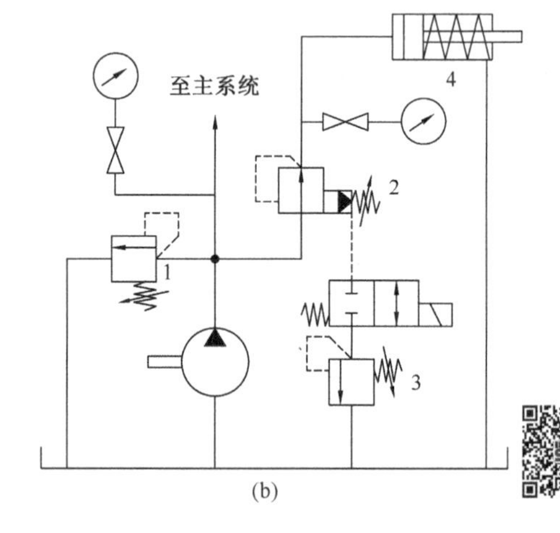

1. 溢流阀；2. 减压阀；3. 单向阀　　1. 溢流阀；2. 先导式减压阀；3. 远程调压阀；4. 液压缸

图 7-5　减压回路

液压泵的最大工作压力由溢流阀 1 调定。减压回路也可以采用比例减压阀来实现无级减压。

要减压阀稳定工作，其最低调整压力应不小于 0.5MPa，最高调整压力应至少比系统压力低 0.5MPa。由于减压阀工作时存在阀口的压力损失和泄漏造成的容积损失，故这种回路不宜用在压力降和流量较大的场合。

7.1.3　增压回路

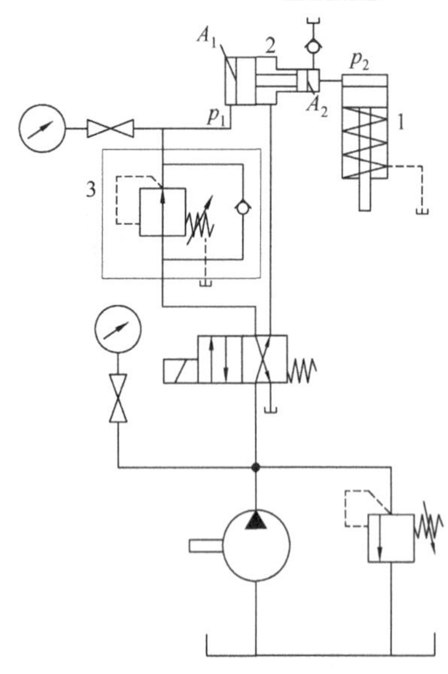

图 7-6　单作用增压回路

1. 液压缸；2. 增压器；3. 单向减压阀

增压回路是使系统中某一支路获得较系统压力高且流量较小的油液供应。利用增压回路，液压系统可以采用压力较低的液压泵，甚至压缩空气动力源来获得较高压力的液压油。增压回路中实现油液压力放大的主要元件是增压器，其增压比为增压器大小活塞的面积之比，即 $p_1/p_2=A_2/A_1$（图 7-6）。

图 7-6 是使用单作用增压器的增压回路，它适用于单向作用力大、行程小、作业时间短的场合，如制动器、离合器等。当二位四通换向阀处于左位时，增压器输出的压力值为 $p_2=p_1(A_1/A_2)$的液压油进入单作用液压缸的无杆腔，推动活塞下行；换向阀处于右位时，单作用缸靠弹簧力回程。高位油箱的作用是经单向阀在增压器回程时向增压器右腔补充泄漏掉的液压油。回路中接入的单向减压阀 3 是为了使增压器输出的压力值 p_2可调。

图 7-7 是采用双作用增压器的增压回路，它能连续输出高压油，适用于增压行程较长的场合。当液压缸 5 活塞向右运动遇到较大负载时，系统压力升高，油液经顺序阀 3 进入双作用增压器 1，增压器活塞不论向左或向右运动，均能输出

高压油，只要换向阀 2 不断切换，增压器 1 就不断往复运动，高压油就连续经增压器 1 进入液压缸 5 无杆腔，使液压缸在整个向右运动的行程中获得较大的推力。液压缸向左运动时增压回路不起作用。

7.1.4　卸荷回路

卸荷回路是在系统执行元件短时间不工作时，不必频繁起停泵的驱动电机，而使泵在输出功率等于或接近零的状态下运行的回路。因为泵的输出功率等于压力和流量的乘积，因此卸荷的方法有两种，一种是将泵的出口直接接回油箱，泵在零压或接近零压下工作；另一种是使泵在零流量或接近零流量下工作。前者称为压力卸荷，后者称为流量卸荷。当然，流量卸荷仅适用于变量泵。

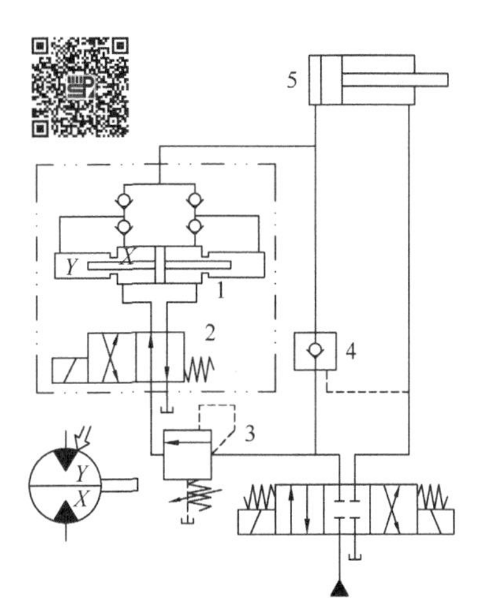

图 7-7　双作用增压回路

1. 增压器；2. 换向阀；3. 顺序阀；4. 液控单向阀；5. 液压缸

图 7-8 是采用换向阀的卸荷回路。定量泵可借助 M 型、H 型或 K 型换向阀中位机能将泵的出口接回油箱，实现泵的零压卸荷，如图 7-8(a)所示。图 7-8(b)是泵出口并联一个二位二通换向阀，换向阀处于右位时泵卸荷。这两种卸荷方式适用于低压小流量(压力小于 2.5MPa，流量小于 40L/min)的液压系统。高压大流量系统用换向阀卸荷时液压冲击较大，应在换向阀上采取缓冲装置。

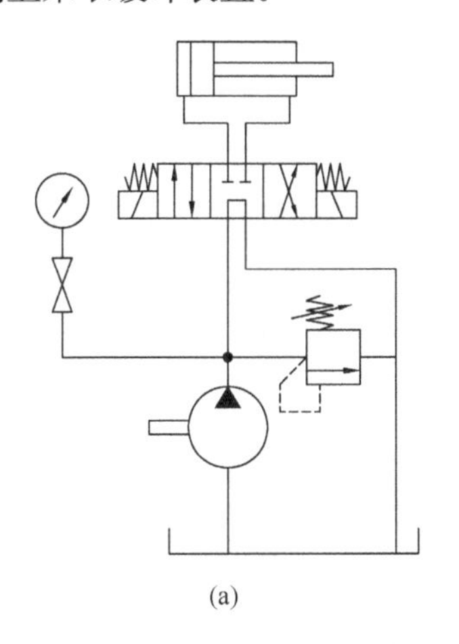

(a)

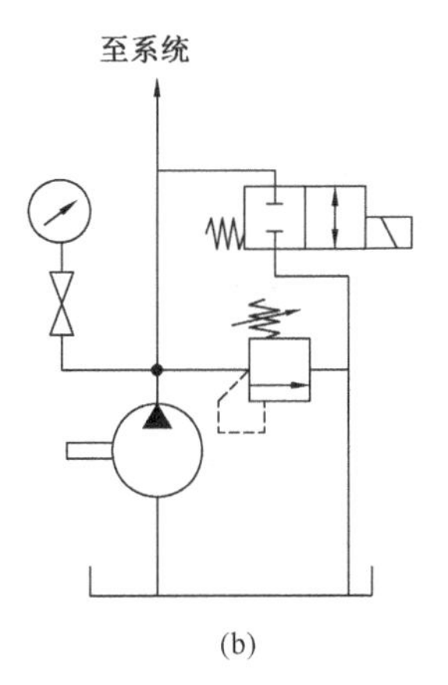

(b)

图 7-8　用换向阀的卸荷回路

图 7-9 是采用先导式溢流阀的卸荷回路。当换向阀电磁铁带电时，溢流阀远控口接零，液压泵输出的油以很低压力经溢流阀流回油箱，实现泵的卸荷。阻尼器 2 可防止卸荷和升压时的液压冲击。

图 7-10 为双泵供油卸荷回路。卸荷阀 4 调定双泵同时向系统供油的压力，溢流阀 3 调定高压小流量泵 1 单独向系统供油的压力。当系统压力小于阀 4 的调定压力时，双泵同时向系统供油；当系统压力高于卸荷阀 4 的调定压力时，阀 4 导通，低压大流量泵 2 出口与油箱连通，进行卸荷，高压小流量泵 1 单独向系统供油。卸荷阀 4 调定压力至少应比溢流阀 3 的调定压力低 0.5MPa，系统方能正常工作。

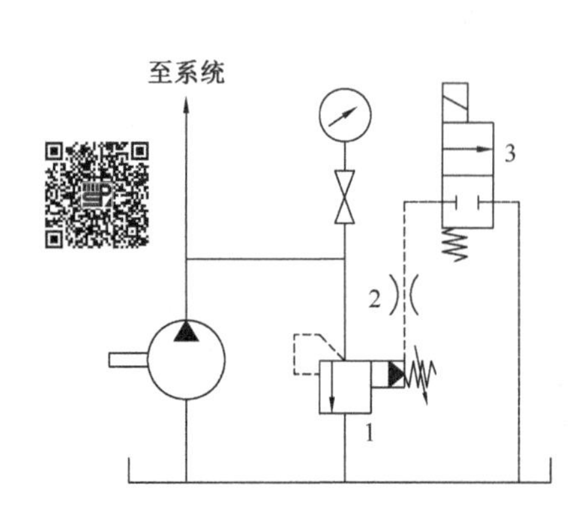

图 7-9　用溢流阀的卸荷回路

1. 先导式溢流阀；2. 阻尼器；3. 换向阀

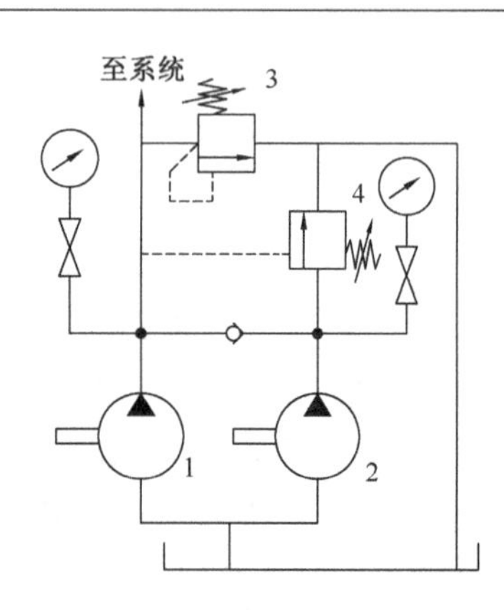

图 7-10　双泵供油卸荷回路

1. 高压小流量泵；2. 低压大流量泵；3. 溢流阀；4. 卸荷阀

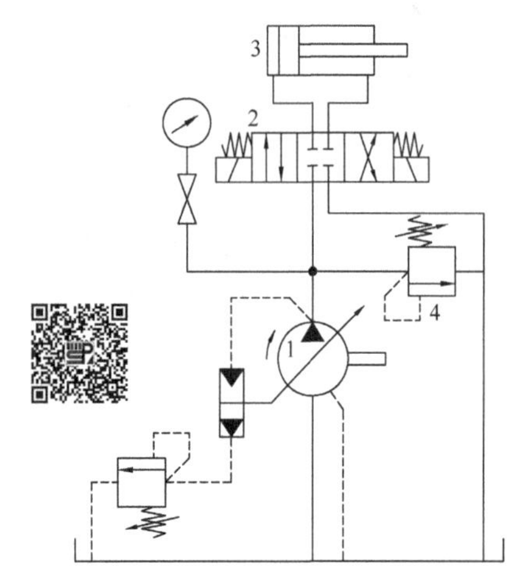

图 7-11　限压式变量泵的卸荷回路

1. 变量泵；2. 换向阀；3. 液压缸；4. 安全阀

图 7-11 为限压式变量泵的卸荷回路，此回路为零流量卸荷。可以代替双泵供油的卸荷回路，满足系统低压大流量和高压小流量的供油要求。当液压缸 3 活塞运动到行程终点或换向阀 2 处于中位时，泵 1 的压力升高，流量减小；当压力接近压力限定螺钉调定的极限值时，泵的流量减小到只补充液压缸或换向阀的泄漏，回路实现保压卸荷。系统中的溢流阀 4 作安全阀用，经常处于关闭状态。该阀的调定压力为系统压力的 120%左右，以防止泵的压力补偿装置的零漂和动作滞缓导致压力异常。

图 7-12 是系统中用蓄能器的卸荷回路。这是因为有些系统在液压泵卸荷时要求系统保压。图 7-12(a)中，采用卸荷溢流阀控制泵的卸荷。当液压泵卸荷时，单向阀上部的压力在蓄能器的保压下维持基本不变。图 7-12(b)为用压力继电器控制电磁溢流阀使液压泵卸荷的回路。双节点压力继电器控制二位二通电磁阀的通断，使泵处于工作或卸荷状态。保压范围可由压力继电器来设定。双接点压力继电器也可由电接点压力表来替代，调整压力更为直观。

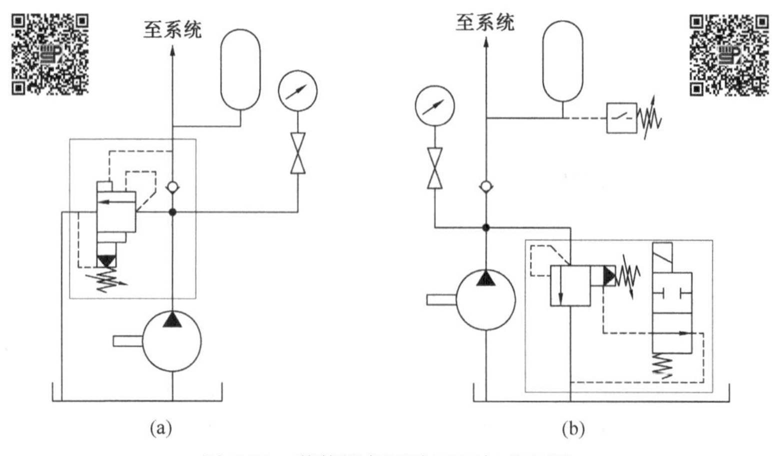

图 7-12　蓄能器保压液压泵卸荷回路

7.1.5　保压回路

保压回路是使系统在液压缸不动的工况下保持稳定不变的压力值。保压性能的两个主要指标是保压时间和压力稳定性。

1. 采用液控单向阀的保压回路

最简单的保压回路是采用密封性能较好的液控单向阀的回路(图7-13),在液压缸无杆腔油路接入一个液控单向阀3,利用单向阀锥形阀座的密封性能来实现保压。这种回路一般在20MPa工作压力下保压10min,压降不会超过2MPa。但阀座的磨损和油液的污染会使保压性能降低。它适用于保压时间短、对保压稳定性要求不高的场合。

2. 自动补油保压回路

图7-14是采用蓄能器的保压回路。保压时重力式蓄能器5充入高压油,重物上升,触及限位开关S时,电磁换向阀2的电磁铁1YA断电,液压泵1卸荷,然后由蓄能器保持系统压力稳定。重力式蓄能器压力波动小,不超过0.1～0.2MPa。蓄能器的容量由保压时间内系统的泄漏量来决定。

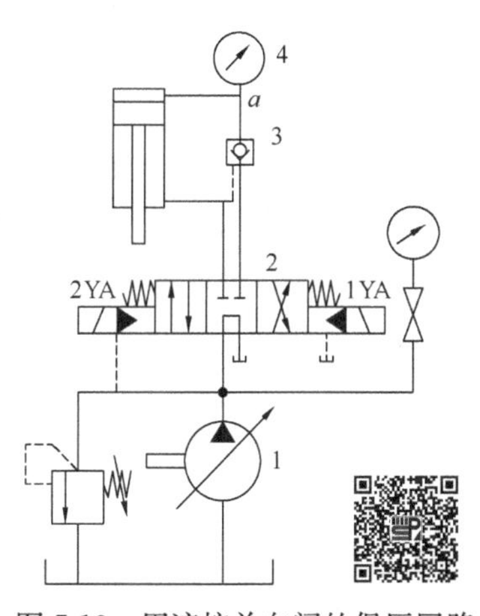

图7-13　用液控单向阀的保压回路

1. 变量泵;2. 换向阀;3. 液控单向阀;4. 电接点压力表

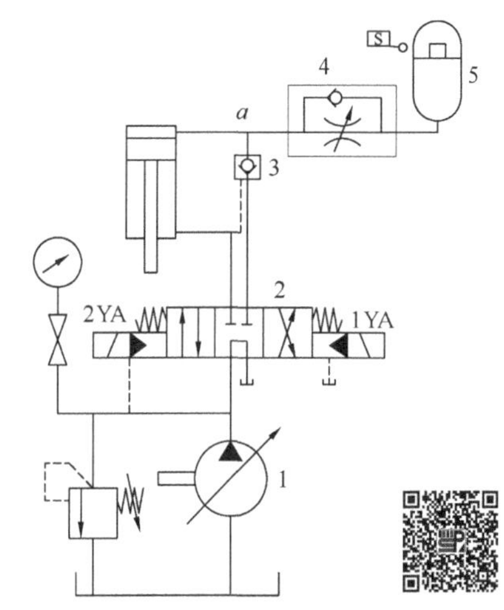

图7-14　用蓄能器的保压回路

1. 变量泵;2. 换向阀;3. 液控单向阀;4. 单向节流阀;5. 蓄能器

图7-15是采用辅助液压泵的保压回路。回路中增设一台小流量高压辅助泵8。当液压缸加压完毕要求保压时,由压力继电器发讯,换向阀2处于中位,主泵1卸荷;同时二位二通换向阀9处于右位,由辅助泵8向封闭的保压系统a点供油,维持系统压力稳定。由于辅助泵只需补偿系统的泄漏量,可选用小流量泵,功率损失小。压力稳定性取决于溢流阀7的稳压性能。

7.1.6　泄压回路

泄压回路是使执行元件高压腔中的压力缓慢地释放,以免泄压过快而引起剧烈的冲击和振动。

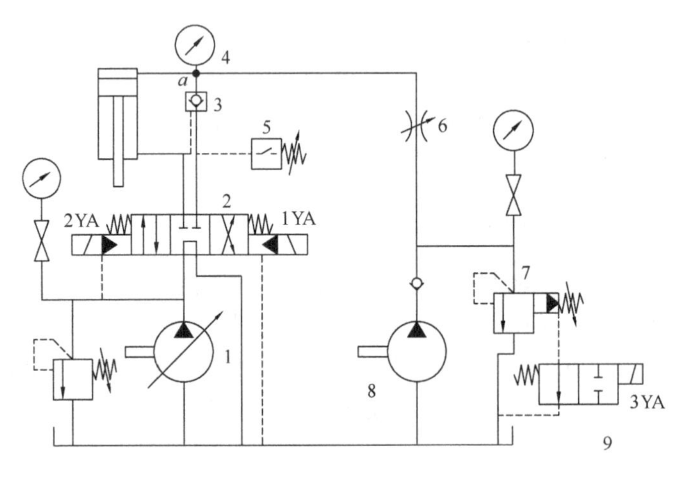

图 7-15 用辅助液压泵的保压回路

1. 主泵;2. 换向阀;3. 液控单向阀;4. 压力表;5. 压力继电器;6. 节流阀;
7. 溢流阀;8. 辅助泵;9. 二位二通换向阀

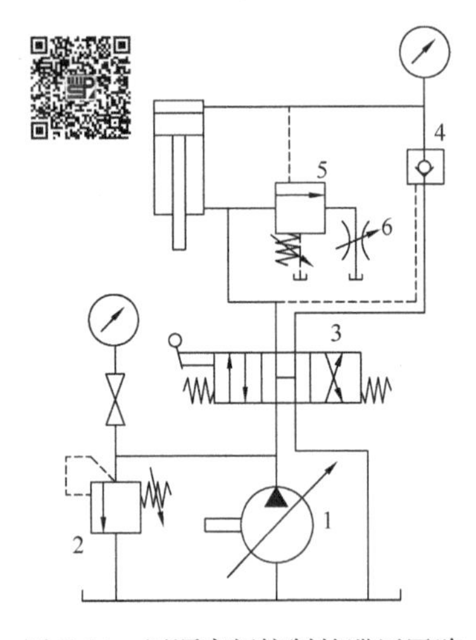

图 7-16 用顺序阀控制的泄压回路

1. 液压泵;2. 溢流阀;3. 手动换向阀;
4. 液控单向阀;5. 顺序阀;6. 节流阀

1. 延缓换向阀切换时间的泄压回路

在图 7-15 回路中,延缓换向阀 2 的切换时间,在液压缸泄压后再开始反向回程。换向阀 2 停在中位,主泵 1 卸荷,二位二通阀 9 断电,辅助泵 8 通过溢流阀 7 也卸荷,于是液压缸上腔压力油通过节流阀 6 和溢流阀 7 回油箱而泄压。节流阀 6 在泄压时起缓冲作用。泄压时间由时间继电器控制,经过一定时间延迟,换向阀 2 才动作,活塞再实现回程。

2. 用顺序阀控制的泄压回路

回路采用带卸荷阀芯的液控单向阀实现保压和泄压,泄压压力和回程压力均由顺序阀控制。如图 7-16 所示,保压完毕后手动换向阀 3 左位接入回路,此时液压缸上腔压力油没有泄压,压力油将顺序阀 5 打开,液压泵进入液压缸下腔的油液经顺序阀 5 和节流阀 6 回油箱。由于节流阀的作用,回油压力(可调至 2MPa 左右)虽不足以使活塞回程,但能顶开液控单向阀 4 的阀芯,使缸上腔泄压。当上腔压力降低至低于顺序阀 5 的调定压力(一般调至 2～4MPa)时,顺序阀 5 关闭,切断了泵的低压循环,液压泵压力上升,顶开液控单向阀 4 的主阀芯,使活塞回程(向上运动)。

7.1.7 平衡回路

平衡回路是在竖直安置的液压缸向下运动的回油路上保持一定的背压值,以平衡重力负载,使之不会因自重而自行落下。

1.采用单向顺序阀的平衡回路

图7-17(a)是采用单向顺序阀的平衡回路,调整顺序阀,使其开启压力与液压缸下腔作用面积的乘积稍大于垂直运动部件的重力。活塞下行时,由于回油路上存在一定的背压来支承重力负载,活塞将平稳下落;换向阀处于中位时,活塞停止运动,不再继续下行。此处的顺序阀又称作平衡阀。在这种平衡回路中,顺序阀调整压力调定后,若工作负载变小,系统的功率损失将增大。又由于滑阀结构的顺序阀和换向阀存在泄漏,活塞不可能长时间停在任意位置,故这种回路适用于工作负载固定且活塞闭锁要求不高的场合。当需要活塞长时间停留不动时,就要采用锥阀结构的液控单向阀组成的锁紧回路。

2.采用液控单向阀的平衡回路

如图7-17(b)所示,由于液控单向阀是锥面密封,泄漏量少,故其闭锁性能好,活塞能够较长时间停止不动。回油路上串联单向节流阀2,用于保证活塞下行运动平稳。假如回油路上没有节流阀,活塞下行时液控单向阀1被进油路上的控制油打开,回油腔没有背压,运动部件由于自重而加速下降,造成液压缸上腔供油不足,液控单向阀1因控制油路失压而关闭。阀1关闭后控制油路又建立起压力,阀1再次打开。液控单向阀时开时闭,使活塞在向下运动过程中产生振动和冲击。

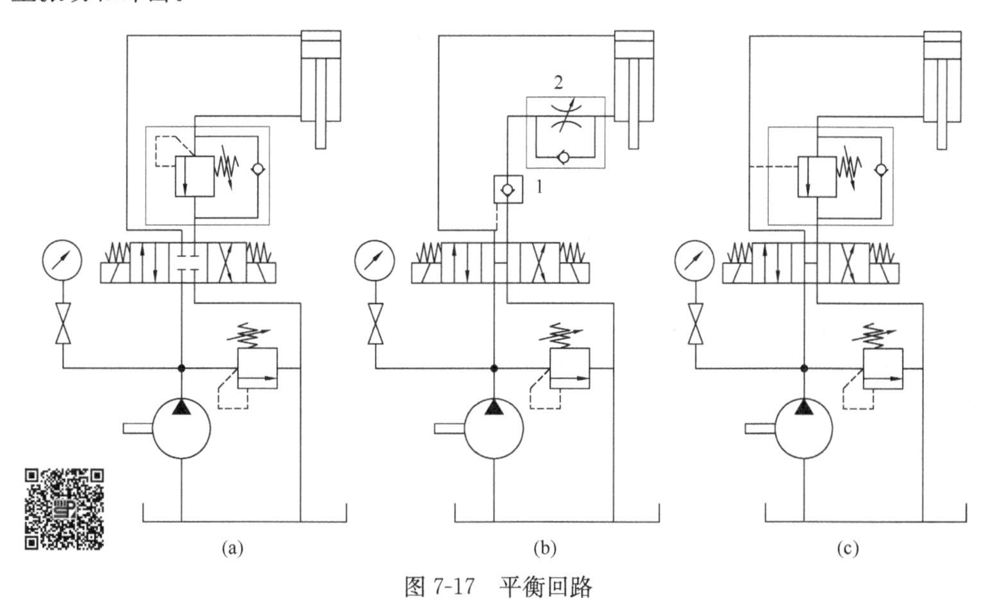

图7-17　平衡回路

3.采用远控平衡阀的平衡回路

工程机械液压系统中常见到如图7-17(c)所示的采用远控平衡阀的平衡回路。远控平衡阀是一种特殊结构的远控顺序阀,它不但具有很好的密封性,能起到长时间的锁闭定位作用,而且阀口大小能自动适应不同载荷对背压的要求,保证了活塞下降速度的稳定性不受载荷变化的影响。这种远控平衡阀又称为限速锁。

7.2 速度控制回路

速度控制回路是控制和调节执行元件运动速度与不同速度切换的回路。

7.2.1 调速回路

速度控制回路是讨论液压执行元件速度的调节和变换的回路。首先来讨论调速回路。液压系统中的执行元件是液压缸和液压马达,其工作速度或转速与输入流量及自身的几何参数有关。在不考虑油液压缩性和泄漏的情况下:

液压缸的速度 $$v = q/A \tag{7-1}$$

液压马达的转速 $$n = q/V_{\mathrm{m}} \tag{7-2}$$

式中,q 为输入液压缸或液压马达的流量,$\mathrm{m^3/s}$;A 为液压缸的有效作用面积,$\mathrm{m^2}$;V_{m}为液压马达的排量,$\mathrm{m^3/r}$。

由式(7-1)和式(7-2)可知,要调节液压缸或液压马达的工作速度,可以改变输入执行元件的油液流量,也可以改变执行元件的几何参数。对于确定的液压缸来说,改变其有效作用面积 A 是困难的。一般只能用控制液压缸输入流量的办法来调速。对变量液压马达来说,既可用改变输入流量的办法来调速,也可用改变马达排量的办法来调速。调速回路分为:节流调速回路、容积调速回路和复合调速回路。下面讨论前两种调速回路。

1. 节流调速回路

液压系统采用定量泵供油时,因泵输出的流量 q_{p}一定,因此要控制执行元件的输入流量 q_1,必须在泵的出口旁接一条支路,将泵多余的流量 $\Delta q = q_{\mathrm{p}} - q_1$ 溢回油箱,这种调速回路由定量泵、执行元件、流量控制阀(节流阀、调速阀等)和溢流阀等组成,其中流量控制阀起调节流量作用,溢流阀起压力补偿或安全作用。

定量泵节流调速回路根据流量控制阀在回路中的安放位置不同分为进油节流调速回路、回油节流调速回路和旁路节流调速回路三种。下面以泵一缸回路为例分析采用节流阀的节流调速回路的速度负载特性、功率特性等性能。分析时忽略油液的压缩性、泄漏、管道压力损失和执行元件的机械摩擦等。假定节流口形状都为薄壁小孔,即节流口的压力流量方程中的$m=0.5$。

1) 进油、回油节流调速回路

将节流阀串联在液压泵和液压缸之间,用它来控制进入液压缸的流量从而达到调速目的的回路称为进油节流调速回路,如图 7-18(a)所示。将节流阀串联在液压缸的回油上,用它来控制排出液压缸的流量从而实现速度调节的回路称为回油节流调速回路,如图 7-18(b)所示。定量泵多余的油液通过溢流阀流回油箱,这是进、回油节流调速回路能够正常工作的必要条件。由于溢流阀有溢流,泵的出口压力 p_{p}为溢流阀的调定压力并基本保持定值。

(1) 速度负载特性和速度刚度。在图 7 18(a)所示的进油节流调速回路中,活塞运动速度取决于进入液压缸的流量和液压缸进油腔的有效面积 A_1,即

$$v = q_1/A_1 \tag{7-3}$$

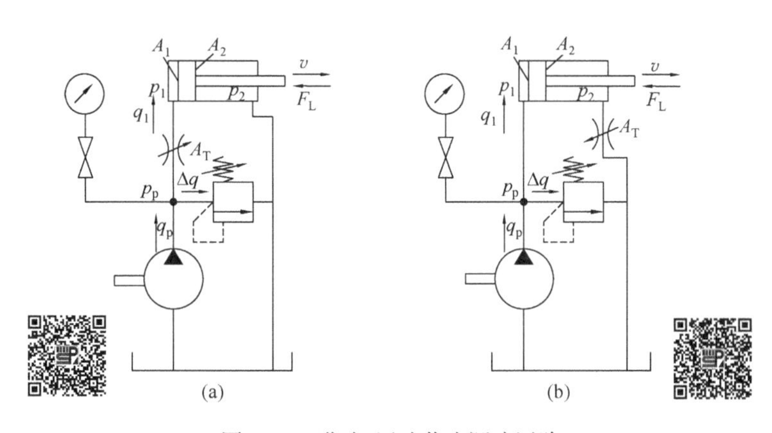

图 7-18　进油、回油节流调速回路

根据连续性方程，进入液压缸的流量 q_1 等于通过节流阀的流量，而通过节流阀的流量可由节流阀的压力流量方程表示，即

$$q_1 = KA_T\sqrt{\Delta p_1} = KA_T\sqrt{p_p - p_1} \tag{7-4}$$

式中，A_T 为节流阀的通流面积；p_p 为液压泵的出口压力；p_1 为液压缸的进油腔压力；Δp_1 为节流阀两端压差；K 为取决于节流阀阀口和油液特性的液阻系数。

当活塞匀速运动时，活塞的受力平衡方程为

$$p_1A_1 = p_2A_2 + F_L \tag{7-5}$$

式中，F_L 为液压缸克服的总负载力；p_2 为液压缸回油腔压力，由于回油腔接油箱，故 $p_2=0$。

所以 $p_1=F_L/A_1=p_L$，p_L 为克服负载所需的压力，称为负载压力。将 p_1 代入式(7-4)得

$$q_1 = KA_T\left(p_p - \frac{F_L}{A_1}\right)^{\frac{1}{2}} = \frac{KA_T}{A_1^{\frac{1}{2}}}(p_pA_1 - F_L)^{\frac{1}{2}} \tag{7-6}$$

$$v = \frac{q_1}{A_1} = \frac{KA_T}{A_1^{\frac{3}{2}}}(p_pA_1 - F_L)^{\frac{1}{2}} \tag{7-7}$$

式(7-7)即为进油节流调速回路的速度负载特性方程，它反映了速度 v 与负载 F_L 的关系。若以活塞运动速度 v 为纵坐标，负载 F_L 为横坐标，将式(7-7)按不同节流阀通流面积 A_T 作图，可得一组抛物线，称为进油节流调速回路的速度负载特性曲线，如图 7-19 所示。

从式(7-7)和图 7-19 可看出，当其他条件不变时，活塞的运动速度 v 与节流阀通流面积 A_T 成正比，调节 A_T 就能实现液压缸的无级调速。这种回路的调速范围较大 $R_{cmax} = \frac{v_{max}}{v_{min}} \approx 100$。当节流阀通流面积 A_T 一定时，活塞运动速度 v 随着负载 F_L 的增加按抛物线规律下降。不论节流阀通流面积如何变化，当 $F_L=p_pA_1$ 时，节流阀两端压差为零，活塞运动停止，液压泵的流量全部经溢流阀流回油箱。即该回路的最大承载能力为 $F_{Lmax}=p_pA_1$。

速度随负载变化而变化的程度，表现为速度负载特性曲线的斜率不同，常用速度刚度 k_v 来评定。

$$k_v = -\frac{\partial F}{\partial v} = -\frac{1}{\tan\theta} \tag{7-8}$$

它表示负载变化时回路阻抗速度变化的能力。由式(7-7)和式(7-8)可得

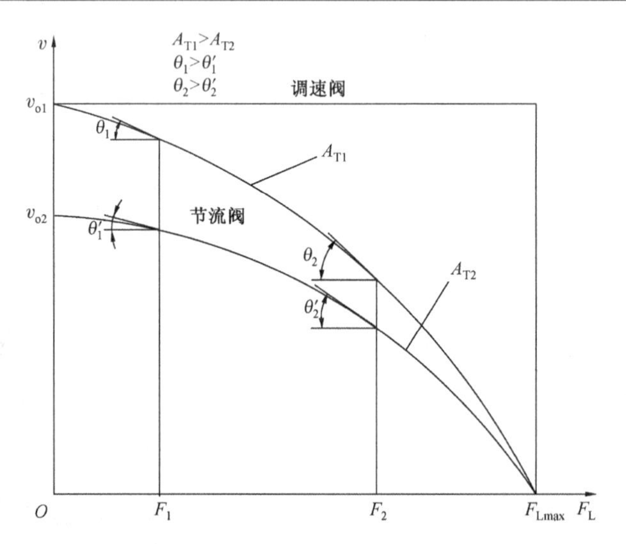

图 7-19　进油节流调速回路速度负载特性

$$k_v = -\frac{\partial F_L}{\partial v} = \frac{2A_1^{\frac{3}{2}}}{KA_T}(p_pA_1 - F_L)^{\frac{1}{2}} = \frac{2(p_pA_1 - F_L)}{v} \tag{7-9}$$

由式(7-9)可以看到，当节流阀通流面积 A_T一定时，负载 F_L越小，速度刚度 k_v越大，当负载 F_L一定时，活塞速度越低，速度刚度 k_v越大。

(2) 功率特性。液压泵输出功率 $P_p = p_pq_p =$ 常量；液压缸的输出功率 $P_1 = F_Lv = F_L\frac{q_L}{A_1} = p_Lq_L$，式中 q_L 为进入液压缸的流量，这里 $q_L = q_1$；回路的功率损失

$$\begin{aligned}\Delta P &= P_p - P_1 = p_pq_p - p_Lq_L \\ &= p_p(q_L + \Delta q) - (p_p - \Delta p_1)q_L \\ &= p_p\Delta q + \Delta p_1 q_L\end{aligned} \tag{7-10}$$

式中，Δq 为溢流阀的溢流量，$\Delta q = q_p - q_L$。

由式(7-10)可知，这种调速回路的功率损失由两部分组成：溢流损失 $\Delta P_1 = p_p\Delta q$ 和节流损失 $\Delta P_2 = \Delta p_1 q_L$。回路的输出功率与回路的输入功率之比定义为回路效率。进油节流调速回路效率为

$$\eta = \frac{P_p - \Delta P}{P_p} = \frac{p_Lq_L}{p_pq_p} \tag{7-11}$$

用同样的分析方法分析图 7-18(b)所示的回油节流调速回路，可得到与进油节流调速回路相似的速度负载特性和速度刚度。

$$v = \frac{KA_T}{A_2^{\frac{3}{2}}}(p_pA_1 - F_L)^{\frac{1}{2}} \tag{7-12}$$

$$k_v = \frac{2A_2^{\frac{3}{2}}}{KA_T}(p_pA_1 - F_L)^{\frac{1}{2}} = \frac{2(p_pA_1 - F_L)}{v} \tag{7-13}$$

其功率特性也与进油节流调速回路相同。但是它们在以下几方面的性能有明显差别，在选用时应予以注意。

① 承受负性负载的能力。所谓负性负载就是作用力的方向和执行元件运动方向相同的

负载。回油节流调速回路的节流阀在液压缸的回油腔形成一定背压，在负性负载作用下能阻止工作部件前冲。如果要使进油节流调速回路承受负性负载，就得在回油路上加背压阀，但这样做就要提高泵的工作压力，增加功率消耗。

② 运动平稳性。回油节流调速回路由于回油上始终存在背压，可有效地防止空气从回油吸入，因而低速运动时不易爬行，高速运动时不易颤振，即运动平稳性好。进油节流调速回路在不加背压阀时不具备这些长处。

③ 油液发热时对泄漏的影响。进油节流调速回路中通过节流阀升温的油液直接进入液压缸，会增加缸的泄漏，而回油节流调速回路油液经节流阀温升后直接回油箱，经冷却后再进入系统，对系统泄漏影响较小。

④ 采取压力信号实现程序控制的方法。进油节流调速回路的液压缸进油腔压力随负载变化而变化，当工作部件碰到死挡铁停止运动后，其压力将升至溢流阀的调定压力，可采取此压力值作为控制顺序动作的指令信号。而在回油节流调速回路中是液压缸回油腔压力随负载变化而变化，工作部件碰上死挡铁后此压力将下降至零，故可取此零压发讯。因此在死挡铁定位的节流调速回路中，压力继电器应安装在与流量控制阀同侧位置，且紧靠液压缸。

⑤ 启动性能。回油节流调速回路中若液压缸停留时间较长，回油腔的油液会流回油箱，重新启动时背压不能立即建立，会引起瞬间运动件的前冲现象。对于进油节流调速回路，只要在开车时关小节流阀开口即可避免启动冲击。

另外，在回油节流调速回路中回油腔压力较高，特别是在轻载或载荷突然消失时，回油腔压力将是进油腔压力的两倍，这对液压缸回油腔和回油管路的强度和密封提出了更高要求。

综上所述，进油、回油节流调速回路结构简单，价格低廉，但效率较低，只宜用在负载变化不大、低速、小功率的场合，如某些机床的进给系统中。

2）旁路节流调速回路

这种节流调速回路是节流阀的进出口与液压缸的两腔并联，如图7-20(a)所示。定量泵输出的流量 q_p 一分为二：一部分 Δq 通过节流阀流回油箱，另一部分 q_1 进入液压缸，推动活塞向右运动。调节节流阀的通流面积，即可调节进入液压缸的流量，从而实现调速。由于溢流的功能由节流阀来完成，故正常工作时溢流阀处于关闭状态，即溢流阀作安全阀用，其调定压力为最大负载压力的1.1～1.2倍。液压泵的供油压力 p_p 取决于负载。

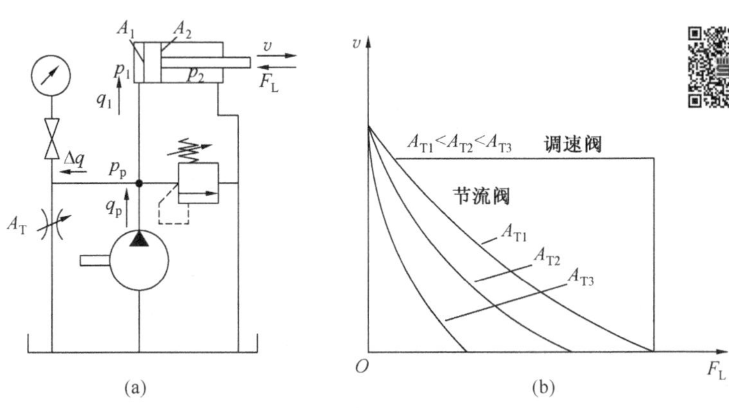

图7-20　旁路节流调速回路

(1) 速度负载特性和速度刚度。如同式(7-7)的推导过程，用连续性方程、节流阀的压力流量方程和活塞的受力平衡方程，可得旁路节流调速回路的速度负载特性方程。与前述不同之处主要是进入液压缸的流量 q_1，为泵的流量 q_p 与节流阀溢流走的流量 Δq 之差，由于泵的工作压力随负载变化，泄漏正比于压力也是变量(前两回路为常量)，对速度产生了附加影响，因而泵的流量中要计入泵的泄漏流量 Δq_p。因此，速度表达式为

$$v=\frac{q_1}{A_1}=\frac{q_{pt}-\Delta q_p-\Delta q}{A_1}=\frac{q_{pt}-\lambda_p\left(\frac{F_L}{A_1}\right)-KA_T\left(\frac{F_L}{A_1}\right)^{\frac{1}{2}}}{A_1} \tag{7-14}$$

式中，q_{pt} 为泵的理论流量；λ_p 为泵的泄漏系数；其他符号意义同前。

速度刚度为

$$k_v=-\frac{\partial F_L}{\partial v}=\frac{A_1^2}{\lambda_p+\frac{1}{2}KA_T\left(\frac{F_L}{A_1}\right)^{-\frac{1}{2}}}=\frac{2A_1F_L}{\lambda_p\left(\frac{F_L}{A_1}\right)+q_{pt}-A_1v} \tag{7-15}$$

根据式(7-14)，选取不同的节流阀通流面积 A_T 可作出一组速度负载特性曲线，如图 7-20(b)所示。由式(7-14)和图 7-20(b)可看出，当节流阀通流面积一定而负载增加时速度显著下降，刚性增大。这与前两种调速回路正好相反。由于负载变化引起泵的泄漏对速度产生附加影响，因此这种回路的速度负载特性较前两种回路要差。从图 7-20(b)还可看出，回路的最大承载能力随着节流阀通流面积 A_T 的增加而减小。当 $F_{Lmax}=(q_p/KA_T)^2A_1$ 时，泵的全部流量经节流阀流回油箱，液压缸的速度为零，继续增大已不起调节作用，即这种调速回路在低速时承载能力低，调速范围也小。

(2) 功率特性。液压泵的输出功率

$$P_p=p_Lq_p \tag{7-16}$$

式中，p_L 为负载压力。

液压缸的输出功率

$$P_1=F_Lv=p_LA_1v=p_Lq_1 \tag{7-17}$$

功率损失

$$\Delta P=P_p-P_1=p_Lq_p-p_Lq_1=p_L\Delta q \tag{7-18}$$

回路效率

$$\eta=\frac{P_p-\Delta P}{P_p}=\frac{p_Lq_1}{p_Lq_p}=\frac{q_1}{q_p} \tag{7-19}$$

由式(7-18)和式(7-19)看出，旁路节流调速回路只有节流损失，而无溢流损失，因而功率损失比前两种调速回路小，效率高。故这种调速回路适用于高速、重载的场合。

3) 调速阀调速回路

采用节流阀的节流调速回路速度刚度差，主要是由于负载变化引起节流阀前后两端压差变化，使通过节流阀的流量发生变化。在负载变化较大而又要求速度稳定时，这种调速回路不能满足要求。如用调速阀替代节流阀，回路的负载特性将大大提高。

(1) 采用调速阀的调速回路。根据调速阀在回路中安放的位置不同，有进油节流、回油节流和旁路节流等多种方式，如图 7-21(a)、(b)、(c)所示。它们的回路构成、工作原理同各自对应的节流阀调速回路基本一样。由于调速阀能在负载变化的情况下保证其中的节流阀两端压

差基本不变，因而回路的速度刚度大大提高。旁路节流调速回路的最大承载能力亦不因活塞速度的降低而减小。需要指出，为了保证调速阀中定差减压阀起到压力补偿作用，调速阀两端压差必须大于一定数值，中低压调速阀为 0.5MPa，高压调速阀为 1MPa，否则回路的负载特性将没有区别。由于调速阀最小压差比节流阀的压差大，所以其调速回路功率损失比节流调速回路要大一些。

(2) 采用旁通型调速阀的调速回路。如图 7-21(d)所示，旁通型调速阀只能用于节流调速回路中，液压泵的供油压力随负载变化而变化，因为回路的功率损失较小，效率较采用调速阀时高。旁通型调速阀的流量稳定性较调速阀差，在小流量时尤为明显，故不宜用在对低速稳定性要求较高的精密机床等设备的调速系统中。

如果用二通比例流量阀和三通比例流量阀分别代替调速阀和旁通型调速阀，其调速回路的负载特性将进一步提高，而且可方便地实现计算机控制。

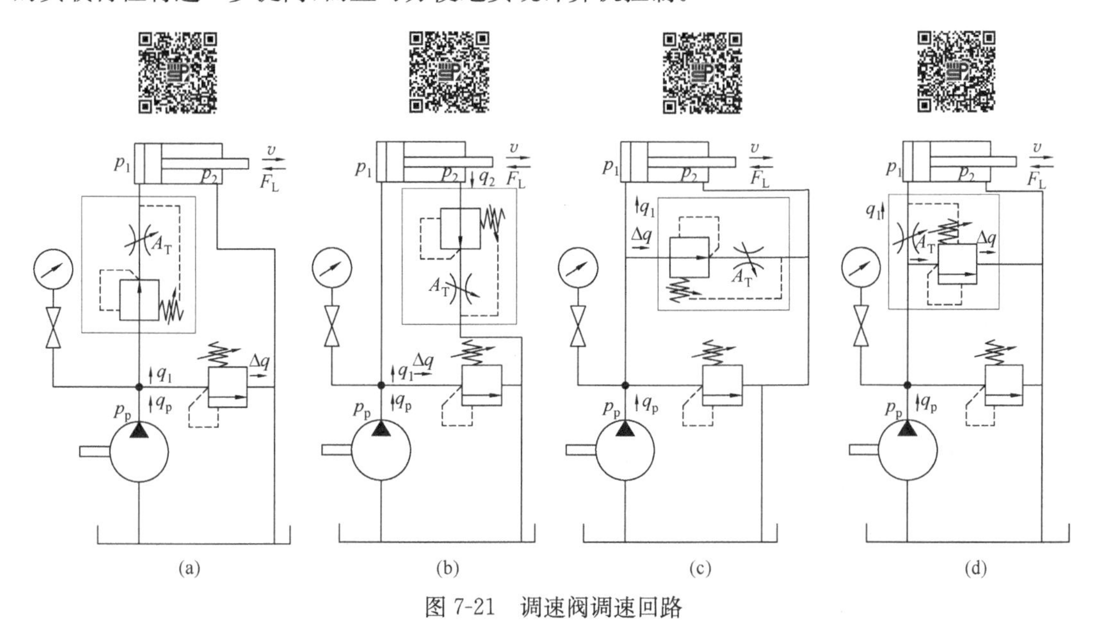

图 7-21　调速阀调速回路

2. 容积调速回路

容积调速回路是通过改变液压泵或马达的流量(或排量)来控制执行元件运动速度(或角速度)的回路。

与节流调速回路相比，这种调速回路既无溢流损失，又无节流损失，回路效率较高，适用于高速、大功率场合。

1) 变量泵-定量马达调速回路

图 7-22(a)为变量泵-定量马达调速回路。回路中高压管路上设有安全阀 4，用以防止回路过载；低压管路上连接一小流量的辅助泵 1，用来补充泵 3 和马达 5 的泄漏，其供油压力由溢流阀 6 调定。辅助泵与溢流阀使低压管路始终保持一定压力，不仅改善了主泵的吸油条件，而且可置换部分发热油液，降低系统温升。

在这种回路中，液压泵的转速 n_p 和液压马达的排量 V_m 视为常量，改变泵的排量 V_p 可使马达转速 n_m 和输出功率 P_m 随之成比例变化。马达的输出转矩 T_m 和回路的工作压力 Δp 取

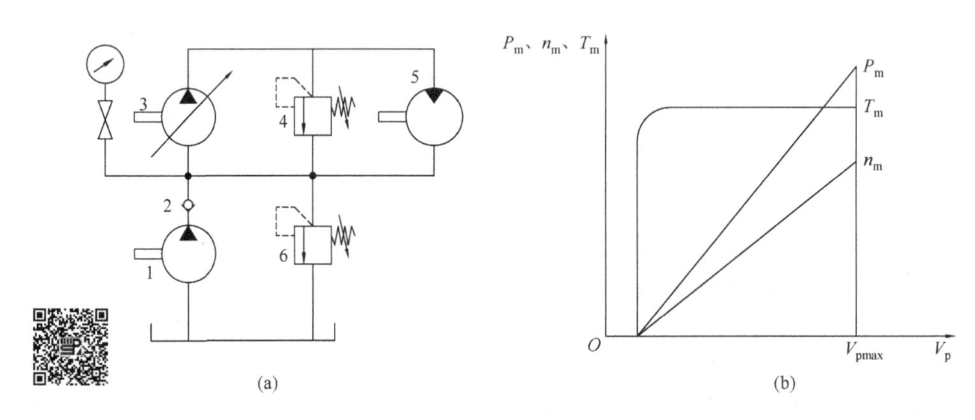

图 7-22　变量泵-定量马达调速回路

1. 辅助泵；2. 单向阀；3. 变量泵；4. 安全阀；5. 马达；6. 溢流阀

决于负载转矩，不会因调速而发生变化，所以这种回路常称为恒转矩调速回路。回路特性曲线如图 7-22(b)所示。需要注意的是这种回路的速度刚度受负载变化影响的原因与节流调速回路有根本的不同，即随着负载转矩的增加，泵和马达的泄漏增加，马达输出转速下降。这种回路的调速范围一般为 $R_c \approx 40$。

2) 变量泵-变量马达调速回路

图 7-23(a)为双向变量泵-双向变量马达调速回路。回路中各元件对称布置，变换泵的供油方向，即实现马达的正反向旋转。单向阀 4 和 5 用于辅助泵 3 双向补油，单向阀 6 和 7 使溢流阀 8 在两个方向都起过载保护作用。一般机械要求低速时有较大的输出转矩，高速时能提供较大的输出功率。采用这种回路恰好可以达到这个要求。在低速段，先将马达排量调至最大，用变量泵调速，当泵的排量由小变大，直至最大，马达转速随之升高，输出功率亦随之线性增加。此时因马达排量最大，马达能获得最大输出转矩，且处于恒转矩状态。高速段泵为最大排量用变量马达调速，将马达排量由大调小，马达转速继续升高，输出转矩随之降低。此时因泵处于最大输出功率状态不变，故马达处于恒功率状态。回路特性曲线如图 7-23(b)所示。由于泵和马达的排量都可以改变，扩大了回路的调速范围，一般 $R_c \leqslant 100$。

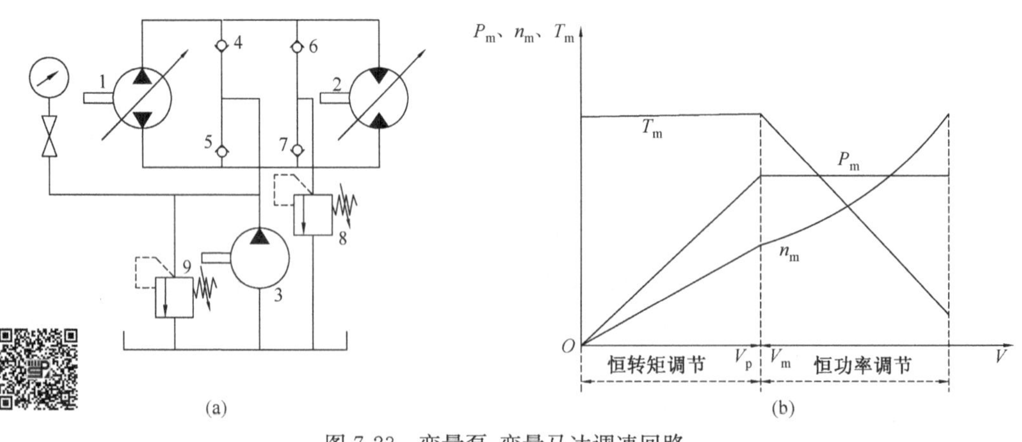

图 7-23　变量泵-变量马达调速回路

1. 双向变量泵；2. 双向变量马达；3. 辅助泵；4～7. 单向阀；8. 安全阀；9. 溢流阀

上述回路的恒功率调速区段相当于定量泵-变量马达调速回路，定量泵-变量马达调速回路因为调速范围较小，又不能利用马达的变量机构来实现马达平稳反向，调节不方便，故很少单独使用。

3)恒功率变量泵调速回路

恒功率变量泵调速回路如图7-24(a)所示，恒功率变量泵的出口直接接液压缸的工作腔，泵的输出流量全部进入液压缸，泵的出口压力即为液压缸的负载压力。因为负载压力反馈作用在泵的变量活塞上，与弹簧力相比较，因此负载压力增大时，泵的排量自动减小，并保持压力和流量的乘积为常量，即功率恒定[曲线如图7-24(b)所示]。恒功率变量泵的变量原理已在第2章介绍。压力机系统是这种调速回路典型的应用实例。

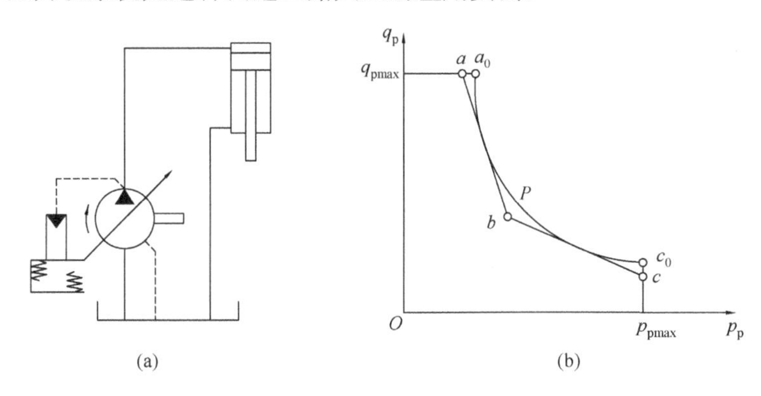

图7-24　恒功率变量泵调速回路

3.复合调速回路

复合调速回路是利用变量泵和节流阀(或调速阀)组合而成的调速回路。它保留了容积调速回路无溢流损失、效率高的优点，同时它的负载特性比单纯的容积调速回路好。

该回路的工作原理如图7-25(a)所示。回路采用限压式变量泵供油，通过调速阀来控制进入液压缸的流量，并使变量泵输出的流量与液压缸所需的流量自动相适应。这种调速回路没有溢流损失，效率较高，速度稳定性好。变量泵1输出的压力油经调速阀2进入液压缸3无杆腔，回油经背压阀4流回油箱。调节调速阀中节流阀通流面积A_T的值，就可以控制进入液压缸的流量从而控制液压缸的运动速度。泵的输出流量q_p和通过调速阀进入液压缸的流量q_1自相适应。例如，将A_T减小到某一值，在关小节流口瞬间，泵的输出流量还未来得及改变，出现了$q_p>q_1$，导致泵的出口压力p_p增大，其反馈作用使变量泵的流量q_p自动减小到与A_T对应的q_1；反之，将A_T增大到某一值，将出现$q_p<q_1$，会使泵的出口压力降低，其输出流量自动增大到$q_p \approx q_1$。由此可见，调速阀不仅起到调节流量的作用，同时还作为检测元件将其流量转换为压力信号控制泵的变量机构。对应于调速阀一定的开口，调速阀的进口(即泵的出口)具有一定的压力，泵输出相应的流量。

回路的特性曲线如图7-25(b)所示，曲线ABC是限压式变量泵的压力-流量特性，曲线CDE是调速阀在某一开度时的压力-流量特性，点F是泵的工作点。由图可见，这种回路无溢流损失，但有节流损失，其大小与液压缸工作压力p_1有关。当进入液压缸的流量为q_1、泵的出口压力为p_p时，为了保证调速阀正常工作所需的压差Δp_1，液压缸的工作压力最大值应该是

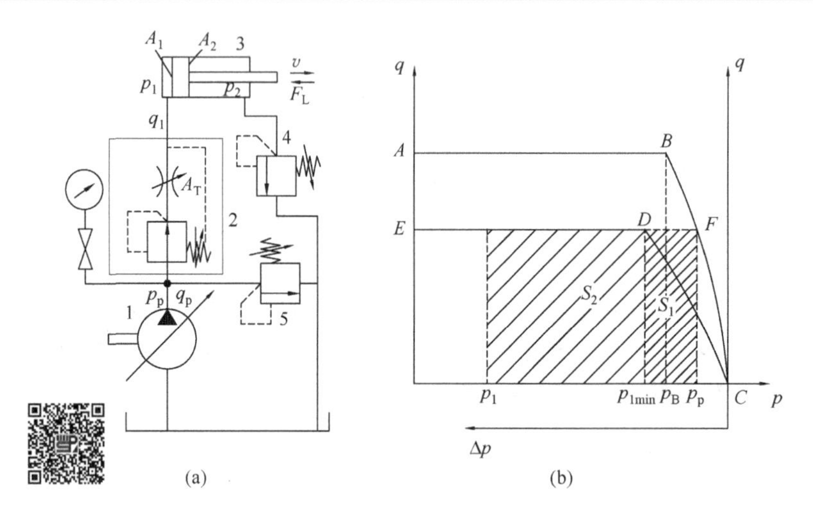

图 7-25　限压式变量泵和调速阀的调速回路

1. 变量泵；2. 调速阀；3. 液压缸；4. 背压阀；5. 安全阀

$p_{1max}=p_p-\Delta p_1$；又由于背压 p_2 的存在，p_1 的最小值必须满足 $p_1>p_2A_2/A_1$。当 $p_1=p_{1max}$ 时，回路的节流损失最小[图 7-25(b)中阴影面积 S_1]；p_1 越小，则节流损失越大(图中阴影面积 S_2)。若不考虑泵的出口至缸的入口的流量损失，回路的效率为

$$\eta=\frac{p_1q_1}{p_pq_p}=\frac{p_1}{p_p} \tag{7-20}$$

由式(7-20)看出，当负载变化较大且大部分时间处于低负载下工作时，回路效率不高。泵的出口压力应略大于 $p_{1max}+\Delta p_1+\Delta p_2$，其中 p_{1max} 为液压缸最大工作压力，Δp_1 为管路压力损失，Δp_2 为调速阀正常工作时所需压差。这种调速回路中的调速阀也可以安装在回油路上。

综上所述，回路中的调速阀在起流量调节作用的同时，又将流量信号转变为压差信号，反馈作用来控制泵的流量，泵的出口压力等于负载压力加调速阀前后的压差。若用手动滑阀或电液比例节流阀代替调速阀，并根据工况需要随时调节阀口大小以控制执行元件的运动速度，则泵的压力和流量均适应负载的需求，因此此类回路又称为功率适应调速回路或负载敏感调速回路，特别适用于负载变化较大的场合。

7.2.2　快速和速度换接回路

1. 快速运动回路

快速运动回路是使执行元件获得尽可能大的工作速度，以提高生产效率或充分利用功率。快速运动回路一般工作在液压缸工作循环的快进和快退时段。

1) 液压缸差动连接快速运动回路

如图 7-26 所示，当 1YA 带电、3YA 带电时，液压泵的出口同时接通液压缸的有杆腔和无杆腔。两腔的油压力相等，但因为缸两腔的作用面积不等，液压力的作用合力方向向右，所以活塞快速向右运动。这种回路结构简单，应用广泛。液压缸差动连接与非差动连接的速度之比为 $v_1'/v_1=A_1/(A_1-A_2)$。

2) 双泵供油快速运动回路

如图 7-27 所示，回路采用低压大流量泵 1 和高压小流量泵 2 组成的双泵作动力源。外控

顺序阀3(卸荷阀)和溢流阀8分别设定双泵同时向系统供油和高压小流量泵2单独向液压缸供油时系统的最高工作压力。当换向阀5处于图示位置时，系统压力处于卸荷阀3调定的压力以下，卸荷阀3关闭，两个泵同时向系统供油，活塞快速向右运动。当换向阀5处于右位时，系统压力达到或超过卸荷阀3的调定压力，低压大流量泵1通过阀3卸荷，单向阀4自动关闭，高压小流量泵2单独向系统供油，活塞向右运动。卸荷阀3的调定压力至少应比溢流阀8的调定压力低10%～29%，低压大流量泵1在液压缸7工进时卸荷减少了动力消耗，回路效率较高。此回路适用于执行元件快进速度和工进速度相差较大的场合。

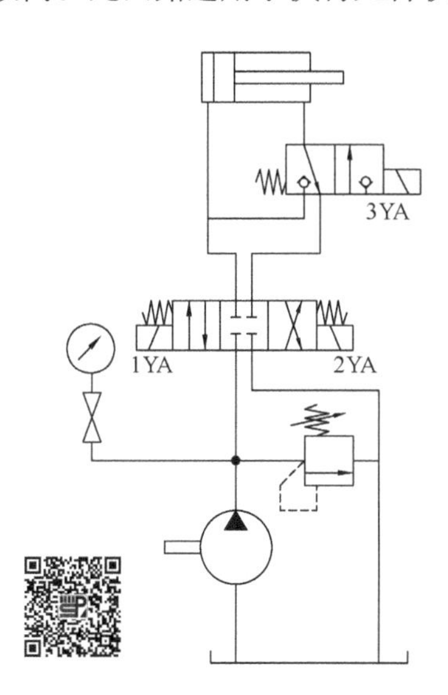

图7-26　差动连接快速回路

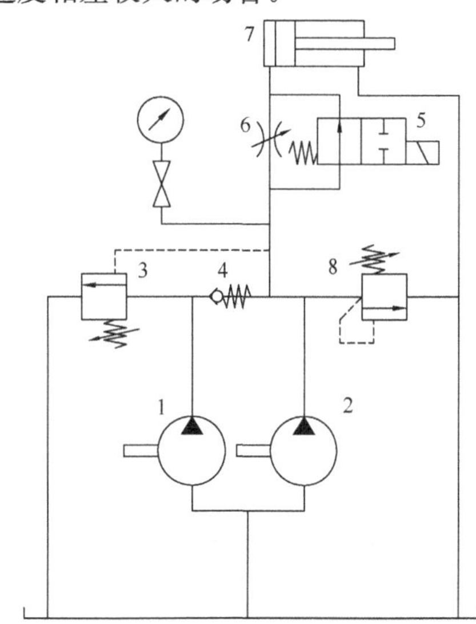

图7-27　双泵供油快速运动回路

1. 低压大流量泵；2. 高压小流量泵；3. 外控顺序阀；4. 单向阀；5. 换向阀；6. 节流阀；7. 液压缸；8. 溢流阀

3) 增速回路

(1) 自重充液快速运动回路。此回路适用于垂直运动部件质量较大的液压系统。如图7-28所示，换向阀右位接入回路，由于运动部件的自重，活塞快速下降，由单向节流阀控制下降速度。此时因液压泵供油不足，液压缸上腔出现负压，充液油箱向液压缸上腔供油。当运动件接触工件压力上升时，液控单向阀关闭，此时只靠液压泵供油，活塞运动速度降低。回程时，换向阀左位接入回路，压力油进入液压缸下腔，同时打开充液阀，液压缸上腔一部分回油进入充液油箱。为防止活塞快速下降时液压缸上腔吸油不充分，充液油箱常被充压油箱代替，实现强制充液。

(2) 用增速缸的增速回路。对于卧式液压缸不能利用运动部件自重充液作快速运动，而采用增速缸或辅助缸的方案。图7-29是采用增速缸的快速运动回路。增速缸由活塞缸与柱塞缸复合而成。当换向阀左位接入回路，压力油经柱塞孔进入增速缸小腔1，推动活塞快速向右运动，大腔2所需要的油液由液控单向阀4从油箱吸取，活塞缸右腔的油液经换向阀回油箱。当执行元件接触工件负载增加时，回路压力升高，充液阀4被关闭，压力油打开顺序阀3并进入增速缸大腔2，活塞转成低速运动，且推力增大。返程时换向阀右位接入回路，压力油进入活塞右腔，同时打开充液阀4，使大腔2的油排回油箱，活塞快速向左退回。这种回路功率利用比较合理，但增速比受增速缸尺寸的限制，结构比较复杂。

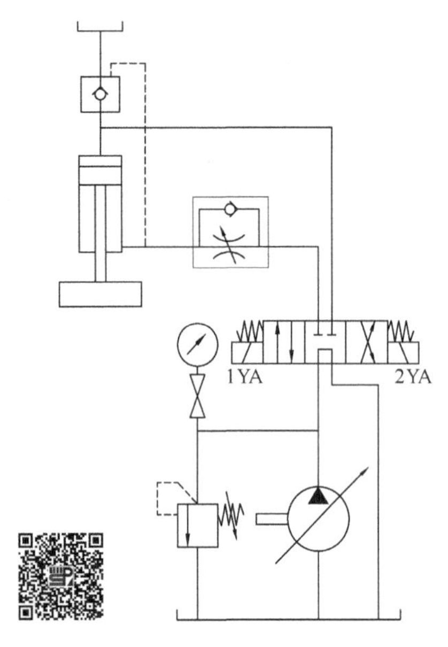

图 7-28　自重充液增速回路

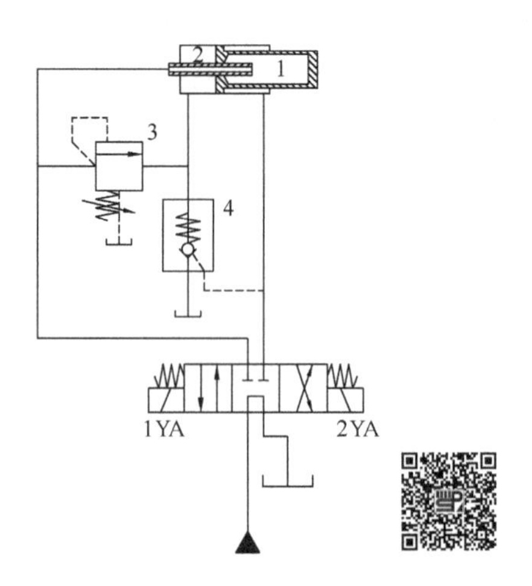

图 7-29　用增速缸的增速回路

1、2. 增速缸小、大腔；3. 顺序阀；4. 液控单向阀

4) 采用蓄能器的快速运动回路

对某些间歇工作且停留时间较长的液压设备，如冶金机械等，和某些工作时存在快、慢两种速度的液压设备，如组合机床等，常采用蓄能器和定量泵共同组成的油源，如图 7-30 所示。其中定量泵可选较小的流量规格，当系统不需要流量或执行元件速度很低时，泵的全部流量或大部分流量进入蓄能器储存待用，当系统工作或执行元件快速运动时，由泵和蓄能器同时向系统供油。图 7-30 所示的油源工作情况取决于蓄能器工作压力的大小。一般设定三个压力值：$p_1 > p_2 > p_3$，p_1 为蓄能器的最高压力，由安全阀 8 设定。当蓄能器的工作压力 $p \geqslant p_2$ 时，电接触式压力表 6 上限触点发令，使阀 3 电磁铁 1YA 得电，液压泵通过阀 3 卸荷(或令液压泵停机)，蓄能器经阀 5 向系统供油，供油量的大小可通过系统中的流量控制阀进行调节。当蓄能器工作压力 $p < p_2$ 时，电磁铁 1YA 和 2YA 均不得电，液压泵和蓄能器同时向系统供油或液压泵同时向系统和蓄能器供油；当蓄能器的工作压力 $p \leqslant p_3$ 时，电接触式压力表 6 下限触点发令，使电磁铁 2YA 得电，液压泵除向系统供油外，还向蓄能器供油。设计时，若根据系统工作循环要求，合理地选取液压泵的流量、蓄能器的工作压力范围和容量，则可获得较高的回路效率。

2. 速度换接回路

速度换接回路的功能是实现执行元件两种速度的切换，依切换前后速度的不同，有快速-慢速、慢速 1 - 慢速 2 的换接。要求这种回路应具有较高的换接平稳性和换接精度。

1) 快、慢速度换接回路

快、慢速度换接的典型例子是组合机床动力滑台由快进转工进。实现快、慢速换接的方法很多，图 7-31 所示的是采用行程控制方式的速度换接回路，还有采用压力控制方式的快、慢速度换接回路。

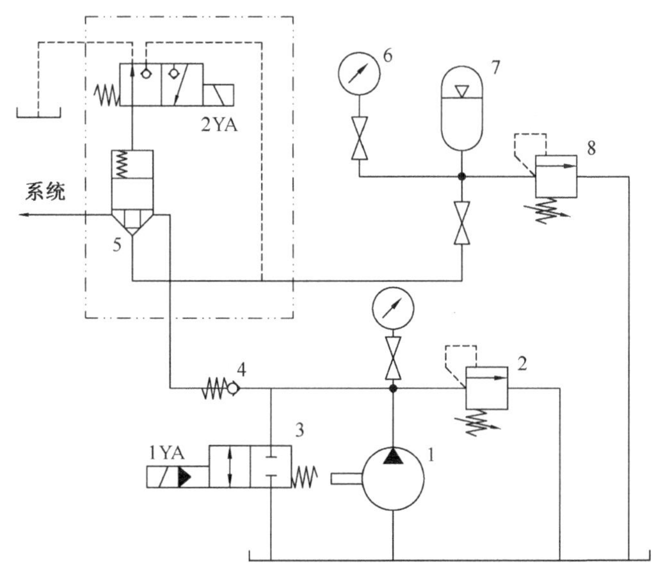

图 7-30 采用蓄能器的快速运作回路

1. 液压泵；2. 溢流阀；3. 二位二通换向阀；
4. 单向阀；5. 插装阀；6. 压力表；7. 蓄能器；8. 安全阀

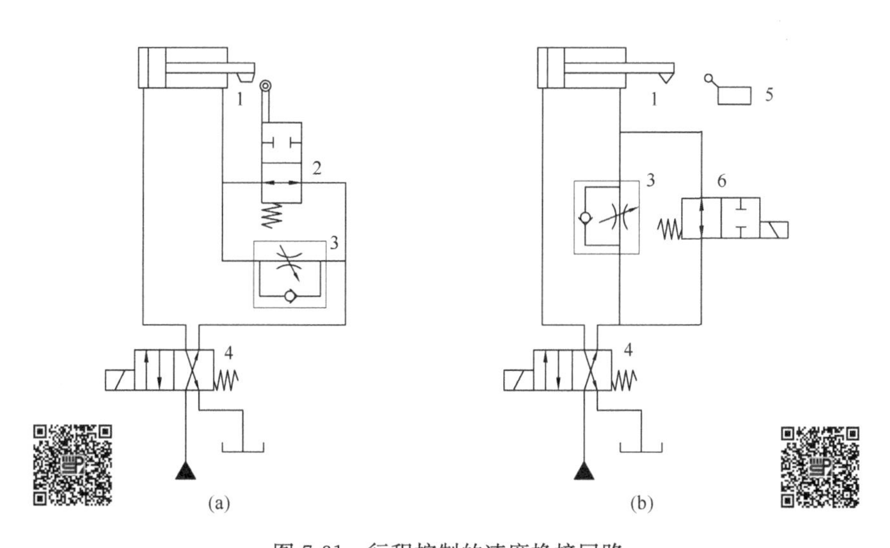

图 7-31 行程控制的速度换接回路

1. 挡铁；2. 行程阀；3. 单向节流阀；4. 换向阀；5. 行程开关；6. 电磁换向阀

(1) 用行程阀(或行程开关)的速度换接回路。如图 7-31(a)所示，电磁换向阀处于左位时，液压缸活塞快速右行，到达预定位置，活塞杆上挡块压下行程阀 2，行程阀关闭。液压缸右腔油液必须通过单向节流阀 3 才能流回油箱，活塞运动转为慢速工进。电磁换向阀右位接入回路时，压力油经单向节流阀 3 进入液压缸右腔，推动活塞快速向左返回。这种回路速度切换过程比较平稳，换接点位置准确。但行程阀的安装位置不能任意布置，管路连接较为复杂。如果将行程阀改用电磁阀，并通过挡块压下电气行程开关来操纵[图 7-31(b)]，也可实现快慢速度换接，这样的阀安装灵活、连接方便，在机床液压系统中较为常见。所谓行程控制速度换接，就是在快、慢速度的切换点安置行程元件，通过运动件上的挡块压下行程元件，实现快慢速度的切换。

(2) 液压马达串、并联双速换接回路。在液压驱动的行走机械中，一般根据路况决定运动速度：在平地行驶时为高速，上坡时要增加输出转矩，降低转速。为此采用两个液压马达串联或并联，以达到上述目的。

图 7-32(a)为液压马达并联回路，两液压马达 1、2 主轴刚性连接在一起(一般为同轴双排柱塞液压马达)，手动换向阀 3 处于左位时，压力油只驱动马达 1，马达 2 空转；手动换向阀 3 处于右位时，马达 1 和 2 并联。若两马达排量相等，并联时进入每个马达的流量各为泵流量的 1/2，转速相应降低一半，而转矩增加一倍。手动阀 3 实现马达速度的切换。不管该阀处于何位，回路的输出功率相同。图 7-32(b)为液压马达串、并联回路。用二位四通阀 4 使两马达串联或并联来实现快慢速切换。二位四通阀 4 上位接入回路时，两马达并联；下位接入回路时，两马达串联。串联时为高速，并联时为低速且输出转矩相应增加。串联和并联两种情况下回路的输出功率相同。

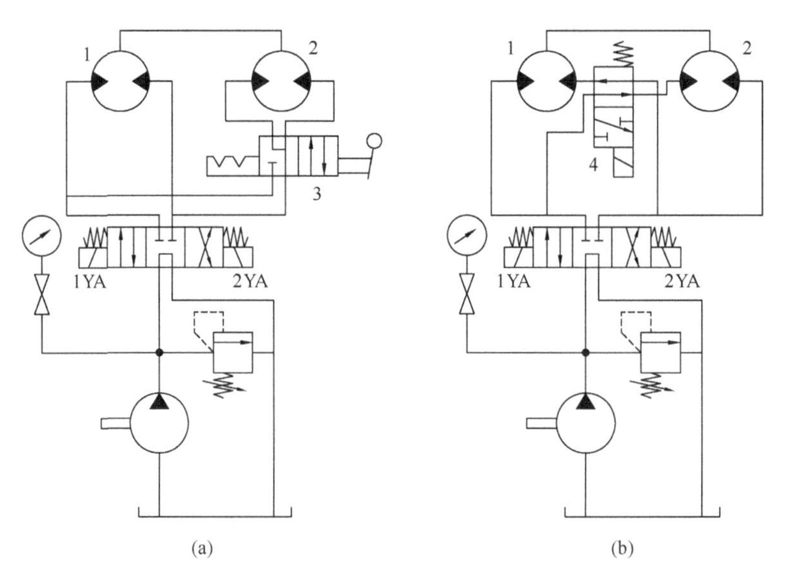

图 7-32　液压马达双速换接回路

1、2. 马达；3. 手动换向阀；4. 二位四通换向阀

2）两种慢速的换接回路

某些组合机床要求工作行程有两种进给速度，一般第一进给速度大于第二进给速度。为实现两次工进速度，常用两个调速阀串联或并联在油路中，用换向阀进行切换。图 7-33 为两个调速阀串联来实现两次进给速度的换接回路，它只能用于第二进给速度小于第一进给速度的场合，故上面调速阀的开口要小于下面调速阀的开口。这种回路速度换接平稳性较好。图 7-34 为两个调速阀并联来实现两次进给速度的换接回路，这里两个进给速度可以分别调整，互不影响。但一个调速阀工作时另一个调速阀无油通过，其定差减压阀处于最大开口位置，因而在速度转换瞬间，通过调速阀的流量过大会造成进给部件突然前冲。因此这种回路不宜用在同一行程两次进给速度的转换上，只可用在速度预选的场合。

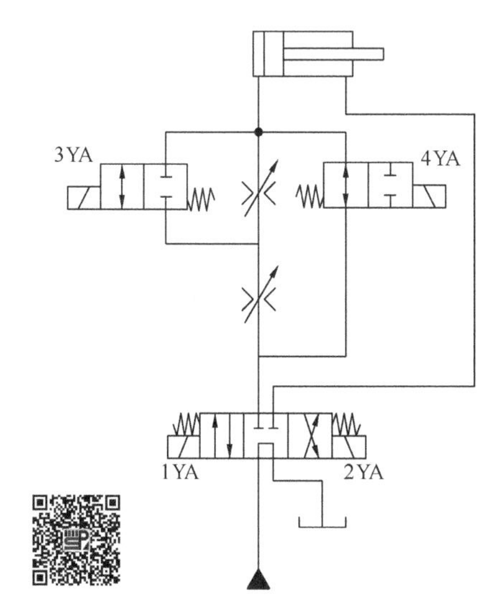

图7-33　两调速阀串联的速度换接回路

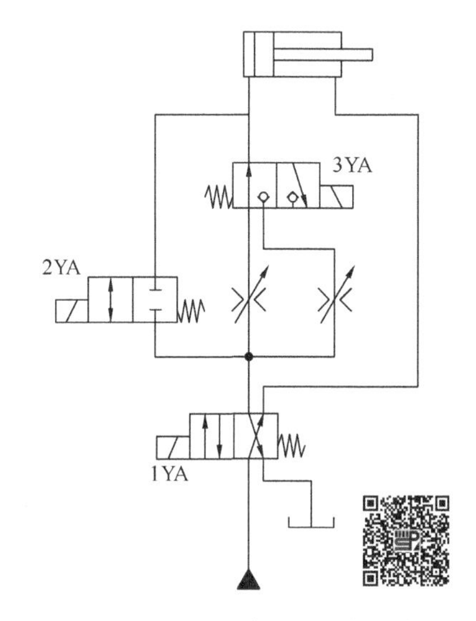

图7-34　两调速阀并联的速度换接回路

7.3　方向控制回路

通过控制进入液压系统执行元件液流的通、断或流动来实现液压执行元件的启动、停止或改变运动方向的回路称为方向控制回路。常用的方向控制回路有换向回路、锁紧回路和制动回路等。

7.3.1　换向回路

1.采用换向阀的换向回路

采用二位四通(五通)、三位四通(五通)换向阀都可以使执行元件换向。二位阀只能使执行元件正、反向运动,而三位阀有中位,滑阀的不同中位机能可使系统具有不同的性能。对一些需要频繁连续往复运动,且对换向过程又有很多要求的工作机构(如磨床工作台),必须采用复合换向控制的方式,常用机动滑阀作先导阀,由它控制一个可调式液动换向阀实现换向。图7-35采用机液复合换向阀的换向回路。

行程控制制动式换向的主油路要经过主换向阀,其回油还受先导阀1的控制,换向时在挡铁和杠杆的作用下,先导阀阀芯上的制动锥可逐渐将液压缸的回油通道关小,使工作部件实现预制动,使工作台运动的速度变得很小时,主油路才开始换向。当节流器 J_1、J_2 的开口调定后,不论工作台原来的速度如何,前者工作台制动的时间基本不变,而后者工作台预先制动的行程基本不变。采用行程控制制动式换向的高速换向冲击大、换向冲出量小、换向精度高,这种回路适用于工作部件运动速度不大,但对换向精度要求很高的场合,如内、外圆磨床中的液压系统。

2.采用双向变量泵的换向回路

在闭式回路中可用双向变量泵变更供油方向来实现液压缸(马达)换向。图7-36是用双向变量泵使液压缸换向的回路。在图7-36(a)中,执行元件是单杆双作用液压缸4,活塞向右

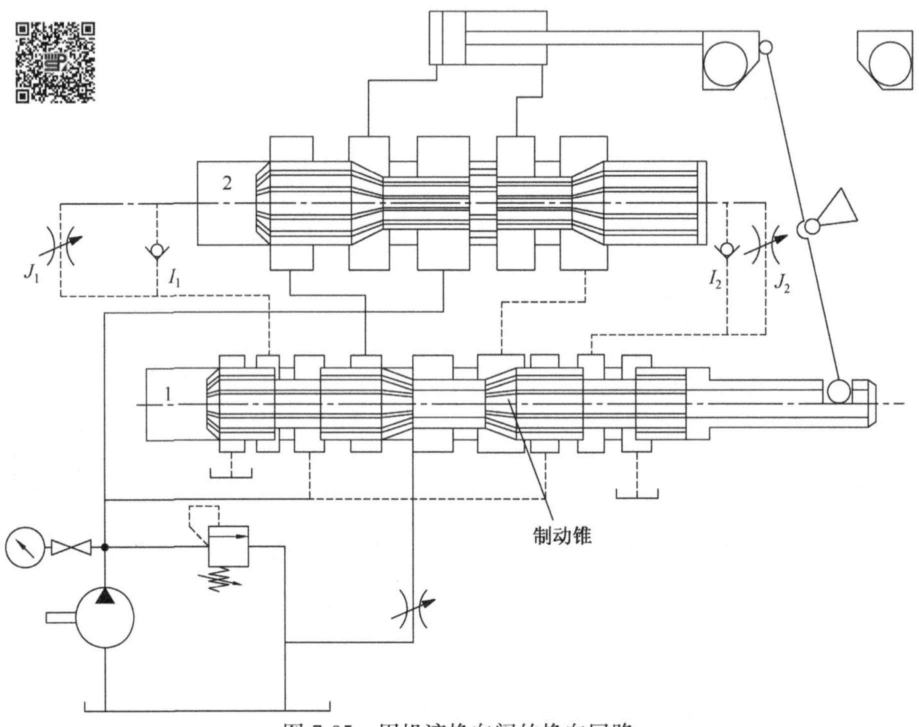

图 7-35　用机液换向阀的换向回路

1. 先导阀；2. 主动换向阀

运动时，其进油流量大于排油流量，双向变量泵 1 吸油侧流量不足，通过液控单向阀 5 从油箱补油；当双向变量泵 1 油流换向，活塞向左运动时，排油流量大于进油流量，泵 1 吸油侧多余的油液通过进油侧压力打开液控单向阀 3 排油。溢流阀 2 和 6 分别限制活塞向右和向左运动时的最高压力。图 7-36(b)是用辅助泵 8 来补充液压缸正反向运动时吸油侧流量的不足，溢流阀 9 和 10 用来维持闭式回路中液压泵吸油侧的压力，防止液压泵吸空。

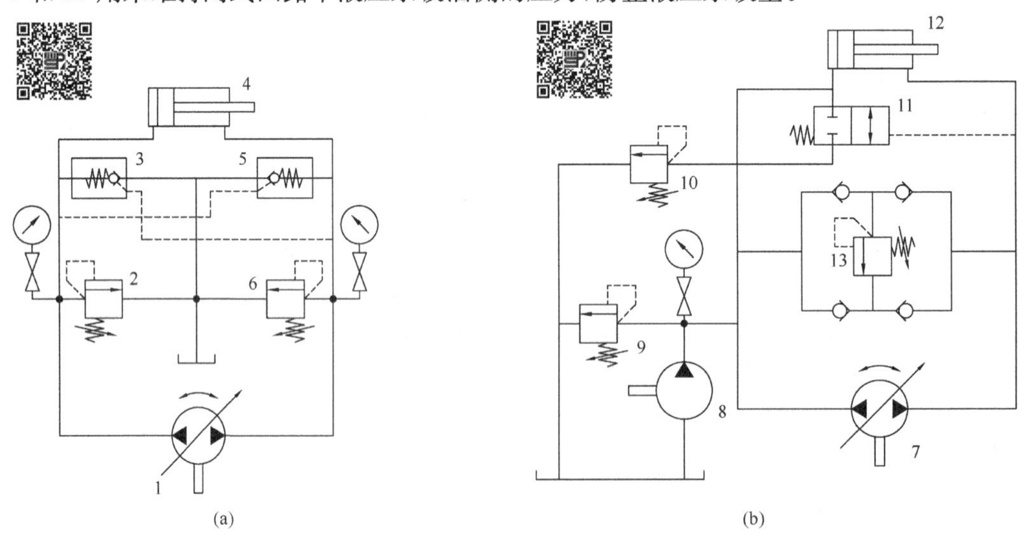

图 7-36　用双向变量泵的换向回路

1、7. 双向变量泵；2、6、9、10、13. 溢流阀；3、5. 液控单向阀；4、12. 液压缸；8. 辅助泵；11. 换向阀

7.3.2　锁紧回路

1. 用液控单向阀的锁紧回路

锁紧回路是通过切断执行元件的进、出油通道而使它停在任意位置，并防止停止运动后因外界因素而发生窜动。使液压缸锁紧的最简单的方法是利用三位换向阀的 M 型或 O 型中位机能来封闭缸的两腔，使活塞在行程范围内的任意位置停止。但由于滑阀的泄漏，不能长时间保持锁紧位置不动，锁紧精度不高。最常用的方法是采用液控单向阀作锁紧元件，如图 7-37 所示。在图 7-37(a)中，液压缸的两侧油路上都串接一液控单向阀(液压锁)，换向阀中位时活塞可以在行程的任意位置上长期锁紧，不会因外界原因而窜动，其锁紧精度只受液压缸的泄漏和油液压缩性的影响。为了保证锁紧迅速、准确，换向阀应采用 H 型或 Y 型中位机能。该回路常用于汽车起重机的支腿油路和飞机起落架的收放油路上。对于立式液压缸的单向锁紧可用图 7-37(b)所示的回路，在该回路中，液控单向阀只能限制活塞向下窜动。单向节流阀防止活塞下降时超速而产生的振动和冲击。

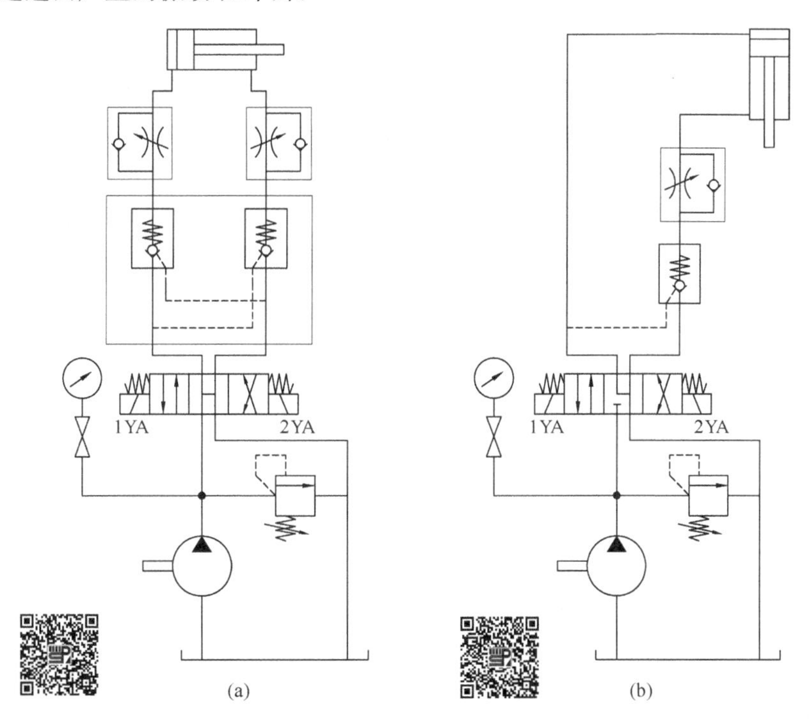

图 7-37　用液控单向阀的锁紧回路

2. 用制动器的马达锁紧回路

当执行元件是液压马达时，切断其进、出油口后马达理应停止转动，但因马达还有一泄油口直接通回油箱，当马达在重力负载力矩的作用下变成泵工况时，其出口油液将经泄油口流回油箱，使马达出现滑转。为此，在切断液压马达进、出油口的同时，需通过液压制动器来保证马达可靠地停转，如图 7-38 所示。

7.3.3　制动回路

制动回路使执行元件平稳地由运动状态转变为静止状态,同时对油路中出现的异常高压和负压作出迅速反应。要求制动时间尽可能短,冲击尽可能少。

图 7-39(a)为采用溢流阀的液压缸制动回路。在液压缸两侧油路上设置反应灵敏的小型直动式溢流阀 2 和 4。换向阀切换时,活塞在溢流阀 2 或 4 的调定压力值下实现制动。如活塞向右运动时换向阀突然由左位切换为中位时,液压缸右腔油液压力由于运动部件的惯性而突然升高,当压力超过阀 4 的调定压力时,阀 4 打开溢流,缓和了管路中的液压冲击,同时液压缸左腔通过单向阀 3 补油。活塞向左运动时原理相同,由溢流阀 2 和单向阀 5 起缓冲和补油作用。缓冲溢流阀 2 和 4 的调定压力一般比主油路溢流阀 1 的调定压力高 5%～10%。

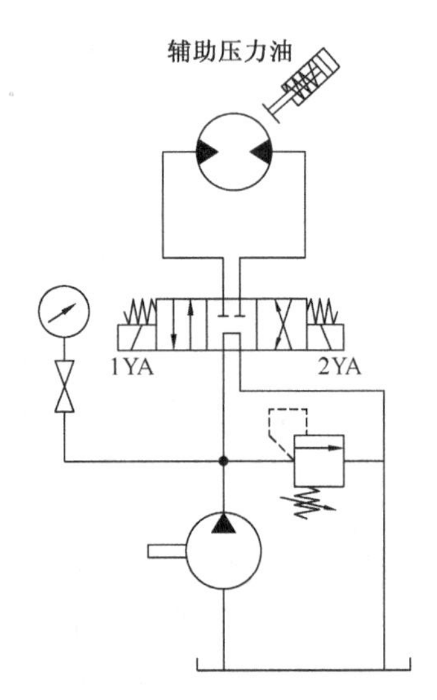

图 7-38　用制动器的马达锁紧回路

图 7-39(b)为采用溢流阀的液压马达制动回路。在液压马达的回路上串接一溢流阀 2。换向阀 4 电磁铁得电时,马达旋转其出口排油通过溢流阀 3 回油箱。背压阀调定压力一般为 0.3～0.7MPa。当制动时,让阀 4 的电磁铁失电,马达制动。由于惯性负载作用,马达将继续旋转并转为泵工况。马达的最大出口压力由溢流阀 2 限定,即出口压力超过阀 2 的调定压力时,该阀打开溢流,缓解管路中的液压冲击。此时泵通过阀 3 低压卸荷,并在马达制动时实现有压补油,使其不致吸空。溢流阀 2 的调定压力一般等于系统的额定工作压力。溢流阀 1 做安全阀使用。

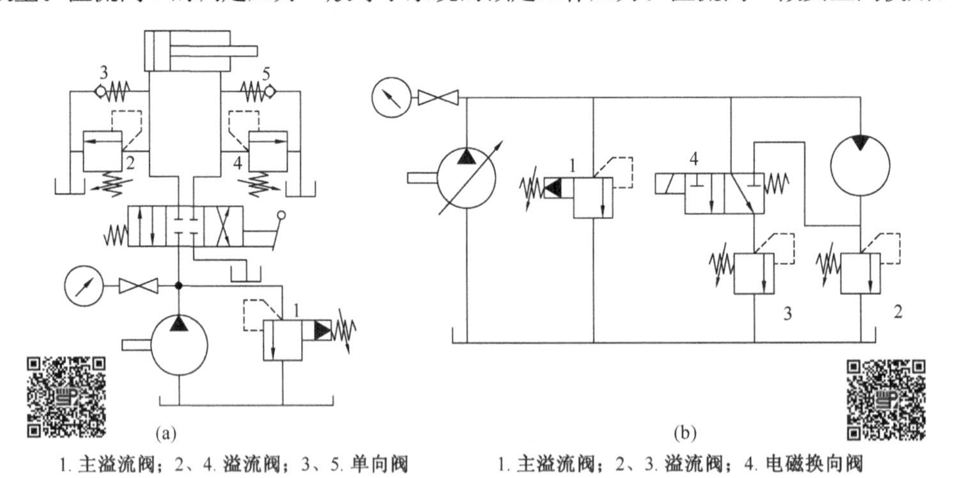

1. 主溢流阀；2、4. 溢流阀；3、5. 单向阀　　1. 主溢流阀；2、3. 溢流阀；4. 电磁换向阀

图 7-39　用溢流阀的制动回路

7.4　多执行元件控制回路

在液压系统中,如果一个油源给多个执行元件供油,各执行元件会因回路中压力、流量的相互影响而使其动作受到牵制。可以通过压力、流量、行程控制来实现多执行元件按预定的要求动作。

7.4.1　顺序动作回路

顺序动作是使几个执行元件严格按照预定顺序依次动作。按控制方式不同，分为压力控制和行程控制两种。

1. 压力控制顺序动作回路

利用液压系统工作过程中的压力变化来使执行元件按顺序先后动作是液压系统独具的控制特性。图 7-40 是用顺序阀控制的顺序回路。如果这是一个钻孔机床的液压系统，它的动作顺序是：①夹紧工件-②钻头进给-③钻头退出-④松开工件。首先换向阀 5 左位接入回路开始工作，夹紧缸 1 活塞向右运动，夹紧工件后回路压力升高到顺序阀 3 的调定压力，顺序阀 3 开启，缸 2 活塞向右运动进行钻孔。钻孔完毕，换向阀 5 右位接入回路，钻孔缸 2 活塞先退到左端点（钻头退回），回路压力升高，打开顺序阀 4，再使夹紧缸 1 活塞退回原位。

图 7-41 是用压力继电器控制换向阀电磁铁来实现顺序动作的回路。按启动按钮，电磁铁 1YA 得电，缸 1 活塞右行至终点后，回路压力升高，使压力继电器 1K 通电而让电磁铁 3YA 得电，缸 2 活塞右行至终点。按返回按钮，1YA、3YA 失电，4YA 得电，缸 2 活塞左行至原位后，回路压力升高，使压力继电器 2K 动作而让 2YA 得电，缸 1 活塞左行退回原位。

压力控制的顺序动作回路中，顺序阀或压力继电器的调定压力必须大于前一动作执行元件最高工作压力的 10%～15%，否则在管路中的压力冲击或波动下会造成误动作，引起事故。这种回路适用于系统中执行元件数目不多、负载变化不大的场合。

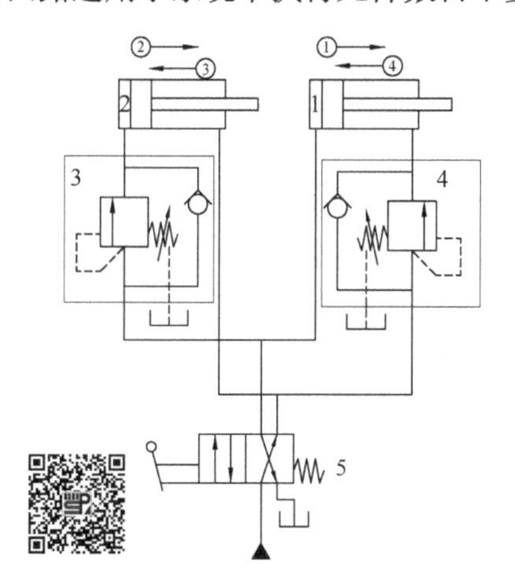

图 7-40　顺序阀控制顺序回路

1、2. 液压缸；3、4. 单向顺序阀；5. 换向阀

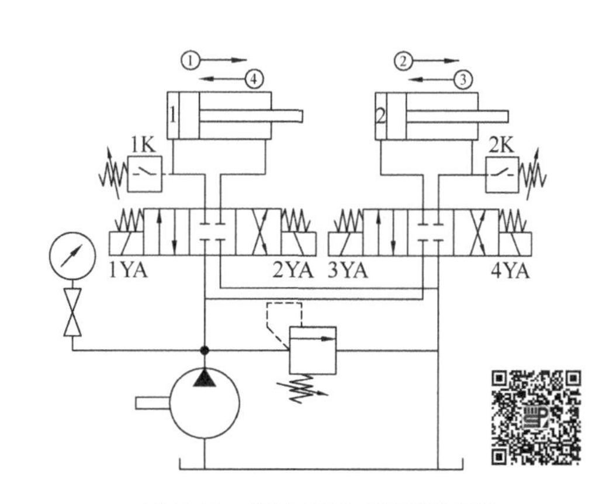

图 7-41　压力继电器控制回路

1、2. 液压缸

2. 行程顺序动作回路

图 7-42 是采用行程阀控制的顺序回路。图示位置两液压缸活塞均退至左端点。电磁换向阀 3 左位接入回路后，缸 1 活塞向右运动直至终点，活塞杆上挡块压下行程阀 4，缸 2 活塞向右运动直至终点，按下控制按钮使电磁阀 3 电磁铁失电，电磁阀右位接入回路，缸 1 活塞先退回，其挡块离开行程阀 4 后，缸 2 活塞退回。这种回路动作可靠，但要改变动作顺序难。

图 7-43 是采用行程开关控制电磁换向阀的顺序回路。按启动按钮，电磁铁 1YA 得电，缸 1 活塞向右运动直至活塞杆上的挡块压下行程开关 2S，使电磁铁 2YA 得电，缸 2 活塞向右运

动到终点后压下行程开关 3S，使 1YA 失电，缸 1 活塞向左退回，退回原位后压下行程开关 1S，使 2YA 失电，缸 2 活塞再退回。在这种回路中，调整挡块位置可调整液压缸的行程，通过电控系统可任意地改变动作顺序，方便灵活，应用广泛。

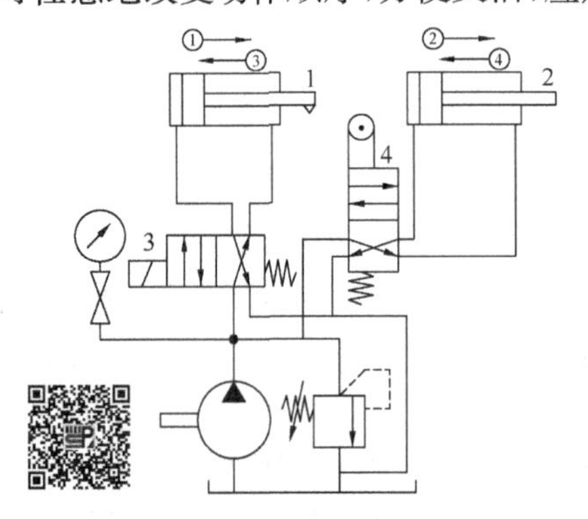

图 7-42　行程阀控制顺序动作回路

1、2. 液压缸；3. 电磁换向阀；4. 行程阀

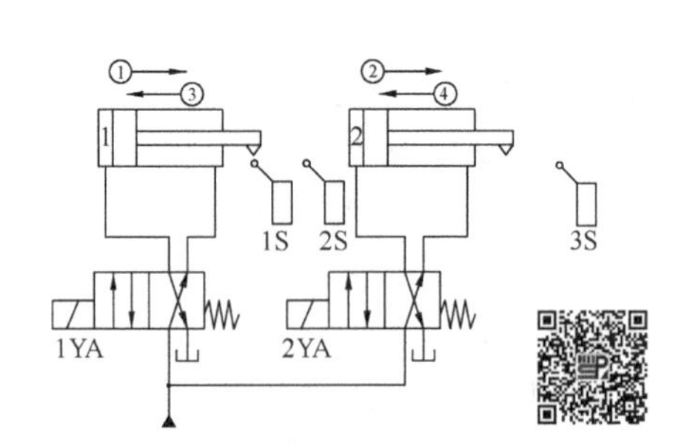

图 7-43　行程开关控制顺序回路

1、2. 液压缸

7.4.2　同步控制回路

同步控制回路是使系统中两个或两个以上执行元件克服负载、摩擦阻力、泄漏、制造质量和结构变形上的差异，而保证在运动上的同步。同步运动分为速度同步和位置同步两类。速度同步是指各执行元件的运动速度相等，而位置同步是指各执行元件在运动中或停止时都保持相同的位移量。严格地做到每瞬间速度同步，则也能保持位置同步。实际上同步回路多数采用速度同步。

1. 用流量控制阀的同步回路

在图 7-44 中，两个并联液压缸的进油路上分别串入一个调速阀，仔细调整两个调速阀的开口大小使其相等，从而控制进入两液压缸的流量，可使它们在一个方向上实现速度同步。这种回路结构简单，但调整比较麻烦，同步精度不高，不宜用于偏载或负载变化频繁的场合。采用分流集流阀（同步阀）代替调速阀来控制两液压缸的进入或流出的流量，可使两液压缸承受不同负载时仍能实现速度同步。由于同步作用靠分流阀自动调整，使用较为方便，但效率低，压力损失大，不宜用于低速系统。

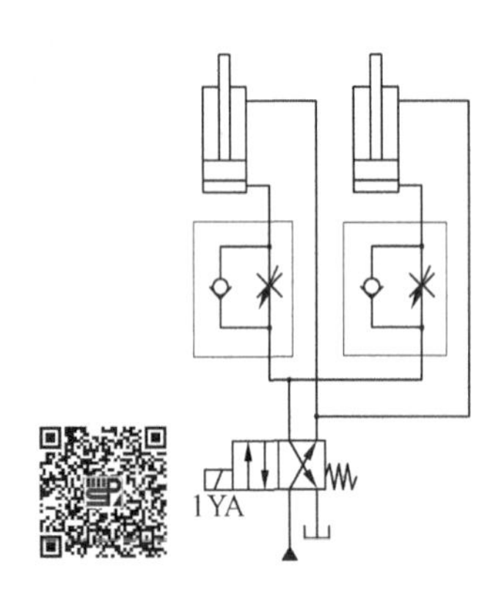

图 7-44　液压缸单侧节流同步回路图

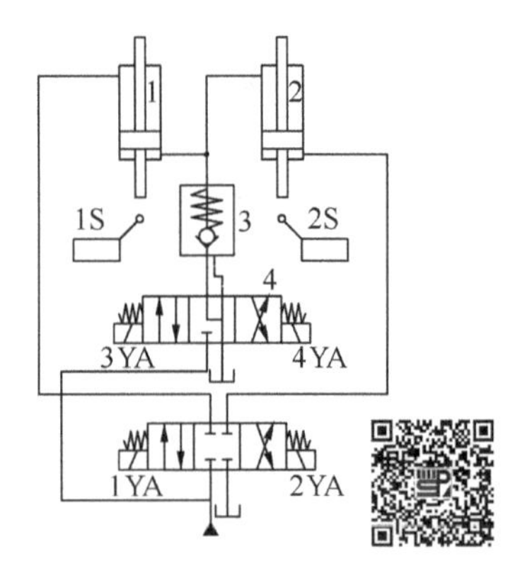

图 7-45　带补油装置的串联缸同步回路

1、2. 液压缸；3. 液控单向阀；4. 换向阀

2. 串联液压缸的同步回路

有效工作面积相等的两个液压缸串联起来可实现同步运动。这种回路允许较大偏载，因偏载造成的压差不影响流量的改变，只导致微量的压缩和泄漏，因此同步精度较高，回路效率也较高。这种情况泵的供油压力至少是两缸工作压力之和。由于制造误差、内泄漏及混入空气等因素的影响，经多次运行后，将积累为两缸显著的位置差别。为此，回路中应具有位置补偿装置，其原理如图7-45所示。当两缸活塞同时下行时，若缸1活塞先到达行程端点，则挡块压下行程开关1S，使电磁铁3YA得电，换向阀4左位接入回路，压力油经换向阀4和液控单向阀3进入缸2上腔，进行补油，使其活塞继续下行到达行程端点。如果缸2活塞先到达端点，行程开关2S使电磁铁4YA得电，换向阀4右位接入回路，压力油进入液控单向阀3的控制腔，打开阀3，缸1下腔与油箱接通，使其活塞继续下行到达行程端点，从而消除积累误差。

3. 用同步缸或同步马达的同步回路

图7-46是同步缸的同步回路。同步缸1是两个尺寸相同的缸体和两个活塞共用一个活塞杆的液压缸，活塞向左或向右运动时输出或接收相等容积的油液，在回路中起着配流的作用，使有效面积相等的两个液压缸实现双向同步运动。同步缸1的两个活塞上装有双作用单向阀2，可以在行程端点消除两液压缸的同步误差。当同步缸活塞向右运动到达端点时，顶开右侧单向阀，若某个液压缸(3或4)没有到达行程终点，压力油便可通过顶开的单向阀直接进入其上腔，使活塞继续下降到端点。同步缸可隔成多段，实现多液压缸的同步运动。

和同步缸一样，用两个同轴等排量双向液压马达作配油环节，输出相同流量的油液亦可实现两缸双向同步，原理如图7-47所示。由四个单向阀和一个溢流阀组成的交叉溢流补油回路可以在液压缸行程终点消除同步误差。

这种回路的同步精度比采用流量控制阀的同步回路高，但专用的配流元件带来了系统复杂、制作成本高等缺点。

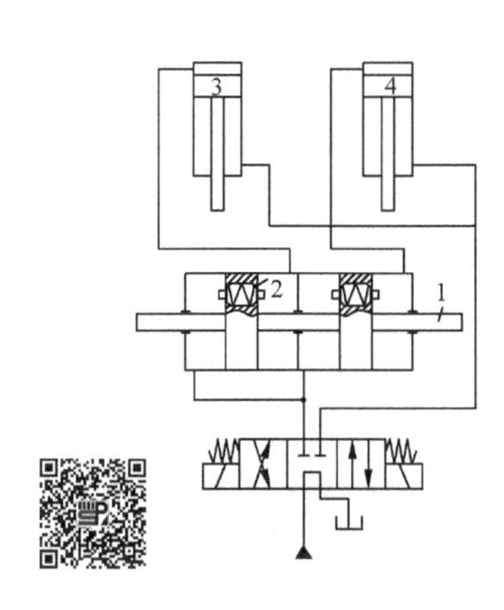

图7-46　同步缸同步回路

1. 同步缸；2. 单向阀；3、4. 液压缸

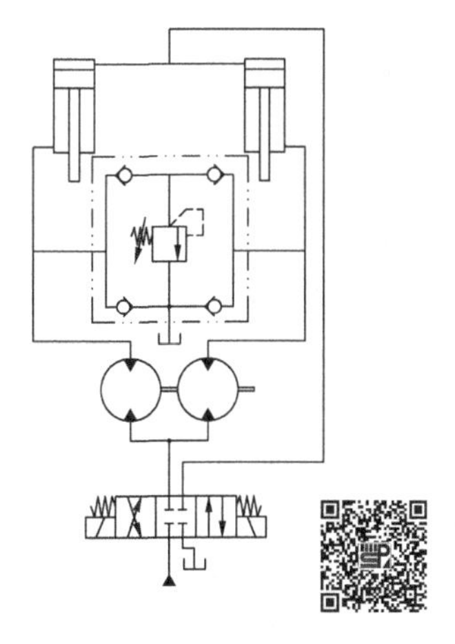

图7-47　同步液压马达同步回路

4. 用伺服阀的同步回路

当液压系统要求很高的同步精度时，必须采用比例阀或伺服阀的同步回路。采用伺服阀的同步回路可以随时调节进入液压缸的流量，同步精度可达 0.2mm，但系统复杂程度和造价更高。图 7-48 举了三个用伺服阀同步的例子。图 7-48(a)是采用电液伺服阀的同步回路，图 7-48(b)是采用等量分流集流的电液伺服同步阀的同步回路。在电液伺服阀同步回路中，设有活塞位置的检测元件和将检测信号进行比较、放大、反馈，并对电液伺服阀进行自动控制的电气装置。当两活塞位置出现不同步时，检测装置发出信号，经过放大后反馈到电液伺服阀，使之随时调节流量达到两活塞同步运行。图 7-48(c)是采用伺服阀放油的同步回路。回路中用分流集流阀进行粗略的同步控制，再经过张紧在滑轮组上的钢带推动差动变压器检测同步误差，经伺服放大器控制电液伺服阀，把超前的液压缸的进油路上的油液从伺服阀排放回油箱，从而确保精确同步。

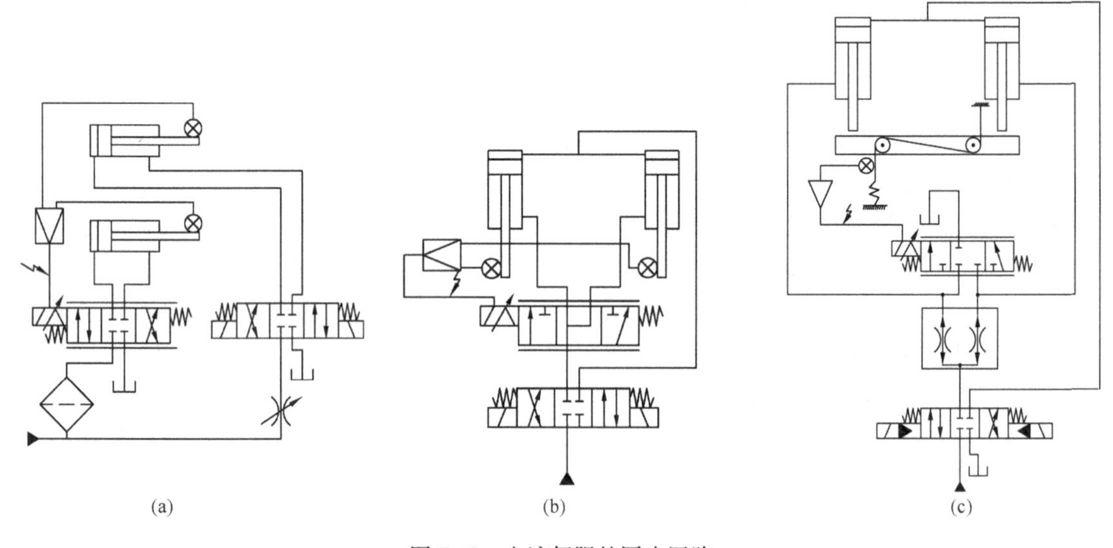

图 7-48　电液伺服的同步回路

7.4.3　互不干扰回路

在液压系统中，几个执行元件在完成各自工作循环时彼此互不影响，这样的回路就称为互不干扰回路。图 7-49 是通过双泵供油来实现多缸快慢速互不干扰的回路。泵 9 为小流量泵，负责两缸工进时的供油任务；泵 10 是大流量泵，负责两缸快进时的供油任务。液压缸 1 和 2 各自要完成“快进—工进—快退”的自动工作循环。当电磁铁 1YA、2YA 得电，两缸均由大流量泵 10 供油，并作差动连接实现快进。如果缸 1 先完成快进动作，挡块和行程开关使电磁铁 3YA 得电，1YA 失电，大泵进入缸 1 的油路被切断，而改为小流量泵 9 供油，由调速阀 7 控制工进速度，不受缸 2 快进的影响。当两缸均转为工进后，都由小流量泵 9 供油。若缸 1 先完成了工进，挡块和行程开关使电磁铁 1YA、3YA 都得电，缸 1 改由大流量泵 10 供油，使活塞快速返回，这时缸 2 仍由泵 9 供油继续完成工进，不受缸 1 影响。当所有电磁铁都失电时，两缸停止运动。此回路采用快、慢速运动分别由大、小泵供油，并由相应的电磁阀进行控制的方案来保证两缸快慢速运动互不干扰。

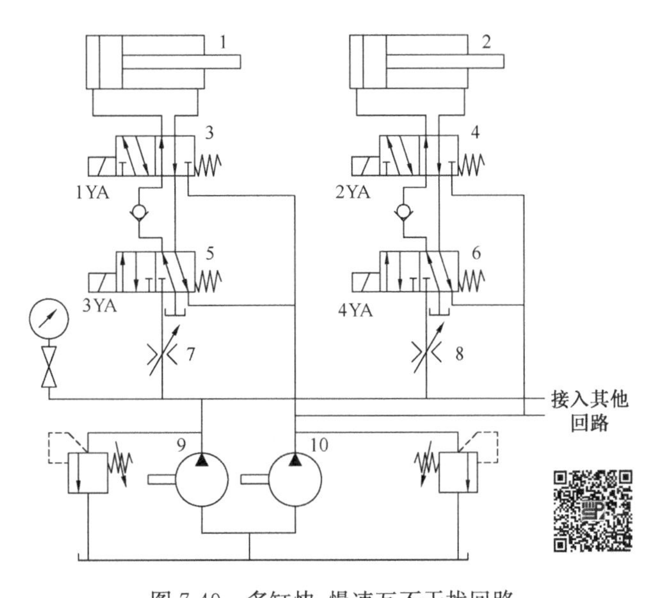

图 7-49　多缸快、慢速互不干扰回路

1、2. 液压缸；3～6. 电磁换向阀；7、8. 调速阀；9. 小流量泵；10. 大流量泵

7.4.4　多路换向阀控制回路

多路换向阀是若干单路换向阀、安全溢流阀、单向阀和补油阀等组合成的集成阀，具有结构紧凑、压力损失小、多位性能等优点，主要用于起重运输机械、工程机械及其他行走机械多个执行元件的运动方向和速度的集中控制。其操纵方式多为手动操纵，当工作压力较高时，采用液压阀先导操纵。按多路换向阀的连接方式分为串联、并联、串并联三种基本油路。

1. 串联油路

如图 7-50(a)所示，多路换向阀内第一连滑阀的回油为下一连的进油，依次连接直到最后一连滑阀。串联油路的特点是工作时可以实现两个以上执行元件的复合动作，这时泵的工作压力等于同时工作的各执行元件负载的总和。但外负载较大时，串联的执行元件很难实现复合运动。

2. 并联油路

如图 7-50(b)所示，从多路换向阀进油口来的压力油可直接通到各连滑阀的进油腔，各连滑阀的回油腔又都直接与总回油路相连。并联油路的多路换向阀既可控制执行元件单动，又可实现复合动作。复合运动时，若各执行元件的负载相差很大，则负载小的先动，复合动作成为顺序动作。

3. 串并联油路

如图 7-50(c)所示，按串并联油路连接的多路换向阀每一连的进油腔都与前一连滑阀的中位回油通道相通，每一连滑阀的回油腔则直接与总回油口相连，即各滑阀的进油腔串联，回油腔并联。当一个执行元件工作时，后面的执行元件的进油道被切断。因此多路换向阀中只能有一个滑阀工作。各滑阀之间具有互锁功能，各执行元件只能实现单动。

当多路换向阀的连数较多时，常采用上述三种油路连接形式的组合，称为复合油路连接。

无论多路换向阀是何种连接方式,在各个执行元件都处于停止位置时,液压泵可通过各连滑阀的中位各自卸荷,而当任一执行元件要求工作时,液压泵又立即恢复供应压力油。

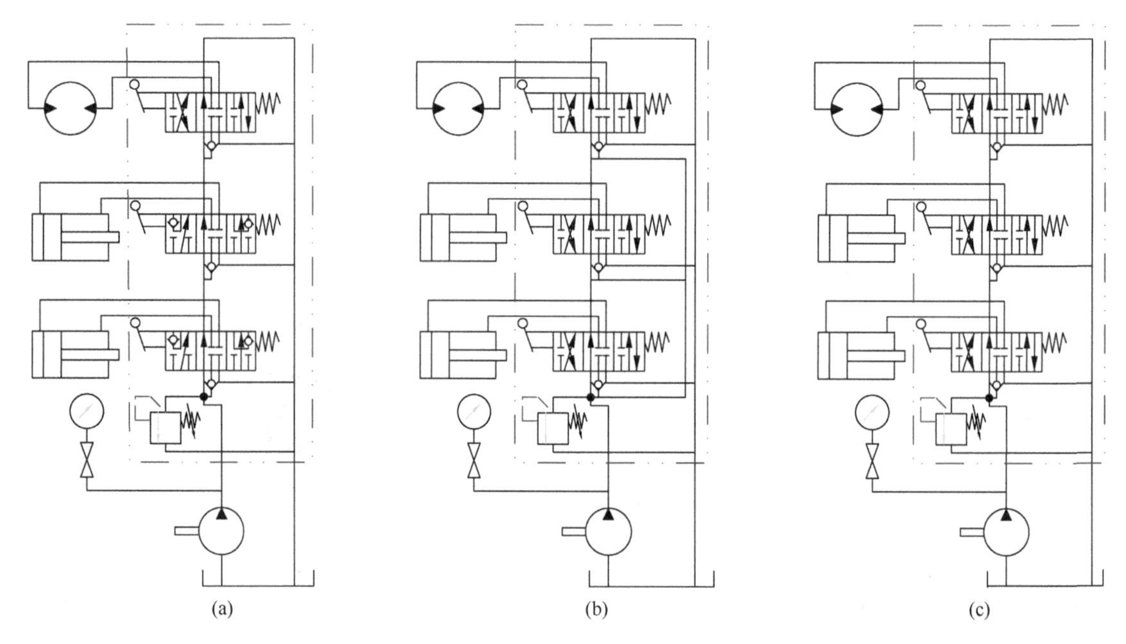

图 7-50　多路换向阀控制回路

思考题与习题

7-1　试用一个先导型溢流阀、两个远程调压阀和两个二位电磁滑阀组成一个三级调压且能卸荷的回路,画出回路图并简述工作原理。

7-2　题 7-2 图所示液压系统中,液压缸的有效工作面积 $A_{\text{I}1}=A_{\text{II}1}=100\text{cm}^2$,$A_{\text{I}2}=A_{\text{II}2}=50\text{cm}^2$,缸Ⅰ工作负载 $F_{\text{LI}}=45000\text{N}$,缸Ⅱ工作负载 $F_{\text{LII}}=25000\text{N}$,溢流阀、顺序阀和减压阀的调整压力分别为 5MPa、4MPa 和 3MPa,不计摩擦阻力、惯性、管路及换向阀的压力

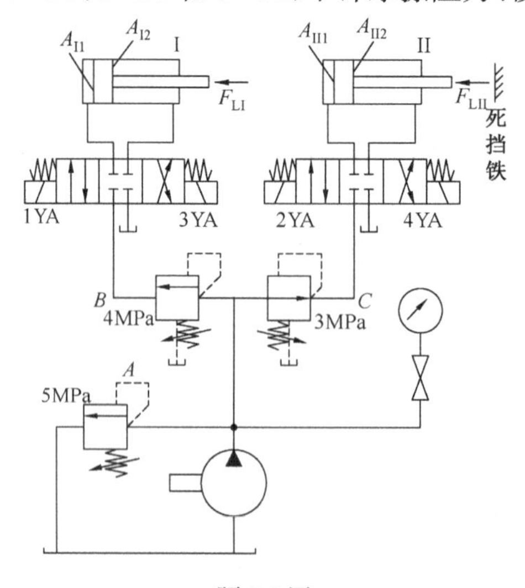

题 7-2 图

损失，求下列三种工况下 A、B、C 三处的压力 p_A、p_B、p_C。(1)液压泵启动后，两换向阀处于中位；(2)2YA 得电，缸Ⅱ工进时及前进碰到死挡铁时；(3)2YA 失电、1YA 得电，缸Ⅰ运动时及到达终点后突然失去负载时。

7-3　题 7-3 图所示夹紧回路中，如溢流阀调定压力 $p_Y=5\text{MPa}$，减压阀调定压力 $p_j=2.5\text{MPa}$，试分析：(1)夹紧缸在未夹紧工件前作空载运动时 A、B、C 三点压力各为多少？(2)夹紧缸夹紧工件后，泵的出口压力为 5MPa 时，A、C 点压力各为多少？(3)夹紧缸夹紧工件后，因其他执行元件的快进使泵的出口压力降至 1.5MPa 时，A、C 点压力各为多少？

7-4　题 7-4 图所示液压系统中，立式液压缸活塞与运动部件的重力为 G，两腔面积分别为 A_1 和 A_2，泵 1 和泵 2 最大工作压力为 p_1、p_2，若忽略管路上的压力损失，问：(1)阀 4、5、6、9 各是什么阀？它们在系统中各自的功用是什么？(2)阀 4、5、6、9 的压力应如何调整？(3)这个系统由哪些基本回路组成？

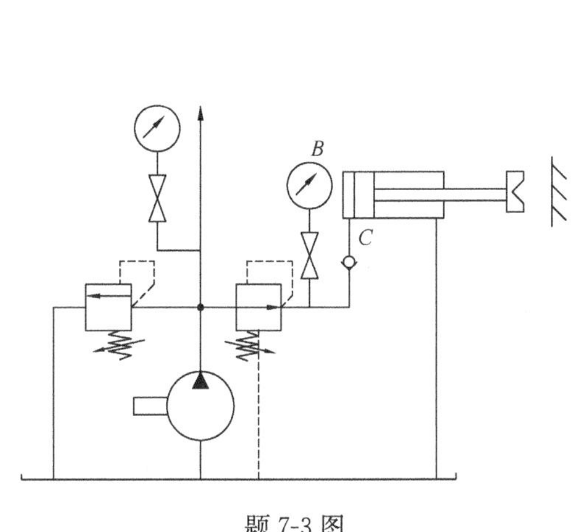

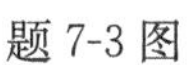
题 7-3 图

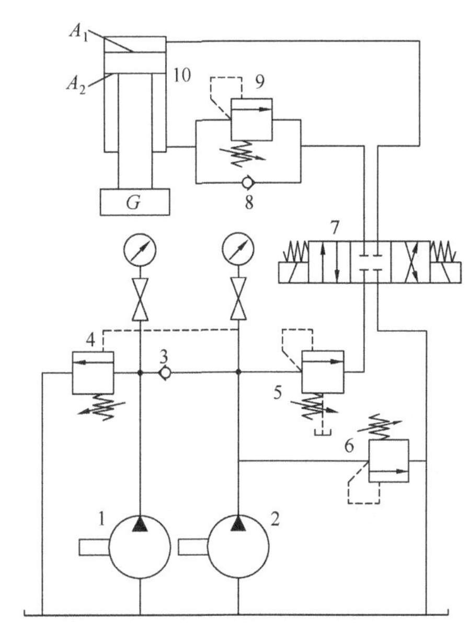

题 7-4 图

7-5　试推导采用节流阀的回油路节流调速回路的速度负载特性、速度刚度及效率的表达式，其已知条件如题 7-5 图所示。

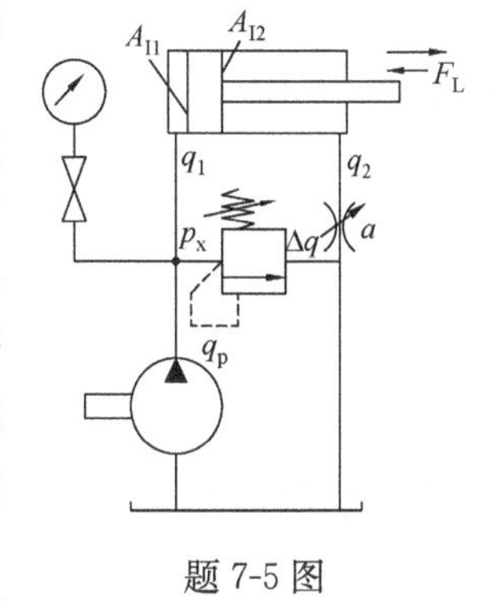

题 7-5 图

7-6　题 7-6 图所示为某专用铣床液压系统，已知：泵的输出流量 $q_p=30\text{L/min}$，溢流阀调定压力 $p_Y=2.4\text{MPa}$，液压缸两腔作用面积分别为 $A_{I1}=50\text{cm}^2$，$A_{I2}=25\text{cm}^2$，切削负载 $F_L=9000\text{N}$，摩擦负载 $F_f=1000\text{N}$，切削时通过调速阀的流量为 $q_i=1.2\text{L/min}$，若忽略元件的泄漏和压力损失，试求：(1)活塞快速趋近工件时，活塞的快进速度 v_1 及回路的效率 η_1；(2)切削进给时，活塞的工进速度 v_2 及回路的效率 η_2。

7-7　在题 7-7 图所示的旁油路节流调速回路中，已知泵的流量 $q_p=10\text{L/min}$，液压缸有效作用面积 $A_{I1}=2A_{I2}=50\text{cm}^2$，工作负载 $F_L=10000\text{N}$，溢流阀调

定压力 $p_Y=2.4\text{MPa}$，通过节流阀的流量 $q=C_a\sqrt{\frac{2}{\rho}\Delta p}$，式中 $C_a=0.62$，$\rho=870\text{kg/m}^3$，试求：(1)当节流阀开口面积 $a=0.01\text{cm}^2$ 时，活塞的运动速度和液压泵的工作压力；(2)当节流阀开口面积 $a=0.05\text{cm}^2$ 时，活塞的运动速度和液压泵的工作压力。

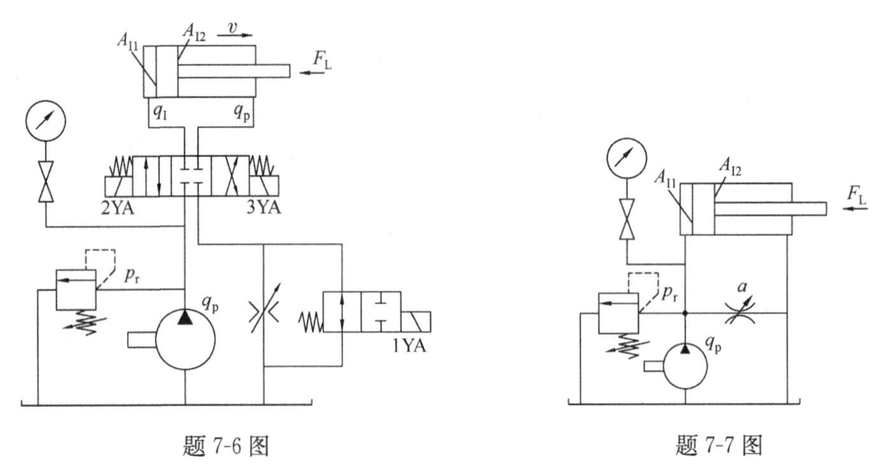

题 7-6 图　　　　题 7-7 图

7-8　在变量泵—定量马达回路中，已知变量泵转速 $n_p=1500\text{r/min}$，排量 $V_{pmax}=8\text{mL/r}$，定量马达排量 $V_m=10\text{mL/r}$，安全阀调整压力 $p_Y=40\times10^5\text{Pa}$，设泵和马达的容积效率与机械效率 $\eta_{pv}=\eta_{pm}=\eta_{mv}=\eta_{mm}=0.95$，试求：(1)马达转速 $n_m=1000\text{r/min}$ 时泵的排量；(2)马达负载转矩 $T_m=8\text{N}\cdot\text{m}$ 时马达的转速 n_m；(3)泵的最大输出功率。

7-9　画出限压式变量泵与安装在回油路上的节流阀组成的容积调速回路原理图，分析说明其工作原理。

7-10　为什么在图 7-33 所示的两个调速阀串联实现两次进给速度换接的回路中，前一个调速阀的开口面积必须大于后一个调速阀的开口面积？如要求该回路在不增加调速阀的条件下实现三种进给速度换接，回路应作什么改进？

7-11　图 7-37 所示的锁紧回路中，为什么要求换向阀的中位机能为 H 型或 Y 型？若采用 M 型，会出现什么问题？

7-12　图 7-40 所示的顺序控制回路中，顺序阀 3 能否改为外控式？绘图予以说明。

7-13　题 7-13 图所示液压系统的工作循环为快进→工进→死挡铁停留→快退→原位停止，其中压力继电器用于死挡铁停留时发令，使 2YA 得电，然后转为快退，问：

(1)压力继电器的动作压力如何确定？

(2)若回路改为回油路节流调速，压力继电器应如何安装？说明其动作原理。

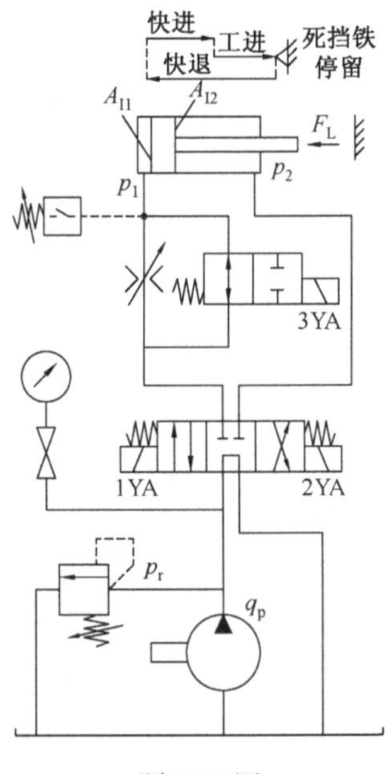

题 7-13 图

7-14　如果只考虑防止干扰，将图 7-49 所示回路改为两液压缸分别由各自的油源供油似乎更好，你以为如何？比较一下这两种方案的优缺点。

第 8 章　典型液压系统

8.1　液压压力机液压系统

8.1.1　概述

液压机是一种可用于加工金属、塑料、木材、皮革、橡胶等各种材料的压力加工机床，能完成锻压、冲压、折边、冷挤、校直、弯曲、成形、打包等多种工艺，具有压力和速度可大范围无级调整、可在任意位置输出全部功率和保持所需压力等许多优点，因而用途十分广泛。

液压机的结构形式很多，最常见的为三梁四柱式液压机，通常由横梁、立柱、工作台、滑块和顶出机构等部件组成。液压机的主运动为滑块和顶出机构的运动。滑块由主液压缸(上缸)驱动，顶出机构由辅助液压缸(下缸)驱动，其典型工作循环如图 8-1 所示。液压机液压系统的特点是压力高、流量大、功率大，以压力的变换和控制为主。

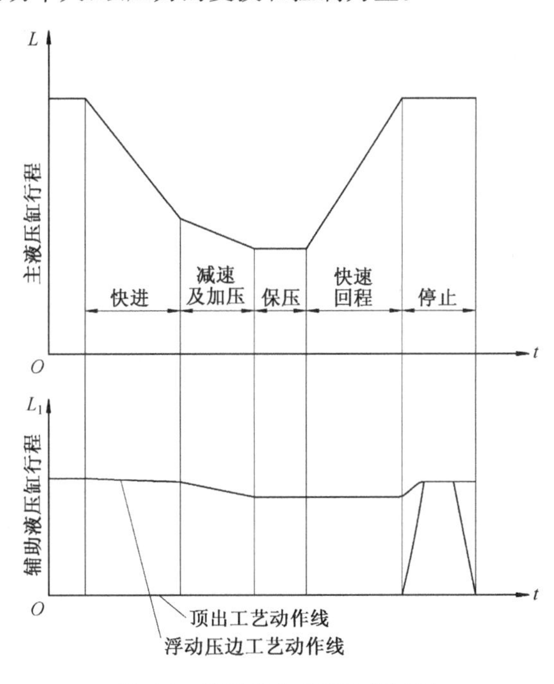

图 8-1　液压机的典型工作循环

8.1.2　工作原理

3150kN 插装阀式液压机的液压系统图和电磁铁动作顺序表分别如图 8-2 和表 8-1 所示。由图可见，这台液压机的主液压缸(上缸)能实现“快速下行→慢速下行、加压→保压→释压→快速返回→原位停止”的动作循环；辅助液压缸(下缸)能实现“向上顶出→向下退回→原位停止”的动作循环。该液压机液压控制系统采用二通插装阀构成。

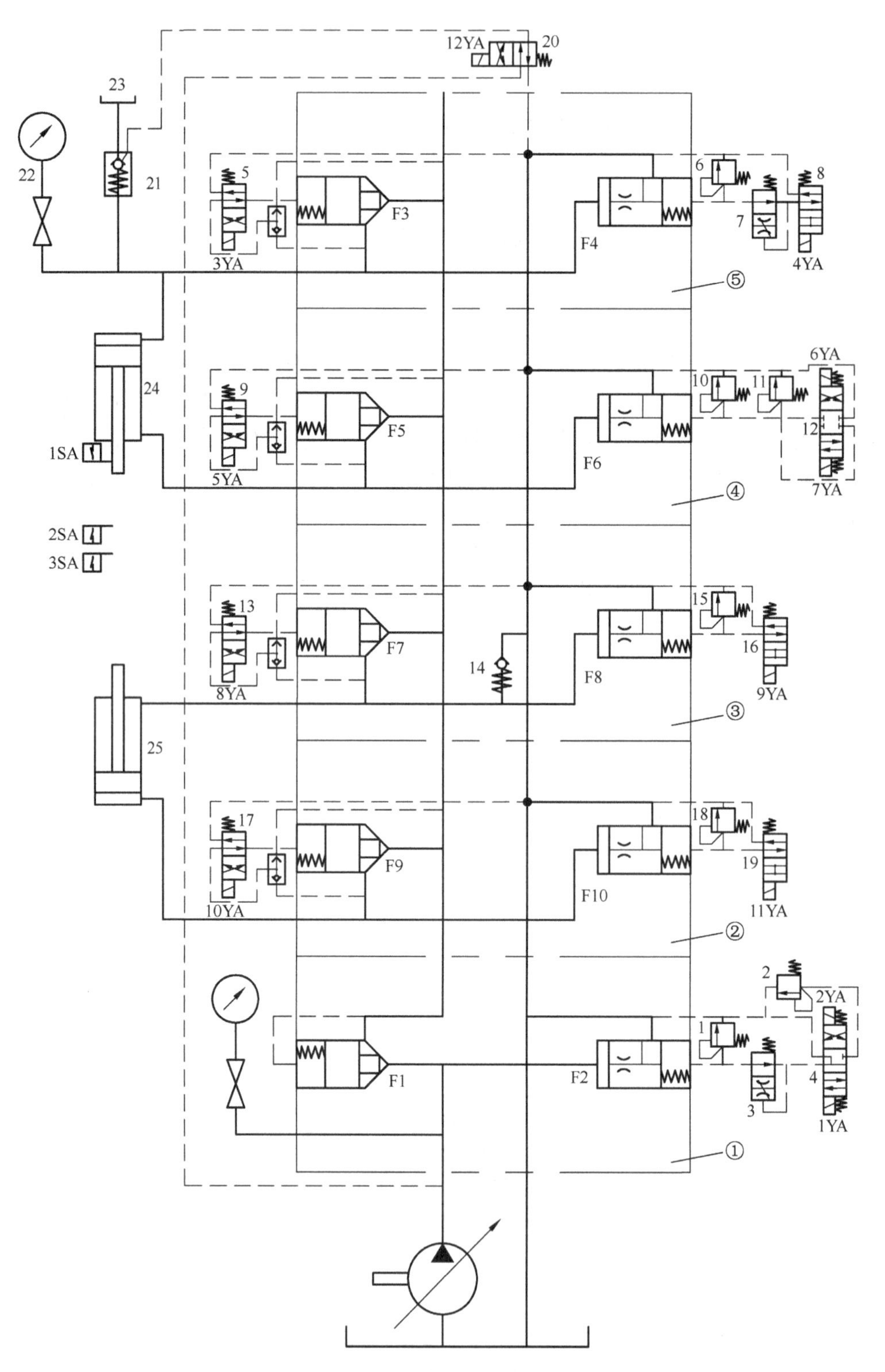

图 8-2　3150kN 插装阀式液压机系统原理图

1、2、6、10、11、15、18. 调压阀；3、7. 缓冲阀；5、8、9、13、16、17、19、20. 二位四通电磁阀；4、12. 三位四通电磁阀；14. 单向阀；21. 液控单向阀；22. 电接点压力表；23. 充液油箱；24. 主液压缸；25. 辅助液压缸

表 8-1　3150kN 插装阀式液压机液压系统电磁铁动作顺序表

动作程序		1YA	2YA	3YA	4YA	5YA	6YA	7YA	8YA	9YA	10YA	11YA	12YA
主液压缸	快速下行	+		+			+						
	慢速下行，加压	+		+				+					
	保压												
	释压				+								
	快速返回		+		+	+							+
	原位停止												
辅助液压缸	向上顶出		+							+	+		
	向下退出		+						+			+	
	原位停止												

注："+"表示电磁铁带电。

液压机的液压系统实现空载启动：按下启动按钮后，液压泵启动，此时所有电磁阀的电磁铁都处于断电状态，于是，三位四通电磁阀 4 处在中位。插装阀 F2 的控制腔经阀 3、阀 4 与油箱相通，阀 F2 在很低的压力下被打开，液压泵输出的油液经阀 F2 直接回油箱。

1. 主液压缸工作状况

1)快速下行

液压泵启动后，按下工作按钮，电磁铁 1YA、3YA、6YA 通电，使阀 4 和阀 5 下位工作，阀 12 上位工作。因而阀 F2 控制腔与调压阀 2 相连，阀 F3 和阀 F6 的控制腔则与油箱相通，所以阀 F2 关闭，阀 F3 和 F6 打开，液压泵向系统输油。油液经阀 F1、阀 F3 到主液压缸上腔。主液压缸下腔回油经阀 F6 回油箱。液压机上滑块在自重作用下会迅速下降，液压泵的流量较小，主液压缸上腔产生负压，这时液压机顶部的充液油箱 23 通过充液阀 21 向主液压缸上腔补油。

2)慢速下行

当滑块以快速下行至一定位置，滑块上的挡块压下行程开关 2SA 时，电磁铁 6YA 断电，7YA 通电，使阀 12 下位工作，插装阀 F6 的控制腔与调压阀 11 相连，主液压缸下腔的油液经过阀 F6 在阀 11 的调定压力下溢流，因而下腔产生一定背压，上腔压力随之增高，使充液阀 21 关闭。进入主液压缸上腔的油液仅为液压泵的流量，滑块慢速下行，其速度由泵流量决定。

3)加压

当滑块慢速下行碰上工件时，主液压缸上腔压力升高，恒功率变量液压泵输出的流量自动减小，对工件进行加压。当压力升至调压阀 2 调定压力时，液压泵输出的流量全部经阀 F2 溢流回油箱，没有油液进入主液压缸上腔，滑块便停止运动。

4)保压

当主液压缸上腔压力达到所要求的工作压力时，电接点压力表 22 发出信号，使电磁铁 1YA、3YA、7YA 全部断电，因而阀 4 和阀 12 处于中位，阀 5 上位工作；阀 F3 控制腔通压力油，阀 F6 控制腔被封闭，阀 F2 控制腔通油箱。所以，阀 F3、F6 关闭，阀 F2 打开，这样，主液压缸上腔闭锁，对工件实施保压，液压泵输出的油液经阀 F2 直接回油箱，液压泵卸荷。

5)释压

主液压缸上腔保压一段所需时间后，时间继电器发出信号，使电磁铁 4YA 通电，阀 8 下位工作，于是，插装阀 F4 的控制腔通过缓冲阀 7 及阀 8 与油箱连通。由于缓冲阀 7 节流口的作用，阀 F4 缓慢打开，从而使主液压缸上腔的压力慢慢释放，系统实现无冲击释压。

6)快速返回

主液压缸上腔压力降低到一定值后,电接点压力表 22 发出信号,使电磁铁 2YA、4YA、5YA、12YA 都通电,于是,阀 4 上位工作,阀 8 和阀 9 下位工作,阀 20 左位工作;阀 F2 的控制腔被封闭,阀 F4 和阀 F5 的控制腔都通油箱,充液阀 21 的控制腔通压力油。因而阀 F2 关闭,阀 F4、F5 和阀 21 打开。液压泵输出的油液全部进入主液压缸下腔,由于下腔有效面积较小,主液压缸快速返回。此时主液压缸上腔油液经阀 F4 回油箱,也经阀 21 回充液油箱。

7)原位停止

当主液压缸快速返回到达终点时,滑块上的挡块压下行程开关 1XK 让其发出信号,使所有电磁铁都断电,于是全部电磁阀都处于原位;阀 F2 的控制腔依靠阀 4 的 d 型中位机能与油箱相通,阀 F5 的控制腔与压力油相通。因而,阀 F2 打开,液压泵输出的油液全部经阀 F2 回油箱,液压泵处于卸荷状态;阀 F5 关闭,封住压力油流向主液压缸下腔的通道,主液压缸停止运动。

2. 辅助液压缸工作状况

1)顶出

工件压制完毕后,按下顶出按钮,使电磁铁 2YA、9YA 和 10YA 都通电,于是阀 4 上位工作,阀 16、17 下位工作;阀 F2 的控制腔被封死,阀 F8 和阀 F9 的控制腔通油箱。因而阀 F2 关闭,阀 F8、F9 打开,液压泵输出的油液进入辅助液压缸下腔,实现向上顶出。

2)退回

按下退回按钮,使 9YA、10YA 断电,8YA、11YA 通电,于是阀 13、19 下位工作,阀 16、17 上位工作;阀 F7、F10 的控制腔与油箱相通,阀 F8 的控制腔被封死,阀 F9 的控制腔通压力油。因而,阀 F7、F10 打开,阀 F8、F9 关闭。液压泵输出的油液进入辅助液压缸上腔,其下腔油液回油箱,实现向下退回。

3)原位停止

辅助液压缸到达下终点后,使所有电磁铁都断电,各电磁阀均处于原位;阀 F8、F9 关闭,阀 F2 打开。因而辅助液压缸上、下腔油路闭锁,实现原位停止,液压泵经阀 F2 卸荷。

8.1.3　技术特点

综上可知,该液压机液压系统主要由压力控制回路、换向回路、快慢速转换回路和释压回路等组成,并采用二通插装阀集成化结构。因此,可以归纳出这台液压机液压系统的以下一些性能特点。

(1)系统采用高压大流量恒功率(压力补偿)变量液压泵供油,并配以由调压阀和电磁阀构成的电磁溢流阀,使液压泵空载启动,主、辅液压缸原位停止时液压泵均卸荷,这样既符合液压机的工艺要求,又节省能量。

(2)系统采用密封性能好、通流能力大、压力损失小的插装阀组成液压系统,具有油路简单、结构紧凑、动作灵敏等优点。

(3)系统利用滑块的自重实现主液压缸快速下行,并用充液阀补油,使快动回路结构简单,使用元件少。

(4)系统采用由可调缓冲阀 7 和电磁阀 8 组成的释压回路,来减少由“保压”转为“快退”时的液压冲击,使液压机工作平稳。

(5)系统在液压泵的出口设置了单向阀和安全阀,在主液压缸和辅助液压缸的上、下腔的进出油路上均设有安全阀；另外，在通过压力油的插装阀 F3、F5、F7、F9 的控制油路上都装有梭阀。这些多重保护措施保证了液压机的工作安全可靠。

8.2　SZ-250/160 注塑机液压系统

8.2.1　概述

注塑机是塑料注射成型机的简称，是热塑性塑料制品的成型加工设备。它将颗粒塑料加热熔化后，高压快速注入模腔，经一定时间的保压，冷却后成型为塑料制品。由于注塑机具有复杂制品一次成型的能力，因此在塑料机械中，它的应用最广。注塑机一般由合模部件、注射部件、液压传动与控制系统及电气控制部分等组成。注塑机的一般工艺过程如图 8-3 所示。

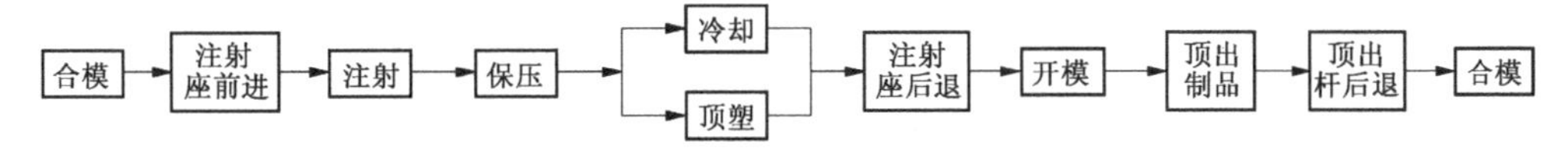

图 8-3　注塑机的工作循环图

8.2.2　工作原理

图 8-4 为 SZ-250/160 型塑料注射成型机液压系统原理图。该注塑机采用了液压-机械式合模机构。合模液压缸通过对称五连杆机构，推动模板进行开模与合模。连杆机构具有增力

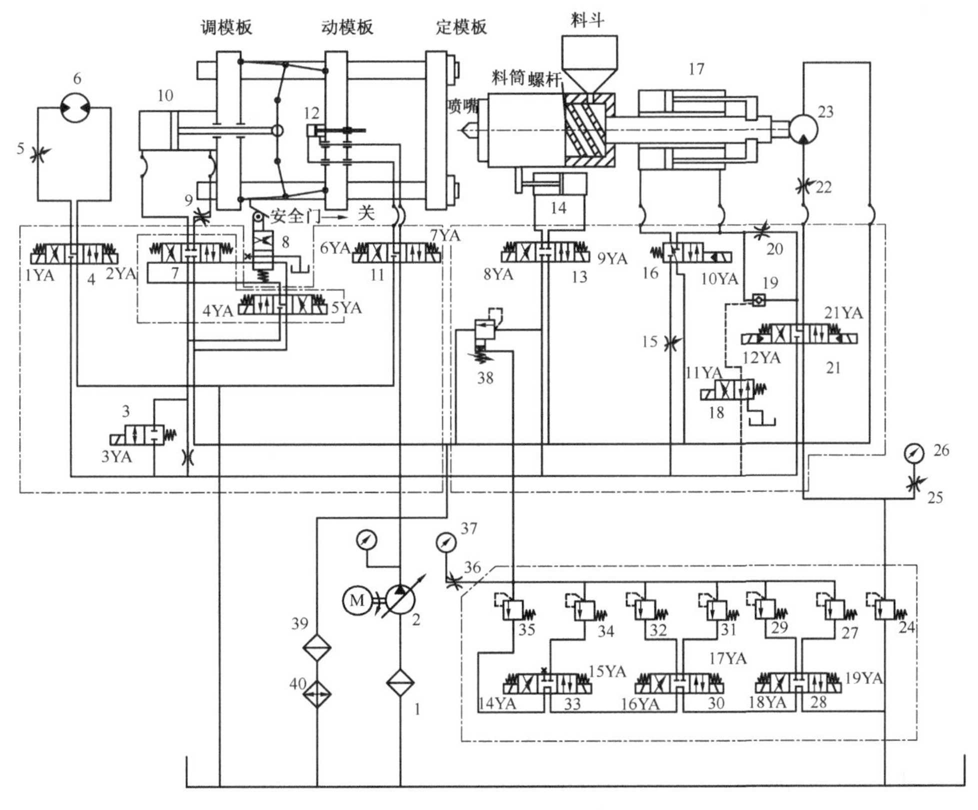

图 8-4　注塑机液压系统原理图

1. 过滤器；2. 液压泵；3. 两位两通换向阀；4、11. Y 型换向阀；5、9、15、20、22、25、36. 节流阀；6、23. 液压马达；7. 液动阀；8. 行程换向阀；10. 合模缸；12. 顶出缸；13. O 型换向阀；14. 注射座液压缸；16. 两位四通换向阀；17. 注射缸；18. 控制油换向阀；19. 液控单向阀；21. 电液换向阀；24、27、29、31、32、34、35、38. 溢流阀；25. ；26、37 压力表；28、30、33. 调压换向阀；39. 过滤器；40. 冷却器

和自锁作用，依靠连杆弹性变形所产生的预紧力来保证所需的合模力。液压系统多级压力通过多个远程调压阀获得，压力值大小由压力表 26、37 显示。多级速度是靠变量泵和节流阀组合而获得的。表 8-2 是 SZ-250/160 型注塑机动作循环及电磁铁动作顺序表。其工作情况如下。

表 8-2　注塑机动作循环及电磁铁动作顺序

动作循环		电磁铁																		
		1YA	2YA	3YA	4YA	5YA	6YA	7YA	8YA	9YA	10YA	11YA	12YA	13YA	14YA	15YA	16YA	17YA	18YA	19YA
合模	快速			+		+														+
	慢速、低压					+														
	慢速、高压					+										+				
注射座前移									+									+		
注射	慢速								+			+		+			+			
	快速								+					+			+			
	慢速								+			+		+			+			
保压									+					+			+		+	
预塑									+				+		+					
防流涎									+		+							+		
注射座后退										+								+		
开模	慢速				+											+				
	快速			+	+															+
	慢速				+															
顶出缸	前进							+										+		
	后退						+											+		
装模	开模				+															+
	合模					+														+
调模	调开	+																+		
	调闭		+															+		

注："＋"表示电磁铁带电。

1. 关闭安全门

为确保安全，所有注塑机都设有安全门。关闭安全门后，行程换向阀 8 下位工作，合模缸 10 才能动作，可以开始工作循环。

2. 合模

1）快速合模

电磁铁 19YA、3YA、5YA 通电，系统压力由阀 29 调节。液压油经阀 3、阀 7 至合模缸 10 左腔，右腔油经阀 7、过滤器 39、冷却器 40 流回油箱。

2）慢速、低压合模

电磁铁 5YA 通电，系统压力由低压远程调压阀 35 控制。由于是低压合模，缸的推力较小，即使在两个模板间有硬质异物，继续合模也不致损坏模具表面，从而起保护模具的作用。合模缸的速度受固定节流孔控制。

3)高压合模

电磁铁 5YA、15YA 通电，系统压力由高压溢流阀 38 控制。利用高压油来进行高压合模，模具闭合并使连杆产生弹性变形，从而牢固地锁紧模具。

3. 注射座前进

电磁铁 8YA、17YA 通电，系统压力由阀 32 调节。液压油经阀 13 至液压缸 14 右腔。左腔油经阀 13、过滤器 39、冷却器 40 流回油箱。

4. 注射

注射过程按慢速、快速、慢速三种速度进行。快速、慢速注射时的系统压力均由阀 31 来调节。

1)慢速注射

电磁铁 8YA、11YA、13YA、16YA 通电。液压油经阀 21、阀 20 至注射缸 17 右腔。左腔油经阀 16、过滤器 39、冷却器 40 流回油箱。

2)快速注射

电磁铁 8YA、13YA、16YA 通电。液压油经阀 21、阀 19 至注射缸 17 右腔。左腔油经阀 16 流回油箱。

5. 保压

电磁铁 8YA、13YA、18YA 通电，系统压力由阀 27 控制。保压时只需要极少的油液，液压泵 2 处于高压、小流量状态下运转。

6. 预塑

保压完毕，从料斗加入的物料随着螺杆的旋转被带至料筒前端，进行加热熔化，并在螺杆头部逐渐建立起一定压力。当此压力足以克服注射缸活塞退回的背压阻力时，螺杆开始后退。后退到预定位置，即螺杆头部融料达到所需注射量时，螺杆停止后退和转动，准备下一次注射。与此同时，模腔内的制品冷却成型。螺杆转动由液压马达 23 驱动。螺杆后退时，注射缸右腔油液经单向顺序阀 19、阀 21、阀 24 回油箱，其背压由阀 24 调节。同时注射液压缸左腔形成真空，依靠阀 16 与油箱相连进行补油。

电磁铁 8YA、12YA、14YA 通电。液压油经阀 21、节流阀 22 至液压马达 23。

7. 防流涎

电磁铁 8YA、10YA、17YA 通电，系统压力由阀 32 调节。液压油经阀 16 至注射缸 17 左腔。右腔油经阀 16 流回油箱。

8. 注射座后退

电磁铁 9YA、17YA 通电，系统压力由阀 32 调节。液压泵输出的压力油经阀 13 进入注射座液压缸 14 的左腔，右腔通油箱，使注射座后退。

9. 开模

(1)慢速开模。电磁铁 4YA、15YA 通电,系统压力由阀 38 限定。液压油经固定节流通L、阀 7、阀 9 至合模缸 10 右腔,左腔油经阀 7 流回油箱。

(2)快速开模。电磁铁 3YA、4YA、19YA 通电,系统压力由阀 29 控制。液压油经阀 3、阀 7、阀 9 至合模缸 10 右腔,左腔油经阀 7 流回油箱。

10. 顶出

(1)顶出缸前进。电磁铁 7YA、17YA 通电。系统压力由阀 32 调定。液压油经阀 11 至顶出缸 12 左腔,右腔油经阀 11 流回油箱。

(2)顶出缸后退。电磁铁 6YA、17YA 通电。液压油经阀 11 至顶出缸 12 右腔,左腔油经阀 11 流回油箱。

11. 装模

安装、调整模具时,采用的是低压、慢速开、合动作。

(1)开模。电磁铁 4YA、19YA 通电,系统压力由阀 29 调节,液压泵 2 输出的压力油经阀 7、阀 9 进入合模缸 10 的右腔,使模具打开。

(2)合模。电磁铁 5YA、19YA 通电,系统压力由阀 29 调节,液压泵输出的压力油使合模缸合模。

12. 调模

调模采用液压马达 6 来进行,液压泵输出的压力油驱动液压马达旋转,传动到中间一个大齿轮(图 8-4 中未示出),再带动四根拉杆上的齿轮螺母同步转动,通过齿轮螺母移动调模板,从而实现调模动作,另外还有手动调模,只要扳手动齿轮,便能实现调模板进退动作,但移动量很小(0.1 mm),所以手动调模只作微调用。

(1)调开。电磁铁 1YA、17YA 通电,系统压力由阀 32 控制。液压油经阀 4 至液压马达 6 右腔,液压马达 6 左腔油经节流阀 5、阀 4 流回油箱。

(2)调闭。电磁铁 2YA、17YA 通电。液压油流动状态与上述过程相反。

8.2.3 技术特点

(1)系统采用了液压-机械式合模机构,合模液压缸通过增力和具有自锁作用的五连杆机构进行合模和开模,这样可使合模缸压力相应减小,且合模平稳、可靠。最后合模是依靠合模液压缸的高压,使连杆机构产生弹性变形来保证所需的合模力,并把模具牢固地锁紧。

(2)合模机构在合模、开模过程中需要有慢速、快速、慢速的顺序变化,系统中的快速是用变量泵通过低压、大流量供油来实现的。

(3)考虑到塑料品种、制品的几何形状和模具浇注系统不同,注射成型过程中的压力和速度是可调的。系统中采用了节流调速回路和多级调压回路。

(4)系统中采用液压马达作为驱动部件,使调速方便、范围广、运行平稳。

(5)安全性好,安全门不关闭,所有动作都无法进行。

8.3　挖掘机液压系统

8.3.1　概述

单斗液压挖掘机由工作装置、回转机构及行走机构三部分组成。工作装置包括动臂、斗杆及铲斗，若更换工作装置，还可进行正铲、抓斗及装载作业。上述所有机构的动作均由液压驱动。

图 8-5 所示为履带式单斗液压挖掘机(反铲)，其每一工作循环主要包括以下过程。

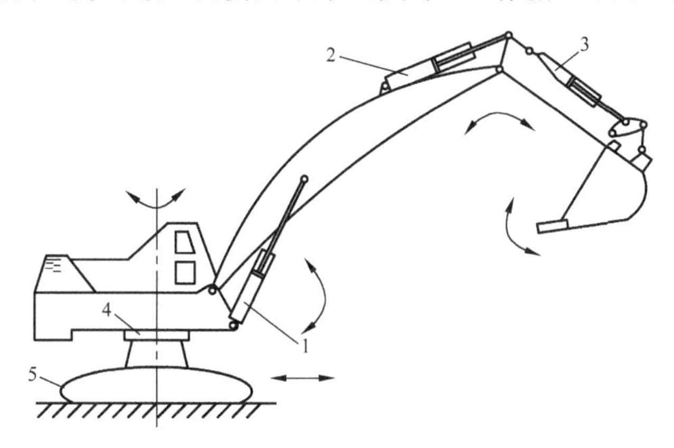

图 8-5　履带式单斗液压挖掘机简图

1. 动臂缸；2. 斗杆缸；3. 铲斗缸；4. 回转平台；5. 行走履带

1. 挖掘

在坚硬土壤中挖掘时，一般以斗杆缸 2 动作为主，用铲斗缸 3 调整角度，配合挖掘。在松散土壤中挖掘时，则以铲斗缸 3 动作为主，必要时(如铲平基坑底面或修整斜坡等有特殊要求的挖掘动作)铲斗、斗杆、动臂三个液压缸需根据作业要求复合动作，以保证铲斗按特定轨迹运动。

2. 满斗提升及回转

挖掘结束时，铲斗缸推出，动臂缸顶起，满斗提升。同时，回转液压马达转动，驱动回转平台 4 向卸载方向旋转。

3. 卸载

当转台回转到卸载处时，回转停止。通过动臂缸和铲斗缸配合动作，使铲斗对准卸载位置。然后，铲斗缸内缩，铲斗向上翻转卸载。

4. 返回

卸载结束后，转台反转，配以动臂缸、斗杆缸及铲斗缸的复合动作，将空斗返回到新的挖掘位置，开始第二个工作循环。为了调整挖掘点，还要借助行走机构驱动整机行走。

8.3.2　工作原理

国产 $1m^3$(即反铲斗容量)履带式单斗液压挖掘机液压系统工作原理如图 8-6 所示。该系统为高压定量双泵、双回路开式系统,液压泵 1、2 输出的压力油分别进入两组由三个手动换向阀组成的多路换向阀 *A*、*B*。进入多路换向阀 *A* 的压力油,驱动回转马达 3、铲斗缸 14,同时经中央回转接头 9 驱动左行走马达 5;进入多路换向阀 *B* 的压力油,驱动动臂缸 16、斗杆缸 15,并经中央回转接头 9 驱动右行走马达 5。从多路换向阀 *A*、*B* 流出的压力油都要经过限速阀 10,进入总回油管,再经背压阀 19、冷却器 21、滤油器 22 流回油箱。当各换向阀均处于中间位置时,构成卸载回路。

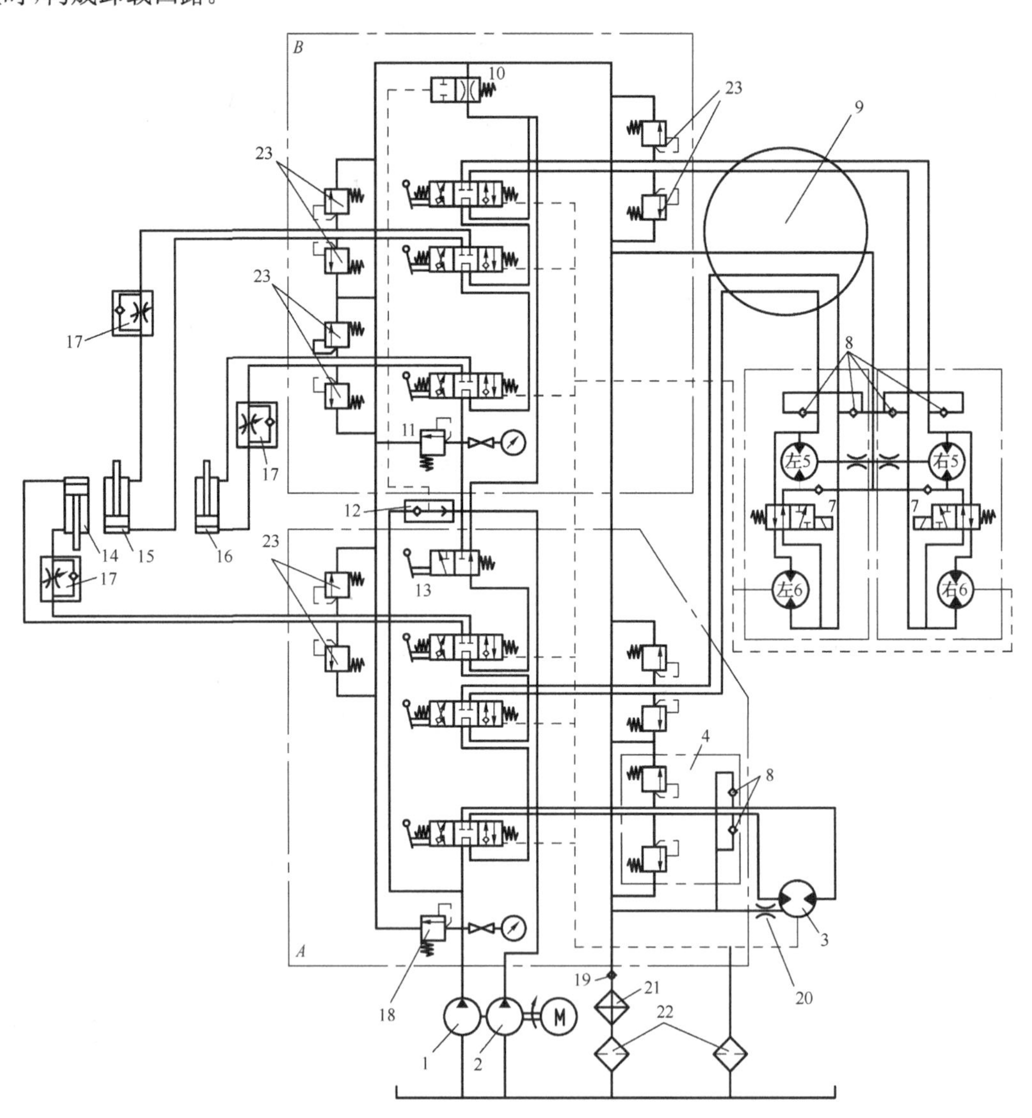

图 8-6　履带式单斗液压挖掘机液压系统图

1、2. 液压泵;3. 回转马达;4. 缓冲补油阀组;5、6. 左、右履带行走马达;7. 行走马达中的双速阀;8. 补油单向阀;9. 中心回转接头;10. 限速阀;11、18. 溢流阀;12. 梭阀;13. 合流阀;14. 铲斗缸;15. 斗杆缸;16. 动臂缸;17. 单向节流阀;19. 背压阀;20. 节流阀;21. 冷却器;22. 过滤器;23. 缓冲阀

泵1、2均为阀配流式径向柱塞泵，额定工作压力为32MPa。两泵在同一壳体内，每边三个柱塞自成一泵，由同一根曲轴驱动。

回转液压马达及行走液压马达均为内曲线多作用径向柱塞马达。

1.一般操作回路

单一动作供油时，操作某一换向阀，即可控制相应执行机构工作；串联供油时，只需同时操作几个换向阀，切断卸载回路，泵的流量进入第一个执行机构，循环后又进入第二个执行机构，以此类推。由于是串联回路，在轻载下可实现多机构的同时动作。各执行机构要短时锁紧或制动，可操作相应换向阀使其处于中位来实现。

2.合流回路

手控合流阀13在右位时起分流作用。当多路换向阀A控制的执行机构不工作时，操作此阀(使阀处于左位)，则泵1输出的压力油经多路换向阀A进入多路换向阀B，使两泵合流，从而提高多路换向阀B控制的执行机构的工作速度。一般是动臂、斗杆机构常需快速动作，以提高工作效率。

3.限速回路

多路换向阀A、B的回油都要经限速阀10流至回油总管。限速阀的作用是自动控制挖掘机下坡时的行走速度，防止超速溜坡。行走马达中的双速阀7可使马达中的两排柱塞实现串、并联转换。当双速阀7处于图示位置时，高压油并联进入每个马达的两排油腔，行走马达处于低转速大转矩工况，此工况常用于道路阻力大或上坡行驶工况。当双速阀7处于另一位时，可使每个马达的两排油腔处于串联工作状态，行走马达输出转矩小，但转速高，行走马达处于高转速小转矩工况。因而，该挖掘机具有两种行驶速度。此外，为限制动臂和斗杆机构的下降速度以及防止它们在自重下超速下降，在它们的支路上设置了单向节流阀17。

4.调压、安全回路

各执行机构进油路与回油总管之间都设有安全阀18、11，以分别控制两回路的工作压力，其调定压力均为32MPa。

5.背压补油回路

进入液压马达内部(柱塞腔、配油轴内腔)和马达壳体内(渗漏低压油)的液压油温度不同，马达各零件膨胀不一致，会造成密封滑动面卡死。为防止这种现象发生，通常在马达壳体内(渗漏腔)引出两个油口，一油口通过节流阀20与有背压的回油路相通，另一油口直接与油箱相通(无背压)。这样，背压回路中的低压热油(0.8～1.2MPa)经节流阀20减压后进入液压马达壳体，使马达壳体内保持一定的循环油，从而使马达各零件内、外温度和液压油油温保持一致。壳体内油液的循环流动还可冲掉壳体内的磨损物。此外，在行走马达超速时，可通过补油单向阀8向马达补油，防止液压马达吸空。

在上述液压系统回路中设置了风冷式冷却器21，使系统在连续工作条件下油温保持在50～70℃，最高不超过80℃。

8.3.3 技术特点

(1)液压系统具有较高的生产效率,并能充分利用发动机功率。由于该液压挖掘机采用了双泵、双回路系统,泵1、2分别向多路阀 A、B 控制的执行机构供油,因而分属这两回路中的任意两机构,无论是在轻载还是在重载下,都可实现无干扰的复合动作,如铲斗和动臂、铲斗和斗杆的复合动作;多路阀 A、B 所控制的执行机构在轻载时也可实现多机构的同时动作。因此,系统具有较高的生产率,能充分利用发动机的功率。

(2)系统能保证在负载变化大以及急剧冲击、振动的工作条件下,有足够的可靠性。单斗挖掘机各主要机构启动、制动频繁,工作负荷变化大、振动冲击大。由于系统具有较完善的安全装置(如防止动臂、斗杆因自重快速下降,防止整机超速溜坡的装置等),因而保证了系统在工作负载变化大且有急剧冲击和振动的作业条件下,仍具有可靠的工作性能。

(3)系统液压元件的布置均采用集成化,安装及维修保养方便。如所用的压力调节均集中在多路换向阀阀体内,所有滤清元件集中在油箱上,双速阀同双速马达组成一体。这样,在几个单元总成之间,只需通过管路连接即可,便于安装及维修保养。

(4)由于系统采用了轻便、耐振的油液冷却装置和排油回路,可保证系统在工作环境恶劣、温度变化大、连续作业条件下,油温不超过80℃,从而保证了系统工作性能的稳定。

8.4 DN4800大型蝶阀液压系统

8.4.1 概述

蝶阀作为水轮机进水主阀的首要功能是在机组发生事故时快速关闭切断水流,以作为机组防止飞逸的后备保护;此时水轮机调速器已失去关闭导叶、切断水流的功能。其次,当水轮机导水机构需要检修时,蝶阀可关闭主阀切断水源,以保证检修安全。水电站大型进水蝶阀的典型结构如图8-7所示。

图8-7　大型进水蝶阀的典型结构

蝶阀主要组成部分包括:阀体、蝶板、液压系统、电控系统等。蝶板动作的控制方式有旧式的重锤蓄能操作、高油压蓄能罐操作,也有新型的全液控操作。其中,全液控蝶阀解决了旧式的重锤蓄能式、高油压蓄能罐式蝶阀的结构复杂、保压不可靠、电气操作不便等缺点,同时其可靠性、灵活性也大大增加,因此在水电站、热电站、自来水站等场合均得到广泛的应用。

8.4.2 工作原理

DN4800(阀口直径4800mm)型蝶阀采用双缸驱动,其基本控制回路包括阀门开关回路、保压回路和紧急关阀回路。系统工作原理如图8-8所示。在系统正常工作的全过程中,电磁球阀18的电磁铁4YA均处于待电状态。

1. 蓄能器充液

液压泵出口的压力油经溢流阀调压之后,经液控单向阀20进入蓄能器组主管路,使各蓄

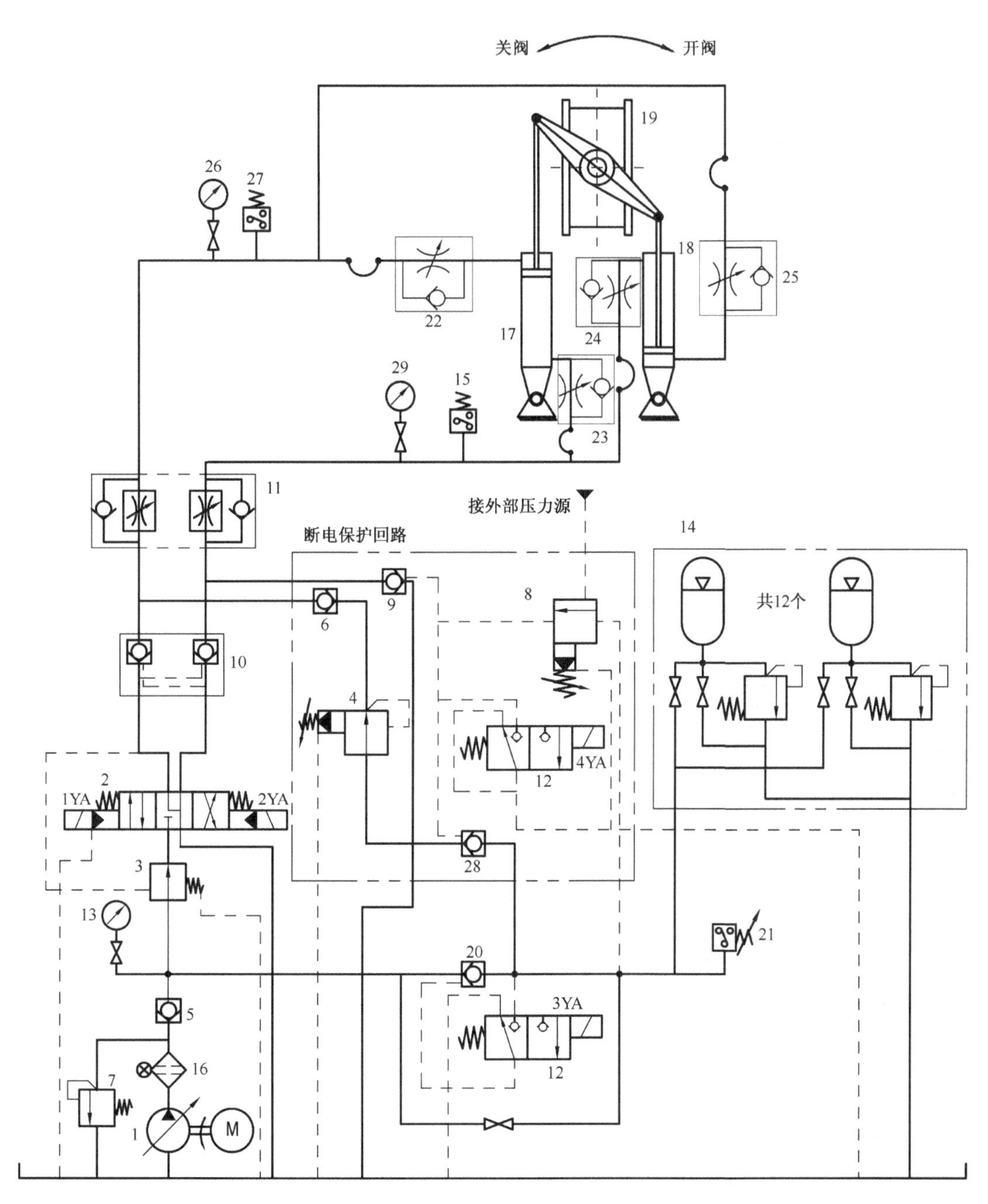

图 8-8　DN4800 大型蝶阀液压系统原理图

1. 液压泵；2. 电液换向阀；3. 减压阀；4. 先导减压阀；5、6. 单向阀；7. 溢流阀；8. 顺序阀；9、20、28. 液控单向阀；10. 双液控单向阀；11. 双单向节流阀；12. 球阀；13、26、29. 压力表；14. 蓄能器组；15、27. 压力继电器；16. 过滤器；17、18. 液压缸；19. 蝶阀；21. 压力传感器；22～25. 单向节流阀

能器逐渐充液。充液压力由压力传感器 21 进行检测。当蓄能器组管路压力小于压力传感器 21 的设定压力下限时，液压泵开始启泵充液。当管路压力达到压力传感器 21 的设定压力上限时，液压泵停止运行。

2. 阀门开启

水轮机需要进水发电时，需要驱动液压缸开启蜗壳进水蝶阀。此时电磁铁 2YA、3YA 带电，蓄能器组中的压力油经液控单向阀 20 和电液换向阀 2，进入液压缸 17 的无杆腔和液压缸 18 的有杆腔，进而驱动液压缸 17 的活塞杆伸出而液压缸 18 的活塞杆缩回，从而驱动蝶阀开启。开启速度可通过双单向节流阀 11、单向节流阀 22 和 25 调节。压力继电器 15 用于监测开阀压力，其可设定高压、低压两个压力值，分别用于设定开阀压力的上下限。当开阀压力达到压力继电器 15 的设定上限时，蝶阀开启完成，2YA、3YA 断电，液压缸由双液控单向阀 10 实现位置锁定。

3. 开阀保压

在长期开阀状态，由于液压管路的泄漏及液压缸的内渗漏，液压缸内的油液压力需要进行及时补充，以实现液压系统保压和阀门可靠开启。当开阀压力低于压力继电器 15 的设定下限时，电磁铁 2YA、3YA 带电，蓄能器组中的压力油进入油缸进行补压。当压力重新达到压力继电器 15 的设定上限时，电磁铁 2YA、3YA 断电，完成开阀补压。

4. 阀门关闭

水轮机需要驱动液压缸关闭蜗壳进水蝶阀来停止进水。此时电磁铁 1YA、3YA 带电，蓄能器组中的压力油经液控单向阀 20 和电液换向阀 2，进入液压缸 17 的有杆腔和液压缸 18 的无杆腔，进而驱动液压缸 17 的活塞杆缩回而液压缸 18 的活塞杆伸出，从而驱动蝶阀关闭。开启速度可通过双单向节流阀 11、单向节流阀 23 和 24 调节。压力继电器 27 用于监测关阀压力，其可设定高压、低压两个压力值，分别用于设定关阀压力的上下限。当关阀压力达到压力继电器 27 的设定上限时，蝶阀关闭完成，1YA、3YA 断电，液压缸由双液控单向阀 10 实现位置锁定。

5. 关阀保压

在长期关阀状态，由于液压管路的泄漏及液压缸的内渗漏，液压缸内的油液压力需要进行及时补充，以实现液压系统保压和阀门可靠关闭。当关阀压力低于压力继电器 27 的设定下限时，电磁铁 1YA、3YA 带电，蓄能器组中的压力油进入油缸进行补压。当压力重新达到压力继电器 27 的设定上限时，电磁铁 1YA、3YA 断电，完成关阀补压。

6. 断电关阀

断电关阀是当水电站出现动力电源故障、无法保证液压站及水轮机组正常运行时的一种紧急处理措施。当系统全部断电时，外接压力油源将有压力油接入蝶阀液压系统。当外接油源压力达到顺序阀 8 的设定压力时，液压油经顺序阀 8 之后打开液控单向阀 28 和 9；蓄能器组中的压力油经液控单向阀 28、减压阀 4 和单向阀 6 后进入液压缸 17 的有杆腔和液压缸 18 的无杆腔，液压缸 17 无杆腔及液压缸 18 有杆腔的油液经液控单向阀 9 接回油箱，从而驱动液压缸 17 的活塞杆缩回而液压缸 18 的活塞杆伸出，实现蝶阀关闭。

8.4.3　技术特点

(1)液压系统采用双泵并联，一用一备。两台液压泵可通过电控系统实现故障自动诊断及自动切换，提高了系统工作的可靠性。

(2)采用蓄能器组作为辅助动力源，可保证液压系统连续 500h 不起泵。既降低了液压泵的故障率，又节省了能源。

(3)具有双缸速度同步(精度要求不高)调节功能。

(4)具有系统保压和自动补压功能。

(5)具有系统断电关阀的保护功能，可实现在水电站整体断电的紧急情况下自动关闭蝶阀，避免造成水轮机损坏等事故。

8.5　步进式加热炉液压系统

8.5.1　概述

某步进式钢坯加热炉由三根静梁和两根动梁组成。动梁的升降采用四连杆机构，使油缸远离热源，水平放置；同时通过杠杆，减小油缸负载；水平移动系统同样采用连杆机构。两动梁在清渣和检修时，需要下落到坑底，采用四个吊挂缸完成其起、落。对四个吊挂缸有一定精度的同步要求。步进炉的基本动作有以下几种。

(1)挡料移动缸的伸缩。待加热钢坯进入加热炉内时，由挡料缸确定其初始位置。

(2)动梁上升运动。垂直移动缸缩回，通过连杆机构使动梁升起，托起钢坯离开静梁。

(3)动梁前进运动。钢坯升离静梁后，水平移动缸伸出，同样通过连杆机构，由两根动梁托着钢坯前进一个步距长度。

(4)动梁下降运动。垂直移动缸伸出，通过连杆机构使动梁降到静梁的平面以下，此时钢坯又回落到三根静梁的支承面上，但其水平位置前移了一个步距长度。

(5)动梁后退运动。水平移动缸缩回，同样通过连杆机构使动梁在静梁平面之下退回到其初始位置，等待下一工作循环。如此反复，就使银坯从步进炉入料口逐步移至出料口，且各部分加热均匀。

(6)水平框架升降运动。维修炉膛时，将动梁及框架落至坑内；检修完毕，再将其提升至原来位置。

8.5.2　工作原理

图 8-9 为步进炉液压系统原理图，其工作情况如下。

1. 挡料移动缸的伸缩运动

控制泵 5 启动(泵 6 备用)，向整个系统提供具有适当压力的控制油。电磁铁 1YA 通电，泵 1 带压(泵 2 备用)，再让 6YA 通电，泵 1 的压力油经单向阀 13、电液换向阀 19 进入挡料缸 48 的左腔；其右腔油液经阀 19、滤油器、冷却器回到油箱。使挡料缸伸出，确定好新入炉钢坯的初始位置，并压下行程开关而发出电信号，通过控制中心使 6YA 断电、7YA 通电，压力油进至挡料缸的右腔，使其缩回到初始位置，等待下一根钢坯的到来。

2. 动梁上升运动

电磁铁 3YA、5YA 通电，泵 3、泵 4 带压，电磁铁 13YA、15YA 同时通电，则泵 3、泵 4 的压力油经单向阀 15、16，电液换向阀 22、23，液控单向阀 32、33，单向节流阀 34、35 进入垂直移动

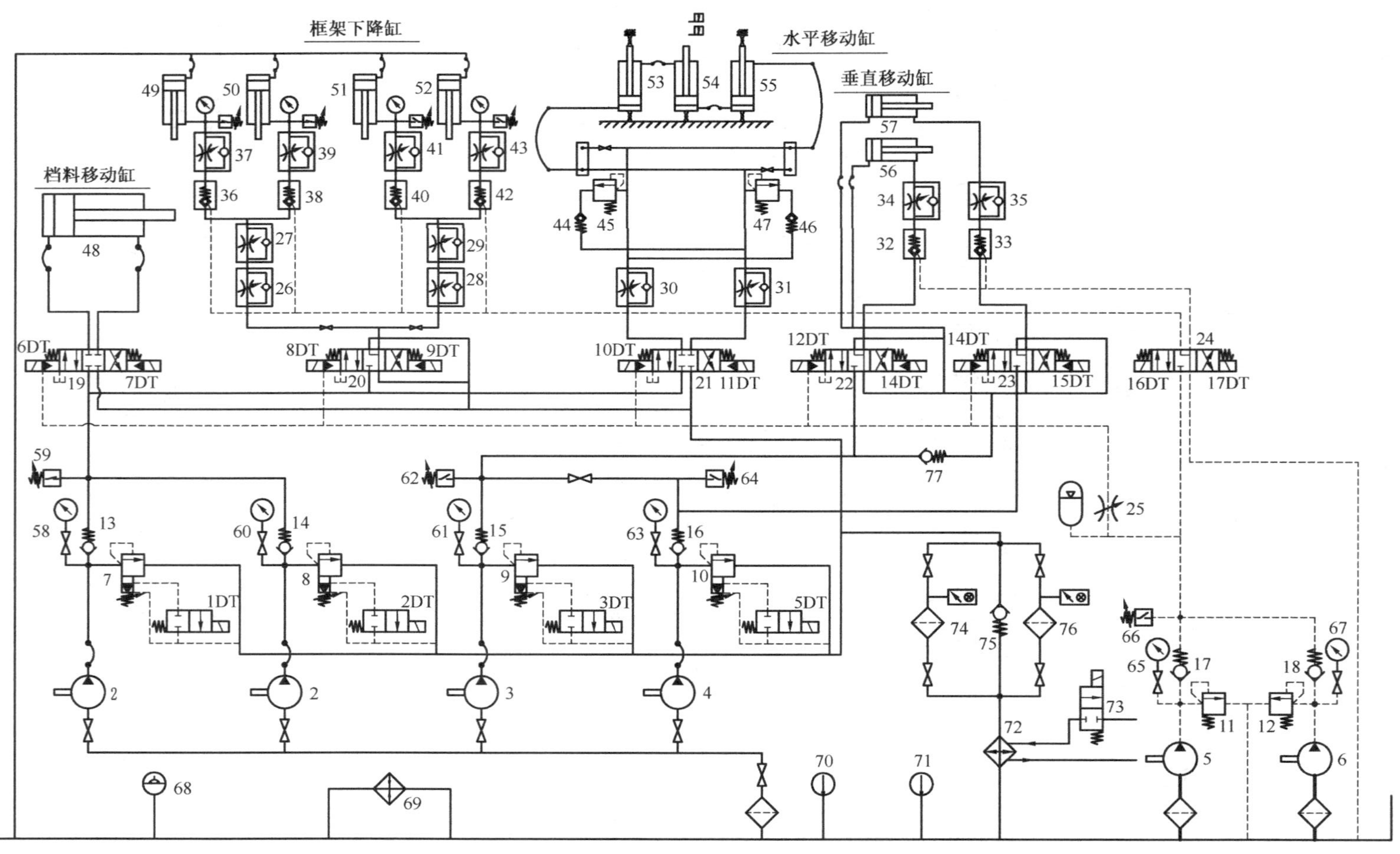

图8-9　步进炉液压控制系统原理图

1～4.主泵；5、6.控制泵；7～12、45、47.溢流阀；13～18、44、46、75.单向阀；19～23.电液换向阀；24.电磁换向阀；25.节流阀；26～31、34、35、37、39、41、43.单向节流阀；32、33、36、38、40、42.液控单向阀；48.挡料缸；49～52.框架下降缸；53～55.水平移动缸；56、57.垂直移动缸；58、60、61、63、65、67.压力表；59、62、64、66.压力继电器；68.空气过滤器；69.加热器；70、71.温度计；72.冷却器；73.电磁水阀；74、76.过滤器；77.背压阀

缸56、57的右腔；而缸56、57左腔的油液合流，经背压阀77、过滤器、冷却器回到油箱。使垂直移动缸缩回，通过连杆机构使动梁升起。两缸为并联同步，且由液控单向阀32、33实现单向锁定，防止动梁的意外下滑。

3. 动梁的前进运动

垂直移动缸缩回到位后，压下行程开关发出电信号；通过控制中心使11YA通电，泵1的压力油经换向阀21、单向节流阀31进入水平移动缸53的下腔，缸53、54、55串联连接；缸55上腔的油液经单向节流阀30的节流阀而流回油箱。缸53、55同步伸出并通过连杆机构驱动两动梁一起前进一个步长。两缸活塞上安装了确保两缸终点位置同步的装置。

4. 动梁下降运动

水平移动缸伸出到位后，压下行程开关发出电信号，17YA通电，控制压力油进入液控单向阀32、33的控制腔，同时使12YA、14YA一起通电，13YA、15YA断电；此时泵3、泵4的压力油，缸56、57右腔的油液同时进入缸56、57的左腔，以差动连接实现快速伸出运动，即完成动梁的快降运动。用背压阀77以保证缸右腔的回油能顺利进入左腔，实现快速差动。

5. 动梁水平退回原位

当垂直移动缸伸出到位后，压下行程开关发出电信号，使10YA通电，11YA断电；泵1的压力油经单向阀13、阀21、阀30进入缸55的上腔；而缸下腔的回油经阀31的节流口、阀21回油箱；水平移动缸同步缩回，从而使动梁水平退回到原始位置。

6. 框架升降运动

当需要进行炉膛清渣及检修时，必须将两动梁下落至炉坑下面。先使16YA通电，控制油将液控单向阀36、38、40、42打开；再使阀20的两个电磁铁均断电，靠框架及动梁的自重作用，将四个吊挂缸下腔油液分别经液控单向阀及节流阀排回油箱，缸上腔直接从油箱补油；通过调整节流阀开度实现其同步下降。检修完毕，使9YA通电，泵1压力油经单向阀13、20、26、28的节流口分别进入各缸的下腔，使四个吊挂缸同步上升，从而将框架提升至原工作位置。

8.5.3　技术特点

(1)由于负载的结构尺寸大，采用多缸驱动的形式；吊挂及垂直移动缸采用节流阀节流调速的并联同步；水平移动缸采用串联同步，并在油缸上安装了终点位置同步装置，消除累积误差。

(2)吊挂缸和动梁升降缸都承受垂直方向的负载。为防止下降运动中因负载自重而出现速度失控，采用了出口节流调速；并在下降运动的回油管路设置了液控单向阀，保证任意位置停止和短时间保压。

(3)设备要求连续运转，故系统中关键元件都有备用件。液压站设有多层自动报警及自动保护功能：①油箱液位监测——安装在油箱侧壁上的液位信号发生器，可对油箱中油液的最高、最低液位进行声光报警；降至最低允许液位时，可自动切断全部电机的电源，以免油泵吸空而损坏。②系统油温的自动控制——油箱上安装了两个电接点温度计，油温超过60℃时，使电磁水阀 73 通电，对油液进行冷却；油温降到 45℃时，使 18YA 断电，停止冷却；油温低于 15℃时，使电机自锁而不能启动，并自动接通电加热器进行加热；油温上升至 20℃时，电加热器自动断电。从而保证系统在合适的油温范围内工作。

(4)过压保护在各泵的出口都装有电接点压力表和压力继电器，实现系统压力多级自动保护。

思考题与习题

8-1　如图 8-9 所示的液压系统，分析该系统由哪些基本回路组成，重点分析各种基本回路的特点。

8-2　如图 8-2 所示的液压系统，分析该系统由哪些基本回路组成，重点分析插装阀液压系统的基本回路及其特点。

8-3　如题 8-3 图所示的压力机液压系统，主缸和顶出缸各可实现哪些动作？说明工作原理及各液压元件的作用，并标出各液压元件的名称。

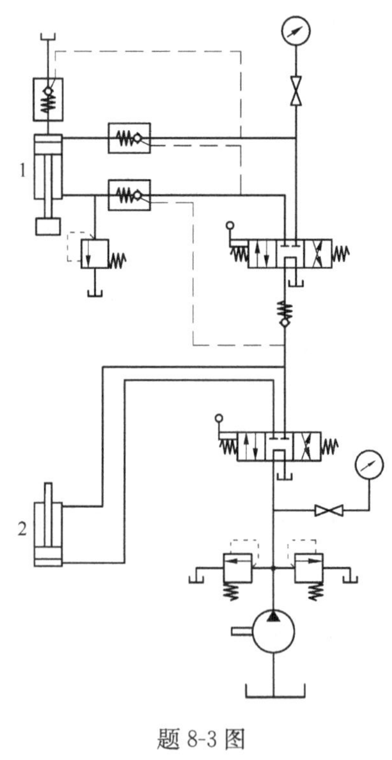

题 8-3 图

1. 主缸；2. 顶出缸

第 9 章　液压传动系统的设计计算

液压传动系统设计是液压设备主机设计的重要组成部分，应从必要性、可行性和经济性等几个方面对机械、电气、液压和气动等传动形式进行全面比较和论证，决定采用液压传动系统后，液压传动系统设计和主机设计往往同时进行。其设计一般要求为从实际出发，重视调查研究，注意吸取国内外先进技术，力求做到所设计的液压传动系统在满足主机拖动、工作循环要求的前提下，符合结构组成简单、体积小、重量轻、工作安全可靠、使用维护方便、经济性好等公认的设计原则。本章重点介绍液压传动系统设计的方法和步骤。

9.1　液压系统设计的步骤与要求

9.1.1　设计内容与步骤

液压传动系统的设计主要分为两大部分：一是系统的功能原理设计，它包括系统功能设计、组成元件设计和液压系统验算等三个环节，其目的是以液压系统原理图的方式，确定完成主机任务要求的液压传动系统方案。二是系统的结构设计也称施工设计，它包括液压装置及电气控制装置的设计，其设计的成果是液压传动系统产品的工作图样和有关技术文件，为制造、组装和调试液压系统提供依据。

液压系统的设计迄今尚未确立公认的统一步骤。实际设计工作中，往往是将追求效能和追求安全二者结合起来，并按图 9-1 所示内容与步骤进行设计。但由于各类主机设备对液压传动系统的要求不同及设计者经验的多少，其中有些内容与步骤可以省略和从简，或将其中某些内容与步骤合并交叉进行。

9.1.2　明确液压系统的技术要求

液压设备主机的技术要求是设计液压系统的原始依据和出发点。设计者在制定基本方案并进一步着手液压系统各部分设计之前，应进行调查研究，以求对下列技术要求达到定量了解和掌握。

(1)主机的概况：用途(工艺目的)、结构布局 (卧式、立式等)、使用条件 (连续运转、间歇运转、特殊液体的使用)、技术特性 (工作负载的性质及大小；运动形式；位移、速度、加速度等运动参数的大小和范围)等。由此确定哪些机构需要采用液压传动，所需执行元件形式和数量及其工作范围、尺寸、质量和安装等限制条件。

(2)机器的循环时间、执行元件的动作循环与周期及各机构运动之间的连锁和安全要求。

(3)主机对液压系统的工作性能(如调速范围、运动平稳性、转换精度、传动效率、控制方式及自动化程度等)的要求。

(4)原动机的类型 (内燃机还是电动机)及其功率、转速和转矩特性。

(5)工作环境条件，如室内或室外、温度、湿度、尘埃、冲击振动、易燃易爆及腐蚀情况等。

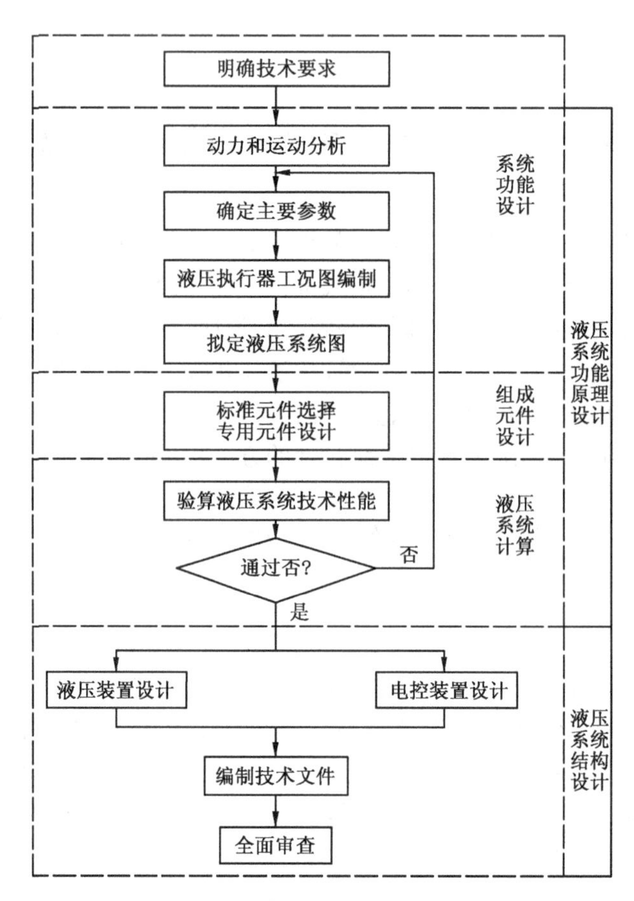

图 9-1 液压传动系统的一般设计流程

(6)限制条件,如压力脉动、冲击、振动噪声的允许值等。
(7)对防尘、防爆、防寒、噪声、安全可靠性的要求。
(8)经济性要求,如投资费用、运行能耗和维护保养费用等。

9.2 液压系统的功能设计

液压系统功能设计,就是根据技术要求配置液压执行元件,然后通过动力和运动分析,确定系统主要参数,编制执行元件的工况图,从而草拟液压系统原理图的过程。

9.2.1 配置液压执行元件

液压执行元件的类型、数量、安装位置和与主机的连接关系,对主机的设计有很大影响,在考虑液压设备的总体方案时,确定液压执行元件和确定主机整体结构布局是同时进行的,液压执行元件的选择由主机的动作要求、载荷大小及布置空间条件确定,液压执行机构的选择可参考表 9-1。

选定执行元件的类型和数量后,即可将机器的循环时间合理细分为各执行元件的顺序动作时间、间歇时间等,并做出执行元件动作周期顺序图,其典型示例如图 9-2 所示。

表 9-1　常用液压执行元件的类型、特点和应用

类型		特点	应用
柱塞缸		结构简单、制造容易；靠自重或外力回程	液压机、千斤顶、小缸用于定位和夹紧
活塞缸	单出杆	一般连接，往返速度和出力不同；差动连接，可实现快进；$d=0.71D$，差动连接，往返速度和出力相同	各类机械
	双出杆	两杆直径相等，往返速度和出力相同；两杆直径不等，往返速度和出力不同	磨床，往返速度相同或不同的机构
复合增速缸		可获得多种出力和速度，结构紧凑，制造较难	液压机、注塑机、数控机床换刀机构
复合增压缸		体积小，出力大，行程小	模具成型挤压机、金属成型压印机、六面顶
多级液压缸		行程是缸长的数倍，节省安装空间	汽车车厢举倾缸、起重机臂伸缩缸
叶片式摆动缸		单叶片式转角＜360°；双叶片式转角＜180°。体积小，密封较难	机床夹具、流水线转向调头装置、装载机翻斗
活塞齿杆液压缸		转角 0～360°或 720°；密封简单可靠，工作压力高，扭矩大	船舶舵机、大扭矩往复回转机构
齿轮马达		转速高，扭矩小，结构简单，价廉	钻床、风扇传动、工程机械
摆线齿轮马达		转速中等，扭矩范围宽，结构简单，价廉	塑料机械、煤矿机械、挖掘机行走机构
曲杆马达		直径小，扭矩大；视定子材料，可用矿物油、清水或含细颗粒介质	食品机械、化工机械、凿井设备
叶片马达		转速高，扭矩小，转动惯量小，动作灵敏，脉动小，噪声低	磨床回转工作台、机床操纵机构、多作用大排量用于船舶锚机
球塞马达		速度中等，扭矩较大，轴向尺寸小	塑料机械、行走机械
轴向柱塞马达		速度大，可变速，扭矩中等，低速平稳性好	起重机、绞车、铲车、内燃机车、数控机床
内曲线径向马达		扭矩很大，转速低，低速平稳性很好	挖掘机、拖拉机、冶金机械、起重机、采煤机牵引部件

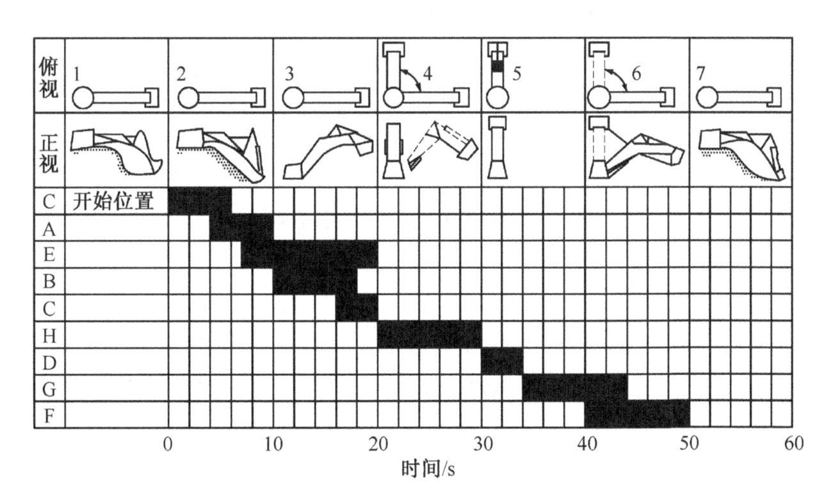

图 9-2　典型执行元件动作周期顺序图（挖掘机）

A. 斗杆缸伸出；B. 斗杆缸缩回；C. 铲斗缸伸出；D. 铲斗缸缩回；
E. 动臂缸伸出；F. 动臂缸缩回；G. 顺时针回转；H. 逆时针回转

对于简单的系统或单执行元件，则可直接作出动作循环图，其典型示例如图 9-3 所示。

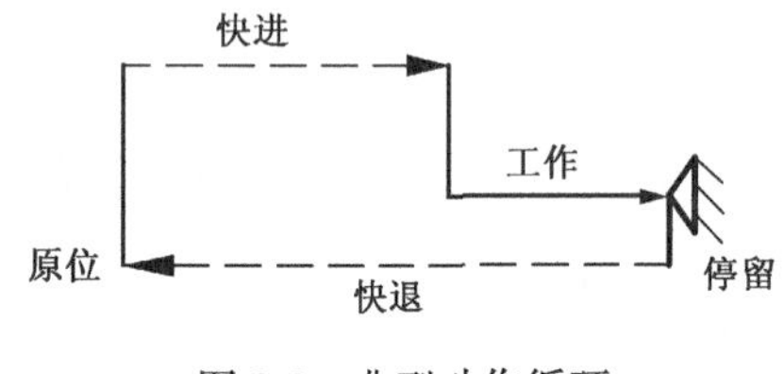

图 9-3　典型动作循环

9.2.2　液压执行元件动力与运动分析

动力分析和运动分析是确定液压系统主要参数的基本依据，包括每个液压执行元件的动力分析（负载循环图）和运动分析（运动循环图）。以了解运动过程的本质，查明每个执行器在其工作中的负载、位移及速度的变化规律，并找出最大负载点和最大速度点。

1. 动力分析（负载循环图）

液压执行元件的负载包括工作负载和摩擦负载两类，工作负载又分阻力负载（或称正值负载）、超越负载（或称负值负载）和惯性负载三种类型。摩擦负载也分静摩擦负载和动摩擦负载两种类型。执行元件的负载可由主机规格确定，也可用实验方法或理论分析计算得到。理论分析确定负载时，必须仔细考虑各执行元件在一个循环中的工况及相应的负载类型。各种摩擦负载及惯性负载的计算可根据有关定律或查阅相关的设计手册。

根据计算出的载荷和循环周期，即可绘制负载循环图（ F-t 图），如图 9-4 所示。

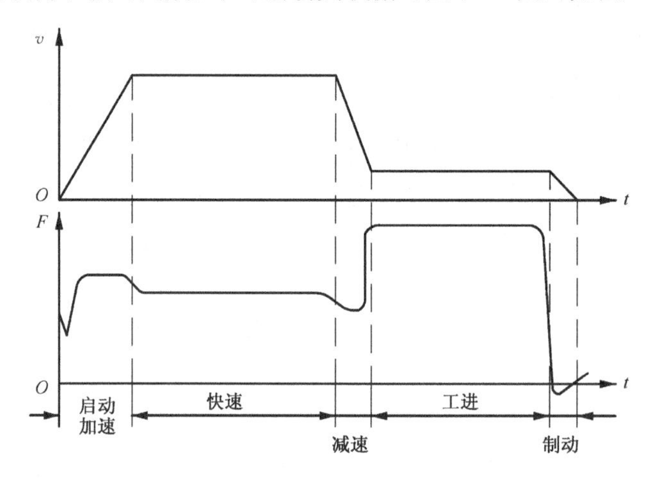

图 9-4　液压缸的速度、负载循环图

2. 运动分析（运动循环图）

液压执行元件在工作过程中，一般要经历启动（工作循环的起点）加速、恒速（稳态）和减速制动等工况，执行机构在一个工作循环中的运动规律用运动循环图即速度循环图（ v-t 图）表示，如图 9-4 所示。绘制速度循环图是为了计算液压执行元件的惯性负载及绘制其负载循环图，因而速度循环图的绘制通常与负载循环图同时进行。

9.2.3　确定液压系统主要参数，绘制液压系统工况图

液压系统的主要参数包括压力、流量和功率。通常，首先选择系统工作压力，并按照最大外负载和选定的系统压力计算执行元件的主要几何参数，然后根据对执行元件的速度（或转速）要求，确定其流量。压力和流量一经确定，即可确定其功率，并做出液压系统的工况图。

1. 确定系统工作压力

液压系统工作压力由设备类型、载荷大小、结构要求和技术水平而定，还要考虑执行元件的装配空间、经济条件及元件供应情况等的限制。在载荷一定的情况下，工作压力低，势必要加大执行元件的结构尺寸，对某些设备来说，尺寸要受到限制，从材料消耗角度看也不经济；反之，压力选得太高，对泵、缸、阀等元件的材质、密封、制造精度也要求很高，必然要提高设备成本。一般来说，对于固定的尺寸不太受限的设备，压力可以选低一些，而对于像行走机械等重载设备，压力要选得高一些。系统工作压力高、省材料、结构紧凑、重量轻，是液压系统的发展方向，但要注意治漏、噪声控制和可靠性等问题的妥善处理。具体选择参考表 9-2、表 9-3。

表 9-2　按载荷选择工作压力

载荷/kN	<5	5～10	10～20	20～30	30～50	>50
工作压力/MPa	<0.8～1	1.5～2	2.5～3	3～4	4～5	≥5

表 9-3　各类设备常用的工作压力

设备类型	压力范围/MPa	压力等级	说明	设备类型	压力范围/MPa	压力等级	说明
机床、压铸机、汽车	<7	低压	低噪声、高可靠性系统	油压机、冶金机械、挖掘机、重型机械	21～31.5	高压	空间有限、响应速度高、大功率下降低成本
农业机械、工矿车辆、注塑机、船用机械、搬运机械、工程机械、冶金机械	7～21	中压	一般系统	金刚石压机、耐压试验机、飞机、液压机具	>31.5	超高压	追求大作用力、减轻重量

2. 液压执行元件主要结构参数的计算

液压缸的缸筒内径、活塞杆直径及有效面积或液压马达的排量是其主要结构参数。根据液压系统负载图和已确定的系统工作压力，计算：①活塞缸的内径、活塞杆直径；柱塞缸的柱塞杆直径，计算方法见 4.3 节。②液压马达的排量，计算方法见 3.1 节。计算时用到回油背压的数据，如表 9-4 所示。

表 9-4　执行元件的回油背压

系统类型	背压/MPa	系统类型	背压/MPa
简单系统或轻载节流调速系统	0.2～0.5	用补油泵的闭式回路	0.8～1.5
回油路带调速阀的系统	0.4～0.6	回油路较复杂的工程机械	1.2～3
回油路设置有背压阀的系统	0.5～1.5	回油路较短，且直接回油箱	可忽略不计

当工作速度很低时，还需按最低速度要求验算液压执行元件的尺寸。

(1)液压缸

$$A \geqslant \frac{q_{\min}}{v_{\min} \times 6} \tag{9-1}$$

(2)液压马达

$$V \geqslant \frac{q_{\min}}{n_{\min}} \tag{9-2}$$

式中，A 为液压缸有效作用面积，cm^2；V 为液压马达排量，L/r；q_{min} 为系统最小稳定流量，L/min，在节流调速系统中 q_{min} 取决于流量阀的最小稳定流量，在容积调速系统中 q_{min} 取决于变量泵或变量马达的最小稳定流量；v_{min} 为液压缸最小稳定速度，m/s；n_{min} 为液压马达最小稳定转速，r/min。

3. 计算液压执行元件所需的流量

（1）液压缸的流量

$$q = 6Av \tag{9-3}$$

式中，q 为液压缸所需的流量，L/min；A 为液压缸有效作用面积，cm^2；v 为活塞（柱塞）与缸体的相对速度，m/s。

油缸各阶段速度由速度循环图查取。

（2）液压马达的流量

$$q = Vn \tag{9-4}$$

式中，q 为液压马达所需的流量，L/min；V 为液压马达排量，L/r；n 为液压马达的转速，r/min 。

马达各阶段转速由转速循环图查取。

4. 绘制液压系统工况图

液压系统工况图包括压力循环图（p-t 图）、流量循环图（q-t 图）和功率循环图（P-t 图），它反映了一个循环周期内，液压系统对压力、流量及功率的需要量及变化情况，是拟定液压系统、进行方案对比、鉴别与修改设计以及液压元件选择、设计的基础。

（1）压力循环图 —— p-t 图。通过最后确定的液压执行元件的结构尺寸，再根据实际载荷的大小，倒求出液压系统在其动作循环各阶段的工作压力，然后把它们绘制成 p-t 图。

（2）流量循环图 —— q-t 图。根据已确定的液压缸有效工作面积或液压马达的排量，结合其运动速度算出它在工作循环中每一阶段的实际流量，把它绘制成 q-t 图。若系统中有多个液压执元件同时工作，要把各自的流量图叠加起来给出总的系统流量循环图。双缸系统的流量循环图例如图 9-5 所示。

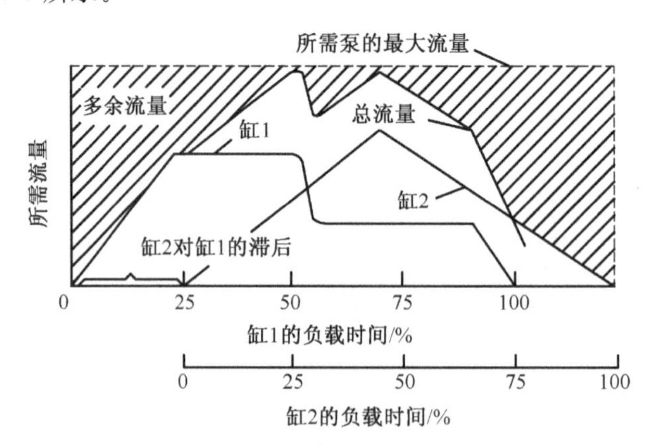

图 9-5　双缸系统的流量循环图

(3)功率循环图 —— P-t 图。给出系统压力循环图和总流量循环图后，根据 $P=pq$，即可绘出系统的功率循环图，如图 9-6 所示。

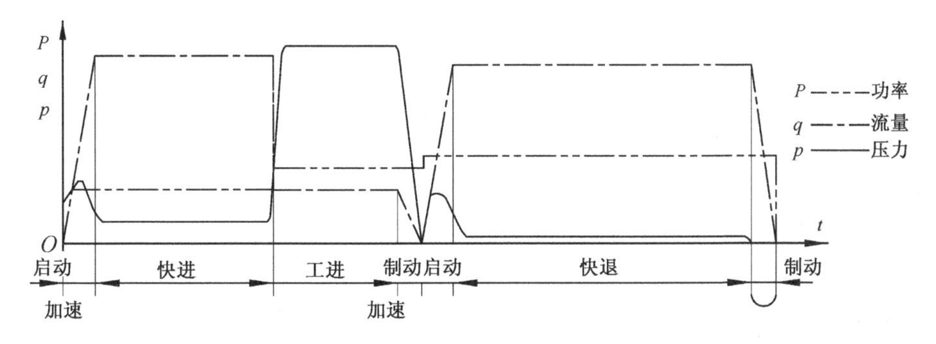

图 9-6　某液压系统的工况图示例

9.2.4　液压系统原理图的拟订

拟订液压系统原理图是整个设计工作中最重要的步骤，对系统的性能以及设计方案的经济性与合理性具有决定性的影响。拟定液压系统原理图的一般方法是，根据主机动作和性能要求先分别选择和拟定基本回路，然后将各个基本回路组合成一个完整的系统。

1. 液压回路的选择

构成液压系统的回路有主回路（直接控制液压执行元件的部分）和辅助回路（保持液压系统连续稳定地运行的部分）两大类，这些回路的具体结构形式可参考第 7 章有关内容和相关设计手册。通常参考现有成熟的各种回路及同类主机的先进回路进行选择。选择工作从对主机性能起决定影响的速度控制回路开始。

1)调速方式的选择

常用的液压调速方式有节流调速、容积调速以及容积-节流联合调速，三种调速方案的比较如表 9-5 所示。

表 9-5　液压调速方案的比较

调速方法	节流调速	容积调速	容积-节流联合调速
变速调节方法	手动调节流量控制阀或电动调节电液比例流量阀	手动调节式、压力反馈式、电动伺服、电动比例调节变量泵或变量马达	压力反馈式变量泵和流量控制阀联合调节
结构、成本	简单、成本低	复杂、成本高	较复杂、成本较高
调速范围	小	大	较大
速度刚度	用普通节流阀调速时，速度刚度低	可得到恒功率或恒转矩调速特性，速度刚度较节流调速高	较高
功率损失及发热	大	小	较小
适用工况	小功率（<3kW），负载变化不大、平稳性要求不高的系统	中、大功率（>5kW），升温小、平稳性要求不高的系统	中等功率（3～5kW），升温小、平稳性要求较高的系统

调速方式的选择及速度控制的实现，与油泵的驱动形式有关。常见的组成与应用场合如下。

(1)定量泵节流调速回路，因调节方式简单，一次性投资少，在中小型液压设备，特别是机床中得到广泛应用。节流调速回路中的进、回油路调速系统为恒压系统，系统的刚性较好；旁油路调速系统为变压系统（压力适应系统），系统刚性差。用调速阀或旁通调速阀替代普通节流阀可提高系统的速度刚度，但会增加系统的功率损失。

(2)若原动机为柴油机、汽油机，可采用定量泵变速调节流量，同时用手动多路换向阀实现微调，常用于液压汽车起重机、液压机和挖掘机等设备。

(3)变量泵的容积调速按控制方式可分为手动变量调速和压力（压力差）适应变量调速。手动变量调速通过外部信号（手动或比例电磁铁驱动）实现开环或大闭环控制；压力适应变量调速通过泵的出口压力或调节元件的前后压力差反馈控制。选用时应根据系统的调速要求和泵的变量特性综合考虑。

2)油路循环方式的选择

调速回路一经确定，回路的循环形式也就随之确定了。

(1)节流调速一般采用开式循环形式，开式回路结构简单，散热性好，但油箱体积大，容易混入空气。

(2)容积调速大多采用闭式循环形式，闭式回路结构紧凑，但散热条件差。

3)液压动力源的选择

液压动力源的核心是液压泵。液压泵的选定与调速方案有关，当采用节流调速时，只能采用定量泵作动力源。在无其他辅助油源的情况下，液压泵的供油量要大于系统的用油量，多余的油经溢流阀流回油箱，溢流阀同时起到控制并稳定油源压力的作用。当采用容积调速时，可选用定量泵或变量泵作动力源；当采用容积-节流调速时，必须采用变量泵作动力源。在容积调速或容积-节流联合调速系统中，用安全阀限定系统的最高压力。

动力源中泵的数量视执行元件的工况图而定，要考虑到系统的温升、效率及可能的干扰等。

(1)对于快慢速交替工作的系统，其 q-t 图中最大和最小流量相差较大，且最小流量持续时间较长，因此，从降低系统发热和节能角度考虑，既可采用差动油缸和单泵供油的方案，也可采用高低压双泵供油或单泵加蓄能器供油的方案。

(2)对于有多级速度变换要求的系统，可采用多台定量泵组成的数字逻辑控制动力源。对于执行机构工作频繁、复合动作较多、流量需求变化大的系统，则可采用双泵双回路全功率变量或分功率变量组合供油方案等。

油液的净化装置是液压动力源中不可缺少的。滤油器的选用与配置见 6.2 节。

4)调压方式的选择

液压执行元件工作时，要求系统保持一定的工作压力或在一定压力范围内变化，有时也需要多级或无级连续地调节压力。

(1)一般在节流调速系统中，通常由定量泵供油，用溢流阀调节所需压力，并保持恒定。在容积调速或容积-节流联合调速系统中，用变量泵供油，系统最高压力由安全阀限定。

(2)若系统在不同的工作阶段需要两种以上工作压力，则可通过先导式溢流阀的遥控口，用换向阀实现多级压力控制。

(3)若液压系统中短时需要流量不大的高压油，则可考虑用增压回路获得高压，而不用单设高压泵。在系统的某个局部，工作压力需低于主油源压力时，可考虑采用减压回路来获得所需的工作压力。

(4)当系统中有垂直负载作用时应采用平衡阀平衡负载，以限制负载的下降速度。实际使用的平衡阀为了使执行机构动作平稳，还要在其各运动部位设置阻尼，选择平衡阀的结构等要根据执行机构的具体要求而定。

(5)液压执行元件在工作循环中，某时间段不需要供油，而又不便停泵的情况下，需考虑选择卸荷回路。定量泵系统一般通过换向阀的中位（M 型或 H 型机能）或电磁溢流阀的卸荷位实现低压卸荷；变量泵则可实现压力卸荷或流量卸荷。需要指出的是，若换向阀为内控式电液换向阀，采用换向阀的中位机能实现压力卸荷时，需保证卸荷压力不低于液动阀要求的最小控制压力。

5)换向方式的选择

液压执行元件的方向控制用换向阀或逻辑控制单元来实现。对于一般中小流量的液压系统，大多通过换向阀的有机组合实现所要求的动作。对高压大流量的液压系统，现多采用插装阀与先导控制阀的逻辑组合实现。

(1)对装载机、起重机、挖掘机等工作环境恶劣的液压系统，主要考虑安全可靠，一般采用手动（脚踏）换向阀。由若干单联手动滑阀及安全溢流阀、单向阀、补油阀等组成的多路换向阀，因具有多种功能（方向、流量和压力控制），其中串并联型的各滑阀之间动作互锁，各执行元件只能实现单动，因而得到广泛应用。

(2)若液压设备要求的自动化程度较高，应选用电动换向，即小流量时选电磁换向阀，大流量时选电液换向阀或二通插装阀。需要计算机控制时选电液比例换向阀或电液数字阀。采用电动换向时，各执行元件之间的顺序、互锁、联动等要求可由电气控制系统完成。

(3)采用手动双向变量泵的换向回路，多用于卷扬起重、车辆马达等闭式回路。

6)顺序动作方案的选择

主机各执行机构的顺序动作，根据设备类型不同，有的按固定程序运行，有的则是随机的或人为控制的。

(1)工程机械(动作顺序随机系统)一般用手动多路换向阀控制。

(2)加工机械的各执行机构的顺序动作多采用行程控制，通过电气行程开关或直接压下行程阀来控制接续的动作。

(3)带有液压夹具的机床、挤压机、压力机等，多用压力控制顺序动作。在当某一执行元件完成预定动作时，回路中的压力达到一定的数值，通过压力继电器或顺序阀，来启动下一个动作。

2. 草拟液压系统原理图

整机的液压系统原理图由选择好的控制回路及液压动力源组合而成。各回路相互组合时要去掉重复多余元件，力求系统结构简单。注意各元件间的连锁关系，避免误动作发生。要尽量减少能量损失环节，提高系统的工作效率。

为便于液压系统的维护和监测，在系统中的主要路段需装设必要的检测元件（如压力表、温度计等）。

大型设备的关键部位，应考虑系统冗余，当意外事件发生时，备用系统能迅速投入，保证主机连续工作。

各液压元件尽量采用可靠标准元件,在图中要按国家标准规定的液压元件职能符号的常态位置绘制,如特殊需要,也可以按某时刻运动状态画出,但要加以说明。对于自行设计的非标准元件可用结构原理图绘制。

9.3 组成元件选择(设计)

液压系统的组成元件包括标准元件和专用元件。在满足系统性能要求的前提下,应尽量选用现有的标准液压元件,不得已时才自行设计液压元件。选择液压元件时一般应考虑以下几方面问题。

应用方面的问题:如主机的类型(工业设备、行走机械等)、原动机的特性、环境情况(温度、湿度、尘土等)、安装形式、货源情况及维护要求等。

系统要求:压力和流量的大小、工作介质的种类、循环周期、操纵控制方式、冲击振动情况等。

经济性问题:使用量,购置及更换成本,货源情况及产品历史、质量和信誉等。

其他问题:应尽量采用标准化、通用化及货源条件较好的元件,以缩短制造周期,便于互换和维护。

9.3.1 液压泵的确定

1. 确定液压泵的最大工作压力 p_p

$$p_p \geqslant p_1 + \sum \Delta p \tag{9-5}$$

式中,p_p 为液压泵的最大工作压力,MPa;p_1 为液压执行元件最大工作压力,MPa;$\sum \Delta p$ 为从液压泵出口到液压执行元件入口之间总的管路损失。$\sum \Delta p$ 的准确计算要待元件选定并绘出管路图时才能进行,初算时可按经验数据选取:管路简单、流速不大的,$\sum \Delta p = 0.2 \sim 0.5$MPa;管路复杂,进口有调速阀的,取 $\sum \Delta p = 0.5 \sim 1.5$MPa。

2. 确定液压泵的流量 q_p

(1)多液压执行元件同时工作时,液压泵的输出流量应为

$$q_p \geqslant K \sum q_{max} \tag{9-6}$$

式中,q_p 为液压泵的流量,L/min;K 为系统泄漏系数,一般取 $K = 1.1 \sim 1.3$;$\sum q_{max}$ 为同时动作的液压执行元件的最大总流量,可从 q-t 图上查得。对于在工作过程中用节流调速的系统,还须加上溢流阀的最小溢流量,一般取 3 L/min。

(2)系统使用蓄能器作辅助动力源时,液压泵的输出流量应为

$$q_p = \sum_{i=1}^{Z} \frac{V_i K}{T_t} \tag{9-7}$$

式中,q_p 为液压泵的流量,L/min;K 为系统泄漏系数,一般取 $K=1.2$;T_t 为液压设备工作周期,min;V_i 为每一液压执行元件在工作周期中的总耗油量,L;Z 为液压执行元件的个数。

3. 选择液压泵的规格

根据以上求得的 p_p 和 q_p 值,按系统中拟选的液压泵的形式,从产品样本或手册中选择相应的液压泵。为使液压泵有一定的压力储备,泵的额定压力一般要比最大工作压力大 25%～60%。泵的额定流量应与计算所需流量相当,不要超过太多。

4. 确定液压泵的驱动功率

(1)在工作循环中,如果液压泵的压力和流量比较恒定,即 p-t、q-t 图变化较平缓,则

$$P = \frac{p_p q_p}{60\eta_p} \tag{9-8}$$

式中,P 为液压泵的驱动功率,kW; p_p 为液压泵的最大工作压力,MPa; q_p 为液压泵的流量,L/min; η_p 为液压泵的总效率,齿轮泵取 0.60～0.80,叶片泵取 0.70～0.80,柱塞泵取 0.80～0.85。

(2)限压式变量泵的驱动功率,可按流量特性曲线拐点处的流量、压力值计算。一般情况下,可取 $p_p = 0.8p_{pmax}$,$q_p = q_n$,则

$$P = \frac{0.8p_{pmax}q_n}{60\eta_p} \tag{9-9}$$

式中,P 为液压泵的驱动功率,kW; p_{pmax} 为液压泵的最大工作压力,MPa; q_n 为液压泵的额定流量 ,L/min。

(3)在工作循环中,如果液压泵的流量和压力变化较大,即 p-t、q-t 曲线起伏变化较大,则须分别计算出各个动作阶段内所需功率,驱动功率取其平均功率

$$\overline{P} = \sqrt{\frac{P_1^2 t_1 + P_2^2 t_2 + \cdots + P_n^2 t_2}{t_1 + t_2 + \cdots + t_n}} \tag{9-10}$$

式中,t_1、t_2、…、t_n 为一个循环中每一动作阶段内所需的时间,s; P_1、P_2、…、P_n 为一个循环中每一动作阶段内所需的功率,kW。

按平均功率选出电动机功率后,还要验算每一阶段内电动机超载量是否都在允许范围内。通常,允许电动机短时间在超载 25%的状态下工作。

9.3.2　执行元件的确定

在系统功能设计中,已经确定了执行器的种类、数量和动作及主要参数,以下确定具体的结构形式、规格及安装方式。

1. 液压缸

应尽量按前面所述计算已确定的液压缸结构性能参数(液压缸内径、活塞杆直径、速度及速比、工作压力等),并从现有标准液压缸产品(工程、冶金、车辆和农机四大系列)若干规格中,选用所需的液压缸,选用时应考虑如下两方面问题。

(1)从占用空间、质量、刚度、成本和密封性等方面,对各种液压缸的缸筒组件、活塞组件、密封组件、排气装置、缓冲装置的结构形式进行比较。

(2)根据负载特性和运动方式等选择液压缸的安装方式,其主要安装方式有法兰式、中线

凸耳式、耳轴式、耳环式、拉杆式、脚架式等，选择安装方式时尽可能使液压缸只受运动方向的负载而不受径向负载，并具有容易找正、刚度好、成本低、维护性好等条件。

2. 液压马达

各种马达的特性各异，通常按已确定的液压马达结构性能参数（如排量、转速、转矩、工作压力等），从手册或产品样本中挑选转速范围、转矩、容积效率、总效率等符合系统要求，并从占用空间、安装条件、工作机构布置及经济性等方面综合考虑后，择优选定其规格型号。低速马达为了在极低转速下平稳运转，马达的泄漏、负载必须恒定，要有一定的回油背压和适当的油液黏度。当马达需带载启动时，要核对其堵转转矩。

9.3.3 液压控制阀的确定

同一工艺目的的液压机械设备，通过液压阀的不同组合使用，可以组成油路结构截然不同的多种液压系统方案，因此，液压阀是液压技术中品种与规格最多、应用最广泛、最活跃的部分。所设计的液压系统，能否按照既定要求正常可靠运行，很大程度上取决于其所采用的各种液压阀的性能优劣及参数匹配是否合理。足见液压阀的选择在整个液压系统设计中占有相当重要的地位。

1. 液压阀实际流量

液压阀的实际流量与油路的串、并联有关。对于采用单活塞杆液压缸的系统，要注意活塞外伸和内缩时回油流量的不同。

2. 液压阀的额定压力和额定流量

液压控制阀的额定压力和额定流量一般应与其使用压力和流量相接近。对于可靠性要求较高的系统，阀的额定压力应高出其使用压力较多。对于系统中的顺序阀和减压阀，其通过流量不应远小于额定流量，否则易产生振动或其他不稳定现象。对于流量阀，应注意其最小稳定流量。

3. 液压阀的安装连接方式

阀的安装连接方式对后续的液压装置结构形式的设计有决定性的影响，所以选择液压阀时应对液压控制装置的集成方式一并考虑。

通常液压系统工作流量在 100L/min 以下时，可优先选用叠加阀；系统工作流量在 200L/min以上时，可优先考虑使用插装阀；系统流量在 100～200L/min 时，优先顺序应是常规板式阀、叠加阀、插装阀。螺纹式插装阀主要适应于小流量系统。

4. 方向控制阀的选用

对于结构简单的普通单向阀，主要应注意其开启压力的合理选用；对于液控单向阀，为避免引起系统的异常振动和噪声，还应注意合理选用其泄压方式；当液控单向阀的出口存在背压时，宜选用外泄式，其他情况可选内泄式。

对于换向阀，应注意从满足系统对自动化和运行周期的要求出发，合理选用其操纵形式。

应正确选用滑阀式换向阀的中位机能并把握其过渡状态机能。对于采用双液控单向阀锁紧液压执行元件的系统，应选用H、Y型中位机能的滑阀式换向阀，以保证液控单向阀可靠复位和液压执行元件的良好锁紧状态。滑阀式换向阀的中位机能在换向过渡位置，不应出现油路完全堵死情况，否则将导致系统瞬间压力冲击并引起管道爆破等事故。

5. 压力控制阀的选用

系统需卸荷时，应注意卸荷溢流阀与外控顺序阀的区别。卸荷溢流阀主要用于装有蓄能器的液压回路中，如果选用一般外控顺序阀，将导致液压泵出口压力时高时低，系统工作失常。先导式减压阀较其他液压阀的泄漏量大，且只要阀处于工作状态，泄漏始终存在，这一点在选择液压泵的容量时应充分注意。同时还应注意减压阀的最低调节压力，应保证其进出口压力差为0.3～1.0MPa。

6. 流量控制阀的选用

节流阀、调速阀的最小稳定流量应满足执行元件最低工作速度的要求。为了保证调速阀的控制精度，应保证其一定的工作压差。对于环境温度变化较大的情况，应选用温度补偿型调速阀。

7. 电液控制阀的选用

电液控制阀有电液伺服阀、比例阀和数字阀等类型，用于控制性能要求较高的场合。目前数字阀可供产品不多，而电液伺服阀主要用于闭环液压控制系统。电液比例阀尽管有时用于闭环液压系统，但多用于开环液压传动系统中。可根据执行元件的控制内容、控制精度、响应特性、稳定性要求等进行选择。

9.3.4　液压辅助元件的确定

液压系统中的辅助元件是液压系统中不可缺少的部分，辅助元件的合理选用将直接影响系统的工作性能。因此，在设计液压系统时，应给予足够的重视。

1. 蓄能器的选择

常用的充气式蓄能器包括活塞式和皮囊式两种，活塞式额定压力为20MPa，皮囊式额定压力可达32MPa。选择蓄能器的要点如下。

(1)在考虑其公称压力的前提下，主要是确定蓄能器的容积和充气压力。根据蓄能器在液压系统中的功能不同，蓄能器的容积和充气压力的计算方法也不同，其计算方法可参见本书第6章有关内容。

(2)针对工作介质种类及其工作温度选择和确定合适的皮囊材质。

2. 过滤器的选择

根据液压系统的技术要求，经过比较和选择，确定所需过滤器的类型、精度及尺寸规格。过滤器的类型、作用及安装位置参见第6章有关内容。过滤器需具有足够的通流能力，滤芯应具有足够的强度、抗腐蚀性能且清洗与更换方便。

3. 冷却器的选择

根据计算的散热面积和安装方式选取冷却器。采用水冷式冷却器时，应保证冷却水在冷却器内的流速不超过 1.2m/s，并保证液压油通过冷却器时的压力损失小于 0.1MPa。对于行走机械等设备的液压系统或工作场地缺乏水源时，宜选用风冷式冷却器。

4. 管件(油管和管接头)的选择

常用的油管有硬管（钢管和铜管）和软管(橡胶管和尼龙管)两类，选用的主要依据是液压系统的工作压力、通过流量、工作环境和液压元件的安装位置等。一般应尽量选用硬管。油管的规格尺寸多由与它连接的液压元件的油口尺寸决定。只有对一些重要油管才计算其内径和壁厚。

管接头用于油管与油管或油管与元件的连接。管接头必须满足耐压能力高、通流能力大、压降小、装卸方便、连接牢固、密封可靠和外形紧凑等要求。常用的管接头有焊接式、卡套式、扩口式、法兰式和软管用管接头等，其构造及规格品种可查阅相关手册。

5. 压力表与压力表开关的选择

液压泵的出口、安装压力控制元件处、与主油路压力不同的支路及控制油路、蓄能器的进油口等处，均应设置测压点，以便对压力调节或系统工作中的压力数值及其变化情况进行观测。压力表测量范围应大于系统的工作压力的上限，并安装在便于观测之处；系统常用的压力表一般为弹簧管式压力表，对于需用远程传送信号或自动控制的系统，可选用电接点式压力表，它一方面可以观测系统压力，另一方面在系统压力变化时可以通过微动开关内设的高压和低压触点发讯，控制电动机或电磁阀等元件的动作，从而实现液压系统的远程自动控制。

压力表接入压力管道时，应通过阻尼小孔以及压力表开关，以防止系统压力突变或压力脉动引起的压力表损坏。若需要测定动态压力，则应选用压力传感器。

6. 油箱容积的确定

初始设计时，先按下式确定油箱的容量，待系统确定后，再按散热的要求进行校核。油箱容量的经验公式为

$$V = \alpha q_{\mathrm{p}} \tag{9-11}$$

式中，V 为油箱的容量，L；q_{p} 为液压泵每分钟排出压力油的容积，L/min；α 为经验系数，低压系统为 2～4，中压系统为 5～7，高压系统为 10～12。

在确定油箱尺寸时，不仅要满足系统供油要求，还要保证执行元件全部排油时，油箱不能溢出，以及系统最大充油时，油箱的油位不能低于最低限度。

7. 液压油的选择

根据我国发布的《润滑剂、工业用油和相关产品(L 类)的分类 第 2 部分：H 组(液压系统)》(GB/T 7631.2—2003)液压油(液)产品分类标准，通用液压系统用液压油分为 7 类，如表 9-6 所示。

表 9-6　通用液压油分类(GB/T 7631.2—2003)

分类	组成和特性	应用场合
HH	无抗氧剂的精制矿油	
HL	抗氧防锈型	适用于一般机床的液压箱,代替机械油
HM	抗氧防锈抗磨型	适用于中高负荷通用液压系统
HR	在 HL 基础上改善黏温性	
HV	在 HM 基础上改善黏温性	适用于寒区或野外工作机械
HS	比 HV 有更好的低温性能	适用于严寒区或野外工作机械
HG	具有黏-滑性的导轨油	适用于液压和导轨合用的精密机床

液压油产品按质量级别+黏度级别的方式来命名,如通用液压系统中常用的 L-HM46 表示为 46 号抗磨液压油。其中 L 表示类别(石油产品润滑剂、工业用油产品类),H 表示组别(液压油组),M 表示产品特性(表 9-6),46 表示产品牌号(40℃时运动黏度为 46 mm^2/s,上下浮动 10%,即 41.4～50.6 mm^2/s)。

9.4　液压系统验算

液压系统初步设计是在某些估计参数情况下进行的,当各回路形式、液压元件及连接管路等完全确定后,就能对其某些技术性能进行验算,以判断设计质量,找出修改设计的依据。计算的内容一般包括系统压力损失、系统效率、系统发热与温升、液压冲击等。计算时通常采用一些简化公式以求得到概略结果。

9.4.1　液压系统压力损失验算

验算液压系统压力损失的目的是正确调整系统的工作压力,使执行元件输出的力(或转矩)满足设计要求,并可根据压力损失的大小分析判断系统设计是否符合要求。

液压系统压力损失为

$$\sum \Delta p = \sum \Delta p_{\lambda} + \sum \Delta p_{\xi} + \sum \Delta p_{V} \tag{9-12}$$

式中,$\sum \Delta p$ 为液压系统压力损失,MPa;$\sum \Delta p_{\lambda}$ 为管路的沿程损失,MPa;$\sum \Delta p_{\xi}$ 为管路的局部压力损失,MPa;$\sum \Delta p_{V}$ 为阀类元件的局部损失,MPa。

式(9-12)中沿程损失 $\sum \Delta p_{\lambda}$,管路的局部压力损失 $\sum \Delta p_{\xi}$ 按第 1 章有关公式进行计算。流经标准阀类元件时的压力损失 $\sum \Delta p_{V}$ 与其额定流量 q_{n}、阀的额定压力损失 Δp_{n} 和通过阀的实际流量 q 有关,其近似关系式为

$$\Delta p_{V} = \Delta p_{n} \left(\frac{q}{q_{n}} \right)^{2} \tag{9-13}$$

式中,Δp_{V} 为阀类元件的局部损失,MPa;Δp_{n} 为阀的额定压力损失,MPa;q_{n} 为阀的额定流量,L/min;q 为通过阀的实际流量,L/min。

系统调整压力 p_{p} 必须大于执行元件工作压力 p_{1} 和总压力损失 $\sum \Delta p$ 之和,即

$$p_p \geqslant p_1 + \sum \Delta p \tag{9-14}$$

式中，p_p 为液压泵的最大工作压力，MPa；p_1 为液压执行元件最大工作压力，MPa；$\sum \Delta p$ 为总压力损失之和，MPa。

液压系统在各工作阶段的流量各异，故压力损失要分开计算。计算时，通常是把回油路上的各项压力损失折算到进油路上一起计算。如果验算所得到的总压力损失与原先估计的压力损失相差太大，则应对设计进行必要的修改。

9.4.2　液压系统总效率的验算

液压系统效率 η 的计算，主要考虑液压泵的总效率 η_p、液压执行元件的总效率 η_m 及液压回路的效率 η_L。η 可由下式估算

$$\eta = \eta_p \eta_m \eta_L \tag{9-15}$$

其中，液压泵和液压马达的总效率可由产品样本查得。液压回路效率 η_L 可按下式计算

$$\eta_L = \frac{\sum p_1 q_1}{\sum p_p q_p} \tag{9-16}$$

式中，$\sum p_1 q_1$ 为各执行元件的负载压力和负载流量（输入流量）乘积的总和，kW；$\sum p_p q_p$ 为各个液压泵供油压力和输出流量乘积的总和，kW。

系统在一个完整循环周期内的平均回路效率 $\overline{\eta_L}$ 可按下式计算

$$\overline{\eta_L} = \frac{\sum \eta_{L_i} t_i}{T} \tag{9-17}$$

式中，η_{L_i} 为各工作阶段的液压回路效率；t_i 为各个工作阶段的持续时间，s；T 为一个完整循环的时间，$T = \sum t_i$，s。

9.4.3　液压系统发热温升的计算

液压系统工作时，除执行元件驱动外载荷输出有效功率外，其余功率损失全部转化为热量，使油温升高，产生一系列不良的影响。为此，必须对系统进行发热与温升计算，以便对系统的温升加以控制。对不同的液压系统，因其工作条件不同，允许的最高温度也不相同，允许值见表9-7。

表 9-7　各种液压系统允许油温

系统名称	正常工作温度/℃	最高允许温度/℃	油的温升/℃
机床	30～55	50～70	≤30～35
金属粗加工机械	30～70	60～80	
机车车辆	40～60	70～80	
船舶	30～60	70～80	
工程机械	50～80	70～80	≤35～40

液压系统的总发热量 H，可用下式计算

$$H = P(1-\eta) \tag{9-18}$$

式中，H 为液压系统的总发热量，W；P 为液压系统的实际输入功率，即液压泵的实际输入功率，W；η 为系统的总效率。

液压系统所产生的热量，一部分使油液和系统的温度升高，另一部分经过冷却表面，散发到空气中。

当产生的热量 H 全部被冷却表面所散发时，即

$$H = KA_t \cdot \Delta t \tag{9-19}$$

式中，H 为液压系统的总发热量，W；K 为散热系数，当通风很差时为8.5～9.32，当通风良好时为15.13～17.46，当风扇冷却时为23.3，当循环水冷却时为110.5～147.6；A_t 为油箱散热面积，m^2；Δt 为液压系统油液的温升，℃。

由式(9-19)可得

$$\Delta t = \frac{H}{KA_t} \tag{9-20}$$

计算时，如果油箱三边的结构尺寸比例为1∶1∶1到1∶2∶3，而且油位高度为油箱高的0.8时，其散热面积的近似计算式为

$$A_t = 0.065\sqrt[3]{V_t^2} \tag{9-21}$$

式中，V_t 为油箱有效容积，L。

计算所得的温升 Δt，加上环境温度，应不超过温液的最高允许温度。如果超过允许值，必须适当增加油箱散热面积或采用冷却器来降低油温。

9.4.4　液压系统冲击压力估算

压力冲击是由于管道液流速度急剧改变而形成的。例如，液压执行元件在高速运动中突然停止，换向阀的迅速开启和关闭，都会产生高于静态值的冲击压力。它不仅伴随产生振动和噪声，而且会因过高的冲击压力而使管路、液压元件遭到破坏。

由于影响液压冲击的原因很多，准确计算较难，故一般是用估算或通过实验确定的。在设计液压系统时，一般可以采取措施而不做计算。当有特殊要求时，可按第1章有关公式进行验算。

9.4.5　绘制液压系统原理图

液压系统设计经过必要的计算、验算、修改、补充和完善，完全确定后，要正规地给出液压系统原理图。除用元件图形符号表示的原理图外，还包括动作循环表和元件的规格型号表。系统图中应注明各液压执行元件的名称和动作，注明各液压元件的序号以及各电磁铁的代号，并附有电磁铁、行程阀及其他控制元件的动作表。

编制元件明细表时，习惯上将电动机与液压元件一同编号，并填入元件明细表。

9.5　液压装置的结构设计，编制技术文件

液压系统的功能原理设计完成之后，即可根据所选择或设计的液压元件和辅件及动作顺序图表，进行液压系统的结构设计。结构设计的目的在于选择确定元、辅件的连接装配方案、设计和绘制液压系统产品工作图样，并编制技术文件，为制造、组装和调试液压系统提供依据。

9.5.1　液压装置的结构类型及其适用场合

液压装置按其总体配置分为分散配置型和集中配置型两种主要结构类型。

1. 分散配置型液压装置的结构特征与使用场合

分散配置型液压装置是将液压系统的液压泵及其驱动电机（或内燃机）、执行元件、控制阀和辅助元件按照机械设备的布局、工作特性和操纵要求等分散安设在主机的适当位置上。液压系统各组成元件通过管道逐一连接起来。例如，金属加工机床采用此种配置时，可将机床的床身、立柱或底座等支撑件的空腔部分兼作液压油箱，安放动力源，而把液压阀等元件安设在机身上操作者便于接近和操纵调节的位置。

分散配置型液压装置的优点是节省安装空间和占地面积；缺点是元件布置零乱，安装维护较复杂，动力源的振动、发热还会对机床类主机的精度产生不利影响。

此种结构类型除了部分固定机械设备采用外，特别适宜结构安装空间受限的移动式机械设备（如车辆、工程机械等）采用。

2. 集中配置型液压装置(液压站)的结构特征与使用场合

集中配置型液压装置通常是将系统的执行元件安放在主机上，而将系统的动力源、控制及调节装置与辅助元件等集中组成所谓液压站，并安装于主机之外。

液压站的优点是外形整齐美观，安装维护方便，利于采集和检测电液信号以便于自动化，可以隔离液压系统振动、发热等对主机精度的影响。缺点是占地面积大，特别是对于有强烈热源和烟雾、粉尘污染的机械设备，有时还需为安放液压站建立专门的隔离房间或地下室。

此种结构类型主要适宜固定机械设备或安装空间宽裕的其他各类机械设备的液压系统产品，包括有一定批量的小型系统（如金属加工机床及其自动线、塑料机械、纺织机械、建筑机械等成批生产的主机的液压系统）和单件小批的大型系统（如冶金设备、水电工程项目中的有些液压系统）采用。

随着液压技术的日益普及与应用范围的扩大，液压站已成为许多液压系统的典型做法，往往成为各类机械设备的液压系统设计师确定液压装置结构方案时的首选。

9.5.2　液压站的类型选择

液压泵站按液压泵组是否置于油箱之上有上置式和非上置式之分。根据电动机安装方式不同，上置式液压泵站又可分为立式和卧式两种，如图 9-7 所示。上置式液压泵站结构紧凑，占地小，广泛应用于中、小功率液压系统中。非上置式液压泵站按液压泵组与油箱是否共用一个底座而分为整体式和分离式两种。整体式液压泵组安置形式又有旁置和下置之分，如图 9-8 所示。非上置式液压泵站中的液压泵组置于油箱液面以下，能有效地改善液压泵的吸入性能，且装置高度低，便于维修，适用于功率较大的液压系统。

按液压泵站的规模，可分为单机型、机组型和中央型三种。单机型液压泵站规模较小，通常将控制阀组一并置于油箱面板上，组成较完整的液压系统总成，该液压泵站应用较广；机组型液压泵站是将一个或多个控制阀组集中安装在一个或几个专用阀台上，再与液压泵组和液压执行元件相连接，这种液压泵站适用于中等规模的液压系统；中央型液压泵站常被安置在地

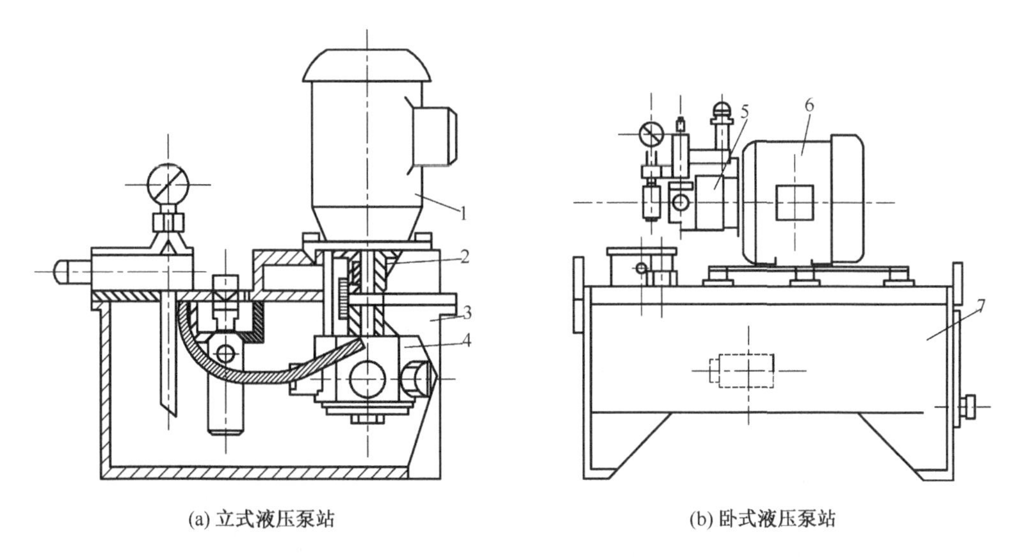

(a) 立式液压泵站　(b) 卧式液压泵站

图 9-7　上置式液压站

1、6. 电动机；2. 联轴器；3、7. 油箱；4、5. 液压泵

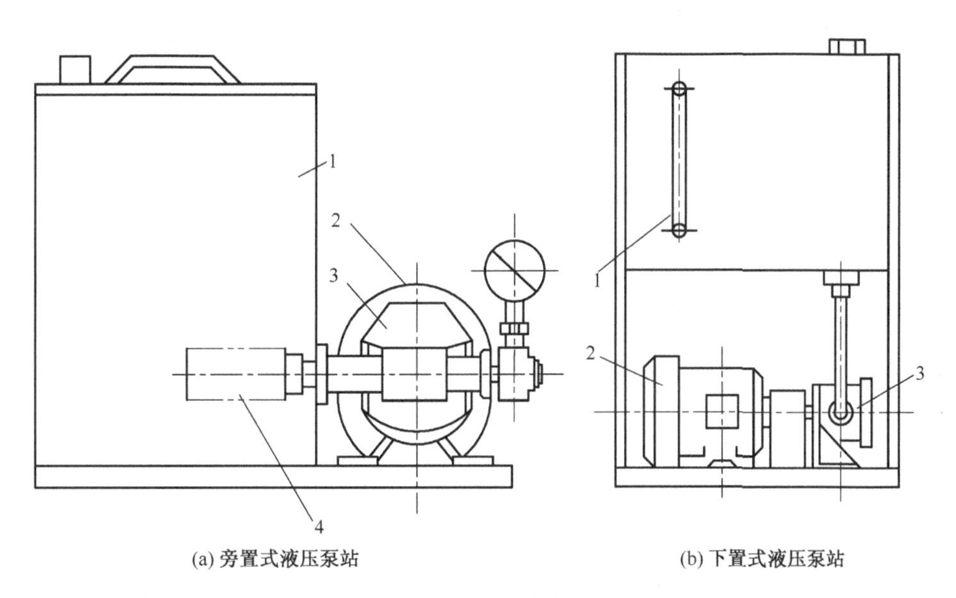

(a) 旁置式液压泵站　(b) 下置式液压泵站

图 9-8　非上置式液压站

1. 油箱；2. 电动机；3. 液压泵；4. 过滤器

下室内，以利于安装配管、降低噪声，保持稳定的环境温度和清洁度，该类液压泵站规模大，适用于大型液压系统。

9.5.3　液压控制装置的集成

液压装置中元件（指控制阀和部分辅件）的配置形式有板式配置与集成式配置两种。板式配置是把标准元件与其底板用螺钉固定在平板上，元件之间的油路联系或用油管或借助底板上的油道来实现。集成式配置是借助某种专用或通用的辅助件，把元件组合在一起。按辅助件形式的不同，可分为如下两种形式。

1. 集成块式

这种形式是根据液压系统完成一定功能的各种回路，做成通用化的六面体集成块，块的上下两面作为块与块的结合面，四周除一面安装通向执行元件的管接头外，其余供固定标准元件用。一个较复杂的系统往往由几个集成块组成，如图 9-9 所示。

2. 叠加阀式

这种形式是在组合块式基础上发展起来的，不需要另外的连接块，而是以自身阀体作为连接体。通过螺钉将控制阀等元件直接叠合而成为所需系统，如图 9-10 所示。

图 9-9 集成块式配置图

图 9-10 叠加阀式配置图

9.5.4 绘制正式工作图，编制技术文件

经上述各步骤，对液压系统修改完善并确定系统设计合理后，便可绘制正式工作图和编制技术文件。

1. 绘制工作图

所要绘制的工作图应包括以下几种。

(1)液压系统工作原理图。图上应注明各种元件的规格、型号以及压力调整值，画出执行元件完成的工作循环图，列出相应电磁铁和压力继电器的工作状态表。

(2)元件集成块装配图和零件图。液压件厂能提供各种功能的集成块，设计者只需选用并绘制集成块组合装配图。如无合适的集成块可供选用，则需专门设计。

(3)泵站装配图和零件图。小型泵站有标准化产品选用，但大、中型泵站通常需单独设计，并给出其装配图与零件图。

(4)液压缸和其他采用件的装配图和零件图。

(5)管路装配图。在管路的安装图上应表示各液压部件和元件在设备和工作场所的位置与固定方式，应注明管道的尺寸和布置位置，各种管接头的形式和规格、管路装配技术等。

2. 编写技术文件

编写的技术文件一般包括设计计算说明书，零部件目录表，标准件、通用件和外购件总表，技术说明书，操作使用说明书等内容。此外，还应提出电气系统设计任务书，供电气设计者使用。

9.6 液压系统设计计算举例

本节介绍DN4800进水蝶阀液压传动系统的设计计算实例。

9.6.1 技术要求

设计一个液压传动系统用于控制DN4800进水蝶阀的开启和关闭，系统已知的主要原始参数如下(具体蝶阀的开启和关闭示意图可参见图9-11)。

(1)关键位置转矩值(通过力矩传感器测得)。

①工作状态蝶阀开启所需最大转矩

0°时：$9.5 \times 10^5 \mathrm{N \cdot m}$

②工作状态蝶阀关闭所需最大转矩

0°时：$4.2 \times 10^5 \mathrm{N \cdot m}$

③工作状态最大负转矩

25°时：$-1.65 \times 10^6 \mathrm{N \cdot m}$

(2)机械力臂值。由结构设计给出：$R = 0.74\mathrm{m}$。

(3)油缸单程动作(开阀或关阀时间)：$T = 60 \sim 120\mathrm{s}$ 可调。

(4)蓄能器组供油量：必须保证油缸3个单行程动作的需要。

(5)一次供油保压时间：$T_\mathrm{b} \geqslant 500\mathrm{h}$。

(6)油缸压杆稳定安全系数：$n_\mathrm{k} \geqslant 3.5$。

(7)蓄能器一次完全充液时间：$T_\mathrm{cy} \leqslant 40\mathrm{min}$。

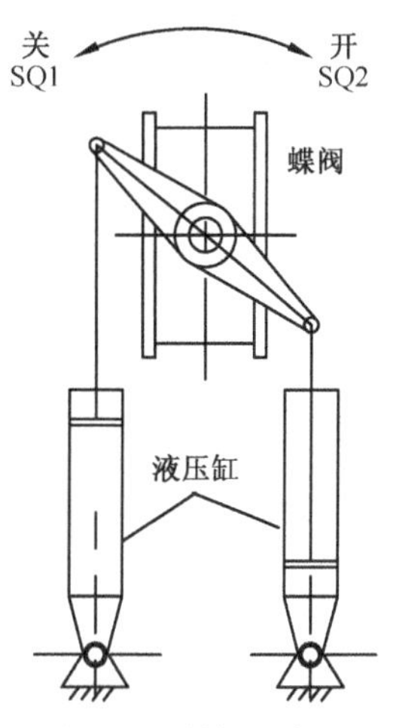

图9-11 蝶阀开启和关闭示意图

9.6.2 确定主要元件参数

1. 确定液压缸参数

1)各关键工况下执行机构输出力值

(1) 工作状态下，开启阀门时最大所需输出力

0°时：
$$F_1 = \frac{T_1}{R} = \frac{9.5 \times 10^5}{0.74} \approx 1.29 \times 10^6 \,(\mathrm{N})$$

(2) 工作状态下，关闭阀门时最大所需输出力

0°时：
$$F_2 = \frac{T_2}{R} = \frac{4.2 \times 10^5}{0.74} \approx 5.7 \times 10^5 \,(\mathrm{N})$$

(3) 工作状态下，关闭阀门时产生的最大负载力

25°时：
$$F_3 = \frac{T_3}{R} = \frac{-1.65 \times 10^6}{0.74} \approx -2.23 \times 10^6 \,(\mathrm{N})$$

初选液压系统的设计压力 $p_\mathrm{s} = 25\mathrm{MPa}$。

2)液压缸总有效作用面积

为了使阀门开启和闭合时液压缸输出力及所需油液流量均相等，采用两个相同的液压缸互为颠倒形式安装在蝶阀的两侧。设液压缸无杆腔和有杆腔的有效面积分别为 A_1 和 A_2 ，则在阀门开关时液压缸的总作用面积均为 $A = A_1 + A_2$。

设系统回路压力损失 $p_d = 1.0$ MPa，并取液压缸机械效率 $\eta_{cm} = 0.95$ ，则可计算出液压缸的总作用面积

$$A = \frac{F_3}{\eta_{cm}(p_s - p_d)} = \frac{2.23 \times 10^6}{0.95 \times (25 - 1.0) \times 10^6} = 9.78 \times 10^{-2}(\mathrm{m}^2)$$

取液压缸内径 $D = 280$mm ，则

$$A_1 = \frac{\pi}{4}D^2 = \frac{3.14}{4} \times 0.28^2 = 6.15 \times 10^{-2}(\mathrm{m}^2)$$

$$A_2 = A - A_1 = 9.78 \times 10^{-2} - 6.15 \times 10^{-2} = 3.63 \times 10^{-2}(\mathrm{m}^2)$$

可计算活塞杆直径

$$d = \sqrt{\frac{4(A_1 - A_2)}{\pi}} = \sqrt{\frac{4 \times (6.15 - 3.63) \times 10^{-2}}{\pi}} = 179(\mathrm{mm})$$

按《流体传动系统及元件缸径及活塞杆直径》(GB/T 2348—2018)，取标准值 d =180mm(标准直径)，则液压缸实际有效面积计算如下。

油缸无杆腔作用面积

$$A_1 = \frac{3.14}{4} \cdot D^2 = \frac{3.14}{4} \times 0.28^2 = 6.15 \times 10^{-2}(\mathrm{m}^2)$$

油缸有杆腔作用面积

$$A_2 = \frac{3.14}{4} \cdot (D^2 - d^2) = \frac{3.14}{4} \times (0.28^2 - 0.18^2) = 3.61 \times 10^{-2}(\mathrm{m}^2)$$

两油缸开、关阀门时总有效作用面积为

$$A = A_1 + A_2 = 6.15 \times 10^{-2} + 3.61 \times 10^{-2} = 9.76 \times 10^{-2}(\mathrm{m}^2)$$

3)液压缸压杆稳定性验算

已知参数：

(1) 活塞杆计算长度由结构设计确定：$l = 4.21$m。

(2) 末端条件系数：$n = 1$ (查机械设计手册)。

(3) 柔性系数:取 $m = 85$ (中碳钢,查机械设计手册)。

(4) 活塞杆断面回转半径：$K = \frac{d}{4} = \frac{0.18}{4} = 0.045$(m)。

蝶阀 0°时开启阀门所需转矩最大，此时活塞杆细长比

$$\frac{l}{K} = \frac{4.21}{0.045} = 93.6 > m \cdot \sqrt{n} = 85$$

根据机械设计手册说明，这种状态应按欧拉公式计算油缸临界载荷，即

$$F_K = \frac{1.02 \cdot n \cdot d^4}{l^2} \times 10^{11} = \frac{1.02 \times 1 \times 0.18^4}{4.21^2} = 6.04 \times 10^6(\mathrm{m}^2)$$

油缸此时的作用力为(右侧缸活塞杆全部伸出)

$$F = A_1 \cdot p_{max} = 8.04 \times 10^{-2} \times 18 \times 10^6 = 1.447 \times 10^6(\mathrm{N})$$

此时油缸的安全系数为

$$n_k = \frac{F_K}{F} = \frac{6.04 \times 10^6}{1.447 \times 10^6} = 4.17 > 3.5$$

满足设计要求，故选用 $\phi 280/\phi 180 - 1480$ 油缸。

4)各关键工况下执行机构工作压力

(1) 阀门 0°开启时，油缸所需压力

$$p_1 = \frac{F_1}{A} = \frac{1.29 \times 10^6}{9.76 \times 10^{-2}} = 13.2(\text{MPa})$$

(2) 阀门关闭至 0°时，油缸所需压力

$$p_2 = \frac{F_2}{A} = \frac{5.7 \times 10^5}{9.76 \times 10^{-2}} = 5.8(\text{MPa})$$

(3) 阀门关闭至 25°时，在油缸中所产生的背压

$$p_3 = \frac{F_3}{A} = \frac{-2.23 \times 10^6}{9.76 \times 10^{-2}} = -22.9(\text{MPa})$$

2. 确定蓄能器参数

1)执行机构所需流量估算

由前述可知，开、关阀门最短时间为 $T_{min} = 60\text{s}$，油缸所需流量

$$q_{max} = A \cdot v = 9.76 \times 10^{-2} \times \frac{14.8 \times 10^{-1}}{60} \text{m}^3/\text{s} = 2.4\ \text{m}^3/\text{s} = 144\text{L/min}$$

2)蓄能器组总容量计算

根据工艺要求，蓄能器组必须保证油缸完成 3 个单行程动作。

(1)油缸完成 3 个单行程动作耗油量的估算

$$\Delta V = 3 \cdot A \cdot L = 3 \times 9.76 \times 14.8 = 433(\text{L})$$

(2)蓄能器总容量理论估算。

前提条件如下：

①由于充放油时间 $T \geqslant 60\text{s}$，所以，蓄能器释放过程按等温过程考虑。

②蓄能器组的最高工作压力(即泵站供油压力)设定为 25MPa。

③蓄能器组充液压力下限设定为：$p''_1 = 16\text{MPa}$。

④系统最低工作压力 p_1，最高工作压力 p_2，充气压力 p_0。

蓄能器组实现“开→关→开”工作循环时，按照工艺要求可估算各个阶段压力值

$$p_1 = 15.5\text{MPa},\quad p_2 = 25\text{MPa},\quad p_0 = 13.5\text{MPa}(\text{按 } 0.9p_1 > p_0 > 0.25p_2)$$

可估算蓄能器总容量得

$$V_0 = \frac{\Delta V \cdot (p_1/p_0)}{1 - (p_1/p_2)} = \frac{300 \times \frac{15.5}{13.5}}{1 - \frac{15.5}{25}} = 906(\text{L})$$

蓄能器组实现“关→开→关”工作循环时，按照工艺要求可估算各个阶段压力值

$$p'_1 = 14.5\text{MPa},\quad p'_2 = 25\text{MPa},\quad p'_0 = 13.5\text{MPa}$$

可估算蓄能器总容量得

$$V_0' = \frac{\Delta V' \cdot (p_1'/p_0')}{1-(p_1'/p_2')} = \frac{433 \times \frac{14.5}{13.5}}{1-\frac{14.5}{25}} = 1107(\text{L})$$

由上述计算过程可知，选择蓄能器总容量理论值为 1107 L。

初步选择蓄能器总容量为：$V_0 = 1200\text{L}$。

蓄能器每次充液完成后至再次充液所能输出的补油量为

$$\Delta V_x = \frac{V_0 \cdot (1-p_1''/p_2')}{p_1''/p_0'} = \frac{1200 \times \left(1-\frac{16}{25}\right)}{\frac{16}{13.5}} = 364.5(\text{L})$$

泵站不启动保压 500h 的工艺要求：

查国家标准 JB/T 10205－2010 规定可知，内径 $\phi 280$ 液压缸内泄漏允许值为小于等于 6mL/min，两只缸并联则有总泄漏量为小于等于 12mL/min。

蓄能器组总补油量(液压泵不启动时)

$$\Delta V' = 12 \times 500 \times 60\text{mL} = 360000\text{mL} = 360\text{L}$$

由上述可知，配置 12 个 100L 的蓄能器可释放 364.5L 的压力油，理论上可保证保压 500h 的需要。

9.6.3　拟定液压系统原理图

1. 选择液压回路

首先选择调速回路：由系统要求可知，油缸单程动作(开阀或关阀时间)在 60～120s 可调，并且负载变化比较大，为提高承受负值负载能力和速度稳定性，蝶阀开启和关闭双向都采用回油节流调速回路。

由于已选用节流调速回路，系统必然为开式循环方式。

其次选择油源形式：本系统采用蓄能器加补油泵的油源形式。

接着选择锁紧保压回路：为保证锁紧精度，延长保压时间，采用双液控单向阀的锁紧回路，换向阀的中位机能采用 Y 型。

接着选择方向控制回路：考虑到实现蝶阀开启和关闭两个功能与配合锁紧回路，选用带 Y 型中位机能三位四通电液换向阀。通过压力继电器检测工作压力来控制换向阀电磁铁的通断电以实现液压缸自锁功能。

最后选定压力控制回路：在液压泵出口并联一溢流阀，实现系统的定压溢流。串联一减压阀控制蝶阀关闭时压力。

当水电站出现动力电源故障，无法保证液压站及水轮机组正常运行时需采取一种紧急处理措施使得蝶阀自动关闭，因此需要考虑断电保护回路。由外部压力油源控制一个顺序阀，使得蓄能器作为动力能源通过另一减压阀来关闭蝶阀以实现保护的目的。

2. 组成液压系统原理图

在主回路初步选定基础上，再增加一些辅助回路即可组成一个完整的液压系统，如图 9-12所示。例如，在液压泵进口设置过滤器 16，出口设压力表及压力表开关 13，以便观测泵的压力等。

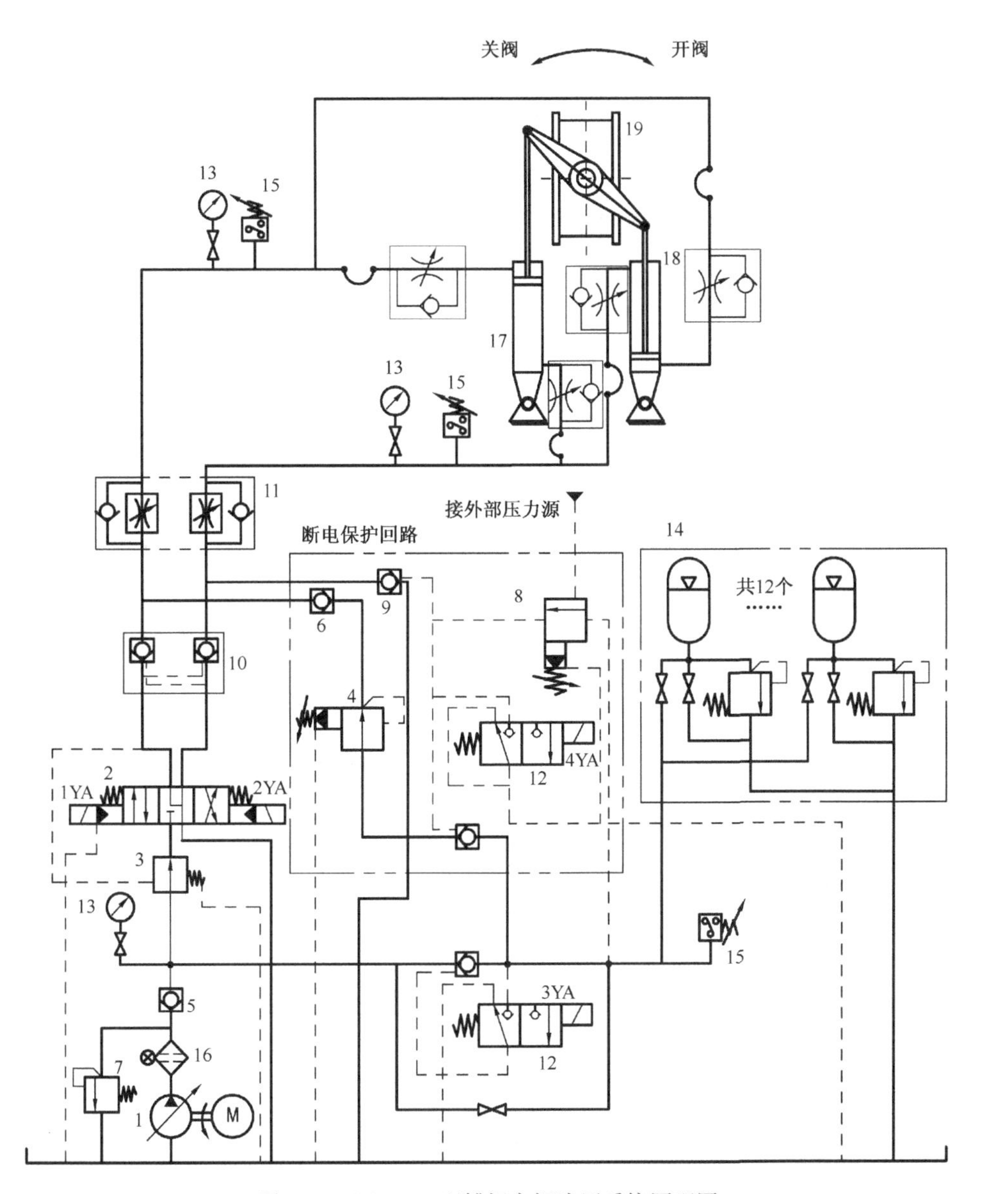

图 9-12　DN4800 型蝶阀启闭液压系统原理图

1. 手动变量柱塞泵；2. 三位四通电液换向阀；3. 叠加减压阀；4. 减压阀；5、6. 单向阀；7. 溢流阀；8. 顺序阀；9、10. 液控单向阀；11. 双单向节流阀；12. 电磁球阀；13. 压力表；14. 蓄能器组；15. 压力继电器；16. 高压过滤器；17、18. 液压缸；19. 蝶阀

9.6.4　选择液压元件和辅件

1. 液压泵和电机规格的确定

前提条件：

(1) 蓄能器一次完全冲液时间：$T_{cy} \leqslant 40\text{min}$。

(2) 最高工作压力：$p_s = 25\text{MPa}$。

根据前提条件(1)，可计算液压泵所需工作流量为

$$q_{\mathrm{p}} = \frac{V_0}{T_{\mathrm{cy}}} = \frac{1200}{40} = 30(\mathrm{L/min})$$

若选取 4 极电机，同步转速为 $n=1450\mathrm{r/min}$，取液压泵容积效率为 $\eta_{\mathrm{pv}} = 0.88$，则液压泵排量

$$V_{\mathrm{p}} = \frac{q_{\mathrm{p}}}{n_{\mathrm{p}} \cdot \eta_{\mathrm{pv}}} = \frac{30}{1.45 \times 0.88} = 23(\mathrm{mL/r})$$

由上述估算并考虑到液压系统适用可靠性，可选取手动变量柱塞泵，型号：25SCY14－1B。

液压泵主要参数：排量 $V_{\mathrm{p}} = 25\mathrm{mL/r}$，额定压力 $p_{\mathrm{N}} = 31.5\mathrm{MPa}$，额定转速 $n \leqslant 1500\mathrm{r/min}$。

电机功率计算，取液压泵机械效率为 $\eta_{\mathrm{m}} = 0.95$，则

$$P_{\mathrm{p}} = \frac{p_{\mathrm{s}} \cdot q_{\mathrm{p}}}{\eta_{\mathrm{m}}} = \frac{25 \times 10^6 \times 30 \times 10^{-3}/60}{0.9} = 13.9(\mathrm{kW})$$

故选择电机型号为 Y160L-4，功率 15kW。

2. *液压控制阀和液压辅助元件*

根据系统工作压力与通过各液压控制阀及部分辅助元件的最大流量，查相关手册或产品样本选择元件型号规格，列表 9-8。

表 9-8　组合钻床动力滑台液压传动系统控制阀及部分辅助元件的型号规格

序号	名称	通过流量 /(L/min)	额定流量 /(L/min)	额定压力 /MPa	额定压降 /MPa	型号
1	手动变量柱塞泵	—	37.5	31.5	—	25SCY14-1B
2	三位四通电液换向阀	144	180	25	0.1	4WEH25J
3	叠加减压阀	144	250	25	0.1	MRP-10-C-10
4	减压阀	144	200	31.5	0.1	DR-20-1-30
5	单向阀	30	150	31.5	0.1	RVP-10
6	单向阀	144	300	31.5	0.15	RVP-20
7	溢流阀	—	120	31.5	—	DBDH10P
8	顺序阀	—	150	31.5	—	DZ10-1-3X
9	液控单向阀	144	350	31.5	0.05	SV20PA
10	叠加式液控单向阀	144	350	31.5	0.05	Z2S22-3-30
11	叠加单向节流阀	144	350	31.5	0.05	Z2FS22-30
12	电磁球阀	—	25	35	—	M-3SED6C
13	耐振压力表	—	—	—	—	G60CBM-F400
14	蓄能器	—	—	31.5	—	NXQA-100/31.5
15	压力继电器	—	—	—	—	SG307-F-350
16	高压过滤器	30	63	31.5	0.1	QU-H63×10BDS

管件尺寸与选定的标准元件油口尺寸相同。油箱容量按式 (9-11)计算，$\alpha=10$，得油箱容量为

$$V_{\mathrm{T}} = \alpha q_{\mathrm{p}} + V_0 = 10 \times 37.5 + 1200 = 1575(\mathrm{L})$$

9.6.5　液压油的选择

本系统根据实际环境要求选择液压油为 L-TSA46 汽轮机油。

L-TSA 系列液压油具有优异的防锈和防腐蚀性能，可防止由于系统进水而引起的腐蚀和锈蚀；优良的抗乳化和抗泡沫性能，易于将进入系统的水分离，使进入系统的空气迅速消除；极佳的抗氧化性能，使用周期长。L 表示润滑，T 表示透平（汽机），S 表示加入防锈溶剂，A 表示抗氧化。46 表示 40℃运动黏度为 41.4～50.6 mm^2/s。

9.6.6　验算液压系统技术性能

1. 验算系统压力损失

按选定的液压元件接口尺寸确定管道直径为 $d=25$ mm，进、回油管道长度均取为 $l=20$ m；取油液 30℃运动黏度 $\gamma=0.85\times10^{-4}$ m^2/s，油液密度 $\rho=871$ kg/m^3。液压缸在 60s 内关闭或开启蝶阀的所需流量最大为 $q=144L/min$，由此计算得雷诺数

$$Re=\frac{vd}{\gamma}=\frac{4q}{\pi d\gamma}=\frac{4\times144\times10^{-3}}{60\times\pi\times25\times10^{-3}\times0.85\times10^{-4}}=1438<2300$$

故可推论出：各工况下的进回油路中的液流均为层流。

将适用于层流的沿程阻力系数 $\lambda=75/Re=75\pi d\gamma/(4q)$ 和管道中液体流速 $v=4q/(\pi d^2)$ 代入沿程压力损失计算公式得

$$\Delta p_\lambda=\frac{4\times75\rho\gamma l}{2\pi d^4}q=\frac{4\times75\times871\times0.85\times10^{-4}\times20}{2\pi\times(25\times10^{-3})^4}\times\frac{q\times10^{-3}}{60}=0.0302q\times10^5(\text{Pa})$$

在管道具体结构尚未确定情况下，管道局部压力损失 Δp_ξ 常按以下经验公式计算

$$\Delta p_\xi=0.1\Delta p_\lambda$$

各工况下的阀类元件的局部压力损失按式 (9-13)计算，即

$$\Delta p_V=\Delta p_n\,(q/q_n)^2$$

根据以上三式计算出的各工况下的进回油管道的沿程、局部和阀类元件的压力损失数值见表 9-9。

表 9-9　压力损失数值

管路		各工况下的压力损失（10^5Pa）	
		蝶阀开启	蝶阀关闭
进油	Δp_λ	4.349	4.349
	Δp_ξ	0.4349	0.4349
	Δp_V	1.273	18.768（蝶阀第一次关闭时）
	Δp	6.0569	6.0569
回油	Δp_λ	4.349	4.349
	Δp_ξ	0.4349	0.4349
	Δp_V	0.273	0.273
	Δp	5.0569	5.0569

将回油路上的压力损失折算到进油路上，可求得总的压力损失，如经折算得到的蝶阀开启时的总的压力损失为

$$\sum\Delta p=6.0569\times10^5+5.0569\times10^5\times1.0=11.114\times10^5(\text{Pa})$$

其余工况以此类推。

尽管上述计算结果与估取值不同，但不会使系统工作压力超过其能达到的最高压力。

2. 确定系统调整压力

根据上述计算可知，液压泵也即溢流阀的调整压力应为液压缸最高工作压力和总压力损失之和，即

$$p_{\mathrm{p}} \geqslant 22.9 + 1.11 = 24.01(\mathrm{MPa})$$

3. 估算系统效率

系统效率因蓄能器的工作状态以及蝶阀的开关状态的不同而不同，下面仅计算在蓄能器充液完成后蝶阀开启的系统效率。

蝶阀打开和关闭的转矩变化曲线如图 9-13 所示，蝶阀有效功率的计算采用平均力矩来计算，同样蓄能器在工作时，压力也在不断变化，功率计算采用平均压力。

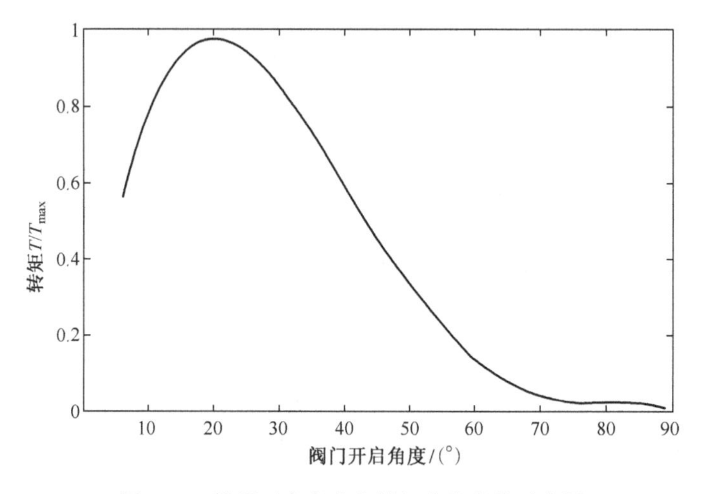

图 9-13　蝶阀开启角度和转矩变化曲线示意图

平均转矩计算　$$\overline{T} = \frac{1}{n}\sum_{i=1}^{n} T_i = 7.14 \times 10^5 \mathrm{N \cdot m}$$

蝶阀开启从 0°～90°，每个蓄能器的平均容积变化量为 12L，则压力将从 $p_2 = 25\mathrm{MPa}$ 下降到

$$p_x = \frac{p_0}{\dfrac{\Delta V}{V_0} + \dfrac{p_0}{p_2}} = 20.5\mathrm{MPa}$$

则平均压力为　$$\overline{p} = \frac{p_2 + p_x}{2} = 22.75\mathrm{MPa}$$

计算系统效率　$$\eta = \frac{\overline{T} \cdot n}{\overline{p} \cdot q} = \frac{7.14 \times 10^5 \times \dfrac{\pi}{2}/60}{22.75 \times 10^6 \times 144 \times 10^{-3}/60} = 0.34$$

由此可见液压系统效率不是很高，这主要是由于节流损失造成的。

由于系统是间断性工作，没有一定的运行周期，但是根据系统运行情况可以推知蓄能器在绝大部分时间是处于非工作状态，因此系统发热可不考虑。另外，由于系统执行元件速度较低，系统液压冲击不大，也可不考虑。

9.7　液压系统计算机辅助设计概况

液压系统计算机辅助设计是利用计算机对不同方案进行大量的计算、分析和比较，以决定最优液压系统方案，并模拟真实液压系统的各种工作状况，确定最好的控制方案和最佳匹配参数。采用计算机进行液压系统辅助设计的方法称为计算机分析法，也称为计算机仿真。

液压元件和系统利用计算机进行辅助设计已经历了 30 多年的发展历程。随着计算机技术日新月异的发展，以及流体力学、现代控制理论、算法理论和可靠性理论等相关学科的新理论的不断提出，液压仿真技术也日益成熟，已逐渐成为液压系统设计相关人员的有力工具。本节将对现代液压系统计算机仿真技术的特点和相关软件进行简单介绍。

采用液压仿真软件进行液压系统计算机辅助设计具有如下特点。

(1)提高系统设计可靠性。由于仿真软件不仅可模拟液压静态特性，还包含了每个液压元件的动态特性，在系统设计时可避免由于元件本身的动态特性对系统造成的不良影响。

(2)设计人员操作直观方便。由于仿真软件本身自带元件模型和模型计算算法，设计人员只需要输入相关参数，所需结果就可以图形显示。

(3)支持图形化操作界面。元件模型在软件中用图表表示，元件型号和参数通过操作液压原理图直接选取，并由计算机自动生成回路的仿真描述文件。

(4)支持实时仿真技术。由于计算机硬件技术的提高，仿真速度达到实时的地步并不困难，设计人员可以在计算机屏幕上“实时”地看到系统的动作，使仿真计算更直观、更具说服力。

(5)开放性软件。无论基本模型库多么包罗万象，也不可能包含用户对模型的全部要求，因此大多数仿真软件都支持设计人员在相关规则下自己建立液压元件模型。

(6)支持多领域建模仿真。在实际工程设计中，液压系统只是整个工程系统的一个子系统，其他还包括机械子系统、电子控制系统等，这就要求仿真软件有综合系统仿真功能。

液压仿真软件一般包括基本模型库、智能求解器、仿真显示和仿真接口四个部分。图 9-14 所示为一个液压仿真软件的基本模型库，包括液压与气动元件、机械、电气、控制等各个学科的基本模型，一般软件还提供二次开发平台用于用户自己开发元件模型。智能求解器能够根据用户所创建模型的数学特性自动地选择最佳算法以缩短仿真时间提高仿真精度，并具有稳态仿真、动态仿真、批处理仿真、间断或连续仿真等多种仿真运行方式。仿真显示包括通过坐标窗口进行仿真结果显示、仿真参数动态变化显示，也包括用二维或三维实物模型进行实时动画模拟显示等。由于液压仿真软件在功能上必定有其局限性，为了扩展仿真功能的范围，与其他仿真软件结合进行联合仿真是必要的，这就需要液压仿真软件具有与其他软件相结合的仿真接口，如与控制功能强大的 MATLAB 软件进行联合仿真的接口或与三维软件联合仿真进行三维动画模拟的接口等。

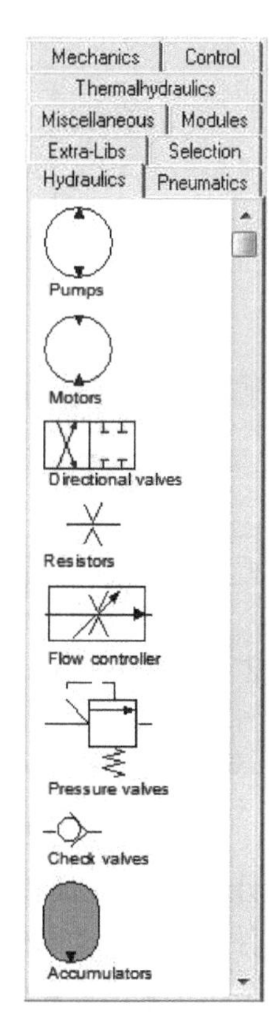

图 9-14　液压仿真的基本模型库

具有代表性的液压仿真软件主要有德国的DSHplus和FluidSim、法国的AMESim、波音公司MSC的Easy5，瑞典的Hopsan和加拿大的Automation Studio等。图9-15为DSHplus液压仿真软件界面示意图。软件界面右侧为基本元件模型库，左侧为原理图编辑和设计界面。软件使用主要分三步进行，第一步为编辑模型，从右侧的基本元件模型库中选择合适的元件并通过鼠标拖动到左侧空白处进行编辑，包括选择输入输出信号接口等；第二步为停止编辑并创建和编译模型，创建和编译模型是为了对下一步进行仿真作准备，因此在创建和编译模型前首先要对每个元件进行参数设置，一般元件参数都有软件本身设定的默认值，如果默认值和实际值不一致就要重新进行设置，参数全部设置完成后进行创建和编译模型；第三步开始仿真，仿真前可先确定要显示的参数变量并放置到坐标窗口中，以便仿真开始后同步显示参数仿真结果(图9-16)。

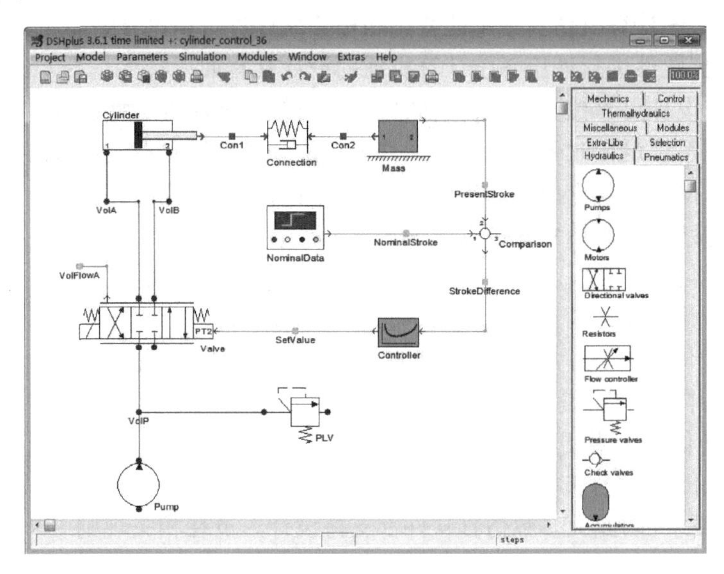

图9-15　DSHplus液压仿真软件界面示意图

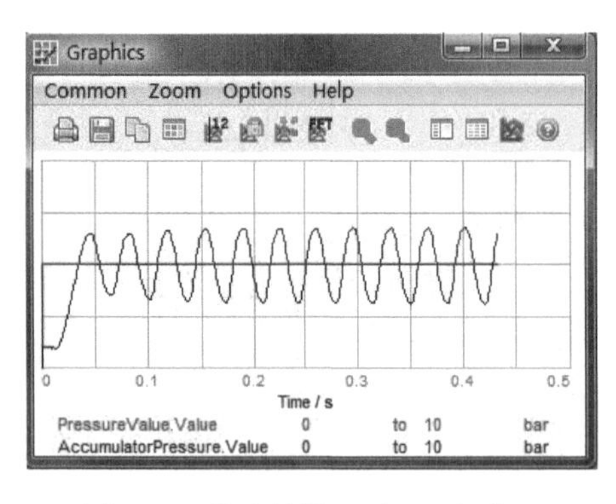

图9-16　仿真结果显示于坐标窗口

图9-17为另一个有特色的液压系统仿真软件Automation Studio的界面示意图。该软件除了有一般的系统设计和仿真功能外，还能够结合人机界面和控制面板模块从用户操作角度出发对系统进行人机交互，扩展了系统功能。

液压系统计算机辅助设计今后的发展趋势主要有以下几个方面：①智能化原理设计。根据不同工况自动推荐符合设计要求的液压系统原理图并提供可参考的设计参数和技术要求；②网络化协同设计。现在液压仿真软件只支持单机操作，大型液压系统设计还需要多机网络协同设计来实现；③三维虚拟实时设计。集成三维造型软件和液压仿真软件进行实时动画模拟，以便及时有效地发现并解决可能存在的问题。

由于采用计算机辅助设计技术可以进行动态仿真运行，特别适合对动态系统进行仿真研究，如第10章要介绍的电液伺服和比例控制系统通过液压仿真软件进行仿真不仅可确定液压系统原理设计，对液压控制系统的控制性能也可以进行分析研究和评价。

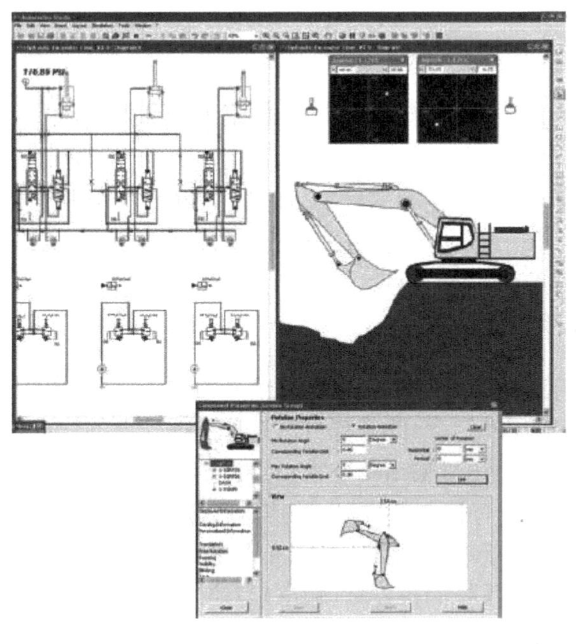

图 9-17　Automation Studio 液压仿真软件界面示意图

思考题与习题

9-1　开式系统与闭式系统的特点是什么?

9-2　选择系统调速方案的依据是什么?

9-3　执行元件的工况图在设计中有什么作用?

9-4　如何选择限压式变量叶片泵驱动电机的功率?

9-5　在选择压力阀、流量阀和方向阀时应该注意哪些问题?

9-6　如何选择液压马达?

9-7　辅助元件在液压系统中起什么作用?

9-8　油箱设计中应该注意哪些问题?

9-9　液压系统的性能验算包括哪些内容?

9-10　试为题 9-10 图的液压系统选择液压元件,并验算有关的性能。

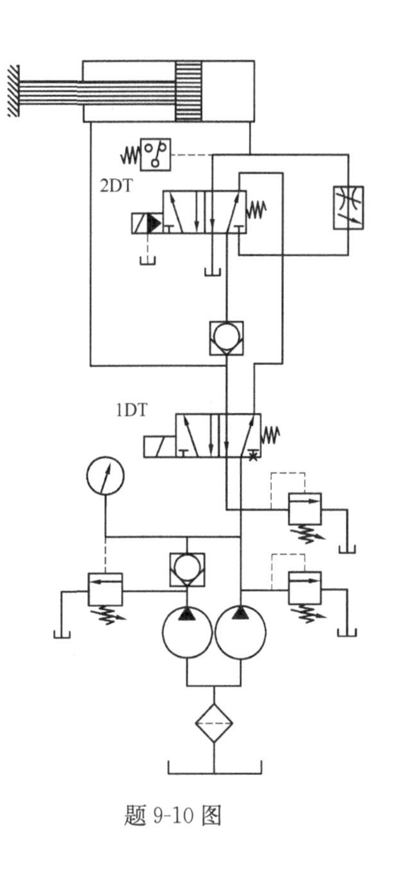

题 9-10 图

第 10 章　电液伺服与比例控制简介

10.1　概　　述

10.1.1　电液伺服与比例控制概念

电液伺服系统又称电液控制系统，是以电气信号为输入、以液压信号为输出构成的闭环控制系统。由于是电气和液压的结合，此系统可以充分发挥二者的优点。电气信号便于测量、转换、放大、处理和校正；而液压信号输出功率大、速度快，且其执行机构惯量小。所以二者相结合所组成的电液控制系统具有控制精度高、响应速度快、信号处理灵活、输出功率大、结构紧凑、重量轻等优点，广泛应用于航天、冶金、机床和军工等领域。

比例控制是实现元件或系统的被控量(输出)与控制量(输入或指令)之间线性关系的技术手段，依靠这一手段来保证输出量的大小按确定的比例随着输入量的变化而变化。它与伺服系统的区别主要表现在控制元件的应用范围、电-机械转换器、阀芯结构、加工精度、中位机能等方面，这里不再详细叙述。

10.1.2　液压伺服与比例控制系统的工作原理

液压伺服系统是使系统的输出量，如位移、速度或力等，能自动、快速而准确地跟随输入量的变化而变化，与此同时，输出功率也大幅度地放大。液压伺服系统的工作原理可由图 10-1 来说明。

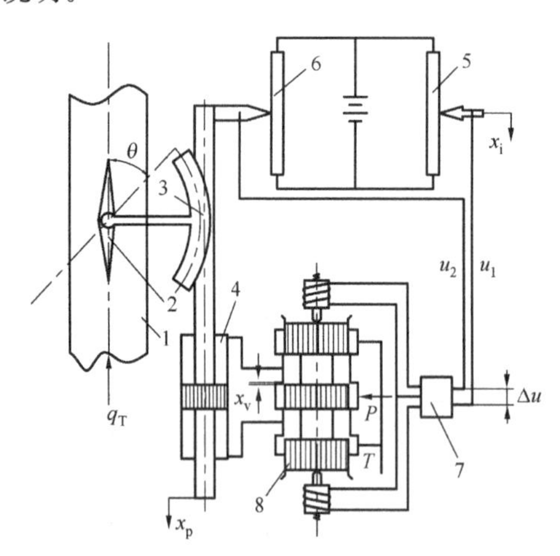

图 10-1　管道流量(或静压力)的电液伺服系统

1. 流体管道；2. 阀板；3. 齿轮齿条；4. 液压缸；5、6. 电位器；7. 放大器；8. 电液伺服阀

图 10-1 所示为一个对管道流量进行连续控制的电液伺服系统。在大口径流体管道 1 中，阀板 2 的转角 θ 变化会产生节流作用而引起到调节流量 q_T 的作用。阀板转动由液压缸带动齿轮、齿条来实现。这个系统的输入量是电位器 5 的给定值 x_i。对应给定值 x_i，有一定的电压输给放大器 7，放大器将电压信号转换为电流信号加到伺服阀的电磁线圈上，使阀芯相应地产生一定的开口量 x_v。阀开口 x_v 使液压油进入液压缸上腔，推动液压缸活塞杆向下移动。液压缸下腔的油液经伺服阀流回油箱。液压缸活塞杆的向下移动，使齿轮、齿条带动阀板产生偏转。同时，液压缸活塞杆也带动电位器 6 的触点下移 x_p。当 x_p 所对应的电压与 x_i 所对应的电压相等时，两电压之差为零。这时，放大器的输出电流亦为零，伺服阀关闭，液压阀带动的阀板停在相应的 q_T 位置。

在控制系统中，将被控对象的输出信号反馈到系统输入端，并与给定值进行比较而形成偏差信号以产生对被控信号的控制作用。反馈信号与被控信号相反，即总是形成差值，这种反馈称为负反馈。用负反馈产生的偏差信号进行调节，是反馈控制的基本特征。图10-1所示的实例中，电位器6就是反馈装置，偏差信号就是给定信号电压 u_1 与反馈信号电压 u_2 在放大器输入端产生的 Δu。

图10-2给出对应图10-1实例的方框图。

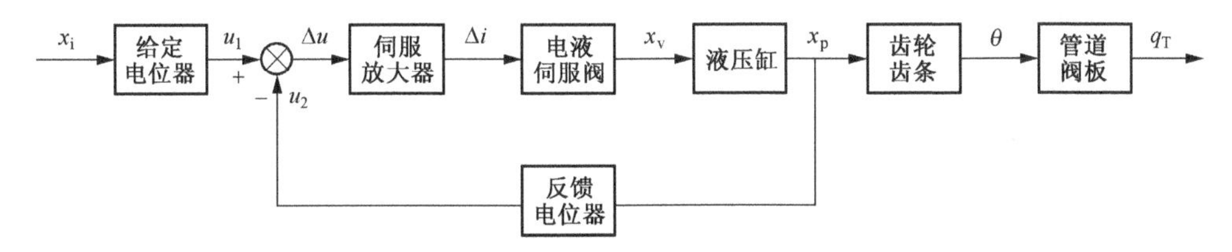

图10-2　伺服系统实例方框图

液压比例控制系统的工作原理同液压伺服系统极为相似，只需把电液伺服阀换为电液比例阀即可，但比例控制的动态特性不如伺服系统，限于篇幅，这里不再详述。

10.1.3　电液伺服与比例系统的组成

由10.1.2节的举例可见，液压伺服系统是由以下一些基本元件组成的。

(1)输入元件：将给定值加于系统的输入端的元件。该元件可以是机械的、电气的、液压的或者是其他的组合形式。

(2)反馈测量元件：测量系统的输出量并转换成反馈信号的元件。各种类型的传感器常用作反馈测量元件。

(3)比较元件：将输入信号和反馈测量信号相比较，得出误差信号的元件。

(4)放大、能量转换元件：将误差信号放大，并将各种形式的信号转换成大功率的液压能量的元件。电气伺服放大器、电液伺服阀均属于此类元件。

(5)执行元件：将产生调节动作的液压能量加以控制对象上的元件，如液压缸和液压马达。

(6)控制对象：各类生产设备，如机器工作台、刀架等。

比例控制元件的组成也包括上述六部分，所不同的是放大、能量转换元件为比例放大器和电液比例阀。

10.2　电液伺服阀

电液伺服阀既是电液转换元件，又是功率放大元件，它能把微小的电信号转换成大功率的液压能(流量和压力)输出，其性能的优劣对系统的影响很大。因此，电液伺服阀是电液控制系统的核心和关键。

10.2.1　力反馈喷嘴挡板式电液伺服阀

力反馈式电液伺服阀的结构和原理如图10-3所示，无信号电流输入时，衔铁和挡板处于中间位置。这时喷嘴4两腔的压力 $p_a = p_b$，滑阀7两端的压力相等，滑阀处于零位。输入电流后，

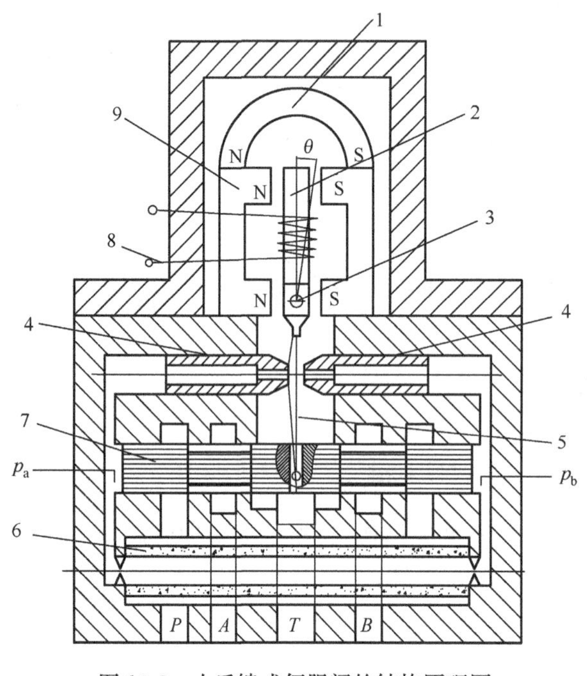

图 10-3 力反馈式伺服阀的结构原理图

1. 永久磁铁；2. 衔铁；3. 扭轴；4. 喷嘴；5. 弹簧片；6. 过滤器；7. 滑阀；8. 线圈；9. 轭铁

电磁力矩使衔铁 2 连同挡板偏转 θ 角。设 θ 角为顺时针偏转，则由于挡板的偏移使 $p_a > p_b$，滑阀向右移动。滑阀的移动通过反馈弹簧片又带动挡板和衔铁反方向旋转（逆时针），两个喷嘴的压力差又减小。在衔铁的原始平衡位置（无信号时的位置）附近，力矩马达的电磁力矩、滑阀两端压差通过弹簧片作用于衔铁的力矩以及喷嘴压力作用于挡板的力矩三者取得平衡，衔铁就不再运动。同时作用于滑阀的油压力与反馈弹簧的变形力相互平衡，滑阀在离开零位的一段距离上定位。这种依靠力矩平衡来决定滑阀位置的方式称为力反馈式。如果忽略喷嘴作用于挡板上的力，则力矩马达电磁力矩与滑阀两端的不平衡压力所产生的力矩平衡，弹簧片也只是受到电磁力矩的作用。因此其变形，也就是滑阀离开零位的距离和电磁力矩成正比。同时由于力矩马达的电磁力矩和输入电流成正比，所以滑阀位移与输入电流成正比，也就是通过滑阀的流量与输入电流成正比，并且电流的极性决定液流的方向，这样便满足了电液伺服阀的要求。

由于采用了力反馈，力矩马达基本上在零位附近工作，只要求其输出电磁力矩与输入电流成正比（不像位置反馈中要求力矩马达衔铁位移和输入电流成正比），因此线性度易于达到。另外，滑阀的位移量在电磁力矩一定的情况下，取决于反馈弹簧的刚度，滑阀位移量便于调节，这给设计带来了方便。

采用了衔铁式力矩马达和喷嘴挡板的伺服阀结构极为紧凑，并且动特性好。但这种伺服阀工艺要求高，造价高，对于油的过滤精度的要求也较高。所以这种伺服阀适用于要求结构紧凑、动特性好的场合。

力反馈式电液伺服阀的方框图如图 10-4 所示。

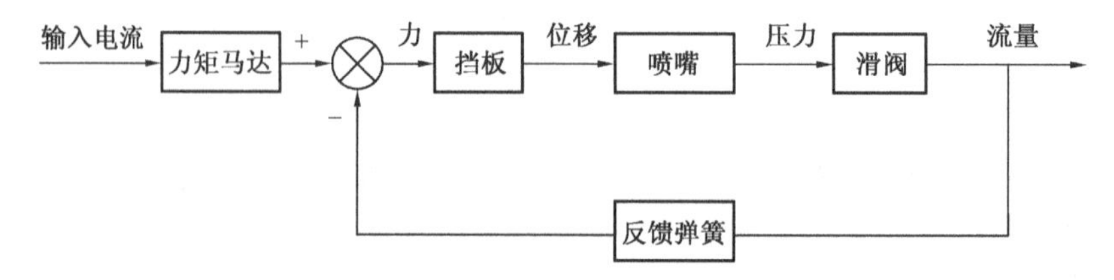

图 10-4 力反馈式伺服阀方框图

10.2.2 射流管式电液伺服阀

图 10-5 是 MOOG 公司 D661-G 系列位移电反馈射流管式伺服阀的结构示意图，下面以该阀为例介绍射流管阀的工作原理。

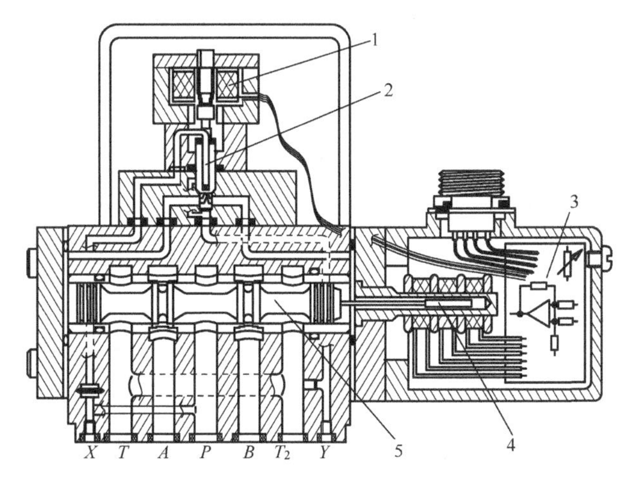

图 10-5　射流管式二级电液伺服阀

1. 力矩马达；2. 射流管；3. 放大器；4. 位置反馈传感器；5. 主阀芯

指令信号和反馈信号的差值通过电流负反馈放大器 3 放大作用在先导阀的力矩马达 1 上，如果差值不为零，这样产生的转矩驱动射流管 2 发生偏转，使得主阀芯 5 两端产生压降而发生移动。同时，位置反馈传感器 4 与主阀一起移动，其反馈杆的位移量与反馈电压成比例，反馈电压跟随指令电压变化达到相等，这时射流管不动，滑阀位置和指令信号成比例。

这种阀适用于电液位置、速度、力、压力控制系统，也能胜任高动态响应要求的系统。它的先导阀部分是由力矩马达控制的射流管。主阀采用四边滑阀结构。

机械反馈式射流管伺服阀的阀芯上带有反馈弹簧杆(或板簧)，弹簧杆的安装方式与力反馈式伺服阀相似。

10.2.3　两级滑阀式电液伺服阀

图 10-6 为两级滑阀式位置反馈伺服阀的结构原理图。该类型电液伺服阀由电磁部分、控制滑阀和主阀组成。电磁部分是一力马达，动圈靠弹簧定位。前置放大器采用滑阀式结构(一级滑阀)。

如图 10-6 所示，在平衡位置(零位)时，压力油从 P 腔进入，分别通过 P 腔槽、阀套窗口、固定节流孔 3 和 5 到达上下控制窗口，然后再通过主阀的回油口回油箱。

输入正向信号电流时，动圈向下移动，一级阀芯随之下移。这时，上控制窗口的过流面积减小，下控制窗口的过流面积增大，所以上控制腔的压力升高而下控制腔的压力降低，使作用在主阀芯(二级阀芯)两端的液压力失去平衡，主阀芯在这一作用力下向下移动。主阀芯下移，使上腔控制口的过流面积逐渐增大，而下腔控制口的过流面积逐渐减小。当主阀芯移到上、下控制窗口过流面积重新相等的位置时，作用于主阀芯两端的液压力重新平衡，主阀就停留在新的平衡位置上，形成一定的开口。这时，压力油由 P 腔通

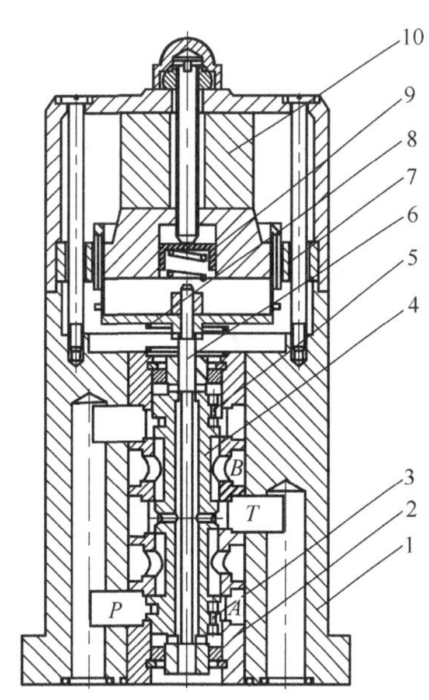

图 10-6　位置反馈伺服阀结构

1. 阀体；2. 阀套；3、5. 固定节流孔；4. 二级阀芯；6. 一级阀芯；7. 线圈；8. 下弹簧；9. 上弹簧；10. 磁钢

过主阀芯的工作边到达 A 腔而供给负载；回油则通过 B 腔和主阀芯的工作边到 T 腔回油箱。输入信号电流反向时，阀的动作过程与此相反。油流反向为 $P\to B, A\to T$。

上述工作过程中，动圈的位移量、一级阀芯（先导阀芯）的位移量与主阀芯的位移量均相等。因为动圈的位移量与输入信号电流成正比，所以输出的流量和输入的信号电流成正比。

二级滑阀型位置反馈式伺服阀的方框图如图 10-7 所示。

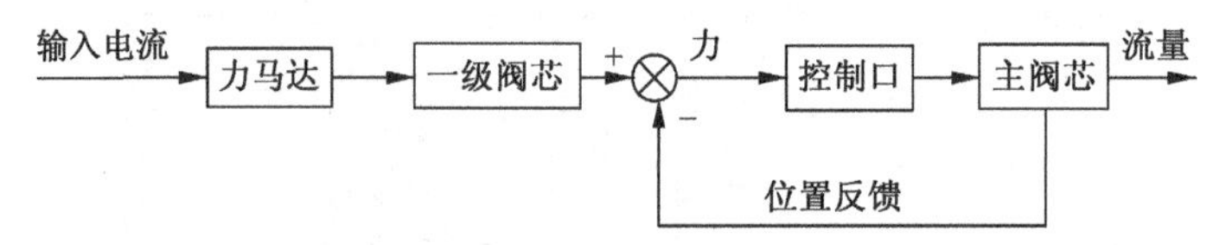

图 10-7 位置反馈式电液伺服阀方框图

该型电液伺服阀具有结构简单、工作可靠、容易维护、可在现场进行调整、对油液清洁度要求不太高的优点。

10.2.4 伺服阀的基本特性

1. 输入电流-输出流量

空载时输出流量和输入信号电流之间的关系，常用空载流量特征曲线来表示（图 10-8）。由这一曲线可得该阀的额定值、线性度、滞环、流量增益等特性。

额定电流 I_R：在这一电流范围内，阀的输出流量与输入信号电流成正比。

额定空载流量：在额定压力与额定电流下阀的空载流量。

线性度：q-I 曲线直线性的度量。

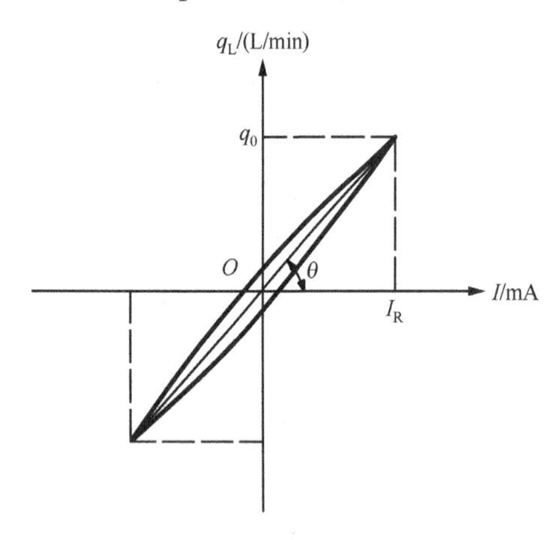

图 10-8 空载流量特性曲线

I_R. 额定电流；q_0. 最大空载流量；$\tan\theta$. 流量增益

滞环：主要用来表明信号电流改变方向时，由摩擦力、磁滞等使 q-I 曲线不重合的程度。常以曲线上同一流量下电流最大差值 ΔI_{max} 与阀的额定电流 I_R 之比来表示。

流量增益：q_L 与 I 之比值，即 q-I 曲线的平均斜率。

2. 压力增益特性

在一定供油压力下，在输入电流 I 和负载压力 $p_L=p_1-p_2$ 曲线上，比值 $\Delta p_L/\Delta I$ 称为压力增益。当负载流量保持为零时，在零位（中间平衡位置）附近的压力增益称为零位压力增益。零位压力增益与主滑阀的开口形式有关，以零开口形式最高。提高供油压力 p_s 也可提高零位压力增益。但这一特性主要与阀的制造质量有关。提高零位压力增益，对于减少不灵敏区、提高精度有益，但对稳定性起相反的作用。图 10-9 是零开口伺服阀的零位压力增益特性曲线。

3. 负载压力-流量特性

这一特性往往是选用伺服阀的主要依据。图 10-10即为负载压力-流量特性曲线。

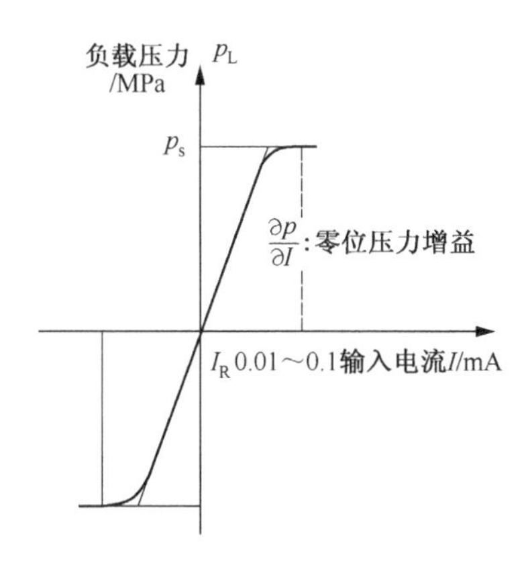

图 10-9　零位压力增益特性曲线

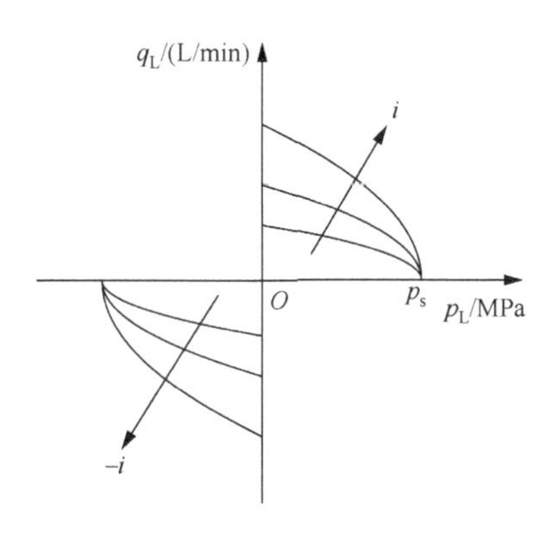

图 10-10　负载压力-流量特性曲线

4. 对数频率特性

表示电液伺服阀的动态特性。幅频曲线中 −3dB 时的频率为该阀的频宽。其值越大则该阀的频率范围越大。对数频率特性也是分析伺服系统动特性以及设计、综合电液伺服系统的依据。图 10-11 为阀的对数频率特性曲线。

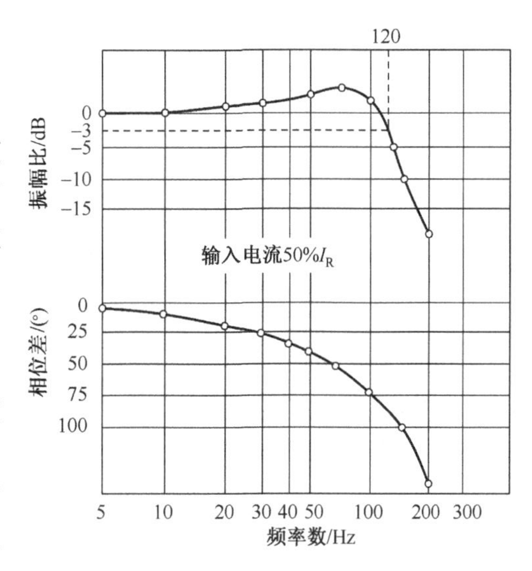

图 10-11　对数频率特性曲线

5. 零漂与零偏

伺服阀由于供油压力的变化和工作油温度的变化而引起的零位（$q_L = p_L = 0$ 的几何位置）变化称为零漂。零漂一般用使其恢复零位所需加的电流值与额定电流值之比来衡量。这一比值越小越好。另外，由于制造、调整、装配的差别，控制线圈中不加电流时，滑阀不一定位于中位。有时必须加一定的电流才能使其恢复中位(零位)。这一现象称为零偏。零偏以使阀恢复零位所需加的电流值与额定电流值之比来衡量。

6. 不灵敏度

由于不灵敏度的存在，伺服阀只有在输入信号电流达到一定值时才会改变状态。使伺服阀发生状态变化的最小电流与额定电流之比称为不灵敏度。其值越小越好。

10.3　电液比例阀

电液比例控制阀简称比例阀，由电-机械比例转换装置和液压阀本体两部分组成。电-机械比例转换装置将输入的电信号连续地、按比例地转换为机械力或力矩输出，液压阀本体把这种力或力矩转化液压参量。由于比例阀与电子控制装置结合在一起，因此可以十分方便地对各种输入、输出信号进行运算和处理，实现复杂的控制功能。同时还具有抗污染、低成本以及响应较快的特点，在液压控制工程中获得越来越多的应用。

10.3.1　比例电磁铁

比例电磁铁是电液比例阀的关键部件，其作用是将电流信号按比例转化为电磁力来推动阀芯位移。其结构图如图 10-12 所示。比例电磁铁是一种直流电磁铁，与普通换向阀用电磁铁的不同主要在于比例电磁铁的输出力与输入的线圈电流基本成比例。这一特性使比例电磁铁可作为液压阀中的信号给定元件。

目前，电液比例阀多采用行程控制型电磁铁。在行程控制型比例电磁铁中，线性位移传感器(差动变压器式)与衔铁相连，组成一个内部闭环控制回路，使电磁铁的行程得到准确地控制；同时其负载弹簧刚度小，故电磁铁的行程大，典型行程范围为 3～5mm。行程控制型比例电磁铁可直接与小规格的方向阀、流量阀的滑阀相连，也可与压力锥阀相连。

比例电磁铁最大输入直流电压为 24V，最大电流为 800～1000mA，最大输出力为 65～80N。比例电磁铁的特性曲线如图 10-13 所示，在一定有效行程内，其电磁力与输入电流成正比，与行程无关。

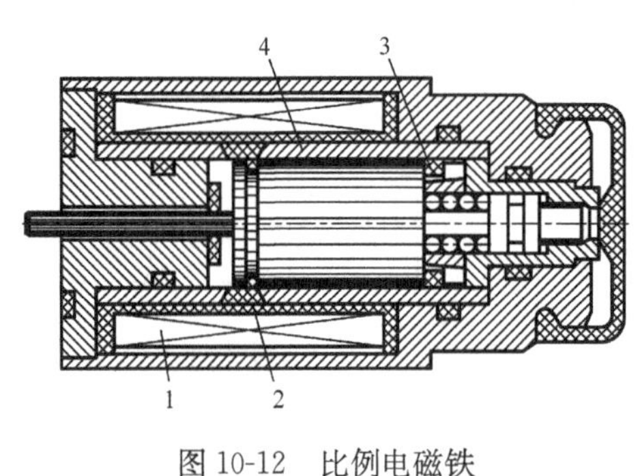

图 10-12　比例电磁铁

1. 线圈；2. 隔磁环；3. 弹簧；4. 衔铁

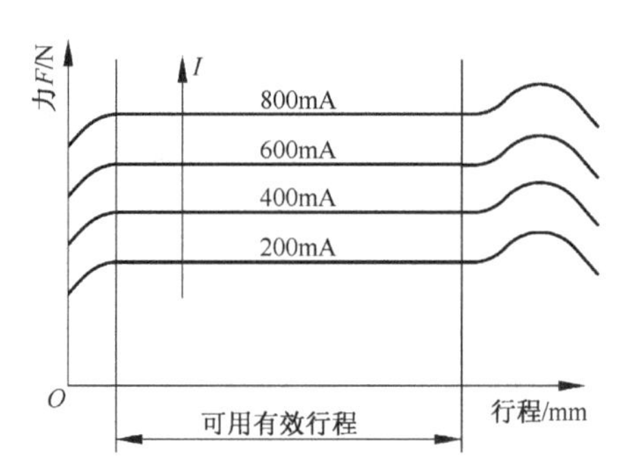

图 10-13　力-行程特性曲线

10.3.2　电液比例压力阀

比例压力阀用来实现压力遥控，压力的升降随时可通过电信号加以改变。

工作系统的压力可根据生产过程的需要，通过电信号的设定值来加以变化，这种控制方式常称为负载适应控制。

比例控制阀中应用最多的是比例溢流阀和比例减压阀，由于控制功率的大小不同，分为直动式与先导式。直动式控制功率较小，通常控制流量为 1～3L/min，低压力等级的控制流量最大可达 10L/min。

1. 直动式电液比例溢流阀

直动式电液比例溢流阀与手调式直动溢流阀的功能完全一样，其区别是用比例电磁铁取代调节受轮。改变该阀的输入电流便可连续地、按比例地改变电磁铁的输出力，从而连续地、按比例地改变主管路的压力 p。普通溢流阀通过更换不同刚度的调压弹簧来改变压力等级，而比例溢流阀却不能。由于比例电磁铁的推力是一定的，所以不同的压力等级要靠改变阀座的孔径来获得。这就使得不同压力等级时，其允许的最大溢流量也不同。根据压力等级的不同，最大溢流量为 2～10L/min,阀的最大设定压力就是阀的额定工作压力,最低设定压力与溢流量有关。

图 10-14 所示为带力控制型比例电磁铁的直动式比例溢流阀。这种比例溢流阀用来限制系统压力或作为先导式压力阀的导阀,或作为比例泵的压力控制元件。图 10-14 直动式比例溢流阀主要由比例电磁铁 1、阀体 2、锥阀芯 3 和阀座 4 组成。锥阀芯的尾部有一段开有通油槽的异向圆柱。衔铁腔充满油液,实现了静压力平衡。

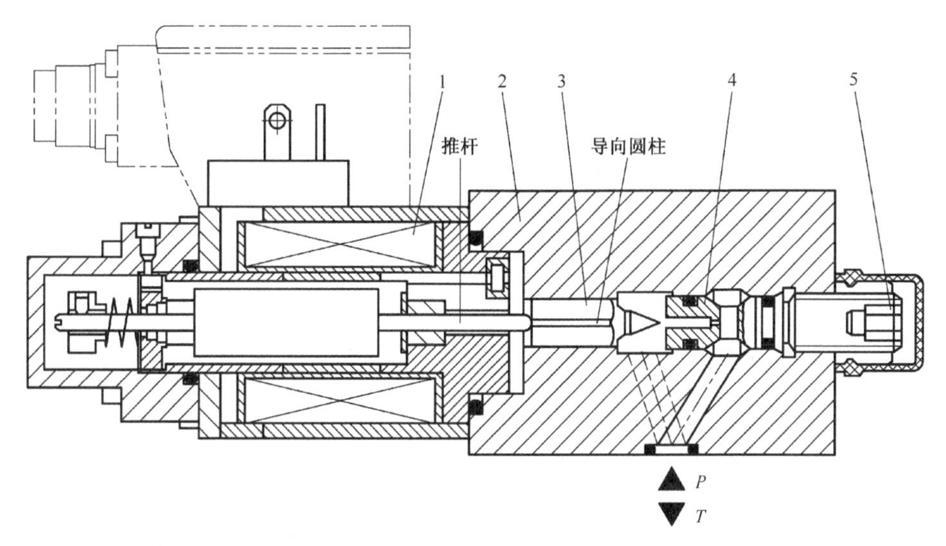

图 10-14　直动式比例溢流阀典型结构

1. 比例电磁铁;2. 阀体;3. 锥阀芯;4. 阀座 5. 调节螺钉

这种比例溢流阀的衔铁推杆和锥阀芯之间无弹簧,比例电磁铁的电磁力带动推杆直接作用在锥阀芯上,电流的变化和锥阀芯的位移成比例,而锥阀芯的位移和比例溢流阀的出口压力成比例。

P 口压力根据给定的电压值来设定,推杆推出的指令力推动阀芯压紧阀座 4。如果锥阀芯 3 上的液压力大于电磁力,则推杆推动锥阀芯使其脱离阀座,这样油液将从 P 口流到 T 口,并限制液压力提高。零输入情况下,放大器输出最小控制电流将锥阀芯压紧到阀座上,P 口输出最小开启压力。

螺钉 5 调节阀的最小开启压力。衔铁尾部的推杆可在手动方式下调节系统压力,用于简单判断阀的故障。新阀使用前,通过比例电磁铁上的排气螺钉排出衔铁腔中的空气。带有集成放大器(如图 10-12 中双点画线所示)的阀,其功能与不带集成放大器的阀一样,只是放大器直接安装到比例电磁铁上,使用时按要求提供电源及控制电压即可。

2. 先导式比例溢流阀

如图 10-15 所示,它属于带力控制型的比例电磁铁的比例溢流阀。这种阀在两级同心式手调溢流阀结构的基础上,将手调直动式溢流阀更换为带力控制型的比例电磁铁的直动式比例溢流阀得到的。显然,除先导级采用比例压力阀外,其余与两级同心式普通溢流阀的结构相同,属于压力间接检测型的先导式比例溢流阀。

这种先导式比例溢流阀的主阀采用了两级同心式锥阀结构,先导式的回油必须通过泄油口 3(Y 口)单独直接回油箱,以确保先导阀回油背压为零。否则,如果先导阀的回油背压不为

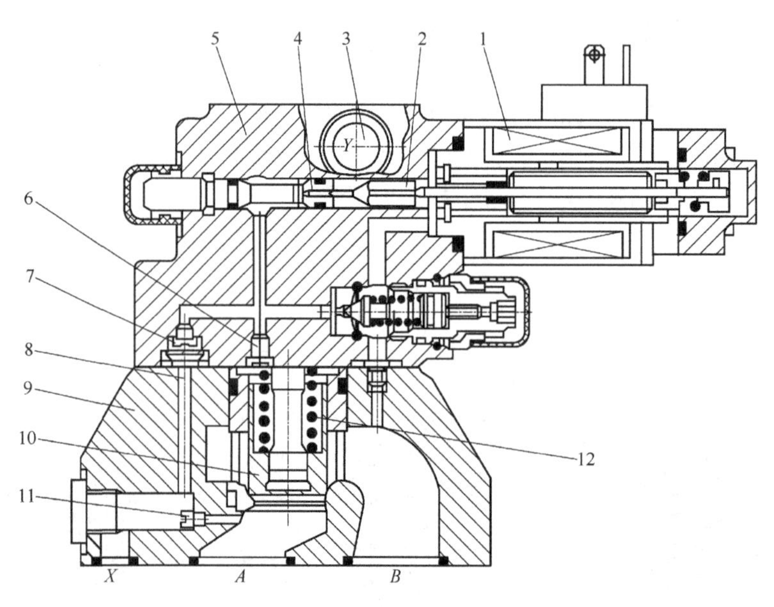

图 10-15　先导式比例溢流阀

1. 线圈；2. 锥阀；3. 泄油口；4. 先导阀座；5. 先导阀体；6. 控制腔阻尼孔；
7. 固定节流孔；8. 控制通道；9. 主阀体；10. 主阀芯；11. 堵头；12. 主阀芯复位弹簧

零(如与主回油口接在一起)，该回油压力就会与比例电磁铁的指令力叠加在一起，主回油压力的波动就会引起主阀压力的波动。

主阀进油口压力作用于主阀芯 10 的底部，同时也通过控制通道 8(含节流器 6、7)作用于主阀芯 10 的底部。当液压力达到比例电磁铁的推力时，先导锥阀 2 打开，先导油通过 Y 口流回油箱，并在节流器 6、7 处产生压降，主阀芯因此克服弹簧力 12 上升，接通 A 口及 B 口油路，系统多余流量通过主阀口流回油箱。压力因此不会继续升高。

这种比例溢流阀配置了手调限压安全阀，当电气或液压系统发生故障(如出现过大的电流，或液压系统出现过高的压力)时，安全阀起作用，限制系统压力的上升。手调安全阀的设定压力通常比比例溢流阀调定的最大工作压力高 10%以上。

3. 三通直动式比例减压阀

三通比例减压阀(含直动式和先导式)是利用减压阀增大出口压力来控制出口与回油口的连通，达到精确控制出口压力，并保护执行元件的目的。三通直动式比例减压阀多用作先导级。

1)单作用式三通比例减压阀

二通减压阀由于只有两个主油口。用它控制压力上升时，其响应是足够快的。但是用它来控制压力降时，由于结构上的原因，二次压力油能经细小的控制流道从先导阀处流回油箱，这时响应很慢。为了克服这个缺点，发展了三通减压阀，压力下降时，压力油直接回油箱，使降压响应与升压响应一样快速。

图 10-16 所示为一个三通比例减压阀的原理简图，当无信号电流时，阀芯在对中弹簧作用下，处于中位，各油口互不相通。当比例电磁铁通电时，相应的电磁力使阀芯右移，接通进油口 P 和 A。油口 A 流出的油液流至执行元件，完成给定工作，并使压力升高。同时此压力经内部通道反馈到阀端，施加一个与电磁力相反的力作用在阀芯上。当油口 A 的压力足以平衡

电磁力时，阀芯返回中位。这时油口 A 的压力保持不变，并与电磁力成比例。如果对阀芯施加的力超过电磁力，阀芯移到左侧，A 口接通回油口 T 使压力下降，直到新的平衡建立。图 10-17 所示为螺纹插装式结构的直动式三通比例减压阀，因只配有一个比例电磁铁，故称为单作用。图中，P 口接恒压源，A 口接负载，T 口接油箱。$A \to T$ 与 $P \to A$ 之间可以是正遮盖，也可以是负遮盖。

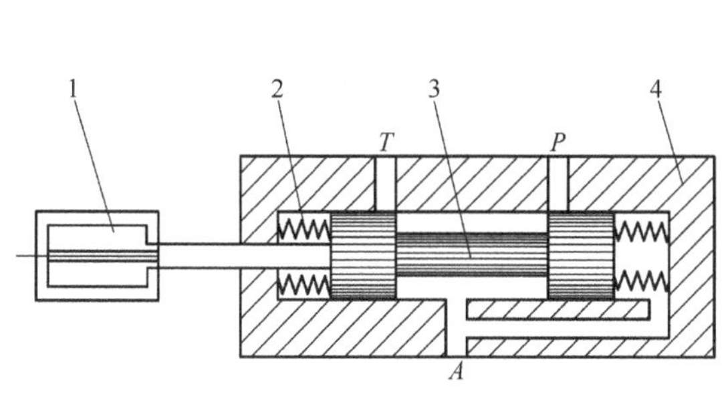

图 10-16　三通比例减压阀结构原理图

1. 比例电磁铁；2. 对中弹簧；3. 阀芯；4. 阀体

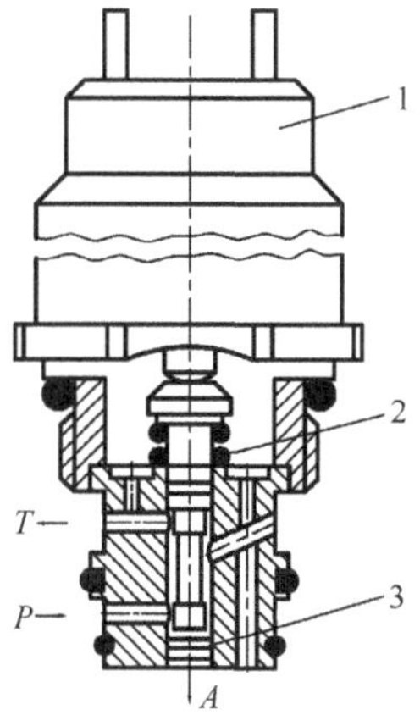

图 10-17　单作用直动式三通比例减压阀

1. 比例电磁铁；2. 传力弹簧；3. 阀芯

2）双作用直动式三通比例减压阀

图 10-18 所示为双作用直动式三通比例减压阀。

当电磁铁 1、6 不得电时，控制阀芯 3 在弹簧的作用下保持在中位。

电磁铁 1 得电时，推动阀芯 3 右移，开始时 $P \to B$ 口与 $A \to T$ 口都开得比较大，随着 B 口压力升高到与输入信号对应值，$P \to A$ 关闭（正遮盖）或关得很小（负遮盖）。B 口的压力，一方面向左作用于阀芯 3 上作为反馈力，与输入电磁力比较，决定阀芯位置（阀口开口量大小）。另一方面，压力检测阀芯 4 受 B 口压力的作用，输出向右液压力，压住电磁铁 6。检测阀芯 4 用来降低阀芯 3 所受的液压力，使电磁铁能正常工作。如果没有阀芯 4，整个阀芯 3 的端面积都受 B 口压力作用，电磁铁 1 最后就推不动阀芯 3 了。同样道理，可分析电磁铁 6 得电时的情况。双作用直动式三通比例减压阀的职能符号如图 10-19 所示。

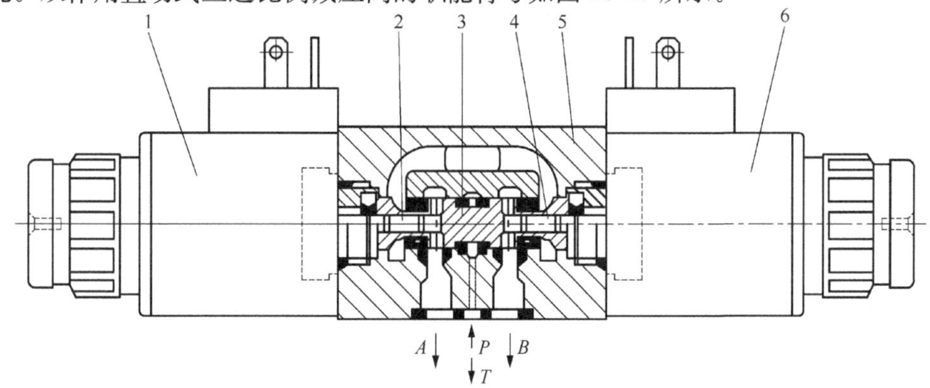

图 10-18　双作用直动式三通比例减压阀

1、6. 湿式比例电磁铁；2、4. 压力检测阀芯；3. 控制阀芯；5. 阀体

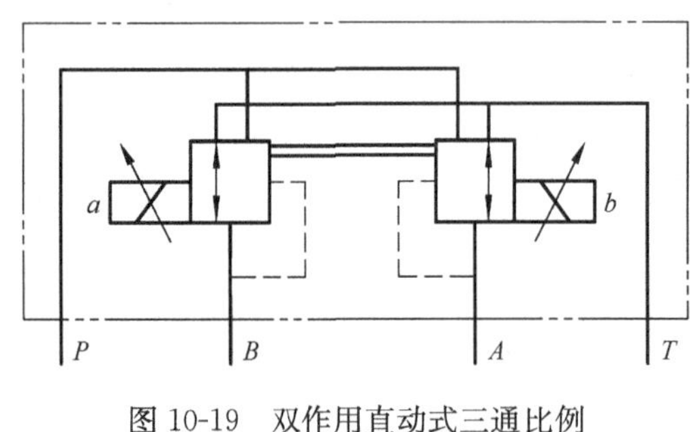

图 10-19　双作用直动式三通比例减压阀的职能符号图

与直动式溢流阀相似，高压大流量时，直动式减压阀出口压力的控制精度低。原因是直动式减压阀中，力比较器（控制阀芯）来驱动放大元件（减压阀口），随着流量、压力的增加，作用在阀芯上的液动力、卡紧力、摩擦力都很大，这些扰动力与作为指令力的电磁力相比占有很大比例，即指令力不但要与反馈液压力相平衡，还要与扰动力相平衡，从而引起较大的出口压力的控制误差。解决该问题的办法是采用先导控制方案。

10.3.3　电液比例方向阀

1. 直动式比例方向阀

图 10-20 所示为最普通的直动式比例方向阀的典型结构。该阀采用四边滑阀结构，按节流原理控制流量。

工作原理：电磁铁 5 和 6 不带电时，弹簧 3 和 4 将控制阀芯 2 保持在中位。比例电磁铁得电后，直接推动控制阀芯 2，例如，电磁铁 6 得电，控制阀芯 2 被推向左侧，压在弹簧 3 上，位移与输入电流成比例。这时，P 口至 A 口及 B 口至 T 口通过阀芯与阀体形成的节流通道。电磁铁 6 失电，控制阀芯 2 被弹簧 3 重新推回中位。弹簧 3、4 有两个任务：①电磁铁 5 和 6 不带电时，将控制阀芯 2 推回中位；②电磁铁 5 或 6 得电时，其中一个作为力-位移传感器，与输入电磁力相平衡，从而确定阀芯的位置。

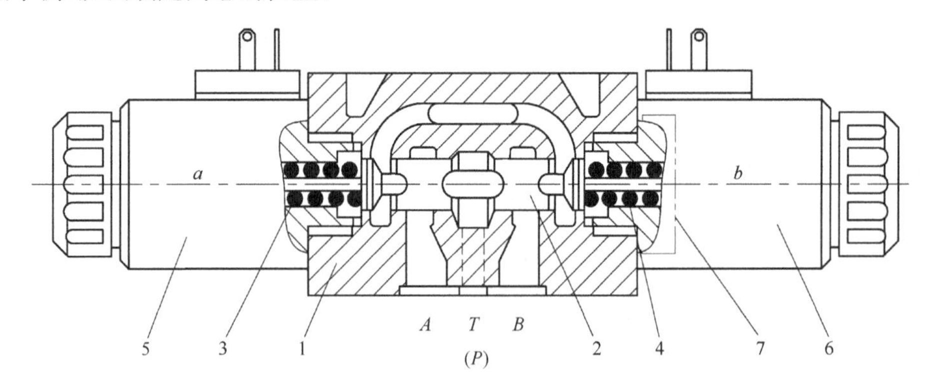

图 10-20　直动式比例方向阀

1. 阀体；2. 控制阀芯；3、4. 弹簧；5、6. 电磁铁；7. 丝堵

2. 先导式比例方向阀

和普通换向阀一样，大通径的比例方向阀由于主阀芯运动的操纵力很大，也采用先导式控制结构。一般 10 通径以上采用先导式。图 10-21 所示的先导式比例换向阀中的先导阀是由比例电磁铁操纵的压力控制阀（三通减压阀）。

利用先导阀能够与输入电流成比例地改变油口 A 或 B 的压力，也就是改变图 10-21 中主阀芯 6 两端的先导腔压力。如果比例电磁铁 1 通电，则先导阀芯 4 右移。这时先导油通过从

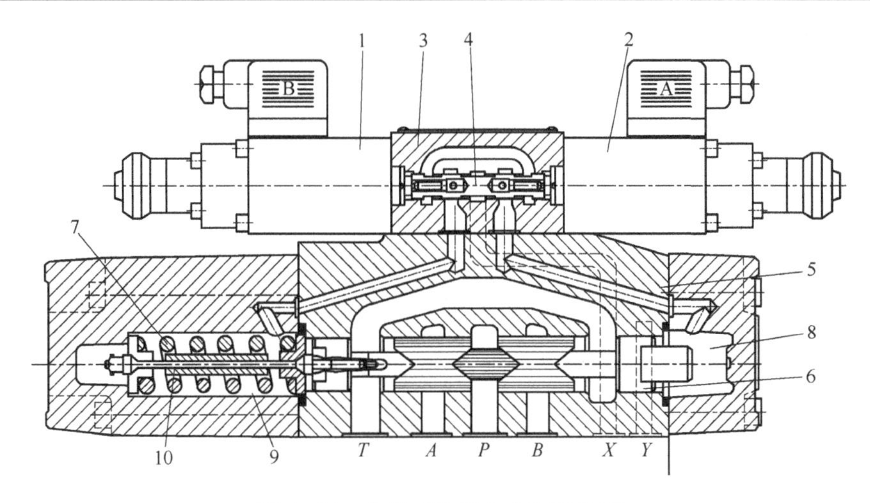

图 10-21　先导式比例方向阀结构图

1、2. 比例电磁铁；3. 先导阀；4. 控制阀芯；5. 主阀；6. 主阀芯；7. 弹簧；8、9. 主阀腔；10. 连杆

内部油口 P 或从外部经油口 X，再经先导阀进入先导腔 8 并推动主阀芯 6 克服对中弹簧 7 左移，阀芯台肩上的控制沟槽逐渐打开，主油路油液从油口 P 流油口 A。主阀芯的位移与先导腔压力成比例，从而与输入电流成比例。比例方向阀提供两个方向上同时节流，阀芯最终设定位置由输入信号的水平确定。阀芯的响应速度直接与执行机器的加速度成比例。它可借助比例放大器的斜坡信号发生电路来调整。

先导式比例方向阀主要用于大流量(50L/min 以上)的场合。较常用的是二级阀，也有三级阀，主要用于特大流量场合。

10.3.4　电液比例流量阀

比例流量控制阀的流量调节作用都在于改变节流口的开度。它与普通流量阀的主要区别是用某种电-机械转换器取代原来的手调机构，用来调节节流口的通流面积。并使输出流量与输入信号成正比。

按阀口的流量公式有

$$q = C_{\mathrm{d}} A(x) \sqrt{\frac{2}{\rho} \Delta p}$$

$C_{\mathrm{d}} = 0.62$，所以，改变通流面积 $A(x)$ 可以改变流量，但节流口前后压差 Δp 改变也会改变流量的变化。比例流量阀按其是否对 Δp 进行补偿分为比例节流阀和比例调速阀。

比例方向阀由于具有对进口和出口流量同时节流的功能，因此本质上是个双路的比例节流阀。如果从外部加上压力补偿器，就能使通过的流量与负载无关，具有调速阀的功能。

1. 电液比例节流阀

这是小通径(6 或 10)的比例节流阀，与输入信号成比例的是阀的轴向位移。控制流量受阀进出口压差变化的影响，其典型结构如图 10-22 所示。这种阀采用方向阀阀体结构形式，其上有四个油口 P、T、A、B。四通比例节流阀可按单倍流量[两个节流口组成单通道，如图 10-23(a)所示]和倍增流量[四个节流口组成双通道，如图 10-23(b)所示]工况使用。

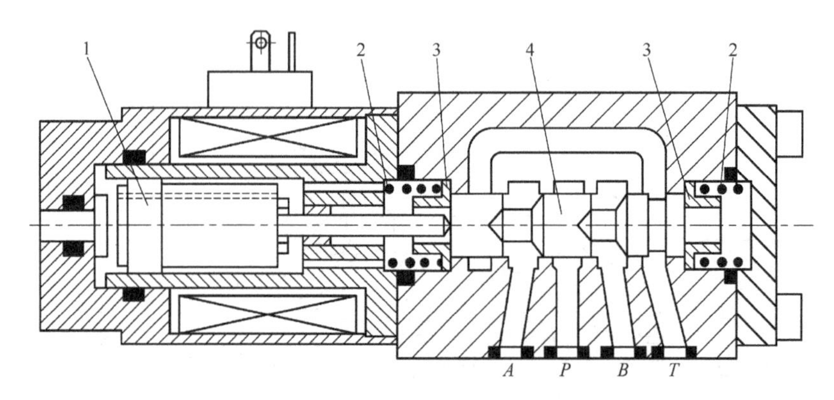

图 10-22　单级比例节流阀典型结构

1. 衔铁；2. 对中弹簧；3. 弹簧座；4. 阀芯

控制小流量时，利用 P 到 B 的油道（A 口与 T 口封闭）组成单控制通道，获得单个节流窗口流量增益。控制大流量时，按图 10-23(b)所示方法连通四个油口，将 $P\rightarrow B$ 和 $A\rightarrow T$ 的两对节流通道同时并联使用，即从 P 口流到 B 口的流量同时通过了两个节流通道。这样，比例节流阀输入信号一定时，通过四个节流口（两个通道）的流量是通过两个油口（单个通道）流量的两倍，此即倍增流量。

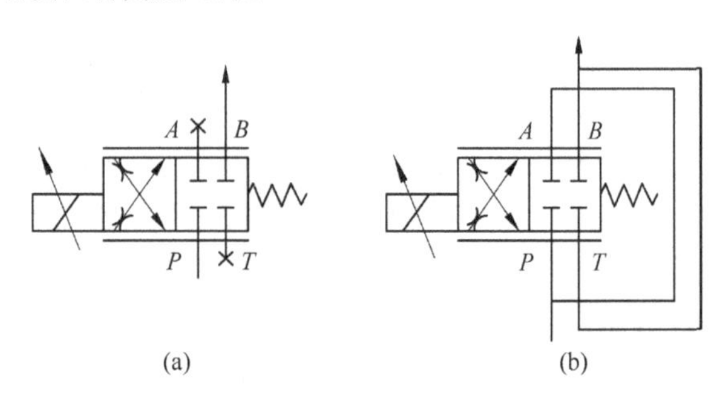

图 10-23　四通比例节流阀实现倍增流量的方法

由于比例节流阀的流量随负载的变化而变化，所以调节速度不稳。下面介绍调速比较平稳的电液比例调速阀。

2. 电液比例流量阀

图 10-24 为节流阀芯带位置电反馈的比例调速阀，属于带压差补偿器的电液比例二通流量控制阀，输出流量与输入信号成比例，而与压力和温度基本无关。

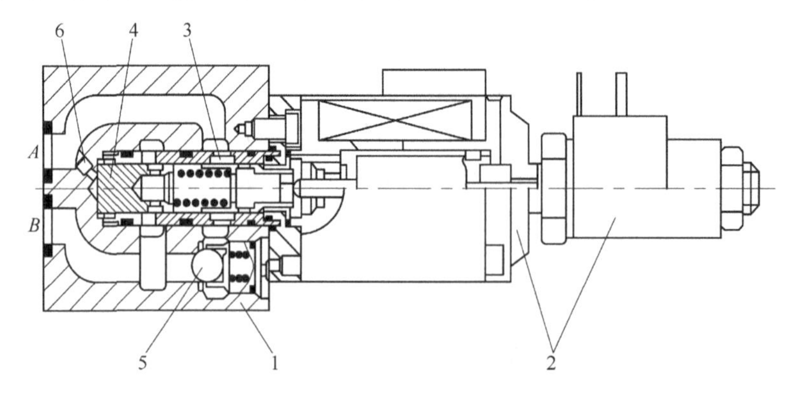

图 10-24　压力补偿型二通比例流量阀

1. 壳体；2. 比例电磁铁和电感式位移传感器；3. 节流器；4. 压力补偿器；5. 单向阀；6. 进口压力通道（测压用）

压力补偿器4保持节流器3进出口(即A、B口)之间的压差为常数,在稳态条件下,流量与进口或出口压力无关。

节流器3只有很小的温度漂移。比例电磁铁给定信号0时,节流阀3关闭。在比例放大器上设置斜坡上升和下降信号可消除开启和关闭过程中的流量超调。

当液流从$B \rightarrow A$流动时,单向阀5开启,比例流量阀不起控制作用。在比例流量阀下面安装整流叠加板,可控制两个方向的流量。

由于节流阀3的位置由位移传感器2测得,阀口开度与给定的信号成比例,故这种比例调速阀与不带阀芯反馈相比,其稳态、动态特性都得到了明显改善。

10.3.5　比例阀与伺服阀的比较

一般说来,比例技术与伺服技术的主要区别是液压系统中采用的控制元件不同。电液比例控制系统采用控制元件为比例阀和比例泵,液压伺服系统采用控制元件为伺服阀。

比例阀与伺服阀的区别主要表现在以下几个方面。

1. 应用范围不同

比例阀的控制参数包括单方向的压力、单方向流量、方向+流量、压力+流量。对应不同的控制参数,比例阀包括比例压力阀(比例溢流阀、比例减压阀(含二通和三通))、比例流量阀(指单方向控制液流的比例节流阀和比例流量阀)、比例方向阀(采用节流原理和流量控制原理在两个方向上控制液流)、复合比例控制阀。

伺服阀控制参数包括流量+压力、压力+方向、流量+压力+方向,对应地有流量伺服阀、压力伺服阀和压力流量复合伺服阀。它的功率放大级均采用节流原理实现对流量(含方向)和压力(含方向)的比例控制。

2. 采用的驱动装置(电-机械转换器)不同

比例阀采用的驱动装置为比例电磁铁(动铁式电机械转换器),它的输入电流信号通常为几十到几千毫安,且为了提高运行可靠性和输出力,还有采用大电流的趋势,衔铁输出的电磁力为几十至数百牛。比例电磁铁的特点是感性负载大、电阻小、电流大、驱动力大、响应低。

伺服阀采用的驱动装置为力马达或力矩马达,其输出电信号一般为几十至几百毫安,相对于比例阀而言,其电-机械转换器的输出功率较小、感抗小、驱动力小、响应快。

3. 性能参数不同

比例阀与伺服阀的性能比较如表10-1所示。

由表10-1看出,伺服阀的性能最优,伺服比例阀的静态特性与伺服阀基本相同,但响应偏低,普通比例阀的死区大,滞环大,动态响应低。

4. 应用侧重点不同

比例方向阀与伺服阀的性能差异导致二者的应用各有侧重(表10-1)。

表 10-1　比例阀与伺服阀的性能比较

特性	伺服阀	比例阀		
		伺服比例阀	无电反馈比例阀	带电反馈比例阀
滞环/%	0.1～0.5	0.2～0.5	3～7	0.3～1
中位死区/%	理论上为零	理论上为零	±(5～20)	±(5～20)
频宽/Hz	100～500	50～150	10～50	10～70
过滤精度(ISO4406)	13/9～15/11	16/13～18/14	16/13～18/14	16/13～18/14
温度漂移(20～60℃)/%	2～3	3～4	8～10	5～8
重复精度/%	0.5～1	0.5～1	0.5～1	0.5～1
价格比	5	3	1	1.5
控制功率/W	0.05～5	15～25	15～25	15～25
阀内压力损失/MPa	7	7～5	0.5～2	0.5～2
应用场合	闭环控制系统		开环控制系统及闭环控制系统	

电液伺服阀几乎没有零位死区，通常工作在零位附近，特别强调零位特性只应用在闭环控制系统。这类系统对控制精度要求高，在对系统快速性有特别高的要求的场合(如军用设备)，伺服阀控制仍是理想的解决方案。

伺服比例阀基本没有零位死区，既可以在零位附近工作，也可以在大开口(大流量工况)下运行。因此，伺服比例阀要考虑整个阀芯工作行程内的特性。伺服比例阀主要用于对性能要求通常不是特别高的闭环控制系统。

普通比例方向阀(含比例流量阀)对零位特性没有特殊要求，它主要工作于开环系统，以及闭环速度控制系统。

思考题与习题

10-1　电液伺服系统与电液比例控制系统的异同点有哪些?

10-2　看图 10-1，叙述其工作原理。

10-3　电液伺服系统由几部分组成? 各部分的作用是什么?

10-4　请以图 10-5 为例叙述射流管式二级电液伺服阀的工作原理。

10-5　伺服阀的基本特性有哪些? 它对伺服阀动态特性有何影响?

10-6　请叙述先导式比例溢流阀的工作原理。

10-7　三通式比例减压阀结构有何特殊性? 主要应用在什么场合?

10-8　为什么电液比例流量阀结构中采用压力补偿结构?

10-9　先导式比例换向阀的工作原理是什么? 它与传统的电液换向阀有何区别?

第三篇　气压传动

第11章　气压传动概述

11.1　气压传动系统的工作原理和组成

气压传动是利用压缩气体的压力能来实现能量传递的一种传动方式，其介质主要是空气，也包括燃气和蒸气。

典型的气压传动系统由气压发生装置、执行元件、控制元件、辅助元件及介质五个部分组成如图11-1所示。

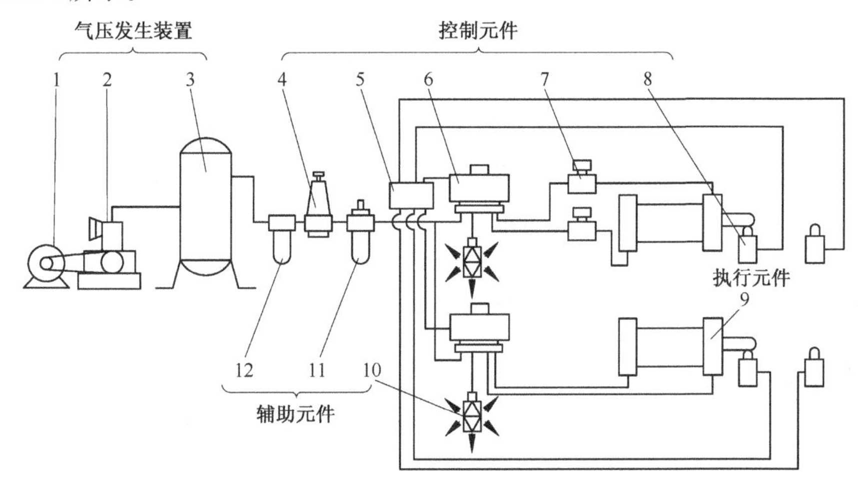

图11-1　气压传动系统的组成示意图

1. 电动机；2. 空气压缩机；3. 气罐；4. 压力控制阀；5. 逻辑元件；6. 方向控制阀
7. 流量控制阀；8. 行程阀；9. 气缸；10. 消声器；11. 油雾器；12. 过滤器

1. 气压发生装置

气压发生装置的主体是空气压缩机，有的还配有储气罐、气源净化处理装置等附属设备。它将原动机提供的机械能转变为气体的压力能。气动设备较多的厂矿，常将气压发生装置集中于一处组成气压站，由气压站向各用气点分送压缩空气。近年来也有将小型低噪声空压机或增压泵设置在控制、执行元件的近旁，实行单机和单泵供气或局部加压。

2. 执行元件

执行元件是以压缩空气为工作介质产生机械运动，并将气体的压力能转变为机械能的能量转换装置。如气缸输出直线往复式机械能，摆动气缸和气马达分别输出回转摆动式和旋转式的机械能。

3. 控制元件

控制元件是用来调节和控制压缩空气的压力、流量和流动方向，使执行机构按要求的程序和性能工作。控制元件种类繁多，除了基本的压力、流量和方向三大类阀件外，还包括多种逻辑元件、射流元件等。

4. 辅助元件

辅助元件是使压缩空气净化、润滑、消声以及用于元件间连接等所需要的一些装置。如分水滤气器、储气罐油雾器、消声器及管件等。

11.2　气压传动的优缺点

气压传动具有以下独特的优点。

(1)以空气作为工作介质，取之不尽，处理方便，用过以后直接排入大气，不会污染环境，且可少设置或不必设置回气管道。

(2)空气的黏度很小，只有液压油的万分之一，流动阻力小，所以便于集中供气，远距离输送。

(3)气动控制动作迅速，反应快；维护简单，工作介质清洁，不存在介质变质和更换等问题。

(4)工作环境适应性好。在易燃、易爆、多尘埃、辐射、强磁、振动、冲击等恶劣的环境中，气压传动系统工作安全可靠。对于要求高净化、无污染的场合，如食品加工、印刷、精密检测等更是有独特的适应能力，优于液压、电子、电气控制。

(5)气动元件结构简单，便于加工制造，使用寿命长，可靠性高；适于标准化、系列化、通用化。

气压传动也存在如下缺点。

(1)由于空气压缩性、膨胀性大，所以气动执行机构工作速度稳定性差。给位置控制和速度控制精度带来较大影响。

(2)气动系统的压力级不高(一般小于 0.8MPa)，总的输出力不太大(≤40kN)。

(3)工作介质——空气自身没有润滑性，系统中一般需要采取措施进行给油润滑。当前已有无油润滑的元件供应；湿空气通常需要干燥处理，否则会影响机器的使用寿命。

(4)噪声较大，尤其在超声速排气时，需要加装消声器。

11.3　气压传动技术的发展和应用

11.3.1　气压传动技术发展趋势

近 20 年来，随着与电子技术的紧密结合，气动技术的应用领域迅速拓宽，尤其是在多种自动化生产线上得到广泛应用。电气可编程控制技术(PLC)与气动技术相结合，使整个系统自动化程度更高，控制方式更灵活，性能更稳定可靠；气动机械手，柔性自动生产线的迅速发展，对气动技术提出了更多更高的要求，微电子技术的引入，促进了电-气比例伺服技术的发展，使气动技术从简单开关控制升级为闭环比例伺服控制，控制精度不断提高；由于气动脉宽调制

(PWM)技术具有结构简单,抗污染能力强和成本低廉等特点,国内外都在大力开发研究。气动技术已成为实现现代传动与控制的关键技术之一。

从各国的行业统计资料来看,在工业技术发达的欧、美、日等,液压与气动元件的产值已达到 6:4,甚至接近 5:5。我国的气动行业起步较晚,但发展较快。特别是一些气动元件的新产品陆续开发研制出来,如冷冻式干燥器,精密过滤器,不供油润滑气缸和气阀,小型气缸,低功率电磁阀,伺服气阀,滑片式气泵等。产品质量和可靠性不断提高。如气缸耐久性由 300km 提高到 800km;电磁阀耐久性由 300 万次提高到 500 万次。

纵观世界气动行业的发展趋势,气动技术的发展动向可归纳如下。

(1)机电气一体化。

(2)节能化、小型化、轻量化和低功耗。

(3)高精度、高速度、高寿命、高可靠性和自诊断功能。

(4)无油、无味、无菌化、环保节能。

(5)应用新技术、新工艺、新材料。

(6)组合化、智能化、标准化及安全性。

11.3.2　气动技术的应用

随着工业机械化和自动化的发展,气动技术越来越广泛地应用于多个领域,现将主要应用介绍如下。

1. 汽车制造业

现代汽车制造工厂的生产线,尤其是主要工艺的焊接生产线,几乎无一例外地采用了气动技术。如车身外壳被真空吸盘吸起和放下,在指定工位的夹紧和定位;点焊机焊头的快速拉近、减速软着陆后的变压控制点焊,都采用了多种特殊功能的气缸及相应的气动控制系统。

2. 半导体电子及家电业

在彩电、冰箱等家用电器产品的装配生产线上,在半导体芯片、印刷电路等多种电子产品的装配线上,不仅可以看到多种大小不一,形状不同的气爪、气缸,还可以看到许多灵巧的真空吸盘将一般气爪很难抓起的显像管、纸箱等物品轻轻地吸住,运送到指定位置上。

3. 生产自动化的实现

在工业生产的多个领域,为了保证产品的均一性,减轻体力劳动,提高生产效率,降低成本,都广泛使用气动技术。如在机床、自行车、手表、洗衣机等行业的零件加工和组装线上,元件的搬运、转位、定位、夹紧、装卸、装配等许多工序都使用气动技术。

4. 包装自动化的实现

气动技术还广泛应用于化肥、化工、粮食、药品等行业,实现粉状、粒状、块状物料的自动计量包装。烟草工业的自动卷烟和自动包装以及对液体(如油漆、油墨、化妆品、牙膏、饮料等)和气体(如煤气)的自动计量灌装等均采用了气动技术。

5. 机器人技术

机器人是现代高科技发展的结晶，现在装配机器人、喷漆机器人、搬运机器人以及爬墙、电网清障机器人、焊接机器人等都采用了气动技术。

6. 其他领域

例如，在矿山机械中的采掘、凿岩、运输设备等、车辆制动装置、车门开闭装置、鱼雷、导弹的自动控制装置以及多种气动工具等方面都有重要的应用。

思考题与习题

11-1　气压传动有何优缺点?

11-2　简述气压传动系统的基本组成。

11-3　简述气动系统的发展趋势。

第12章　气 动 元 件

12.1　气源装置及气动辅件

12.1.1　气源装置的组成

气压传动系统中的气源装置为气动系统提供满足一定质量要求的压缩空气，它是气压传动系统的重要组成部分。由空气压缩机产生的压缩空气，必须经过降温、净化、减压、稳压等一系列处理后，才能供给控制元件和执行元件使用。而用过的压缩空气排向大气时，会产生噪声，应采取措施，降低噪声，改善劳动条件和环境质量。

1. 对压缩空气的要求

(1)要求压缩空气具有一定的压力和足够的流量。因为压缩空气是气动系统的动力源，没有一定的压力不但不能保证执行机构产生足够的推力，甚至连控制机构都难以正确地动作；没有足够的流量，就不能满足对执行机构运动速度和程序的要求等。总之，压缩空气没有一定的压力和流量，气动装置的一切功能均无法实现。

(2)要求压缩空气有一定的清洁度和干燥度。清洁度是指气源中含油量、含灰尘杂质的质量及颗粒大小都要控制在很低范围内。干燥度是指压缩空气中含水量的多少，气动装置要求压缩空气的含水量越低越好。由空气压缩机排出的压缩空气，虽然能满足一定的压力和流量的要求，但也不能直接供给动装置使用。因为一般气动设备所使用的空气压缩机都是属于工作压力较低(小于1 MPa)，用油润滑的活塞式空气压缩机。它从大气中吸入含有水分和灰尘的空气，经压缩后，空气温度均提高到140～170℃，这时空气压缩机气缸中的润滑油也部分成为气态，这样油分、水分以及灰尘便形成混合的胶体微尘与杂质混在压缩空气中一同排出。如果将此压缩空气直接输送给气动装置使用，将会产生下列影响。

① 混在压缩空气中的油蒸气可能聚集在储气罐、管道、气动系统的容器中形成易燃物，有引起爆炸的危险；润滑油被汽化后，会形成一种有机酸，对金属设备、气动装置有腐蚀作用，影响设备的使用寿命。

② 混在压缩空气中的杂质能沉积在管道和气动元件的通道内，减少了通道面积，增加了管道阻力。特别是对内径只有0.2～0.5 mm的某些气动元件会造成阻塞，使压力信号不能正确传递，整个气动系统不能稳定工作甚至失效。

③ 压缩空气中含有的饱和水蒸气，在一定的条件下会凝结成水，并聚集在个别管道中容易造成设备和元件锈蚀。如在寒冷的冬季，凝结的水会结冰使管道及附件损坏，影响气动装置的正常工作。

④ 压缩空气中的灰尘等杂质，对气动系统中作往复运动或转动的气动元件(如气缸、气马达、气动换向阀等)的运动副会产生研磨作用，使这些元件因漏气而降低效率，影响它的使用寿命。

因此气源装置必须设置一些除油、除水、除尘，并使压缩空气干燥，提高压缩空气质量，进行气源净化处理的辅助设备。

2. 压缩空气站的设备组成及布置

气压传动系统是以空气压缩机作为气源装置，一般规定，当空气压缩机的排气量小于 $6m^3/min$ 时，直接安装在主机旁，当排气量大于或者等于 $6\ m^3/min$ 时，就应独立设置压缩空气站，作为整个工厂或车间的统一气源。图 12-1 为一般压缩空气站的设备组成和布置示意图。压缩空气站的设备一般包括产生压缩空气的空气压缩机和净化压缩空气的辅助设备。

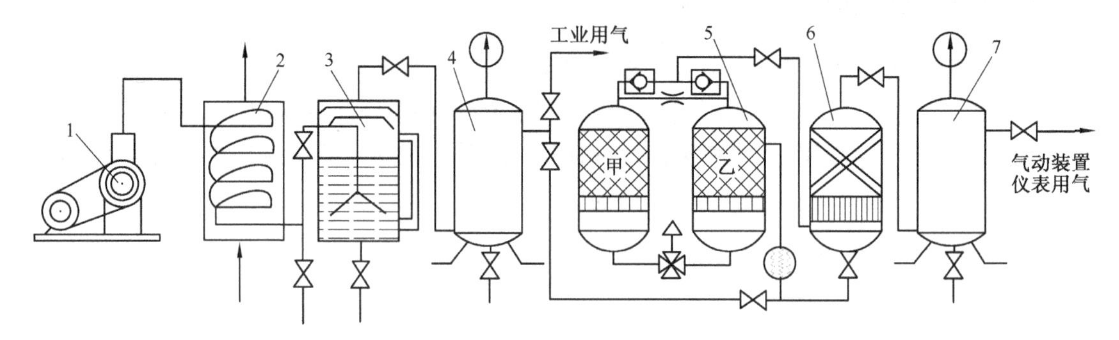

图 12-1 压缩空气站设备组成及布置示意图

1. 空气压缩机；2. 后冷却器；3. 油水分离器；4、7. 储气罐；5. 干燥器；6. 过滤器

在图 12-1 中，1 为空气压缩机，用以产生压缩空气，一般由电动机带动。其吸气口装有空气过滤器以减少进入空气压缩机的杂质。2 为后冷却器，用以降温冷却压缩空气，使净化的水凝结出来。3 为油水分离器，用以分离并排出降温冷却的水滴、油滴、杂质等。4、7 为储气罐，用以储存压缩空气，稳定压缩空气的压力并除去部分油分和水分。5 为干燥器，用以进一步吸收或排除压缩空气中的水分和油分，使之成为干燥空气。6 为过滤器，用以进一步过滤压缩空气中的灰尘、杂质颗粒。储气罐 4 输出的压缩空气可用于一般要求的气压传动系统，储气罐 7 输出的压缩空气可用于要求较高的气动系统（如气动仪表及射流元件组成的控制回路等）。气动三联件的组成及布置由用气设备确定，图中未画出。

12.1.2 空气压缩机

空气压缩机是气动系统的动力源是气压传动的核心部分，它是把电动机输出的机械能转换成气体压力能的能量转换装置。

1. 空气压缩机的工作原理

气动系统最常用的空气压缩机为往复活塞式压缩机，其工作原理如图 12-2 所示。当活塞 3 向右运动时，气缸 2 内容积增大，形成部分真空而低于大气压力，外界空气在大气压力的作用下推开吸气阀 9 而进入气缸中，这个过程称为吸气过程；当活塞向左运动时，吸气阀在缸内压缩气体的作用下关闭，随着活塞的左移，缸内气体受到压缩而使压力升高，这个过程称为压缩过程；当气缸内压力增高到略高于输气管路内压力 p 时，排气阀 1 打开，压缩空气排入输气管路内，这个过程称为排气过程。曲柄旋转一周，活塞往复行程一次，即完成“吸气→压缩→排气”一个工作循环。活塞的往复运动是由电动机带动曲柄8转动，通过连杆7、滑块5、活塞杆4转化成直线往复运动而产生的。图中只表示一个活塞一个气缸的空气压缩机，大多数空气压缩机是多缸多活塞的组合。

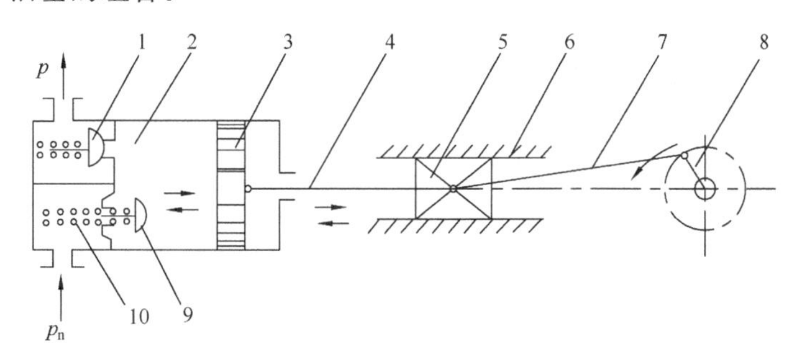

图12-2 往复活塞式空气压缩机工作原理图

1. 排气阀；2. 气缸；3. 活塞；4. 活塞杆；5、6. 十字头与滑道；7. 连杆；8. 曲柄；9. 吸气阀；10. 弹簧

2. 空气压缩机的分类及选用原则

1)空气压缩机的分类

空气压缩机是一种气压发生装置，它是将机械能转化成气体压力能的能量转换装置，其种类很多，分类形式也有数种。如按其工作原理可分为容积型压缩机和速度型压缩机，容积型压缩机的工作原理是压缩气体的体积，使单位体积内气体分子的密度增大以提高压缩空气的压力。速度型压缩机的工作原理是提高气体分子的运动速度，然后使气体的动能转化为压力能以提高压缩空气的压力。空气压缩机按输出压力大小可分为：低压空气压缩机(0.2～1MPa)、中压空气压缩机(1～10MPa)、高压空气压缩机(10～100MPa)和超高压空气压缩机(>100MPa)；按输出流量(排量)可分为：微型空气压缩机(<1m^3/min)、小型空气压缩机(1～10m^3/min)、中型空气压缩机(10～100m^3/min)和大型空气压缩机(>100m^3/min)。

2)空气压缩机的选用原则

选用空气压缩机的依据是气压传动系统所需要的工作压力和流量两个参数。一般空气压缩机为中压空气压缩机，额定排气压力为1MPa；另外还有低压空气压缩机，排气压力0.2MPa；高压空气压缩机，排气压力为10MPa；超高压空气压缩机，排气压力为100MPa。

输出流量的选择，要根据整个气动系统对压缩空气的需要再加一定的备用余量，作为选择空气压缩机流量的依据。空气压缩机铭牌上的流量是自由空气流量。

多数气动装置是连续工作的，而且其负载波动也较大，因此选择空气压缩机的根据主要是系统所需的工作压力和流量这两个参数。一般气压传动系统工作压力为0.5～0.6MPa，选用额定输出压力0.7～0.8MPa的低压空气压缩机。也就是说选定的空气压缩机的额定输出压力要高于气压传动系统工作压力0.2MPa，特殊需要也选用中压、高压或超高压的空气压缩机。

对每台气动装置来讲，执行元件通常是断续工作的，因而所需的耗气也是断续的，并且每个耗气量元件的耗气量也不同。因此，在供气系统中，把所有气动元件和装置在一定时间内的平均耗气量之和作为确定空压机站供气量的依据，并将各元件和装置在其不同压力下的压缩空气流量转换为大气压下的自由空气流量。

对有 n 台设备，每台设备有 m 个气动执行元件的系统，其最大耗气量为

$$q_z = \sum_{i}^{n} \left[\frac{\sum_{j=1}^{m} (a q_{zj} t)}{T} \right] \tag{12-1}$$

式中，a 为气缸在一个周期 T 内的单程动作次数；q_{zi} 为某一执行元件一个行程时的自由空气耗量；t 为某一执行元件一个单行程所用时间；T 为某台设备一个工作循环的周期时间。

空压机站总的供气量为

$$q = \phi K_1 K_2 q_z \tag{12-2}$$

式中，ϕ 为利用系数，同类气动设备较多时，有的设备在耗气，而有的还没有使用，故要考虑利用系数 ϕ，ϕ =0.3～1，设备数量越多、ψ 取值越小；K_1 为漏损系数，考虑各气动元件、管件、接头的泄漏，尤其风动工具的磨损泄漏，供气量应增加 15%～50%，即有漏损系数 K_1 =1.15～1.5，风动工具多时取大值；K_2 为备用系数，由于系统各工作时间用气量可能不等，考虑其最大用量，再考虑有时会增设新的气动装置，即有备用系数 K_2 =1.3～1.6。

12.1.3　气动辅助元件

气动辅助元件分为气源净化装置和其他辅助元件两大类。

1. 气源净化装置

压缩空气净化装置一般包括后冷却器、油水分离器、储气罐、干燥器、过滤器等。

1)后冷却器

后冷却器安装在空气压缩机出口处的管道上。它的作用是将空气压缩机排出的压缩空气温度由 140～170℃降至 40～50℃。这样就可使压缩空气中的油雾和水汽迅速达到饱和，使其大部分析出并凝结成油滴和水滴，以便经油水分离器排出。后冷却器的结构形式有：蛇形管式、列管式、散热片式、管套式。冷却方式有水冷和气冷两种方式，蛇形管和列管式后冷却器的结构如图 12-3 所示。

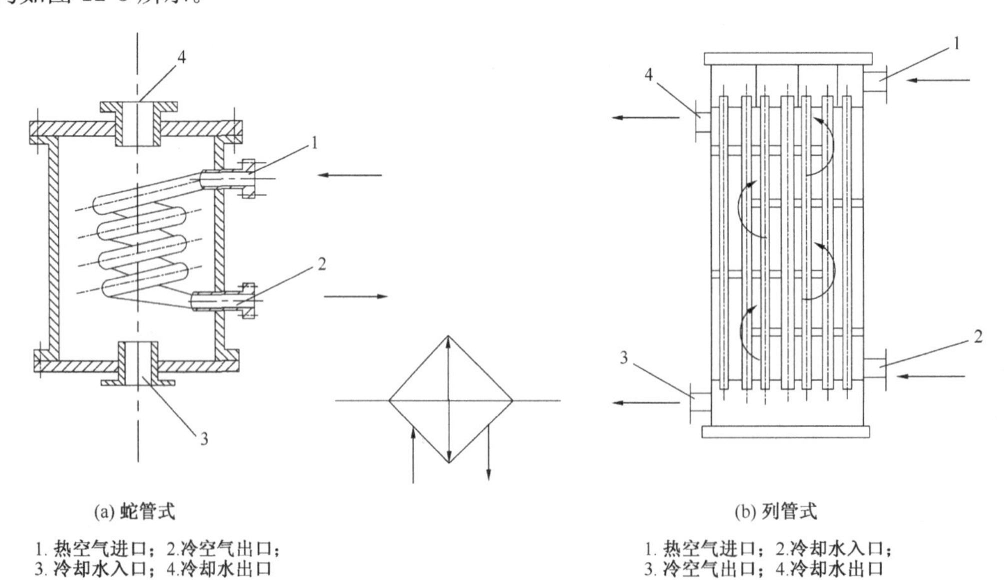

(a) 蛇管式
1. 热空气进口；2.冷空气出口；
3. 冷却水入口；4.冷却水出口

(b) 列管式
1. 热空气进口；2.冷却水入口；
3. 冷空气出口；4.冷却水出口

图 12-3　后冷却器

2)油水分离器

油水分离器安装在后冷却器出口管道上,它的作用是分离并排出压缩空气中凝聚的油分、水分和灰尘杂质等,使压缩空气得到初步净化。油水分离器的结构形式有环形回转式、撞击折回式、离心旋转式、水浴式以及以上形式的组合使用等。图 12-4 所示是撞击折回并回转式油水分离器的结构形式,它的工作原理是:当压缩空气由入口 A 进入分离器壳体后,气流先受到隔板阻挡而被撞击折回向下(见图中箭头所示流向);之后又上升产生环形回转,这样凝聚在压缩空气中的油滴、水滴等杂质受惯性作用而分离析出,沉降于壳体底部,由放水阀 C 口定期排出。

为提高油水分离效果,应控制气流在回转后上升的速度不超过 0.3～0.5m/s。

3)储气罐

储气罐的主要作用如下。

(1)储存一定容积的压缩空气,以备发生故障或临时需要应急使用。

(2)消除由于空气压缩机断续排气而对系统引起的压力脉动,保证输出气流的连续性和平稳性。

(3)进一步分离压缩空气中的油、水等杂质。

储气罐一般采用焊接结构,以立式居多,其结构如图 12-5 所示。

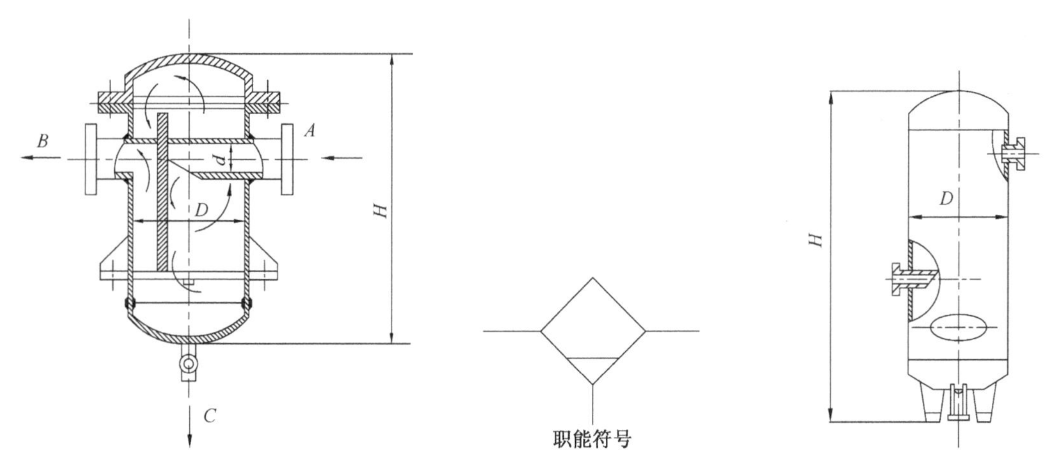

图 12-4　撞击折回并回转式油水分离器　　　　图 12-5　储气罐结构示意图

一般而言,在设计或选择储气罐容积时,按空压机功率(对应空压机吸入流量)而定。以消除压力波动为目的时,可参考以下经验公式:$q_z<0.1\text{m}^3/\text{s}$ 时,$V_c=12q_z$;$q_z=0.1\sim0.5\text{m}^3/\text{s}$ 时,$V_c=9q_z$;$q_z>0.5\text{m}^3/\text{s}$ 时,$V_c=6q_z$(q_z为空压机的自由空气流量)。

若以储存压缩空气、调节用气量为目的,V_c则应按实际所需储存、调节气量来设计。

当已知空气压缩机的吸气压力 p_c和排气压力 p 及排气流量 Q 时,有

$$V_c=\frac{Qp_c}{p_c+p} \tag{12-3}$$

储气罐高度 H 可由充气容积求得

$$H=\frac{4V_c}{\pi D^2} \tag{12-4}$$

式中,D 为储气罐直径。

储气罐高度 H 取其内径 D 的 2～3 倍。

4)干燥器

经过后冷却器、油水分离器和储气罐后得到初步净化的压缩空气,已满足一般气压传动的需要。但压缩空气中仍含一定量的油、水以及少量的粉尘。如果用于精密的气动装置、气动仪表等,上述压缩空气还必须进行干燥处理。

压缩空气干燥方法主要采用吸附法和冷却法。

吸附法是利用具有吸附性能的吸附剂(如硅胶、铝胶或分子筛等)来吸附压缩空气中含有的水分,而使其干燥;冷却法是利用制冷设备使空气冷却到露点温度,析出空气中超过饱和水蒸气部分的多余水分,从而达到所需的干燥度。吸附法是干燥处理方法中应用最为普遍的一种方法。吸附式干燥器的结构如图 12-6 所示。吸附式干燥器有两个相同的填充了吸附剂的吸附筒 T_1 和 T_2,湿空气经二位五通阀从 T_2 的底部流入,通过吸附剂层流到上部,空气中的水分被吸附剂吸收,干燥后的空气通过单向阀输出。同时,输出的干燥空气有 10%～20%经节流阀流入再生筒 T_1,使其中的吸附剂再生。由于 T_1 通过换向阀与大气相通,使流入的干燥空气迅速减压流过筒中已达到饱和状态的吸附层,吸附在吸附剂上的水分被脱附并随空气(通过阀)排到大气中。由此实现了无须外加热而使吸附剂再生。通常由一个定时器切换二位五通阀,使 T_1 和 T_2 实现轮流干燥和再生,交替工作,以得到连续输出的干燥压缩空气,而且出口空气可达到−60℃的大气露点。

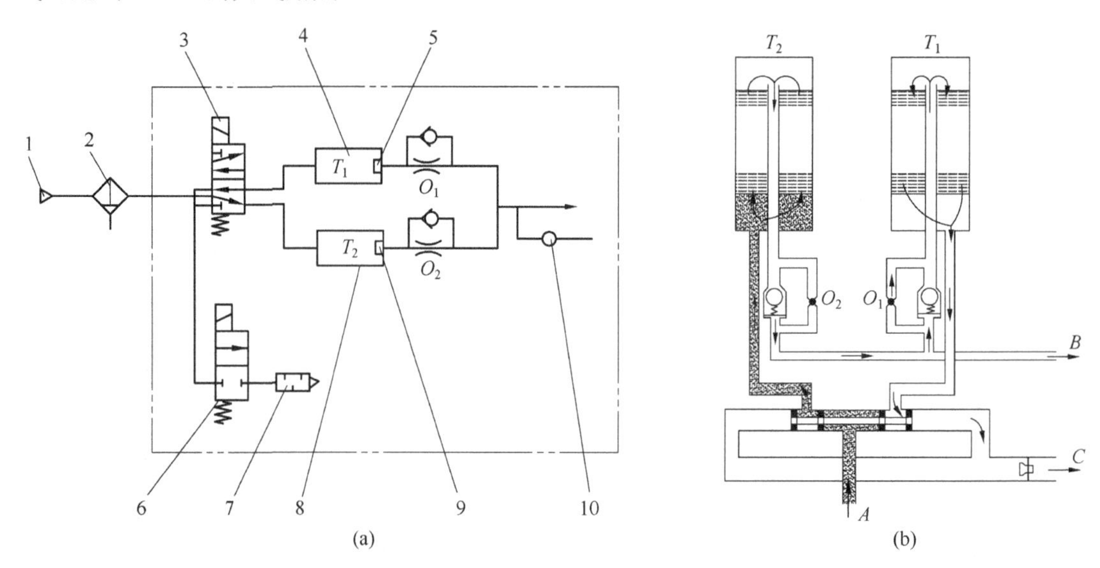

图 12-6　吸附式干燥器结构示意图

1. 空气源;2. 油水分离器;3、6. 电磁阀;4、8. 干燥剂筒;5、9. 固定节流过滤器;7. 消声器;10. 湿度显示器

5)过滤器

空气的过滤是气压传动系统中的重要环节。不同的场合,对压缩空气的要求也不同。过滤器的作用是进一步滤除压缩空气中的杂质。常用的过滤器有一次性过滤器(也称简易过滤器,滤灰效率为 50%～70%);二次过滤器(滤灰效率为 70%～99%);在要求高的特殊场合,还可使用高效率的过滤器(滤灰效率大于 99%)。

(1)一次过滤器。图 12-7 所示为一种一次过滤器,气流由 A 口进入筒内,在离心力的作用下分离出液滴,由 C 口排出,然后气体由下而上通过多片钢板/毛毡、硅胶、焦炭、滤网等过滤吸附材料，干燥清洁的空气从筒顶 B 口输出。

（2）分水滤气器。分水滤气器和减压阀、油雾器一起被称为气动三联件，是气动系统不可缺少的辅助元件。普通分水滤气器的结构如图12-8所示。其工作原理如下：当压缩空气从输入口进入后，被引入导流片（旋风叶轮）6，导流片上有许多成一定角度的缺口，迫使空气沿切线方向旋转，空气中的冷凝水、油滴、灰尘等杂质受离心力作用被甩到滤杯内壁上，并流到底部沉积起来。然后，气体通过滤芯5进一步清除其中的固态粒子，洁净的空气便从输出口输出。挡水板的作用是防止已积存的冷凝水再混入气流中。为保证过滤器正常工作，必须及时将积存于杯中的污水等杂质通过排水阀排放掉，可采用手动或自动排水阀来及时排放。自动排水阀多采用浮子式，其原理是当积水到一定高度时，浮子上升，打开排水阀进气阀口，杯中气压推开排水阀活塞，打开排水阀并将杯中污水等杂质排出。图12-8所示为手动排水阀。

存水杯由透明材料制成，便于观察工作情况、污水情况和滤芯污染情况。滤芯目前采用铜粒烧结而成。发现油泥过多，可采用酒精清洗，干燥后再装上，可继续使用。但是这种过滤器只能滤除固体和液体杂质，因此，使用时应尽可能装在能使空气中的水分变成液态的部位或防止液体进入的部位，如气动设备的气源入口处。

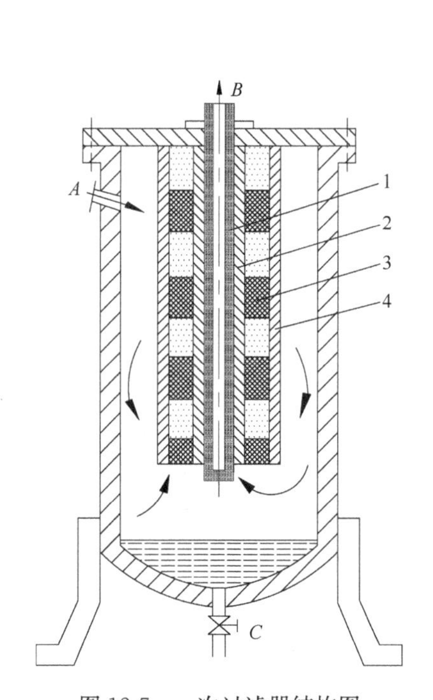

图12-7　一次过滤器结构图

1. 密孔网；2. 目细钢丝网；3. 焦炭；4. 硅胶

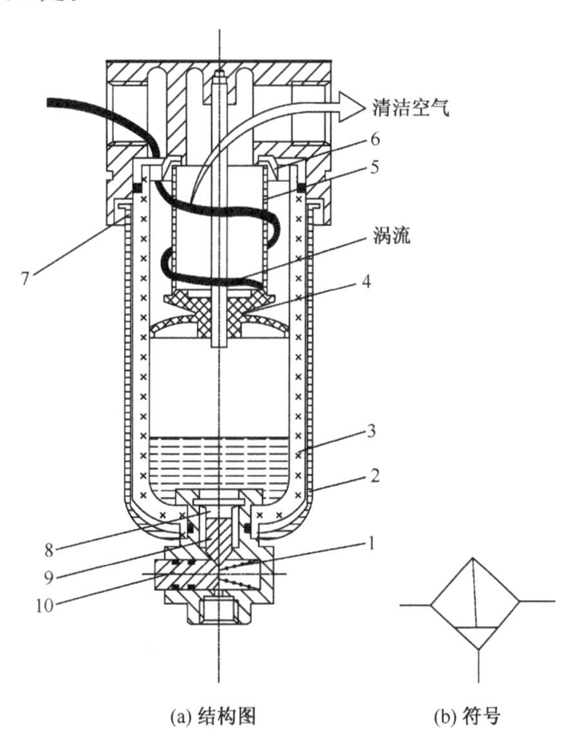

图12-8　普通分水滤气器结构图

1. 复位弹簧；2. 保护罩；3. 水杯；4. 挡水板；5. 滤芯；6. 导流片；7. 卡圈；8. 锥形弹簧；9. 阀芯；10. 手动放水按钮

2. 其他辅助元件

1）油雾器

油雾器是一种特殊的注油装置。它以空气为动力，使润滑油雾化后，混入空气流中，并随空气进入需要润滑的部件，达到润滑的目的。

图 12-9 是普通油雾器的结构简图。压缩空气从输入口 P_1 进入，在油雾器的气流通道中有一个立杆 1，立杆 1 有两个通道口，上面背向气流的是喷油口 B，下面正对气流的是油面加压通道口 A。一小部分进入油面加压通道口 A 的气流经过加压通道流到截止阀 2，在压缩空气刚进入时，钢球被压在阀座上，但钢球与阀座密封不严，有点漏气，可使储油杯上腔的压力逐渐升高，将截止阀 2 打开，使杯内油面受压，迫使储油杯内的油液经吸油管 4、单向阀 5 和节流针阀 6 滴入透明的视油器 7 内，然后从喷油口 B 被主气道中的气流引射出来，在气流的气压力和油黏性对油滴的作用下，雾化后随气流从输出口 P_2 流出。视油雾器上部节流阀用来调节滴油量，滴油量为 0～200 滴/分钟。关闭针阀即停止油喷雾。

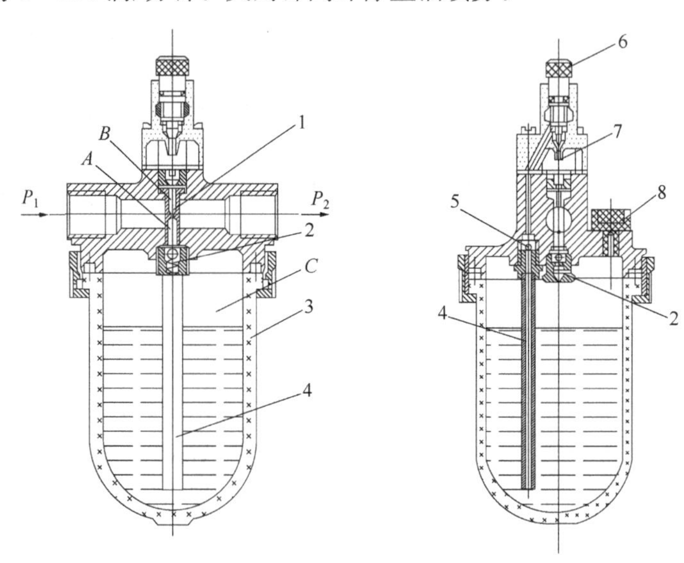

图 12-9　普通油雾器

1. 立杆；2. 截止阀；3. 储油杯；4. 吸油管；5. 单向阀；6. 节流针阀；7. 视油器；8. 油塞

这种油雾器可以在不停气的情况下加油。当没有气流输入时，截止阀 2 中的弹簧把钢球顶起，封住加压通道，阀处于截止状态，如图 12-10(a)所示。正常工作时，压力气体推开钢球进入油杯，在油杯内气体的压力和弹簧的弹力共同作用下使钢球处于中间位置，截止阀处于打开状态，如图 12-10(b)所示。当进行不停气加油时，松开加油孔的油塞 8，储油杯中的气压降至大气压，输入的气体把钢球压到下限位置，使截止阀处于反关闭状态，如图 12-10(c)所示。这样便封住了油杯的进气通道，保证在不停气的情况下可以从油孔加油。油塞 8 的螺纹部分开有半截小孔，当拧开油塞加油时，不等油塞全部旋开小孔已先与大气相通，油杯中的压缩空气通过小孔逐渐排空，这样可以防止油、气从加油孔冲出来。

油雾器的选择主要是根据气压传动系统所需额定流量及油雾粒径大小。油雾器一般应配置在分水滤气器和减压阀之后、用气设备之前较近处。

2)消声器

在气压传动系统之中，气缸、气阀等元件工作时，排气速度较高，气体体积急剧膨胀，会产生刺耳的噪声。噪声的强弱随排气的速度、排量和空气通道的形状而变化。排气的速度和功率越大，噪声也越大，一般可达 100～120dB，为了降低噪声可以在排气口安装消声器。

消声器就是通过增加排气阻尼或增加排气面积来降低排气速度和功率，从而降低噪声的。

气动元件使用的消声器一般有三种类型:吸收型消声器、膨胀干涉型消声器和膨胀干涉吸收型消声器。常用的是吸收型消声器。图12-11是吸收型消声器的结构简图。这种消声器主要依靠吸音材料消声。消声罩2为多孔的吸音材料,一般用聚苯乙烯或铜珠烧结而成。当消声器的通径小于20mm时,多用聚苯乙烯作消音材料制成消声罩,当消声器的通径大于20mm时,消声罩多用铜珠烧结,以增加强度。其消声原理是:当有压气体通过消声罩时,气流受到阻力,声能量被部分吸收而转化为热能,从而降低了噪声强度。

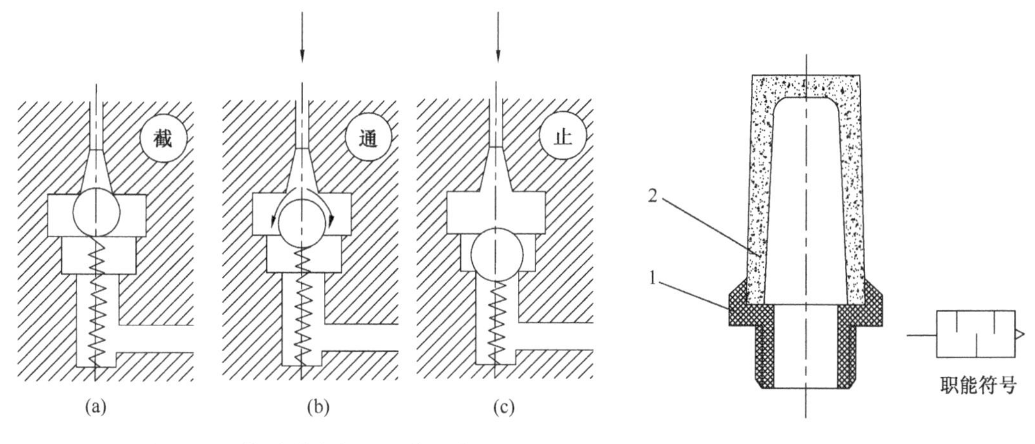

图12-10　特殊单向阀的工作状态

图12-11　吸收型消声器结构简图
1. 连接螺丝;2. 消声罩

吸收型消声器结构简单,具有良好的消除中、高频噪声的性能。消声效果大于20dB。在气压传动系统中,排气噪声主要是中、高频噪声,尤其是高频噪声,所以采用这种消声器是合适的。在主要是中、低频噪声的场合,应使用膨胀干涉型消声器。

3)管件

管件包括管道和各种管接头。有了管道和各种管接头,才能把气动控制元件、气动执行元件以及辅助元件等连接成一个完整的气动控制系统,因此,实际应用中,管件是不可缺少的。

管道可分为硬管和软管两种。如总气管和支气管等一些固定不动的、不需要经常装拆的地方,使用硬管。连接运动部件和临时使用、希望装拆方便的管路应使用软管。硬管有钢管、紫铜管和PVC管等;软管有PU管、尼龙管、橡胶管、金属编织塑料管以及挠性金属导管等。常用的是紫铜管。

气动系统中使用的管接头的结构及工作原理与液压管接头基本相似,分为卡套式、扩口式、焊接式、卡箍式、插入快换式等(详见产品样品及设计手册)。

12.2　气动执行元件

气动执行元件是将压缩空气的压力能转换为机械能的装置,包括气缸和气马达。气缸用于直线往复运动或摆动,气马达用于实现连续回转运动。

12.2.1　气缸

气缸是以力和位移为输出的执行元件,在气动系统中使用广泛。除几种特殊气缸外,普通气缸的种类及结构形式与液压缸基本相同。气缸结构简单、成本低、工作可靠；在有可能发生火灾和爆炸的危险场合使用安全；气缸的运动速度可达 1～3m/s，在自动化生产线中缩短辅助动作（如传输、压紧等）的时间，提高生产率。但是气缸也有缺点，主要是由于气体压缩性使速度和位置控制的精度不高，输出功率小。

气缸的分类有多种，按压缩空气驱动活塞的运动方向分为单作用式和双作用式；按气缸的结构特征分为活塞式、薄膜式和柱塞式；按气缸的功能分为普通气缸（包括单作用和双作用气缸）、薄膜气缸、冲击气缸、气-液阻尼缸、缓冲气缸和摆动气缸等。

1. 普通气缸

单杆双作用气缸由缸筒、活塞、活塞杆等零件组成。其结构如图 12-12(a)所示，职能符号如图 12-12(b)所示。有活塞杆侧的缸盖为前缸盖，缸底侧为后缸盖。缸筒在前后缸盖之间固定连接。一般在缸盖上开有进、排气通口，有的还设有气缓冲机构。前缸盖上，设有密封圈、防尘圈，同时设有提高气缸导向精度的导向套。活塞杆与活塞紧固相连。活塞上除有密封圈防止活塞左右两腔相互串气外，还有耐磨环以提高气缸的导向性。带磁性开关的气缸，活塞上装有磁环。活塞两侧常装有胶垫作为缓冲垫，如果是气缓冲，则活塞两侧沿轴线方向设有缓冲柱塞，同时缸盖上有缓冲节流阀和缓冲套，当气缸运动到端头时，缓冲柱塞进入缓冲套，气缸排气需经缓冲节流阀，排气阻力增加，产生排气背压，形成缓冲气垫，起到缓冲作用。

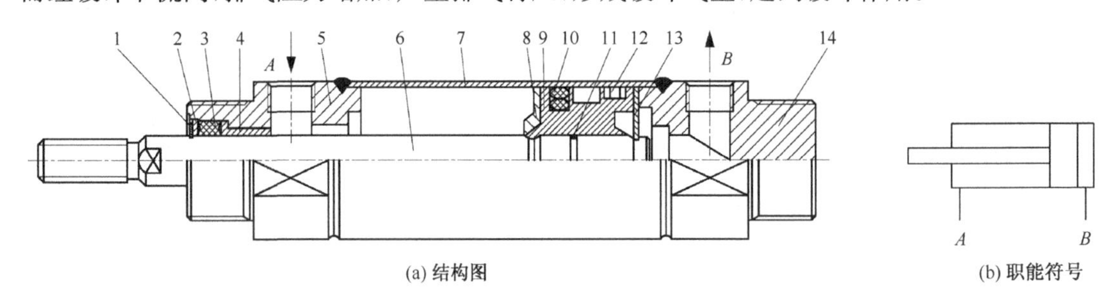

(a) 结构图 (b) 职能符号

图 12-12 双作用气缸

1、13. 弹簧挡圈；2. 防尘圈压板；3. 防尘圈；4. 导向套；5. 杆侧端盖；6. 活塞杆；7. 缸筒；8. 缓冲垫；9. 活塞；10. 活塞密封圈；11. 密封圈；12. 耐磨环；14. 无杆侧端盖

2. 气-液阻尼缸

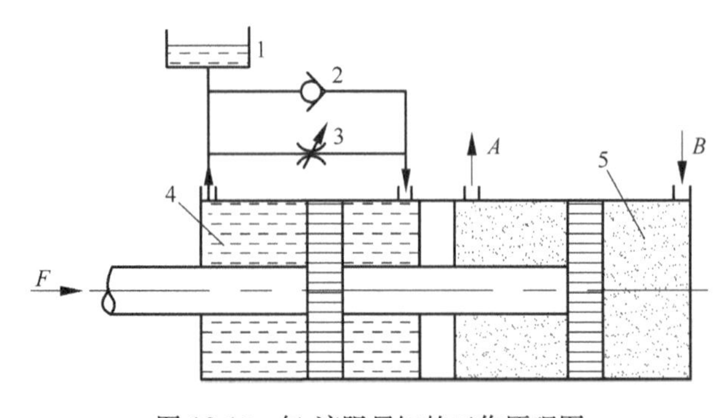

图 12-13 气-液阻尼缸的工作原理图

1. 油杯；2. 单向阀；3. 节流阀；4. 液压油；5. 空气

气-液阻尼缸是以压缩空气为动力，利用油液的不可压缩性和控制油液流量大小来获得活塞的平稳运动与调节活塞的运动速度。由于气体具有压缩性，当外部载荷变化较大时，普通气缸工作时会出现“爬行”或“自走”现象，工作状态不稳定，为了使气缸运动平稳，通常采用气-液阻尼缸。气-液阻尼缸工作原理如图 12-13 所示，它由气缸和液压缸组合而成，液压缸和气缸串联

成一个整体，两个活塞固定在一根活塞杆上。当气缸右端供气时，气缸克服外负载并带动液压缸同时向左运动，此时液压缸左腔排油、单向阀关闭。油液只能经节流阀缓慢流入液压缸右腔，对整个活塞的运动起阻尼作用，调节节流阀的阀口大小就能达到调节活塞运动速度的目的。当压缩空气经换向阀从气缸左腔进入时，液压缸右腔排油，此时因单向阀开启，液压缸无阻尼作用，活塞能快速向右运动。

这种气-液阻尼缸的结构一般是将双活塞杆缸作为液压缸。因为这样可使液压缸两腔的排油量相等，此时油箱内的油液只用来补充因液压缸泄漏而减少的油量，一般用油杯就足够了。

3. 薄膜式气缸

薄膜式气缸是利用压缩空气通过膜片推动活塞杆作往复直线运动的气缸。其功能形式类似于活塞式气缸，它分单作用式和双作用式两种，由缸体、膜片、膜盘和活塞杆等零件组成，其结构简图如图 12-14 所示。

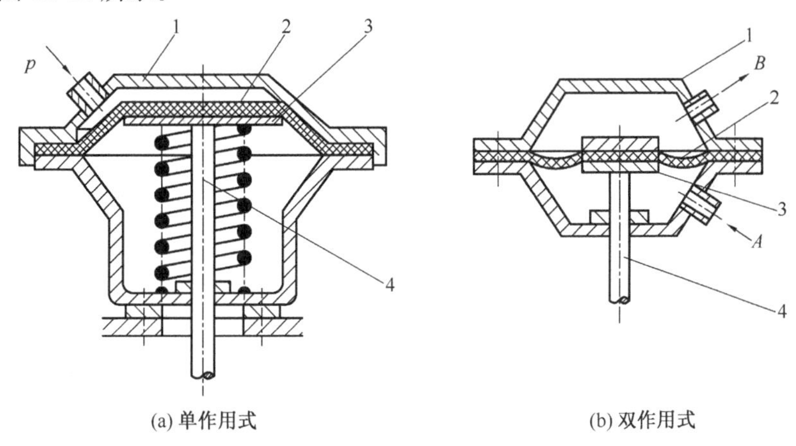

图 12-14　薄膜式气缸结构简图

1. 缸体；2. 膜片；3. 膜盘；4. 活塞杆

薄膜式气缸的膜片可以做成盘形膜片和平膜片两种形式。膜片材料为夹织物橡胶、钢片或磷青铜片。常用的膜片材料是夹织物橡胶，厚度为 5～6mm，有时也可用 1～3mm。金属式膜片只用于行程较小的薄膜式气缸中。

薄膜式气缸和活塞式气缸相比较，具有结构简单、紧凑、制造容易、成本低、维修方便、寿命长、泄漏小、效率高等优点。但是膜片的变形量有限，故其行程短（一般不超过 40～50mm），且气缸活塞杆上的输出力随着行程的加大而减小。

4. 冲击气缸

冲击气缸是一种将压缩空气的压力能转换为活塞高速运动的动能，产生相当大冲击的特殊气缸。与普通气缸相比，冲击气缸具有体积小、结构简单、易于制造、耗气功率小等特点。其结构特点是增加了一个具有一定容积的蓄能腔和喷嘴，工作原理如图 12-15 所示。

冲击气缸的整个工作过程可简单地分为三个阶段。第一阶段如图 12-15(a)所示，压缩空气由孔 A 进入冲击缸的下腔，蓄气缸经孔 B 排气，活塞上升并用密封垫封住喷嘴，中盖和活塞间的环形空间经排气孔 d 与大气相通。第二阶段如图 12-15(b)所示，压缩空气改由孔 B 进入蓄气缸中，冲击缸下腔经孔 A 排气。由于活塞上端气压作用在面积较小的喷嘴上，而活塞下端受力面积较大，一般设计成喷嘴面积的 9 倍，缸下腔的压力虽因排气而下降，但此时活塞下端向上的作用力仍然大于活塞上端向下的作用力。第三阶段如图 12-15(c)所示，蓄气缸的压力继续增大，冲击缸下腔的压力继续降低，当蓄气缸内压力高于活塞下腔压力的 9 倍时，活塞开始向下移动，活塞一旦离开喷嘴，蓄气缸内的高压气体迅速充入活塞与中间盖间的空间，使活塞上端受力面积突然增加 9 倍，于是活塞将以极大的加速度向下运动，气体的压力能转换成活塞的动能。在冲程达到一定时，获得最大冲击速度和能量，利用这个能量对工件进行冲击做功，产生很大的冲击力。

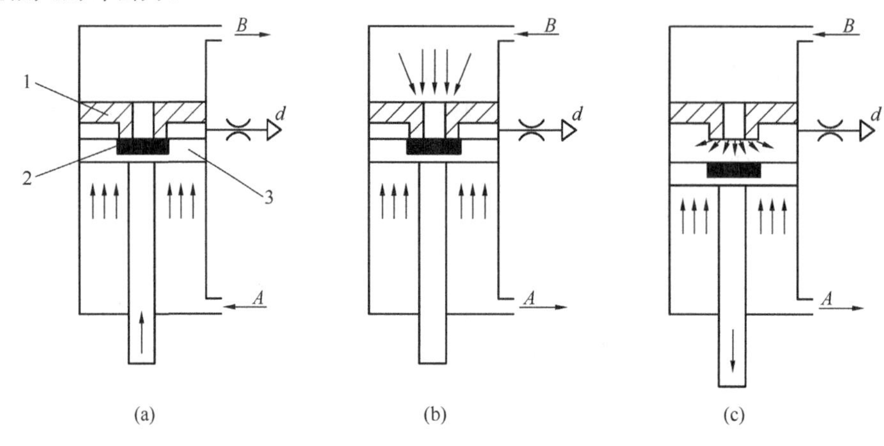

图 12-15　冲击气缸工作原理图

1. 中盖；2. 密封垫；3. 活塞

5. 无杆气缸

无杆气缸没有普通气缸的活塞杆，它利用活塞直接或间接地驱动缸筒上的滑块，实现往复运动。其结构特点大大节省安装空间，安装空间只有 1.2L(L 为滑块行程)，特别适用于小缸径、长行程的场合，最大行程可达 10m，而且运动精度高，与其他气缸组合方便。

无杆气缸有机械接触式和磁性耦合式两种。机械接触式无杆气缸有较大的承载能力和抗力矩能力，活塞与滑块不会脱开，但可能有轻微的泄漏。磁性耦合式无杆气缸质量轻、结构简单、占用空间小、无外泄漏，但外部限位器使负载停止时因惯性过大，活塞与外部滑块有脱开的可能。

图 12-16 所示为机械接触式无杆气缸的结构原理。在气缸筒轴向开有一条槽，与普通气缸一样，在气缸两端设有缓冲装置。为保证开槽处的密封，设有聚氨酯内密封带和外防尘不锈钢带。活塞架穿过槽，把活塞与滑块连成一体。活塞架又将密封带和防尘带分开，三者之间由于缸筒机构限制，在径向不能运动和分离。因此，当气缸一端进气后，气压推动活塞，带动活塞架，再驱动滑块运动，滑块沿着缸筒外部的导轨滑行。

图 12-17 所示为磁性耦合式无杆气缸的结构原理。磁性耦合式无杆气缸是靠活塞上的内磁铁和缸筒外滑块上的外磁铁，在高磁性的磁吸力作用下带动滑块运动。实际使用中一般对滑块要加导向装置，提高承受回转扭矩的能力。

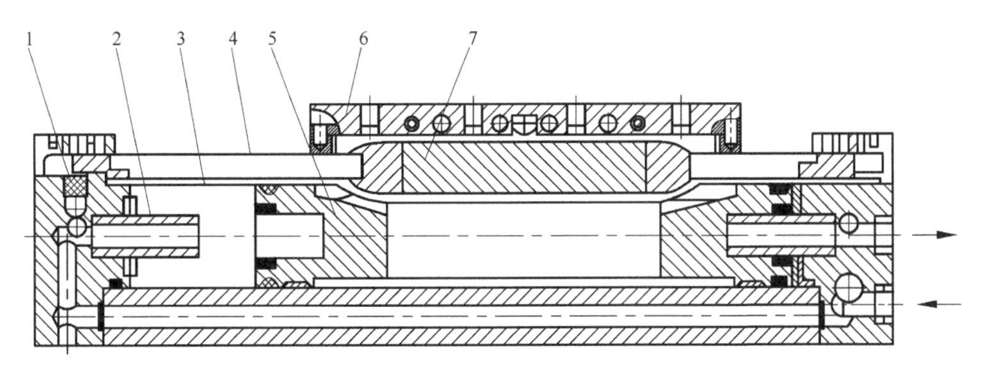

图 12-16　机械接触式无杆气缸

1. 节流阀；2. 缓冲柱塞；3. 密封带；4. 防尘不锈钢带；5. 活塞；6. 滑块；7. 活塞架

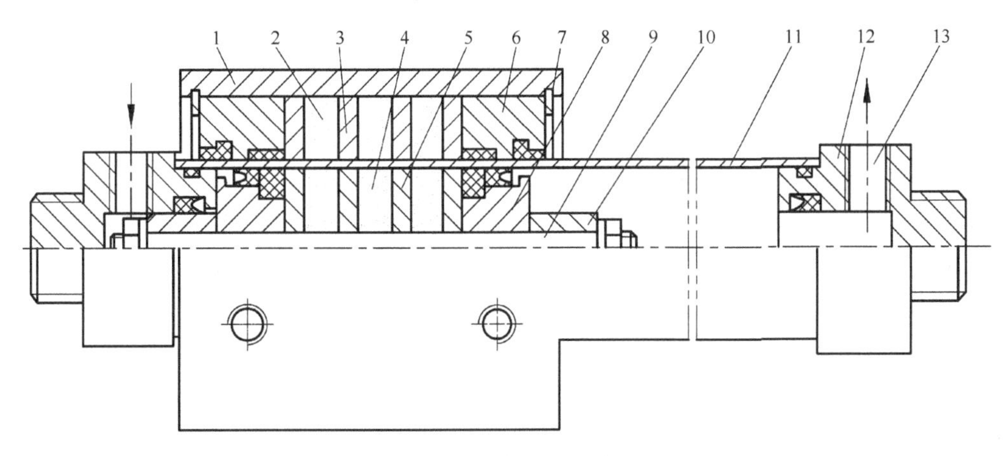

图 12-17　磁性耦合式无杆气缸

1. 套筒(移动支架)；2. 外磁环(永久磁铁)；3. 外磁导板；4. 内磁环(永久磁铁)；5. 内磁导板；6. 压盖；7. 卡环；8. 活塞；9. 活塞轴；10. 缓冲柱塞；11. 气缸筒；12. 端盖；13. 进、排气口

12.2.2　气马达

气马达是以转矩和转速为输出的执行元件。与液压马达相比，气马达功率范围及转速范围较宽，功率小到几百瓦，大到几万瓦，转速可以从 0 到 25000r/min 或更高；具有较高的启动转矩，可带载启动，启动、停止迅速；可实现瞬时换向，冲击小，且具有几乎是瞬时间升到全速的能力；可以长时间满载连续运转，温升较小；工作安全，在易燃易爆、高温、振动、潮湿、粉尘等不利条件下均能正常工作；结构简单，操纵方便，维护容易，成本低。气马达也有缺点，主要是难以控制稳定速度，耗气量大，效率低，噪声大。

1. 气马达的分类及应用范围

常见的气马达多为容积式气马达。容积式气马达是靠改变空气容积的大小和位置来工作的，按结构形式可分为叶片式气马达、活塞式气马达、齿轮式气马达和薄膜式气马达，其分类及应用范围如表 12-1 所示。

表 12-1　气马达的分类及应用范围

形式	转矩	转速	功率/kW	每千瓦耗气量/(m³/min)	特点及应用范围
叶片式	低转矩	高转速	≤3	小型:1.0～1.4 大型:1.8～2.3	制造简单,结构紧凑,但低速启动转矩小,低速性能不好 适用于要求低或中功率的机械,如手提工具、复合工具传送带、升降机、泵、拖拉机等
活塞式	中高转矩	低速或中速	≤17	小型:1.9～2.3 大型:1.0～1.4	在低速时有较大的功率输出和较好的转矩特性。启动准确,且启动和停止特性均较叶片式好 适用于载荷较大和要求低速转矩较高的机械,如手提工具、起重机、绞车、绞盘、拉管机等
薄膜式	高转矩	低转速	<1	1.2～1.4	适用于控制要求很精确、启动转矩极高和速度低的机械

2. 气马达的工作原理

图 12-18(a)是叶片式气马达的工作原理图。它的主要结构和工作原理与液压叶片马达相似,包括一个径向装有 3～10 个叶片的转子,偏心安装在定子内,转子两侧有前后盖板(图中未画出),叶片在转子的槽内可径向滑动,叶片底部通有压缩空气,转子转动是靠离心力和叶片底部气压将叶片紧压在定子内表面上。定子内有半圆形的切沟,提供压缩空气及排出废气。

当压缩空气从 A 口进入定子内,会使叶片带动转子做逆时针旋转,产生转矩。废气从排气口 C 排出;而定子腔内残留气体则从 B 口排出。如需改变气马达旋转方向,只需改变进、排气口即可。

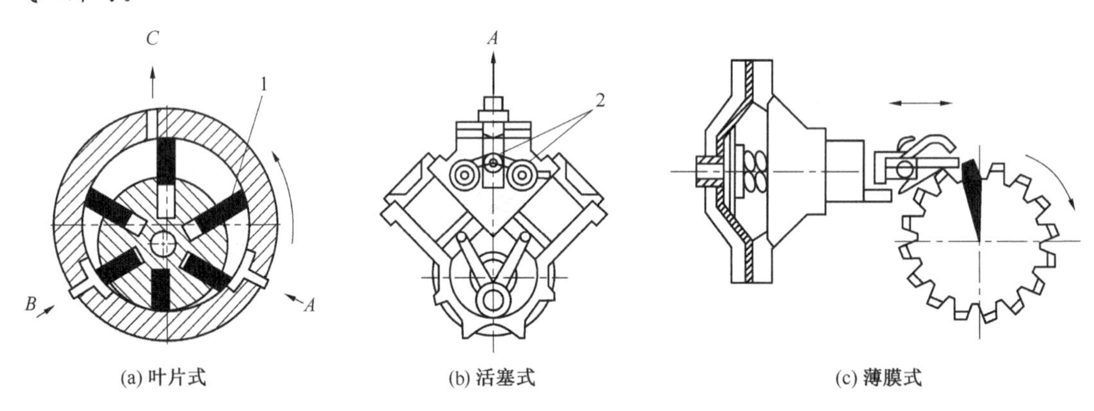

图 12-18　气马达工作原理图

1. 滑片;2. 分配阀

图 12-18(b)是径向活塞式气马达的工作原理图。压缩空气经进气口 A 进入分配阀(又称配气阀)后再进入气缸,推动活塞及连杆组件运动,再使曲柄旋转。曲柄旋转的同时,带动固定在曲轴上的分配阀同步转动,使压缩空气随着分配阀角度位置的改变而进入不同的缸内,依次推动各个活塞运动,由各活塞及连杆带动曲轴连续运转。与此同时,与进气缸相对应的气缸则处于排气状态。

图12-18(c)是薄膜式气马达的工作原理图。它实际上是一个薄膜式气缸，当它做往复运动时，通过推杆端部的棘爪使棘轮转动。

12.3 气动控制元件

在气压传动和控制系统中，气动控制元件是用来控制和调节压缩空气的压力、流量、方向的，使气动执行机构获得必要的力、动作速度和改变运动方向，并按规定的程序动作。气动控制元件按功能分类与液压控制元件类似，也分为压力控制阀、流量控制阀及方向控制阀。

12.3.1 压力控制阀

调节和控制压力大小的气动元件称为压力控制阀。它包括减压阀(调压阀)、安全阀(溢流阀)、顺序阀、压力比例阀、增压阀及多功能组合阀等。

减压阀是出口侧压力可调(但低于入口侧压力)，并能保持出口侧压力稳定的压力控制阀。

安全阀是为了防止元件和管路等的破坏，而限制回路中最高压力的阀。超过最高压力就自动放气。溢流阀是在回路中的压力达到阀的规定值时，使部分气体从排气侧放出，以保持回路内的压力在规定值的阀。溢流阀和安全阀的作用不同，但结构原理基本相同。

顺序阀是当入口压力或先导压力达到设定值时，允许气体从入口侧向出口侧流动的阀。使用它，可依据气压的大小，来控制气动回路中各元件动作的先后顺序。顺序阀常与单向阀并联，构成单向压力顺序阀。

压力比例阀是输出压力与输入信号(电压或电流)成比例变化的阀。

增压阀是出口侧压力比入口侧压力高的阀。

1. 减压阀

减压阀是将较高的入口压力调节并降到符合使用要求的出口压力，保证调节后出口压力的稳定。其他减压装置(如节流阀)虽能减压，但无稳定压力能力。

减压阀按压力调节方式，有直动式减压阀和先导式减压阀。按调压精度，有普通型和精密型。

1)直动式减压阀

利用手轮直接调节调压弹簧的压缩量来改变阀的出口压力的阀，称为直动式减压阀。

(1)结构原理。

① 普通型。图12-19所示为直动式减压阀的结构原理图。其工作原理是：当阀处于工作状态时，将手柄顺时针旋转，由压缩弹簧推动膜片和阀芯下移，进气阀口被打开，压缩空气从左端输入。压缩空气经阀口节流减压后从右端输出，一部分气流经反馈导管(阻尼管)进入膜片气室膜片的下面产生一个向上的推力，这个推力把阀口开度关小，使其输出压力下降。当作用在膜片上的推力与弹簧力互相平衡时，减压阀的输出压力便保持稳定。减压阀可自动调整阀口的开度以保证输出压力的稳定。当输入压力发生波动，如输入压力瞬时升高时，输出压力也随之升高，作用在膜片上的气体推力也相应增大，破坏了原来的力平衡，使膜片向上移动，有少量气体经溢流孔、排气孔排出。在膜片上移的同时，因复位弹簧的作用，使阀芯也向上移动，进气阀口开度减小，节流作用增大，使输出压力下降，直到达到新的平衡。重新平衡后的输出压

力又基本上恢复至原值。如输入压力瞬时降低时的情况基本类同输出压力的大小和手柄转动量大小有关。这种减压阀在使用过程中，常常从溢流孔排出少量气体，因此称为溢流式减压阀。

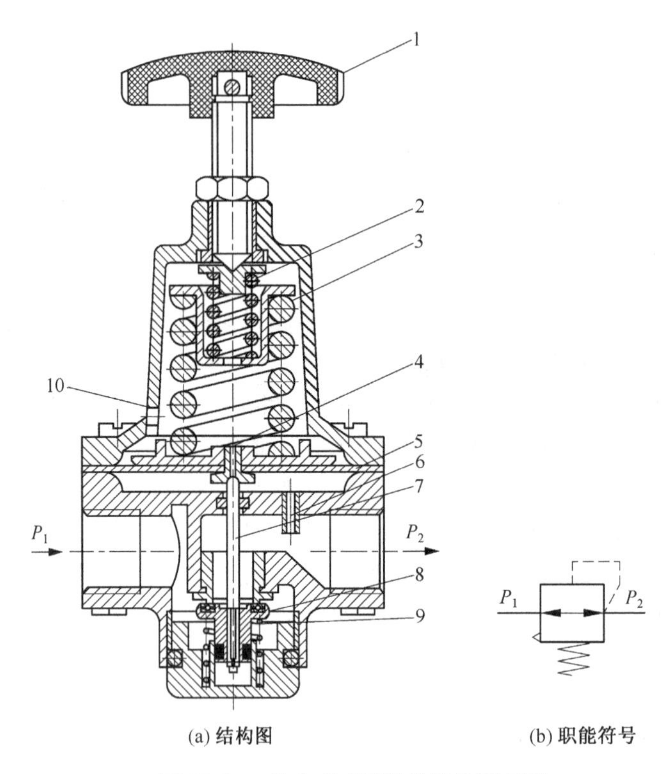

图 12-19　直动式减压阀的结构原理图

1. 手柄；2、3. 调压弹簧；4. 溢流阀孔；5. 膜片；6. 反馈导管；7. 阀杆；8. 进气阀芯；9. 复位弹簧；10. 排气孔

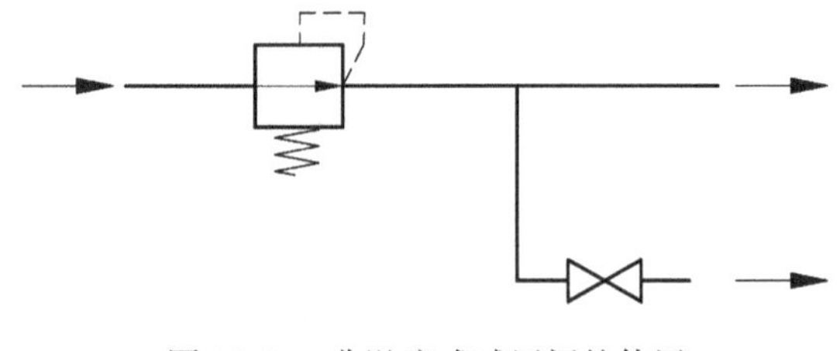

图 12-20　非溢流式减压阀的使用

在介质为有害气体（如煤气）的气路中，为防止污染工作场所，应选用无溢流孔的减压阀。非溢流式减压阀必须在其出口侧装一个小型放气阀，才能改变出口压力并保持其稳定。要降低出口压力，除调节非溢流式减压阀的手轮外，还必须开启放气阀，向固定回收装置放出部分气体，如图 12-20所示。

② 精密型。直动式精密减压阀的结构与普通型直动式减压阀类似，其主要区别是在上阀体上开有常泄式溢流孔。其稳压精度高，可达 0.001MPa，在出口压力为 0.3MPa 时，泄漏量为 5L/min。连接方式有管式和模块式。

(2)主要技术参数。减压阀的主要性能如下。

① 输入压力。气压传动中使用压力为 0～1MPa，所以一般最大输入压力为 1MPa。

② 调压范围。指出口压力的可调范围。在此压力范围内，要达到一定的稳压精度。使用压力最好处于调压范围上限值的 30%～80%。有的减压阀有几种调压范围可供选择。

③ 额定流量。为防止气体流过减压阀所造成的压力损失过大，一般限定气体通过阀通道内的流速在 15～25m/s，计算、实测各种通径的阀允许通过的流量值称为额定流量。

④ 流量特性。指在一定入口压力下，出口压力与输出流量之间的关系。希望减压阀的调压精度高，即在某设定压力下，输出流量在很大范围内变化时，出口压力的相对变化量越小越好。某种阀的流量特性曲线如图 12-21 所示。

⑤ 压力特性。指在输出流量基本不变的条件下，出口压力与入口压力之间的关系。测压力特性曲线时，在被测减压阀的下游，设置如图 12-22 所示的固定节流孔，管径 d 与被测阀的公称通径相同。

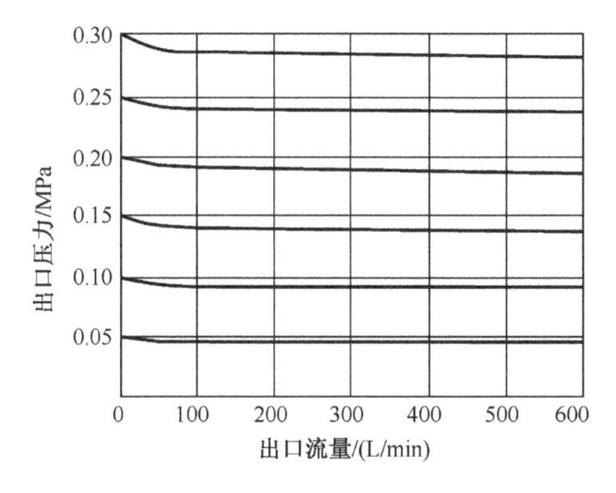

图 12-21 直动式减压阀的流量特性曲线

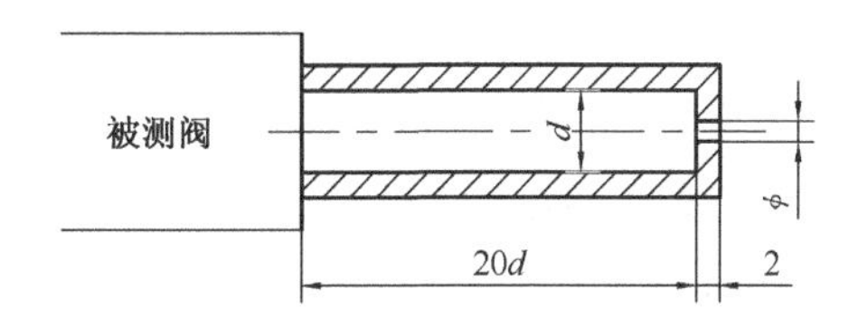

图 12-22 测压力特性用的固定节流孔

典型的压力特性曲线如图 12-23 所示。从图中起点或称为设定点[图 12-23(a)中入口压力为 $p_1=0.7\text{MPa}$，出口压力为 $p_2=0.2\text{MPa}$]开始，沿箭头方向，测出出口压力随入口压力的变化。希望出口压力的变化与入口压力的变化之比越小越好。

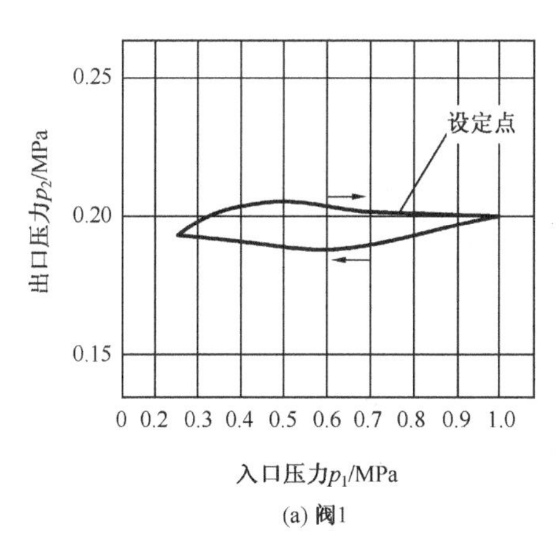

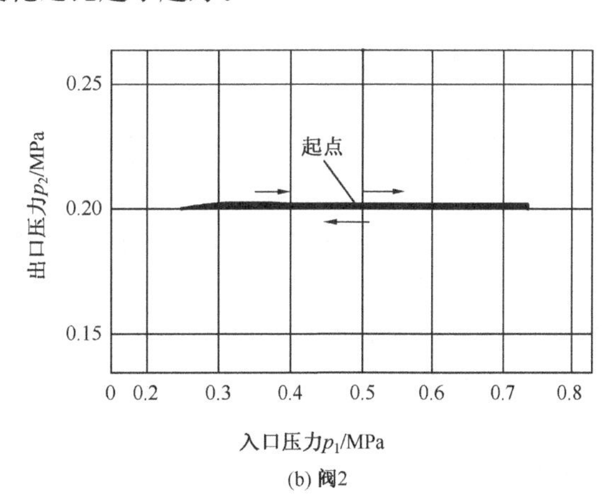

图 12-23 直动式减压阀的压力特性曲线

⑥ 溢流特性。指在设定压力下，出口压力偏离(高于)设定值时，从溢流孔溢出的流量大小，如图 12-24 所示。

⑦ 环境和介质温度为－5～60℃。

2)先导式减压阀

用压缩空气的作用力代替调压弹簧力以改变出口压力的阀，称为先导式减压阀。它调压时操作轻便，流量特性好，稳压精度高，适用于通径较大的减压阀。

先导式减压阀调压用的压缩空气，一般是由小型直动式减压阀供给的。若将这个小型直

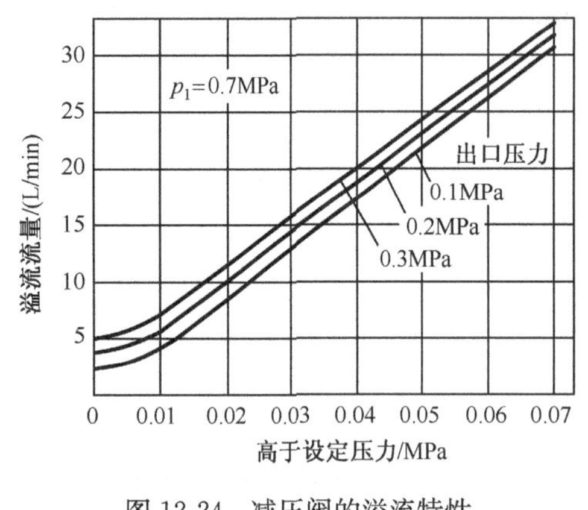

图 12-24　减压阀的溢流特性

动式减压阀与主阀合成一体，则称为内部先导式减压阀。若将它与主阀分离，则称为外部先导式减压阀，它可实现远距离控制。

其主要技术参数与直动式减压阀的主要技术参数相同，此外，还有几个技术术语会常出现在先导式减压阀的技术参数中。

(1)灵敏度。指被测量能够被测出的最小变化量与满值的百分比。满值是指调压范围的最大值。

(2)重复度。指被测量重复测量出现的最大偏差与满值的百分比。

(3)直线度。指出口压力随控制压力(先导压力)的增大而增大与直线增长的最大偏离量对满值的百分比。

3)减压阀选用

(1)根据通过减压阀的最大流量选择阀的规格(通径)。

(2)根据功能要求选择阀的品种，如调压范围、稳压精度(是否选精密型减压阀)、是否需遥控(遥控应选外部先导式减压阀)、有无特殊功能要求等。

4)使用注意事项

(1)普通型减压阀，出口压力不要超过进口压力的 85%；精密型减压阀，出口压力不要超过进口压力的 90%。

(2)连接配管要充分吹洗，安装时要防止灰尘、铁屑等混入阀内，也要防止配管螺纹切屑及密封材料混入阀内。

(3)空气的流动方向按箭头方向安装，不得装反。

(4)进口侧压力管路中，若含有冷凝水、油污及灰尘等，会造成常泄孔或节流孔堵塞，使阀动作不灵，故应在减压阀前设置空气过滤器、油雾分离器，并应对它们定期维护。

(5)进口侧不得装油雾器，以免油雾污染常泄孔和节流孔，造成阀动作不灵。若下游回路需要给油，油雾器应装在减压阀出口侧。

(6)在换向阀与气缸之间使用减压阀，由于压力急剧变化，需注意压力表的寿命。

(7)先导式减压阀前不应安装换向阀。否则换向阀不断换向，会造成减压阀内喷嘴挡板机构较快磨耗，阀的特性会逐渐变差。

(8)在化学溶剂的雾气中工作的减压阀，其外部材料不要用塑料，应选用金属材料。

(9)使用塑料的减压阀，应避免阳光直射。

(10)要防止油、水进入压力表中，以免压力表指示不准。压力表应安装在易于观察的位置。

(11)若减压阀要在低温环境(−30℃以下)或高温环境(80℃以上)下工作，阀盖及密封件等应选用合适材质。

(12)对常泄式减压阀，从常泄孔不断排气是正常的。若溢流量大，造成噪声大，可在溢流排气口装消声器。

(13)减压阀底部螺塞处要留出 60mm 以上空间，以便于维修。

2. 增压阀

工厂气路中的压力，通常不高于1.0MPa。但在下列情况下，却需要少量、局部高压气体。

(1)气路中个别或部分装置需使用高压。

(2)工厂主气路压力下降，不能保证气动装置的最低使用压力时，利用增压阀提供高压气体，以维持气动装置正常工作。

(3)空间窄小，不能配置大口径气缸，但又必须确保输出力。

(4)气控式远距离操作，必须增压以弥补压力损失。

(5)需要提高气液联用缸的液压力。

(6)希望缩短向气罐内充气至一定压力的时间。

为此，可通过增压阀，将工厂气路中的压力增加2倍或4倍，但最高输出压力小于2MPa。这样做与建立高压气源相比，可节省成本和能源。

图12-25是增压阀的工作原理图。输入的气压分两路，一路打开单向阀充入小气缸的增压室A和B，另一路经调压阀及换向阀向大气缸的驱动室B充气、驱动室A排气。这样，大活塞左移，带动小活塞也左移，小气缸B室增压打开单向阀从出口送出高压气体。

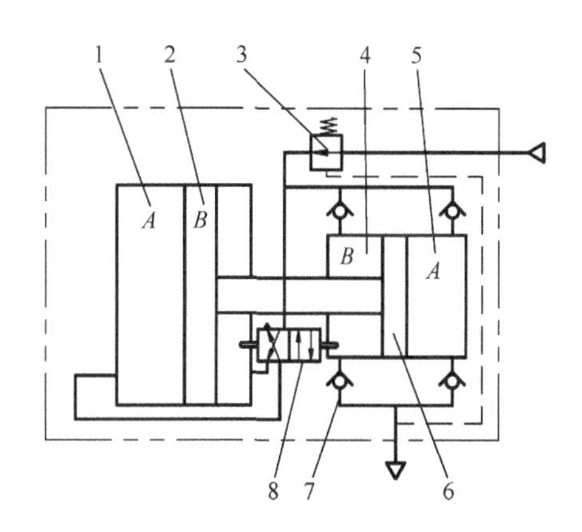

图12-25　增压阀的工作原理图

1. 驱动室A；2. 驱动室B；3. 调压阀；4. 增压室B；5. 增压室A；6. 活塞；7. 单向阀；8. 换向阀

小活塞走到头，使换向阀切换，则驱动室A进气，驱动室B排气，大活塞反向运动，增压室A充气，打开单向阀，继续从输出口送出高压气体。以上动作反复进行，便可从出口得到连续输出的高压气体。出口压力反馈至调压阀，可使出口压力自动保持在某一值。当需要改变出口压力时，可调节手轮，便能得到在增压比范围内的任意设定的出口压力。若出口反馈压力与调压阀的可调弹簧力相平衡，增压停止，不再输出流量。如需减小出口压力的脉动，出口侧应设置一定容积的气罐。

3. 顺序阀与单向顺序阀

1)顺序阀

顺序阀是依靠气路中压力的作用而控制执行机构按顺序动作的压力阀。如图12-26所示(普通顺序阀没有图中的单向阀)，它依靠弹簧的预压缩量来控制其开启压力。压力达到某一值时，顶开弹簧，于是P到A才有输出[图12-26(a)]，否则A无输出。

2)单向顺序阀

顺序阀很少单独使用，往往与单向阀组合使用，成为单向顺序阀。其工作原理如图12-26所示，就是在P口和A口之间增加一个单向阀。

如图12-27所示，顺序阀可用来控制两个气缸的顺序动作。压缩空气P先进入气缸1，当压力达到某一给定值后，便打开顺序阀4，压缩空气才进入气缸2使其也动作。由气缸2返回的气体经单向阀3和排气口T排空。

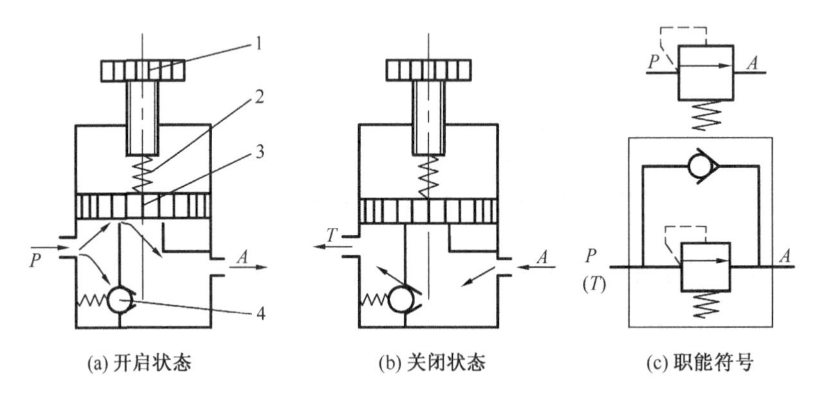

图 12-26　顺序阀的工作原理

1. 调压手柄；2. 调压弹簧；3. 阀芯；4. 单向阀

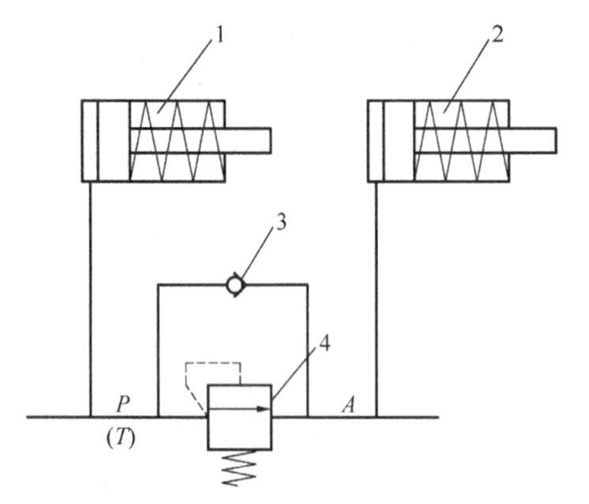

图 12-27　顺序阀的应用

1、2. 气缸；3. 单向阀；4. 顺序阀

4. 安全阀(溢流阀)

当储气罐或回路中压力超过某调定值时，要用安全阀往外放气。安全阀在系统中起过压保护作用。

如图 12-28(a)所示，当系统中气体压力在调定范围内时，作用在阀芯 3 上的压力小于弹簧 2 的力，活塞处于关闭状态。当系统压力升高，作用在阀芯 3 上的压力大于弹簧的预压力时，如图 12-28(b)所示，阀芯 3 向上移动，阀开启排气。直到系统压力降至调定范围以下，阀芯 3 又重新关闭。开启压力的大小与弹簧的预压力有关。

安全阀与减压阀相类似，以控制方式分，有直动式和先导式两种；从结构上分，有活塞式与膜片式两种。活塞式安全阀结构简单，但灵敏性稍差，常用于储气罐或管道上。膜片式安全阀开启压力与关闭压力较接近，即压力特性较好、动作灵敏，但最大开启量比较小，即流量特性较差。

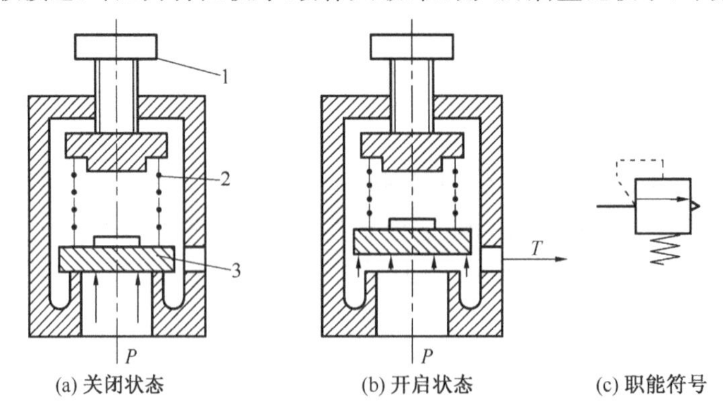

图 12-28　安全阀的工作原理

1. 调节手柄；2. 调压弹簧；3. 阀芯

对于先导式安全阀，由减压阀减压后的压缩空气从上部进入主阀上腔，代替了用弹簧控制安全阀。这样的结构形式能在阀门开启和关闭过程中，使控制压力保持基本不变，即阀的流量特性好，但还需另加上一个减压阀。先导式安全阀适用于管道通径大及远距离控制的场合。

12.3.2 流量控制阀

在气动系统中，对气缸运动速度、信号延迟时间、油雾器的滴油量、缓冲气缸的缓冲能力等的控制，都是依靠控制流量来实现的。控制流量的方法很多。大致可分成两类。一类是不可调的流量控制，如细长管、孔板等；另一类是可调的流量控制，如喷嘴挡板机构、各种流量控制阀等。控制压缩空气流量的阀称为流量控制阀，是通过改变阀的流通面积来实现流量控制的。

1. 单向节流阀(速度控制阀)

单向节流阀是由单向阀和节流阀并联而成的流量控制阀，常用于控制气缸的运动速度，故常称为速度控制阀。

1)结构原理

图 12-29 是带快换接头的单向节流阀(速度控制阀、弯头式)。单向阀的功能是靠单向型密封圈来实现的。图示为排气节流式，与之对应有一种进气节流式，区别只是单向型密封圈的装配方向改变。它可直接装在气缸上，因此可节省接头及配管，节省工时，降低成本。由于采用铰接结构，安装后，配管方向可自由设定，节流阀带锁紧机构。

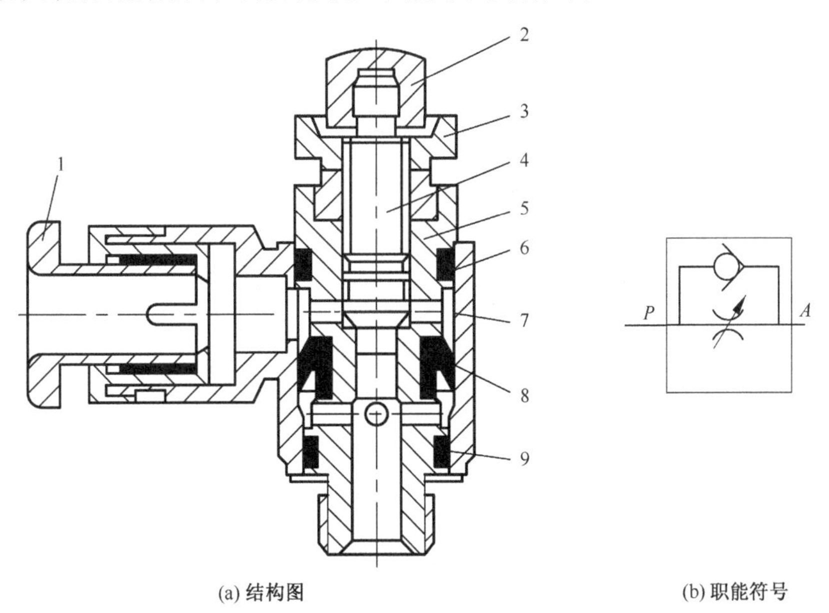

(a) 结构图　　(b) 职能符号

图 12-29 带快换接头的单向节流阀(速度控制阀、弯头式)

1. 快换接头；2. 手轮；3. 锁母；4. 节流阀杆；5. 阀体 B；6、9. O形密封圈；7. 阀体；8. 单向形密封圈

2)主要技术参数

自由流动是指单向阀开启方向的流动。控制流动是指向单向阀关闭方向的流动。

流通能力可用有效截面积或最大流量来表示。有效截面积是指节流阀处于最大开度时的有效流通面积。最大流量是指节流阀处于最大开度时，进口压力为0.5MPa，出口压力为大气压，压缩空气温度为20℃的条件下，通过阀的标准状态下的流量值。

3)使用注意事项

(1)安装时，应确认阀的流动方向。

(2)接头螺纹用手拧上后，用工具再旋2～3圈，安装力矩要适当。

(3)管接头螺纹上，一般都已涂好密封剂，通常可使用2～3次。管螺纹如拧得过紧，密封剂会被挤出，应清除。若密封剂剥离，密封不良，可缠上密封带使用。

(4)顺时针旋转调节手轮。节流阀是逐渐关闭的。调节完毕，用锁紧螺母锁紧。

(5)速度控制阀的调节圈数不得超过给定值。

(6)速度控制阀可能存在微漏。难以对气缸进行低速控制。同时，不得把它当截止阀使用。

(7)速度控制阀保存在40℃以下的环境中，避免阳光直射。密封剂含聚四氟乙烯材质，特殊环境下使用时要注意。

2. 带消声器的排气节流阀

带消声器的排气节流阀通常装在换向阀的排气口上，控制排入大气的流量以改变气缸的运动速度。排气节流阀常带有消声器，可降低排气噪声20dB以上。如图12-30所示，它的工作原理和节流阀类似，靠调节节流阀3与阀体9之间的通流面积来调节排气流量，由消声套7减少排气噪声。一般用于换向阀与气缸之间不能安装速度控制阀的场合。与速度控制阀的调速方法相比，由于控制容积增大，控制性能变差。

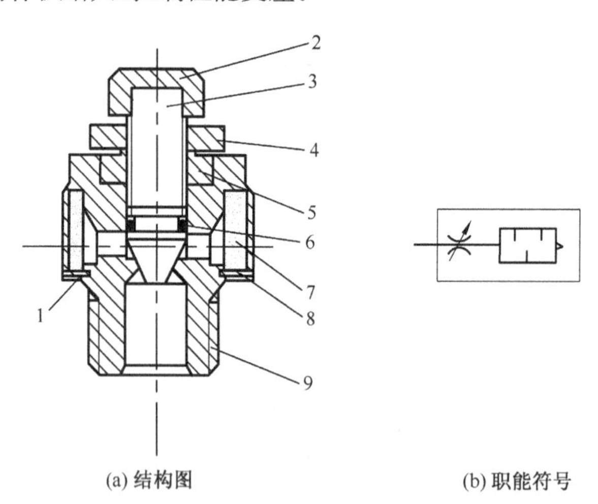

图12-30　带消声器的排气节流阀

1. 衬垫；2. 手轮；3. 节流阀；4. 锁紧螺母；5. 导向套；6. O形密封圈；7. 消声套；8. 盖；9. 阀体

应用气动流量阀对气缸进行调速，比液压系统调速要困难，因气体具有压缩性，必须注意以下几点，以防产生爬行。

(1)管道不能漏气。

(2)气缸中缸筒与活塞间的润滑状态要好。

(3)气缸的负载变化小。

(4)流量阀尽量安装在气缸附近。

(5)速度太低(小于 40mm/s)很难实现。

12.3.3 方向控制阀

能改变气体流动方向或通断的控制阀称为方向控制阀。

1. 分类

方向控制阀的品种规格相当多,了解其分类就比较容易掌握它们的特征,以利于选用。

1)按阀内气流的流通方向分类

只允许气流沿一个方向流动的控制阀称为单向型控制阀,如单向阀、梭阀、双压阀和快速排气阀等。快速排气阀按其功能也可归入流量控制阀。

2)按控制方式分类

按控制方式可分为电磁控制、气压控制、人力控制、机械控制等。气压控制可分成加压控制、泄压控制、差压控制和延时控制等。

3)按动作方式分类

按动作方式可分为直动式和先导式。先导式气阀又分成内部先导式和外部先导式。先导控制的气源是主阀提供的为内部先导式;先导控制的气源是外部供给的为外部先导式。外部先导式换向阀的切换不受换向阀使用压力大小的影响,故换向阀可在低压或真空压力条件下工作。

4)按阀的通道数目分类

按阀的通道数目,常用的阀有二通阀、三通阀、四通阀和五通阀。其中二通阀、三通阀、四通阀与液压阀类似,五通阀有一个进气口(P 口)、两个出气口(A、B 口)和两个排气口(用 T_1 和 T_2表示)。通路为 $P \to A$、$B \to T_2$或 $P \to B$、$A \to T_1$。

5)按阀芯的工作位置数分类

阀芯的工作位置简称“位”。阀芯有几个工作位置的阀就是几位阀。在不同的工作位,按图形符号,可实现不同的通断关系。二位五通阀的符号如图 12-31 所示。

6)按控制数分类

按控制数可分成单控式和双控式。

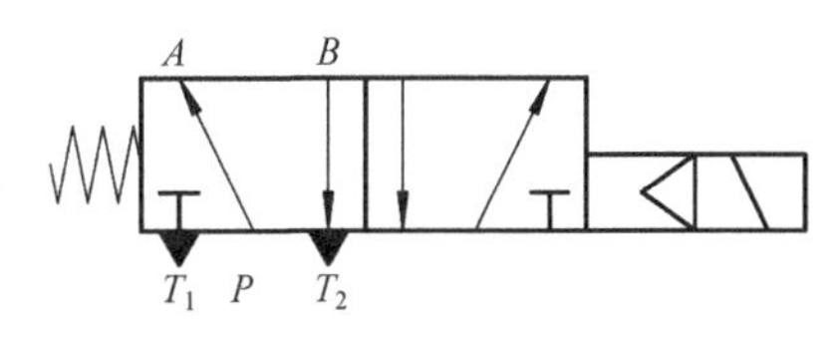

图 12-31 二位五通阀符号

单控式是指阀的工作位置由控制信号获得(控制信号可以是电信号、气信号、人力信号或机械力信号等),另一工作位置是当控制信号消失后,靠其他力来获得(称为复位方式)。靠弹簧力复位称为弹簧复位;靠气压力复位称为气压复位:靠弹簧力和气压力复位称为混合复位。

双控式是指阀有两个控制信号。对二位阀,两个阀位分别由一个控制信号获得。当一个控制信号消失,另一个控制信号未加入时,能保持原有阀位不变的,称为具有记忆功能的阀。对三位阀,每个控制信号控制一个阀位。当两个控制信号都不存在时,靠弹簧力和(或)气压力使阀芯处于中间位置(简称中位或零位)。

7)按阀芯结构形式分类

阀芯结构形式是影响阀性能的重要因素之一。常用的阀芯结构形式有滑柱式、截止式、滑柱截止式(平衡截止式)和滑板式等。

(1)滑柱式。它是用一个有台肩的圆柱体,在管状阀套内,沿其轴向移动,来实现气路通断的阀,类似液压换向阀的主阀芯。

(2)截止式。它是用大于导管直径的圆盘或其他形状的密封件沿阀座的轴向移动来切换空气通路的阀。其基本形状如图 12-32 所示,图 12-32(a)、(b)为两种不同的结构形式。这种阀的特点有:流通能力强,泄漏很小,不需油雾润滑,但阀的通口多时,结构太复杂,故主要用于二通阀和三通阀。

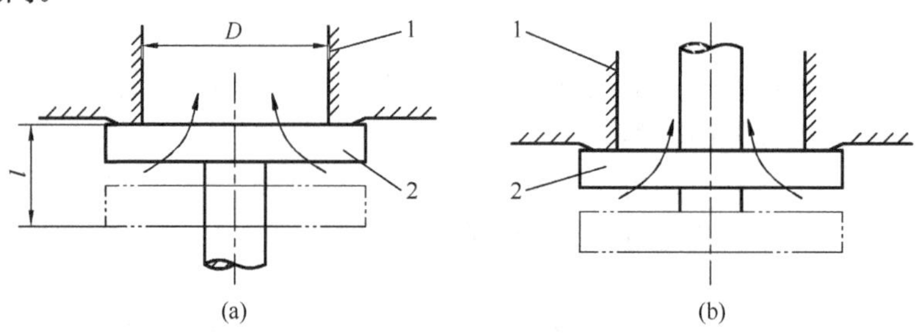

图 12-32　截止式阀芯

1. 阀座;2. 阀芯

(3)滑板式。它是靠改变滑板与截止阀的相对位置来实现气路通断的阀。其基本形状如图 12-33 所示。其特点如下。

①结构简单。容易设计成多位多通路换向阀。转阀常采用此形式。

②靠滑板与阀座之间的滑动面进行密封,故滑动面需研配。可能有泄漏。

③若进口压力和弹簧力一起将滑板压向本体,则切换时的操作力较大。

④使用寿命长。

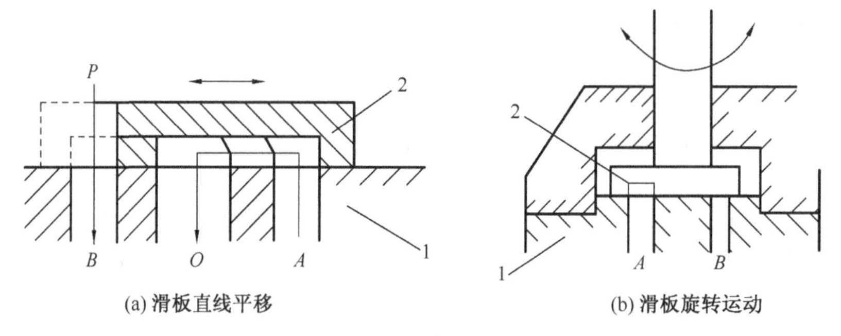

图 12-33　滑板式阀芯

1. 阀座;2. 滑板

8)按密封形式分类

按密封形式可分为弹性密封和间隙密封。弹性密封又称软质密封。即在各工作腔之间(阀芯、阀套间)用合成橡胶材料等制成的各种密封圈来保证密封。它与间隙密封相比,制造精度可低些。对工作介质的过滤精度要求也低些,基本无泄漏,密封件损伤可更换。

间隙密封又称硬配密封或金属(面)密封。它是靠阀芯与阀套内孔之间很小的间隙(2～5μm)来维持密封的。因间隙很小,制造精度要求高。对工作介质中的杂质很敏感,要求气源过滤精度高于 5μm。阀换向灵敏,切换频率高。因滑动阻力小,且与气压大小无关,可用电磁力直接推动大通径直动式电磁换向。

9)按连接方式分类

阀的连接方式有管式连接、板式连接、法兰连接和集装式连接等。

板式连接需配专用的过渡连接板。管路与连接板相连。阀固定在连接板上。装拆时不必拆卸管路。对复杂气路系统维修方便。

集装式连接是将多个板式连接气阀安装在集成块上。各气阀的气源口或排气口可以共用,各气阀的排气口也可单独排气。这种方式可节省空间、减少配管,装拆方便,便于维修。

10)按流通能力分类

按流通能力的分类有两种:一种是按连接口径分类,另一种是按有效截面积分类。连接口径有用阀的公称通径表示的。

按连接口径表示流通能力,较直观,但不科学。同一连接口径,通过流量差别很大,故用阀的有效截面积表示比较合理。

2. 电磁换向阀

电磁换向阀是气动控制元件中最主要的元件,品种繁多,结构各异,但原理无多大区别。按工作方式,有直动式和先导式。按阀芯结构形式,有滑柱式、截止式和滑柱截止式。按密封形式,有弹性密封和间隙密封。按使用环境,有普通型、防滴型、防爆型、防尘型等。按所用电源,有直流和交流。按功率大小,有一般功率和低功率。按润滑条件,有不给油润滑和油雾润滑等。

1)直动式电磁换向阀

由电磁铁的动铁心,直接推动阀芯换向的气阀,称为直动式电磁换向阀(其中包括电磁铁的动铁心就是阀芯的气阀)。

按线圈数目分类,有单线圈和双线圈,分别称为单电控和双电控直动式电磁换向阀。按使用电源从电压分有:直流(DC),电压有24V、12V等;交流(AC),电压有220V、110V等。按功率分,有2W以下的低功率电磁阀和一般功率电磁阀。低功率电磁阀可直接用半导体电路的输出信号来控制。

图12-34是单电控直动式电磁阀的工作原理图。通电时如图12-34(b)所示,电磁铁1推动阀芯向下移动,使P、A接通,阀处于进气状态。断电时如图12-34(a)所示,阀芯靠弹簧力复位,使P、A断开,A、T接通,阀处于排气状态。

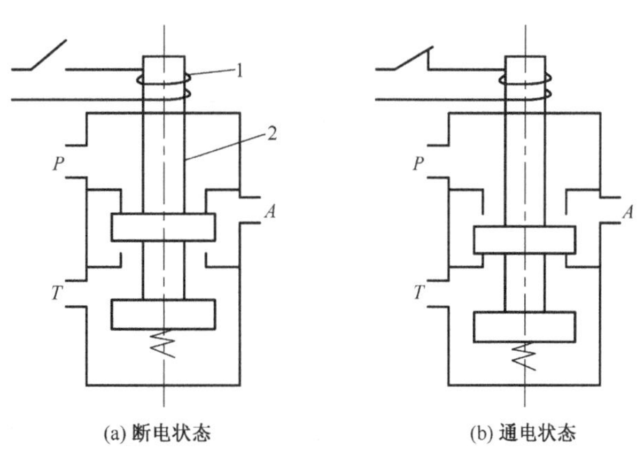

(a) 断电状态　　(b) 通电状态

图12-34　单电控直动式电磁阀的工作原理图

1. 电磁铁;2. 阀芯

2)先导式电磁换向阀

由电磁先导阀输出先导压力,此先导压力再推动(气控)主阀阀芯换向的阀,称为先导式电磁换向阀。

按控制方式,先导式电磁换向阀有单电控和双电控之分。按先导压力来源有内部先导式和外部先导式。

图12-35是单电控外部先导式电磁换向阀的动作原理图。当电磁先导阀断电时如图12-35(a)所示。先导阀的X、A_1口断开,A_1、T_1口接通,先导阀处于排气状态。即主阀的控

制腔 A_1 处于排气状态。此时，主阀阀芯在弹簧和 P 口气压的作用下向右移动，将 P、A 口断开，A、T 口接通，即主阀处于排气状态。当电磁先导阀通电时如图 12-35(b)所示，X、A_1 口接通，先导阀处于进气状态，即主阀控制腔 A_1 进气。由于 A_1 腔内气体作用于阀芯上的压力大于 P 口气体作用在阀芯上的力与弹簧力之和，因此，将活塞推向左边，使 P、A 口接通，即主阀处于进气状态。

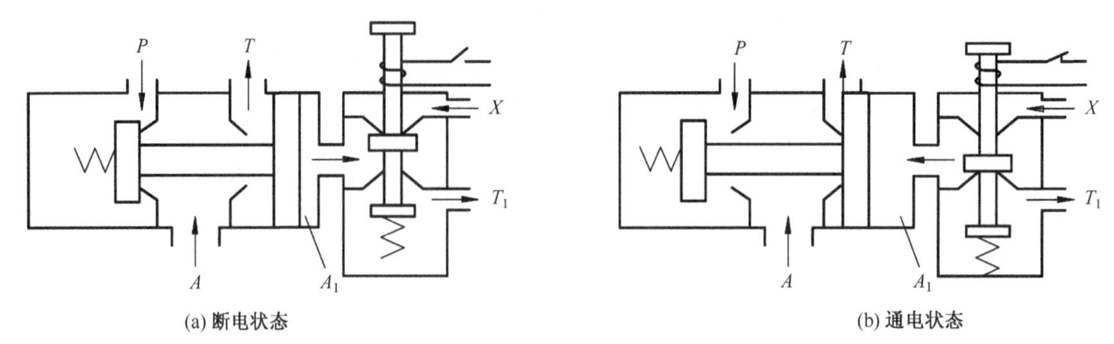

图 12-35　单电控外部先导式电磁换向阀的动作原理图

图 12-36 是双电控内部先导式电磁换向阀的动作原理图。当先导阀 1 通电和先导阀 2 断电时如图 12-36(a)所示，由于主阀的 A_1 腔进气，A_2 腔排气，使主阀阀芯移到右边。此时，P、A 口接通，A 口有输出；B、T_2 接通，B 口排气。当先导阀 2 通电和先导阀 1 断电时如图 12-36(b)所示，主阀 A_2 腔进气，A_1 腔排气，主阀阀芯移到左边。此时，P、B 口接通，B 口有输出；A、T_1 口接通，A 口排气。双电位二位换向阀具有记忆性，即通电时阀芯换向，断电时能保持原阀芯位置不变。双电控二位换向阀可用脉冲信号控制，为保证主阀正常工作，两个先导阀不能同时通电，电路中应设互锁保护。

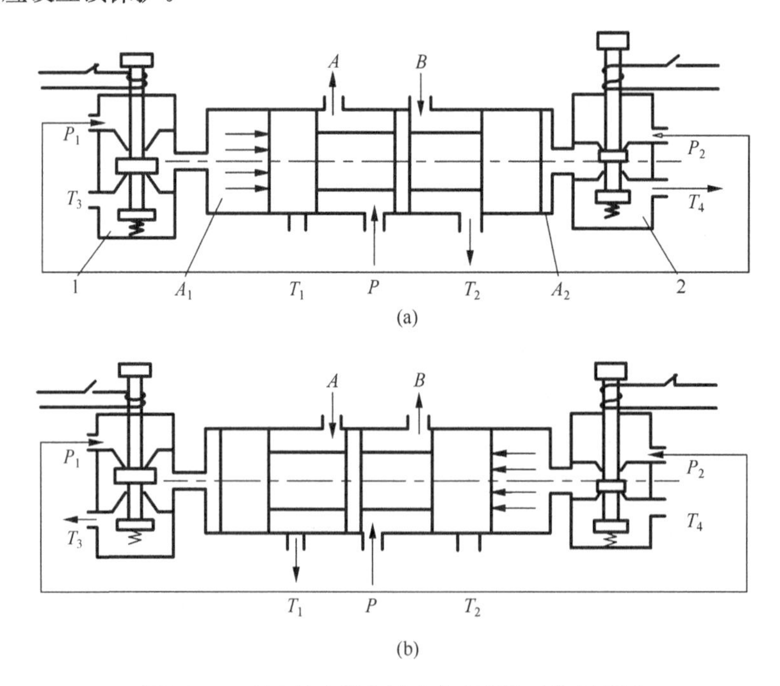

图 12-36　双电控内部先导式电磁阀的动作原理图

思考题与习题

12-1 简述气源装置的组成及作用。

12-2 气动系统对压缩空气有哪些质量要求?

12-3 为什么要设置后冷却器? 常见的后冷却器结构有哪些?

12-4 气源装置中为什么要设置储气罐?

12-5 简述分水滤气器的工作原理。

12-6 简述油雾器工作原理。

12-7 油雾器特殊单向阀的作用是什么? 试画图说明。

12-8 气缸有哪些类型? 与液压缸相比,气缸有哪些特点?

12-9 气动马达和与它起同样作用的电动机相比有哪些特点? 与液压马达相比有哪些异同点?

12-10 使用气缸和气动马达时的注意事项有哪些?

12-11 单杆双作用气缸内径 $D=100\text{mm}$,活塞杆直径 $d=40\text{mm}$,行程 $L=450\text{mm}$,进退压力均为 0.5MPa,在运动周期 $T=5\text{s}$ 下连续运转,$\eta_v=0.9$。求一个往返行程所消耗的自由空气量为多少?

12-12 单叶片摆动式气马达的内半径 $r=50\text{mm}$,外半径 $R=300\text{mm}$,进排气口的压力分别为 0.6MPa 和 0.15MPa,叶片轴向宽度 $B=320\text{mm}$,效率 $\eta_m=0.5$,输入流量为 $0.4\text{m}^3/\text{min}$,$\eta_v=0.6$,求其输出转矩 T 和角速度 ω 为多少?

12-13 气压传动系统中的减压阀是如何工作的? 其中弹簧起什么作用?

12-14 气动方向控制阀与液压方向控制阀有何相同与相异之处?

12-15 在气动控制元件中,哪些元件具有记忆功能? 记忆功能是如何实现的?

12-16 双电磁铁直动式气动换向阀与双电磁铁先导式气动换向阀在工作原理和性能方面有什么区别?

12-17 气动系统单向节流阀与液压系统单向节流阀有何不同?

12-18 带消声器的排气节流阀一般应用在什么场合? 有何特点?

第 13 章　气动回路及系统设计

气动基本回路和常用回路都是回路设计中经常用到的。为便于设计回路时选用，本章将分别加以介绍。

13.1　基本回路和常用回路

13.1.1　基本回路

气动基本回路是气动回路的基本组成部分。按其功能分有压力与力控制回路、换向控制回路、速度控制回路、位置控制回路及逻辑回路。

1. 压力与力控制回路

为调节和控制系统的压力经常采用压力控制回路；为增大气缸活塞杆的输出力常用力的控制回路。

1)压力控制回路

(1)一次压力控制回路。其主要作用是控制储气罐的压力使之不超过规定的压力值。常用外控溢流阀(图 13-1)或用电接点压力表来控制空气压缩机的转、停，使储气罐内的压力保持在规定的范围内。采用溢流阀结构简单、工作可靠，但气量浪费大；采用电接点压力表控制对电机及控制要求较高，常用于对小型空压机的控制。

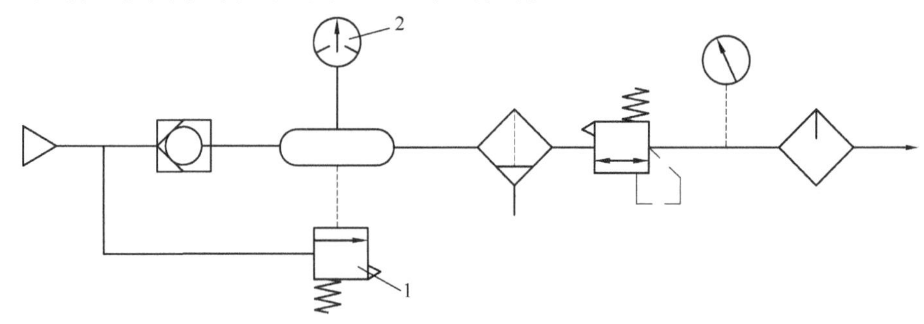

图 13-1　一次压力控制回路

1. 溢流阀；2. 电接点压力表

(2)二次压力控制回路。主要指气动控制系统的气源压力控制系统。图 13-2 是对气缸、气马达系统气源的压力控制常用回路。该回路是由溢流式减压阀 1 来实现定压控制的。

图 13-3(a)所示是由减压阀控制输出高低压力 p_1 和 p_2。图 13-3(b)所示是利用减压阀和换向阀构成高低压力 p_1 和 p_2 的自动转换回路。

2)力控制回路

气缸等执行元件和液压执行元件一样，输出力的大小与输入压力和元件的受压面积有关。因气动的输入压力一般不太高，多是依靠改变受压面积提高输出力的。

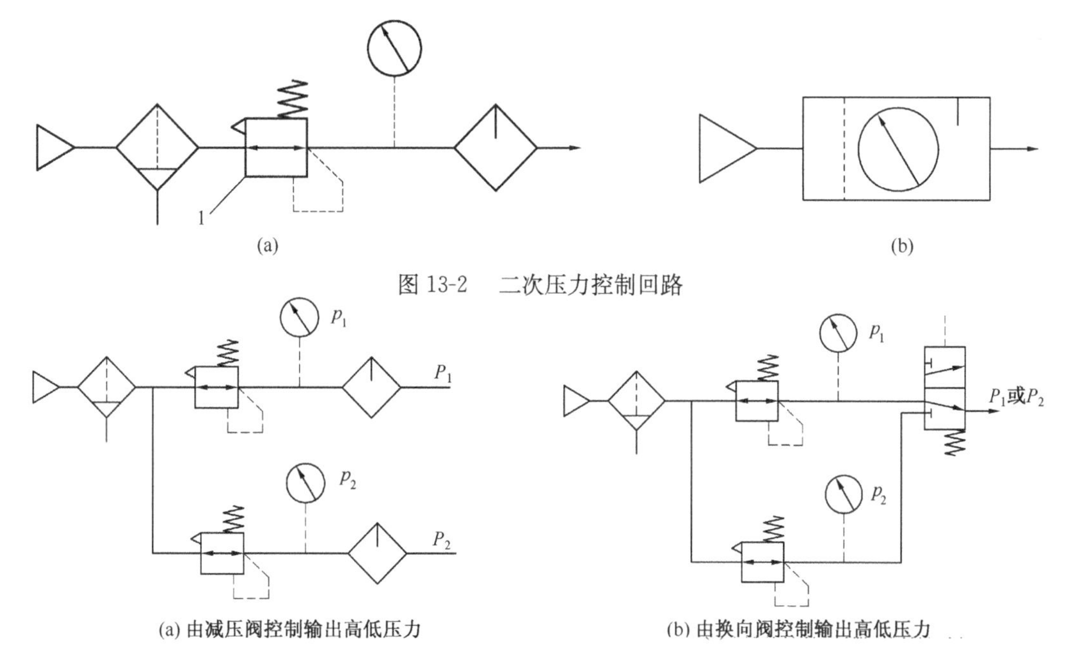

图 13-2　二次压力控制回路

(a) 由减压阀控制输出高低压力　　(b) 由换向阀控制输出高低压力

图 13-3　二次压力控制回路

图 13-4(a)所示气缸为三段活塞缸串联增力回路。活塞杆由电磁换向阀控制增加输出推力，复位靠二位四通阀进气将活塞杆推回。串联气缸增力的倍数与缸的串联段成正比。

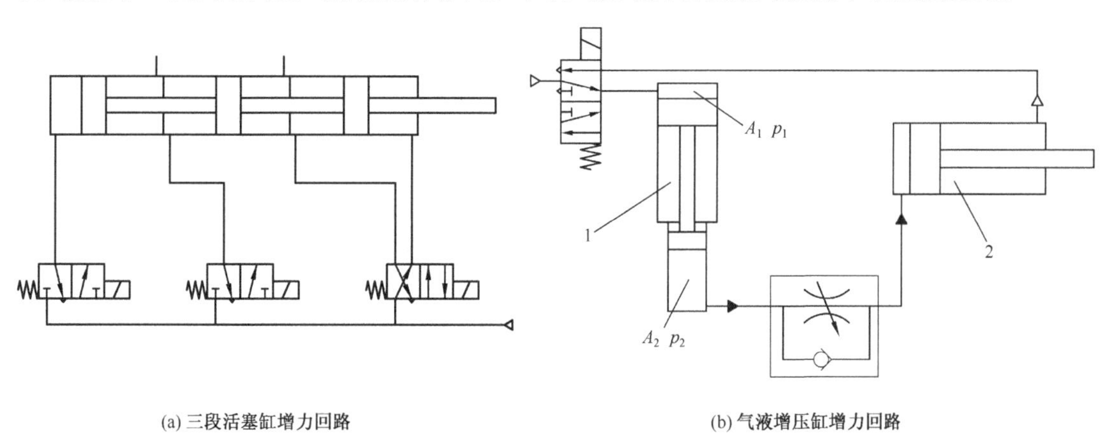

(a) 三段活塞缸增力回路　　(b) 气液增压缸增力回路

图 13-4　力控制回路

1. 气液增压缸；2. 气液缸

图 13-4(b)为气液增压缸增力回路。该回路利用气液增压缸 1 把较低的气压变成较高的液压($p_2 = p_1 A_1/A_2$)，提高了气液缸的输出力。使用时应注意活塞与缸筒间的密封，避免空气混入油中。

2. 换向控制回路

1)单作用气缸的换向回路

图 13-5(a)所示为二位三通电磁阀控制回路。通电时靠气压使活塞杆上升，断电时靠弹簧

作用使活塞下降。图 13-5(b)所示为三位五通电磁阀控制回路。该阀具有自动对中功能,故能使气缸停在任意位置。该回路的定位精度不高,并要求系统密封性好。

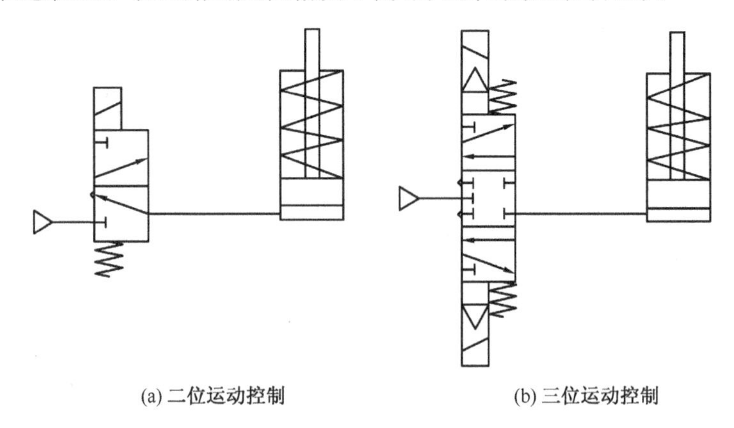

(a) 二位运动控制　　(b) 三位运动控制

图 13-5　单作用气缸的换向回路

2)双作用气缸的换向回路

图 13-6(a)为二位五通双电控阀控制双作用缸的换向回路。图 13-6(b)为三位五通双先导双电控阀控制气缸换向并可以中停的回路,但要求元件密封性能好,可用于定位要求不严的场合。图 13-6(c)为小通径的手动阀控制二位五通单气控阀操纵气缸换向的回路。图 13-6(d)为两个小通径的手动阀与二位五通双气控阀控制气缸换向的回路。

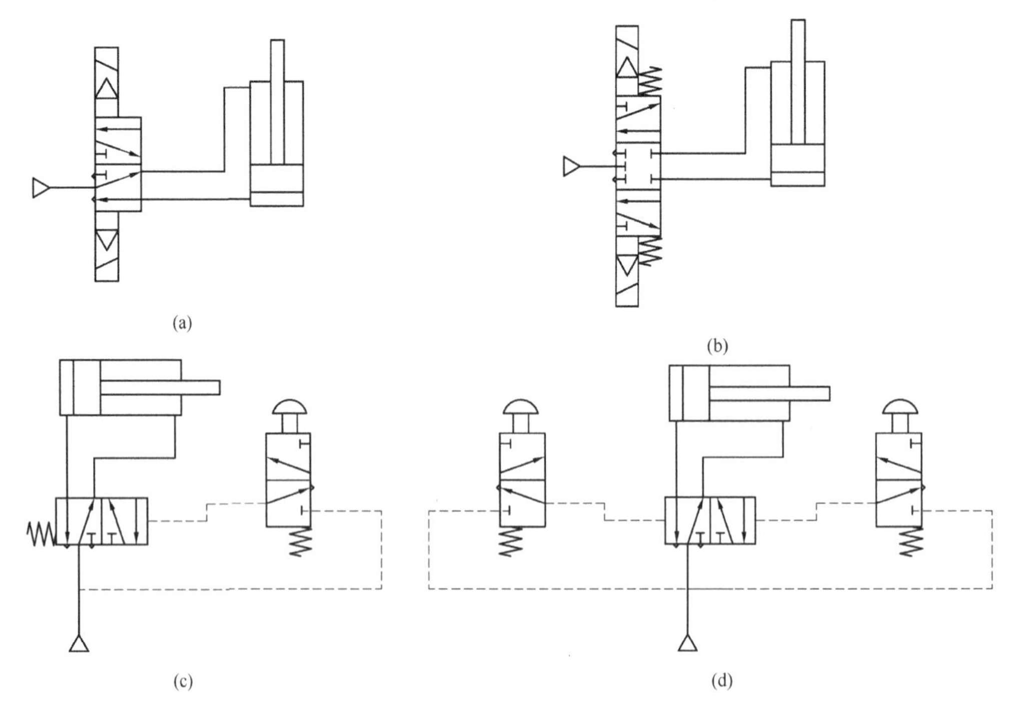

(a)　(b)　(c)　(d)

图 13-6　双作用气缸的换向回路

3. 速度控制回路

因气动系统所使用的功率都不太大,故调速的方法主要是节流调速。

1)单作用气缸的速度控制回路

图 13-7(a)是由左右两个单向节流阀分别控制活塞杆的升降速度。图 13-7(b)为快速返回回路,活塞返回时,气缸下腔通过快排阀排气。

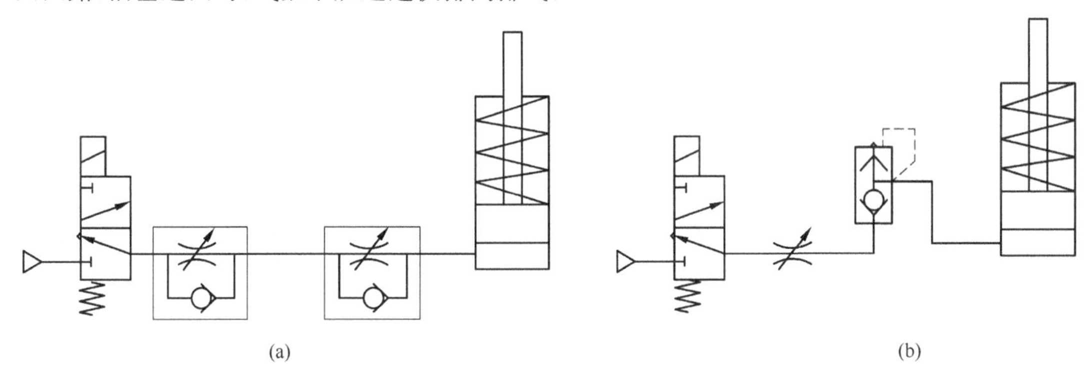

图 13-7　单作用气缸的速度控制回路

2)双作用气缸的速度控制回路

(1)调速回路。图 13-8(a)所示为采用单向节流阀的调速回路。调整节流阀的开度可调节气缸的往复运动速度。图 13-8(b)为采用节流阀的调速回路。它们都是排气节流调速,因调速时进气阻力较小,受外载变化影响小,因此比进气节流调速效果好。

(2)缓冲回路。图 13-9 所示是由速度控制阀配合使用的缓冲回路。当活塞向右运动时,缸右腔的气体经机控阀及三位五通阀排掉,当活塞运动到末端碰到机控阀时,气体经节流阀排出,活塞运动速度得到缓冲。调整机控阀的安装位置就可改变缓冲的开始时间。此回路适用于活塞惯性大的场合。

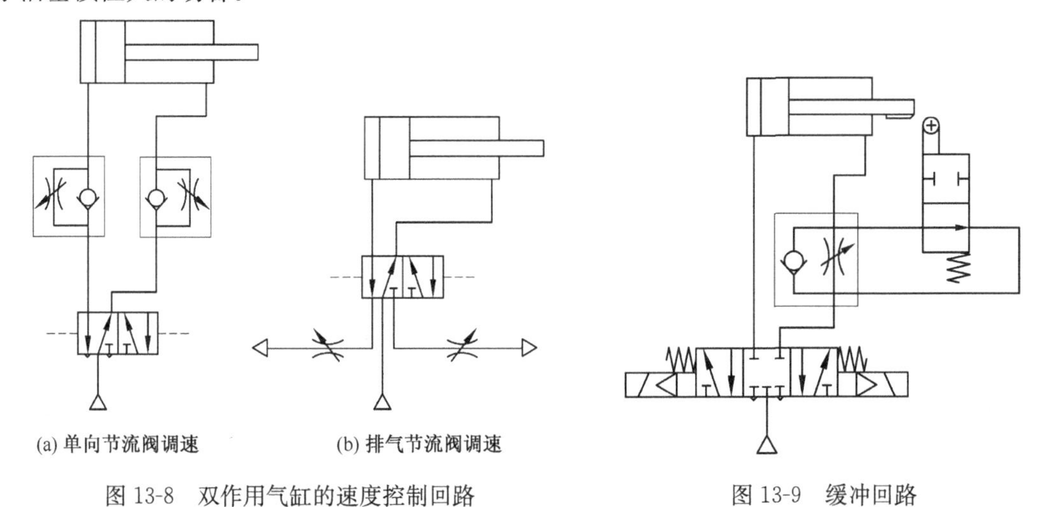

图 13-8　双作用气缸的速度控制回路　　图 13-9　缓冲回路

3)气液联动的速度控制回路

气液联动的速度控制回路不需液压动力也能使传动平稳、定位精度高、实现无级调速的目的。

(1)用气液转换器的速度控制回路。如图 13-10 所示,该回路通过改变两个节流阀的开度实现活塞两个方向的无级调速。它要求气液转换器的油量大于液压缸的容积,同时需注意气液间的密封,避免气体混入油中。

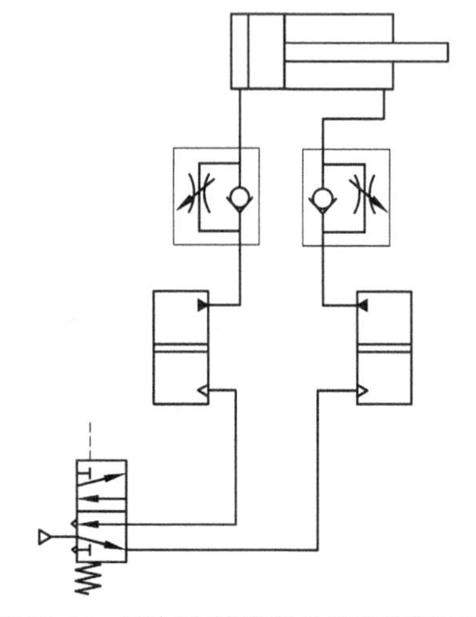

图 13-10 用气液转换器的速度控制回路

(2)用气液阻尼缸的速度控制回路。

①双向速度控制。如图 13-11(a)所示,该回路也通过调节节流阀 1、2 的开度获得两个方向的无级调速。油杯 3 为补充漏油所设。

②快进—慢进—快退变速回路。图 13-11(b)回路为液压结构变速回路,当活塞右行超过 a 孔后,液压缸右腔油液只能被迫从 b 孔经节流阀流回左腔,这时由快速变为慢速。若切换换向阀,活塞向左行,b 孔下的单向阀打开,高压油箱供油,则由慢进变为快退。此回路的变速位置不能改变。图 13-11(c)为用行程阀变速的回路。此回路只要改变撞块或行程阀的安装位置即改变了开始变速的位置。上两个回路均适用于长行程的场合。

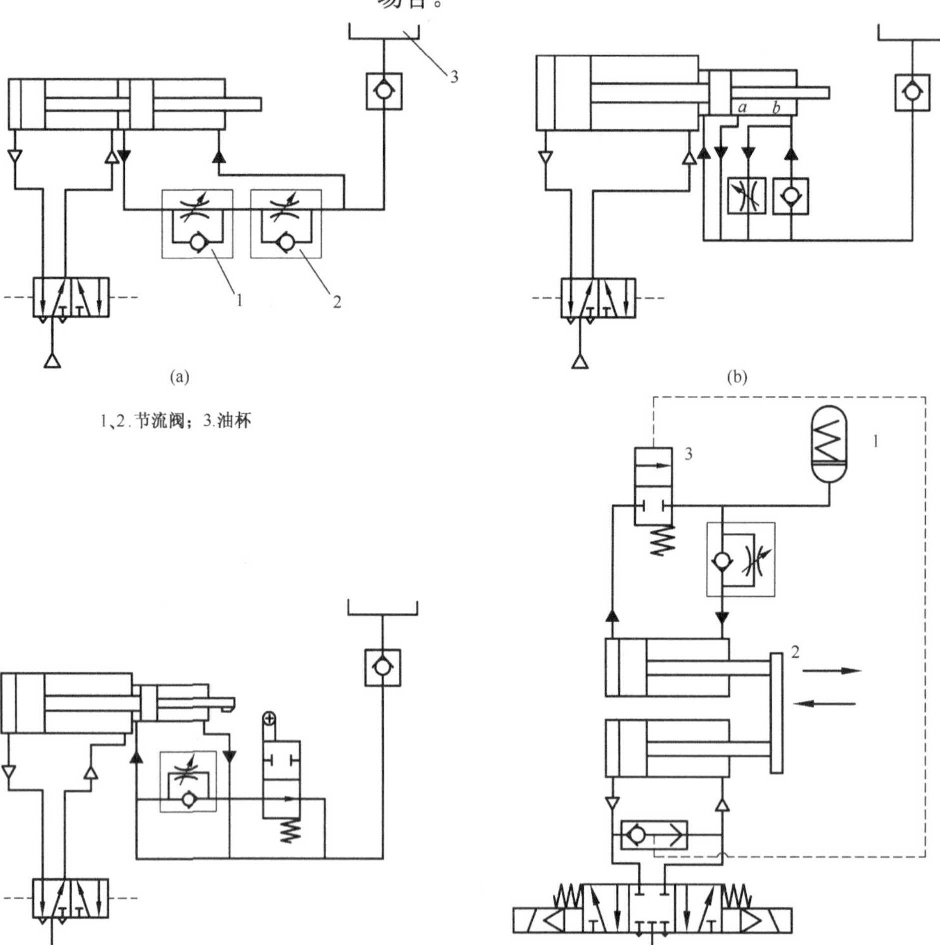

(d)

1.弹簧式蓄能器；2.调节螺母；3.2位2通阀

图 13-11 用气液阻尼缸的速度控制回路

③有中停的变速回路。图13-11(d)回路是液压阻尼缸与气缸并联的形式。液压缸内油的流量可由单向节流阀控制。弹簧式蓄能器1能调节阻尼缸中油量的变化。借助阻尼缸活塞杆上的调节螺母2,可调节气缸由快进变为慢进的变速位置。当三位五通阀处于中间位置时(图示位置),阻尼缸油路被二位二通阀3切断,活塞就停止在此位置上。而当三位阀切换到任何一侧,压缩空气就经梭阀输入切换阀3,使液压阻尼缸起调速作用。此回路并联形式比串联形式[图13-11(b)、(c)]结构紧凑,气、油不易相混,但并联的活塞易产生蹩劲现象。所以使用时应考虑设置导向装置。

4. 位置控制回路

(1)用缓冲挡铁的位置控制回路。图13-12回路中,执行元件(气马达)带动小车4左右运动,当小车碰到缓冲器1时,小车缓冲减速行进了一段距离。只有当小车轮也碰到挡铁2上时,挡铁才强迫小车停止运动。回路采用了活塞式气马达。该回路比较简单,马达的速度变化缓慢,调速方便。但应用该回路时需注意:①当小车停止时系统压力会升高,为防止压力过高应考虑设置安全阀。②小车与挡铁的经常碰撞、磨损对定位精度有影响。

(2)用间歇转动机构的位置控制回路。如图13-13所示,水平活塞杆前端连齿轮、齿条机构及其齿条1往复运动时,推动齿轮3往复摆动、齿轮上棘爪摆动,推动棘轮作单向间歇转动。从而使与棘轮同轴的工作台间歇转动。工作台下装有凹槽缺口,以使水平缸活塞杆回程时(向右),垂直缸活塞杆进入该凹槽,使工作台准确定位。2为限位开关,是用来控制阀4换向的。

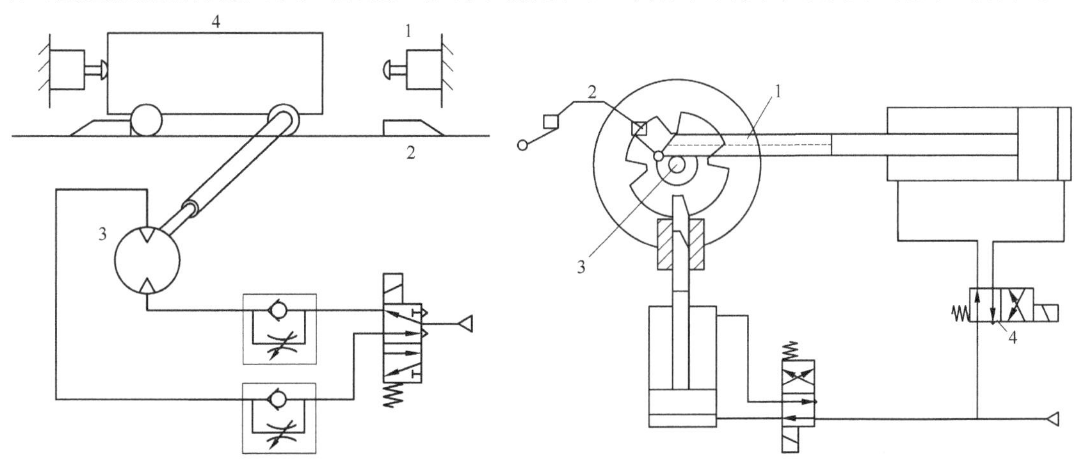

图13-12　用缓冲挡铁的位置控制回路

1. 缓冲器;2. 挡铁;3. 活塞式气马达;4. 小车

图13-13　用间歇转动机构的位置控制回路

1. 齿条;2. 限位开关;3. 齿轮;4. 换向阀

(3)多位缸的位置控制回路。多位缸的位置控制回路可以按设计要求控制气缸的单个或多个活塞伸出或缩回,从而得到多个位置。

图13-14(a)为由手动阀1、2、3经梭阀6、7控制两个换向阀4、5,使气缸两活塞杆收回,处于图示状态。当阀2动作时,两活塞杆一伸一缩;阀3动作时,两活塞杆全部伸出。

多位缸常用于流水线上物件的检测、分选和砂箱的分类等场合。

图13-14(b)为串联气缸实现三个位置控制回路。A、B两缸串联联结。当电磁阀2通电时A缸活塞杆向左推出B缸活塞杆,使B缸的活塞杆由Ⅰ移动到Ⅱ的位置。当电磁阀1通电

时 B 缸的活塞杆继续由Ⅱ伸到Ⅲ。故 B 缸的活塞杆有Ⅰ、Ⅱ、Ⅲ三个位置。如果在 A 缸的端盖①②处及 B 缸的端盖③处分别安上调节螺钉，就可以控制 A 缸和 B 缸的活塞杆在Ⅰ-Ⅲ之间的任一位置停止。

图 13-14(c)所示为三柱塞数字缸位置控制回路。其中 p_1 为正常工作压力供给 A、B、C 三通口推动柱塞 1、2、3 伸出或停止在某一位置，D 通口所供低压气体 p_2 控制各柱塞复位或停止在某个需要的位置。图示回路可控制活塞杆有 8 个位置(包括原始位置在内)。

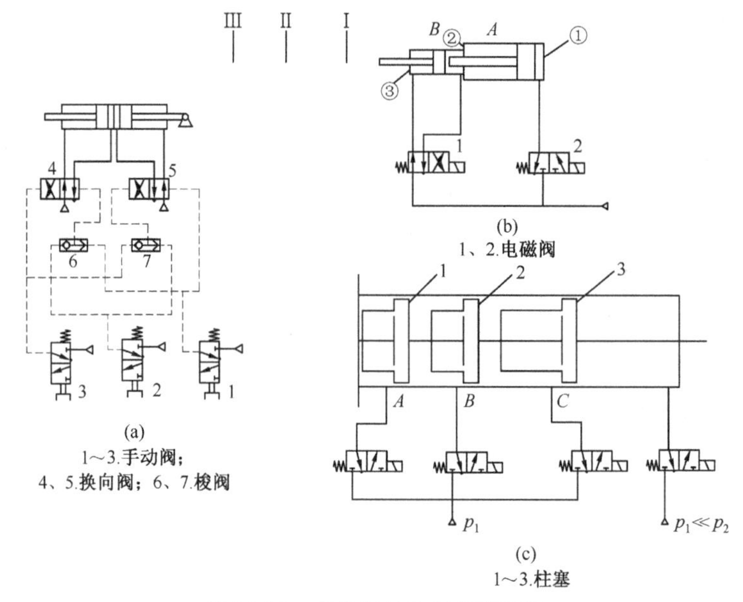

(a) 1～3.手动阀；4、5.换向阀；6、7.梭阀

(b) 1、2.电磁阀

(c) 1～3.柱塞

图 13-14 多位缸的位置控制回路

13.1.2 常用回路

常用回路是指生产或实践中经常用到的一些典型回路。主要有安全保护回路、同步动作回路、往复动作回路等。

1. 安全保护回路

1)双手操作回路

锻压、冲压设备中必须设置有安全保护回路，以保证操作者双手的安全。

图 13-15(a)所示只有两手同时操作手动阀 1、2 切换主阀 3 时，气缸活塞才能下落锻、冲工件 4。实际给阀 3 的控制信号是阀 1、2 相“与”的信号。此回路如因阀 1 或阀 2 的弹簧折断不能复位，单独按下一个手动阀气缸活塞也可下落，所以此回路并不十分安全。

图 13-15(b)回路需要两手同时按下手动阀时，气容 3 中预先充满的压缩空气经阀 2 及气阻 4 节流延迟一定时间后切换阀 5，活塞才能下落。如果两手不同时按下手动阀，或因其中任一个手动阀弹簧折断不能复位，气容 3 内的压缩空气都将通过手动阀 1 的排气口排空，建立不起控制压力，阀 5 不能被切换，活塞也不能下落。所以，回路(b)比回路(a)更为安全。

2)过载保护回路

此回路是当活塞杆伸出过程中遇到故障造成气缸过载，而使活塞自动返回的回路。

如图 13-16 所示，当活塞前进、气缸左腔压力升高超过预定值时，顺序阀 1 打开，控制气体

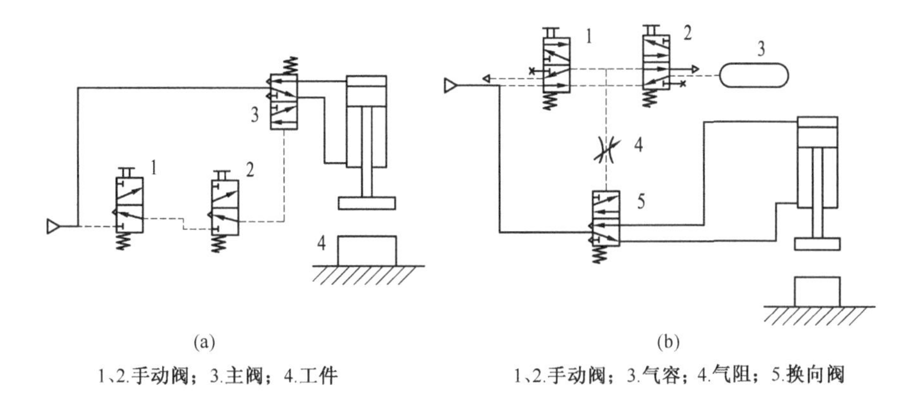

1、2.手动阀；3.主阀；4.工件　　1、2.手动阀；3.气容；4.气阻；5.换向阀

图 13-15　双手操作回路

可经梭阀 2 将主控阀 3 切换至右位(图示位置)，使活塞缩回，气缸左腔的气体经阀 3 排掉，防止系统过载。

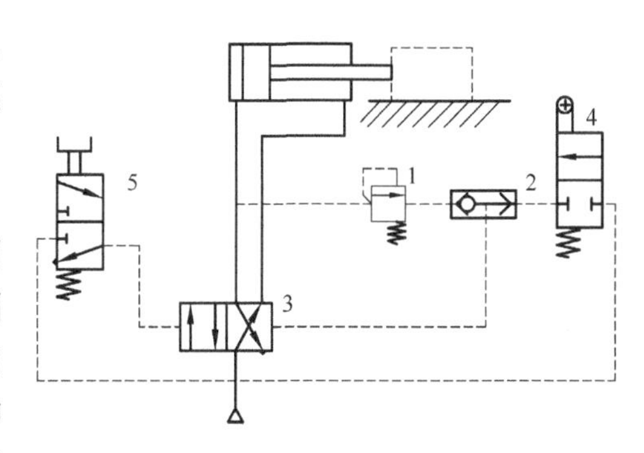

图 13-16　过载保护回路

1. 顺序阀；2. 梭阀；3. 主控阀；4. 换向阀；5. 手动换向阀

3)互锁回路

如图 13-17 所示，该回路防止各缸的活塞同时动作，而保证只有一个活塞动作。回路主要利用梭阀 1、2、3 和换向阀 4、5、6 进行互锁。如换向阀 7 被切换，则换向阀 4 也换向，使 A 缸活塞伸出。与此同时 A 缸的进气管路的气体使梭阀 1、2 动作，把换向阀 5、6 锁住。所以此时即使有换向阀 8、9 的信号。B、C 缸也不会动作。如要改变缸的动作，必须把前动作缸的气动阀复位。

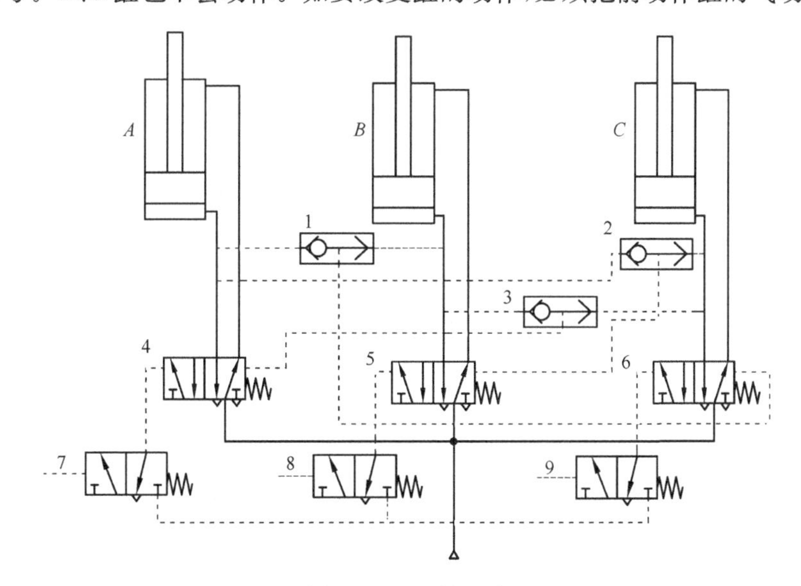

图 13-17　互锁回路

1～3. 梭阀；4～9. 换向阀

2. 同步动作回路

图 13-18(a)为简单的同步回路。使 A、B 两缸同步的措施是采用刚性零件 C 连接两缸的活塞杆，并使两缸的有效面积相同。调整节流阀 1、2 的开度可调节活塞升、降速度。此回路当负载作用的位置偏心过大时，两活塞易产生憋劲现象。

图 13-18(b)是使 A 缸的有效面积 A_1 与 B 缸的有效面积 A_2 相等，保证两缸的上升(或下降)速度同步的回路。回路中 1 接放气装置用以放掉混入油中的空气。该回路可得到较高的同步精度。

图 13-18(c)是保证加不等负荷 F_1、F_2 的工作台上下运动的同步动作回路。当三位五通主控阀处于中位时，弹簧蓄能器自动通过补给回路对液压缸补充漏油，如该阀处于其余两个位置时，弹簧蓄能器的补给油路将都被切断，此时靠液压缸内部交叉循环，保证两缸同步动作。回路中 1、2 接放气装置，用以放掉混入油中的空气。

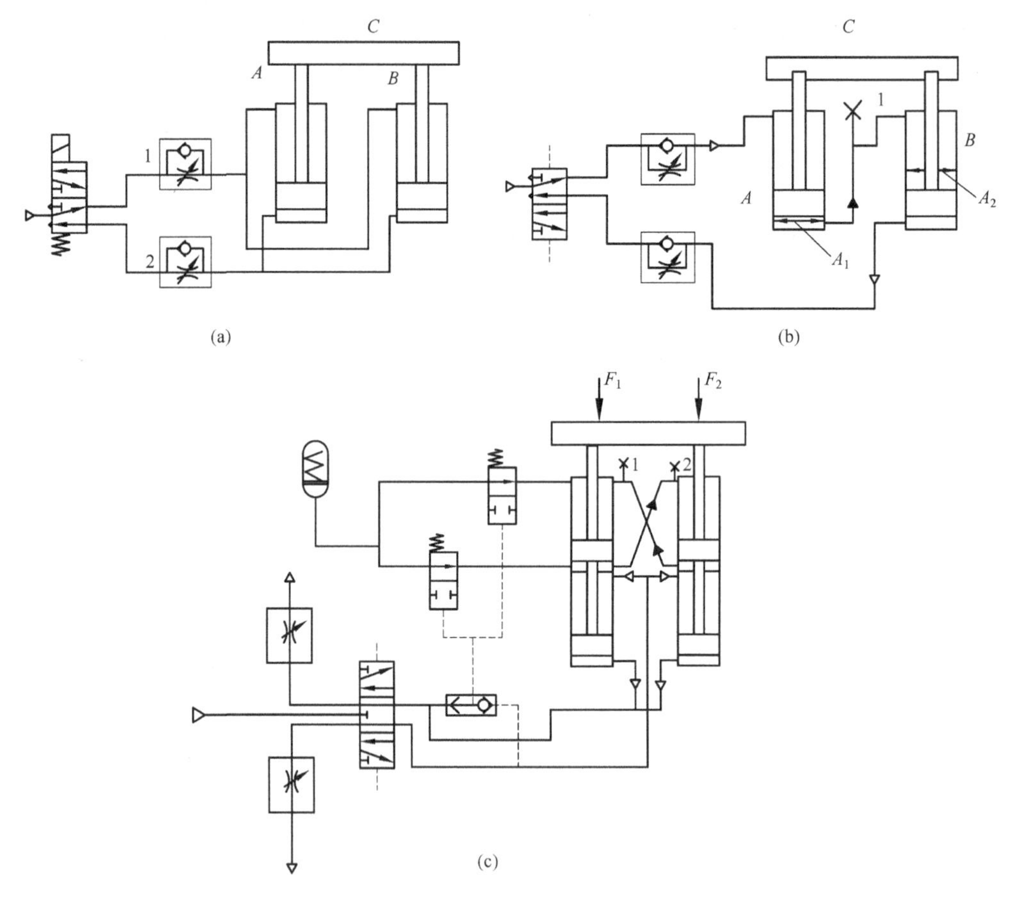

图 13-18　同步动作回路

3. 往复动作回路

1)单往复动作回路

图 13-19 所示回路是由右端机控阀 5 和左端手动阀 1 控制活塞往复动作的。每按一次手动阀，其缸活塞往复动作一次。

图 13-20 为时间控制式单往复动作回路，图中手动阀 1 动作后，主控阀 2 换向，气缸活塞杆伸出，碰到行程阀 4 使其换向控制信号接通，但延时阀 3 需经一定时间间隔后才发出气控信号，使主控阀 2 换向，气缸活塞杆返回。通过调解延时阀 3 可以改变延时时间。

图 13-21 为压力控制式单往复动作回路，按下手动阀 1 气缸活塞杆伸出，当气缸左腔压力未达到顺序阀 3 调定的开启压力时，顺序阀 3 不动作，气缸活塞杆不会返回。通常气缸活塞杆前进到末端时，气缸左腔压力最高，开启顺序阀 3，主控阀 2 换向、气缸活塞杆返回。但图 13-21(a)所示回路遇到大负载时，可能出现中途返回，可以实现过载保护。图 13-21(b)所示回路通过行程阀 3 来确定气缸前端是否到达行程终点。

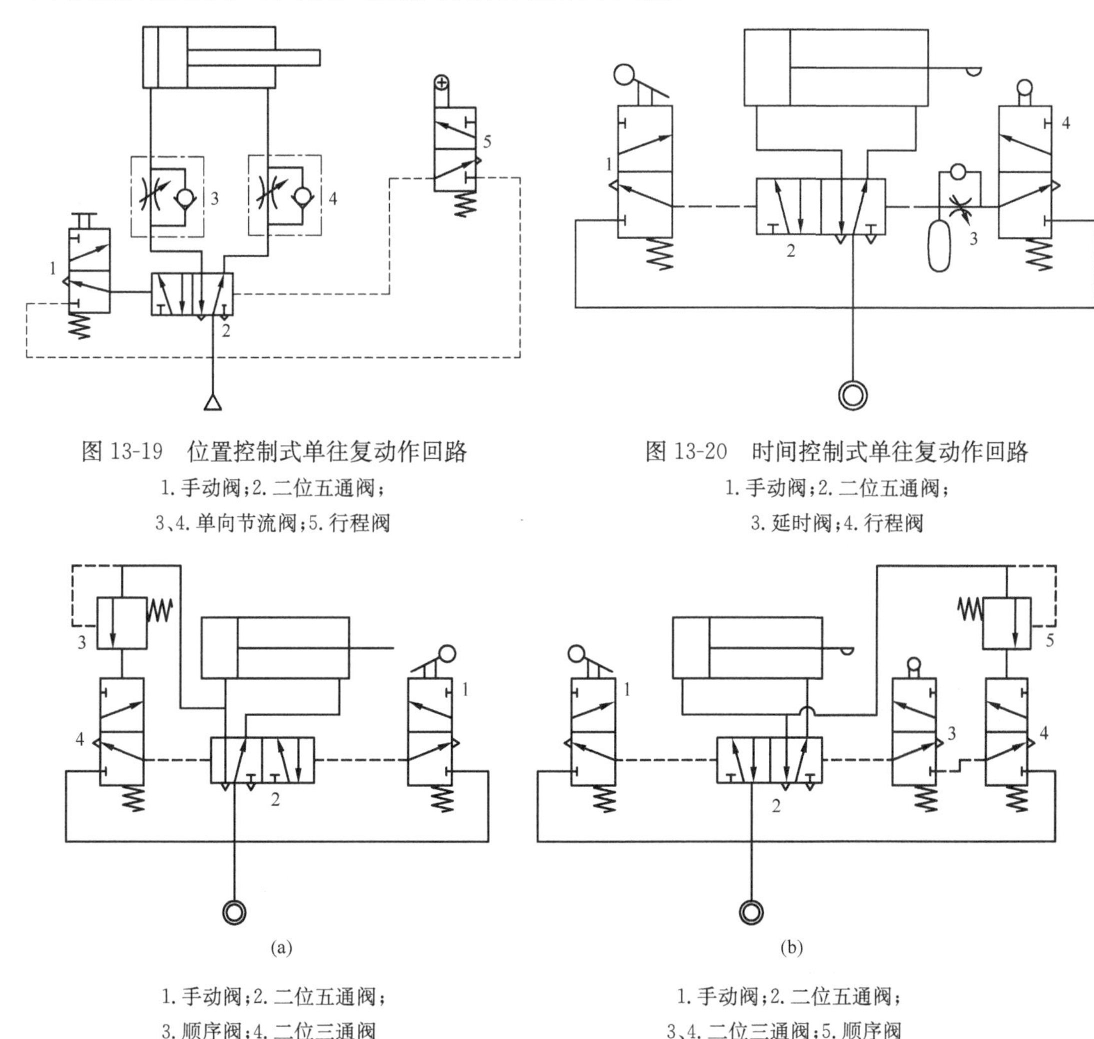

图 13-19　位置控制式单往复动作回路

1. 手动阀；2. 二位五通阀；

3、4. 单向节流阀；5. 行程阀

图 13-20　时间控制式单往复动作回路

1. 手动阀；2. 二位五通阀；

3. 延时阀；4. 行程阀

(a)

1. 手动阀；2. 二位五通阀；

3. 顺序阀；4. 二位三通阀

(b)

1. 手动阀；2. 二位五通阀；

3、4. 二位三通阀；5. 顺序阀

图 13-21　压力控制式单往复动作回路

2)连续往复动作回路

图 13-22 为较简单的采用机控阀实现连续往复动作的回路。拉动手动阀 1 使其处于右端供气状态，则阀 2 被切换，活塞前进。活塞达到行程终点时压下行程阀 4，使阀 2 复位，活塞则后退。当活塞达到行程终点时压下行程阀 3，使阀 2 再次被切换，活塞再次前进。只要手动阀

1 不改变启动状态,气缸将连续不断运动,直至该阀复位活塞才停于后退位置。

图 13-23 为压力控制式连续往复动作回路。图中主控阀 2 为差压阀,推动手动阀 3,切断主控阀 2 大端控制信号,主控阀 2 换向活塞杆伸出,当活塞杆伸出到前端时,气缸左腔压力最高,推动阀 4 换向输出气控信号,控制主控阀 2 换向活塞杆返回并进入下个循环,只有手动阀 3 复位、气缸才恢复原位。

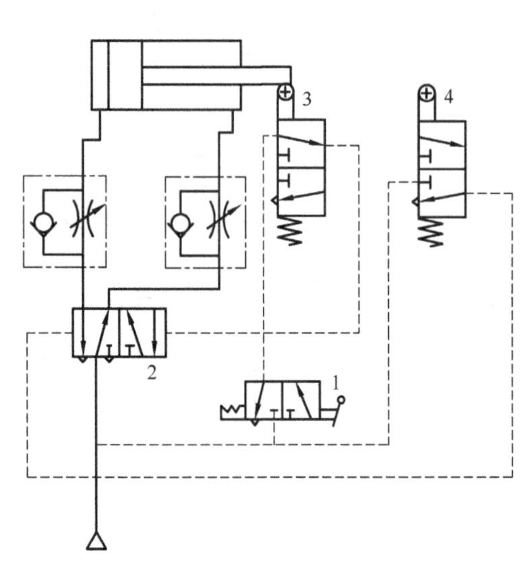

图 13-22　位置控制式连续往复动作回路

1. 手动阀;2. 二位五通阀;3、4. 行程阀

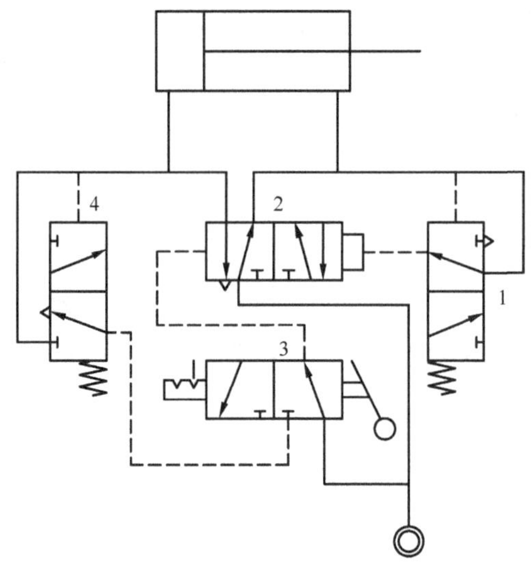

图 13-23　压力控制式连续往复动作回路

1、4. 二位三通单气控阀;

2. 二位五通差压阀;3. 手动阀

图 13-24 为时间控制式连续往复动作回路。其工作原理是:当手动控制换向阀 1 动作时,气源通过二位三通阀 2 发出气控信号,使主控阀 4 换向,气缸前进,延时阀 6 延时并建立一定的压力时,控制二位三通阀 3 换向并接通气源信号,控制主控阀 4 换向,气缸返回。在气缸前进的过程中由于延时阀 5 排空,二位三通阀 2 在弹簧的作用下复位,切断气源信号。在气缸返回过程中,延时阀 6 排空,延时阀 5 延时并建立一定的压力,控制二位三通阀 2 再次换向,气缸前进,实现连续往复动作。手动控制换向阀 1 复位,气缸恢复原位。该控制回路适用于不便安装行程阀或者需要调节工艺时间的场合,但需要在行程两端采用机械方式定位。通过调节延时阀可以改变延时时间。

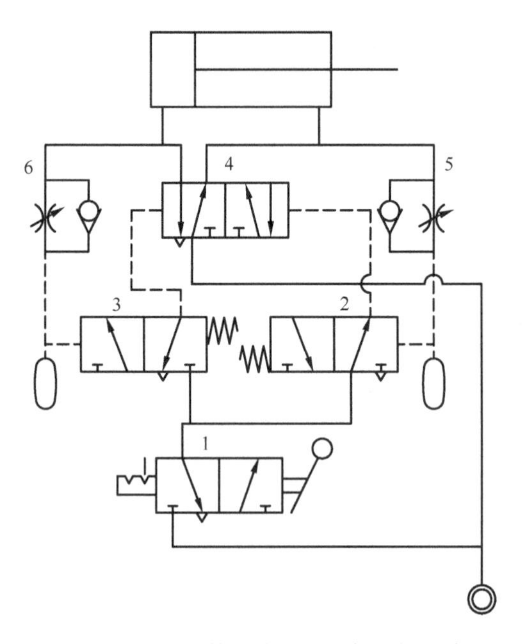

图 13-24　时间控制式连续往复动作回路

1. 换向阀;2、3. 二位三通阀;4. 主控阀;5、6. 延时阀

13.2　气动控制回路的设计及应用实例

13.2.1　气动系统的设计计算

气动系统的设计与计算是气动系统总体设计的一部分。设计时应首先明确主机对气动系统在动作、操作力、工作环境等方面的要求；在此基础上进行必要的设计计算，正确合理地选择动力元件、控制元件、执行元件、辅助元件；此外还应满足结构简单、工作安全可靠、经济性好、使用维修方便等设计原则。气动系统设计步骤如下。

1. 明确工作要求

设计前一定要弄清楚主机对气动控制系统的要求，包括以下几个方面。

(1)运动和输出力的要求：主机的动作顺序、动作时间、运动速度及其可调范围、运动的平稳性、定位精度、输出力及连锁和自动化程度等。

(2)工作环境条件：温度电磁干扰、振动、防尘、防爆、防腐蚀要求及工作场地的空间等情况必须调查清楚。

(3)气动系统和机、电、液控制相配合的情况，及对气动系统的要求。

2. 设计气控回路

(1)列出气动执行元件的工作程序。

(2)画出系统的气动回路原理图。

3. 设计执行元件

包括确定气缸或气马达的类型、安装方式、具体的结构尺寸、行程、密封形式、耗气量计算等。设计中要优先考虑选用标准规格的气缸。

进行气缸的设计计算时，应考虑气缸的效率，一般可按 0.8 计算。当选用某厂产品时，应查看该厂产品样本中气缸的理论作用力与气缸内径之间的关系表或曲线，来确定气缸内径，选择气缸(一般压力是按 0.4MPa 计算)。参见表 13-1。

表 13-1　某产品样本中气缸的基本参数表

气缸内径 D/mm		32	40	50	63	80	100	125	160	200	205	320
工作压力/MPa		0.15～1										
介质温度/℃		−25～80(在不冻结条件下)										
作用力/N (按 0.4MPa 计算)	推力	322	502	785	1246	2010	3140	4906	8038	12560	19625	32154
	拉力	276	422	589	1050	1686	2819	4404	7253	11775	18086	29610

4. 设计控制元件

(1)确定控制元件的类型。元件有电控气阀、气控气阀、气控逻辑元件等类型，可根据具体要求选用。

(2)确定控制元件的通径。一般控制阀的通径可按阀的工作压力与最大流量确定，所选阀通径应尽量一致，以便于配管。对于减压阀或定值器还必须考虑压力调整范围来确定不同的规格。压力调节范围通常为:微压 0～0.01MPa;低压 0～0.03 MPa;标准 0.4～0.8 MPa;高压 0.8～1.6 MPa。

控制元件的通流能力原则上可参阅表 13-2。

表 13-2　控制阀通径与通流能力对应表

公称通径/mm		3	6	8	10	15	20	25	32	40	50
流量	$\times 10^{-3}m^3/s$	0.1944	0.6944	1.3889	1.9444	2.7778	5.5555	8.3333	18.889	19.444	27.778
	$/(m^3/h)$	0.7	2.5	5	7	10	20	30	50	70	100
	/(L/min)	11.66	41.67	83.34	116.67	166.68	213.36	500	833.4	1166.7	1666.8
有效面积/mm^2		4	10	20	40	60	110	190	300	400	650
通流能力 C_v 值			1.0	1.5	1.75	3.0	6.0	9.5			

5.设计气动辅件

(1)分水滤气器:其类型主要根据过滤精度和流量的要求确定。一般气动回路、操纵气缸、截止阀等要求过滤精度≤50～75μm,操纵气马达等有相对运动情况的要求过滤精度≤25μm,气控滑阀、精密检测等回路要求过滤精度≤10μm。分水滤气器的通径由流量确定,并要和减压阀相同。

(2)油雾器:根据油雾颗粒直径的大小和流量确定。当与减压阀、分水滤气器串联使用时,三者通径要一致。

(3)消声器:可根据工作场合选择不同形式的消声器,通径大小可根据通过的流量确定,一般与汇流板排气孔通径大小一致。

分水滤气器等气动辅件的通径原则上也可以按表 13-2 来确定。

6.设计管道直径、计算压力损失

(1)确定管道直径:管道直径可根据通过的流量并考虑前面确定的控制元件通径一致的原则初步确定,然后在验算压力损失后,加以修正,最终确定。根据下式计算管道内径 d。

$$q = \frac{\pi}{4} d^2 v \tag{13-1}$$

式中,q 为管道内压缩空气的流量,m^3/s; v 为管道内压缩空气的流速,m/s。一般厂区管道内流速为 8～10m/s;车间 10～15 m/s。为了避免压力损失过大,通常限定流速为 25～30 m/s。

(2)计算压力损失。

为了保证执行元件的正常工作,压缩空气通过各种控制元件、辅助元件及其连接管道的总的压力损失必须满足

$$\sum \Delta p = \sum \Delta p_l + \sum \Delta p_\zeta \leqslant [\Delta p] \tag{13-2}$$

式中,$\sum \Delta p$ 为总的压力损失(包括沿程压力损失之和及局部压力损失之和),Pa; $\sum \Delta p_l$ 为沿程压力损失之和,Pa; $\sum \Delta p_\zeta$ 为局部压力损失之和,Pa; $[\Delta p]$ 为允许压力损失,Pa。

实际计算时,可以采用下面的简化公式计算压力损失

$$\sum \Delta p = K_p \sum \Delta p_{\zeta_2} \leqslant [\Delta p] \tag{13-3}$$

式中，$\sum \Delta p_{\zeta_2}$ 为流经控制元件、辅助元件的总压力损失之和，Pa，查表 13-3 进行计算；K_p 为压力损失修正系数，$K_p = 1.05 \sim 1.3$，对于长管道、截面复杂管道，取大值。

表 13-3　额定流量下通过控制元件、辅助元件的压力损失　　(单位：MPa)

<table>
<tr><th colspan="3" rowspan="2">元件名称</th><th colspan="10">公称通径/mm</th></tr>
<tr><th>3</th><th>6</th><th>8</th><th>10</th><th>15</th><th>20</th><th>25</th><th>32</th><th>40</th><th>50</th></tr>
<tr><td rowspan="5">方向阀</td><td rowspan="2">换向阀</td><td>截止阀</td><td colspan="2">0.025</td><td>0.022</td><td colspan="2">0.015</td><td colspan="2">0.01</td><td colspan="3">0.009</td></tr>
<tr><td>滑阀</td><td colspan="2">0.025</td><td>0.022</td><td colspan="2">0.015</td><td>0.01</td><td>0.009</td><td colspan="3"></td></tr>
<tr><td rowspan="2">单向型控制阀</td><td>单向阀、梭阀、双压阀</td><td>0.025</td><td>0.022</td><td>0.02</td><td>0.015</td><td>0.012</td><td colspan="2">0.01</td><td colspan="2">0.009</td><td>0.008</td></tr>
<tr><td>快排阀 p-A</td><td></td><td>0.022</td><td>0.02</td><td colspan="2">0.012</td><td colspan="2">0.01</td><td colspan="2">0.009</td><td>0.008</td></tr>
<tr><td colspan="2">脉冲阀、延时阀</td><td>0.025</td><td></td><td></td><td></td><td></td><td></td><td></td><td></td><td></td><td></td></tr>
<tr><td rowspan="3">流量阀</td><td colspan="2">节流阀</td><td>0.025</td><td>0.022</td><td>0.02</td><td>0.015</td><td>0.012</td><td colspan="2">0.01</td><td colspan="2">0.009</td><td>0.008</td></tr>
<tr><td colspan="2">单向节流阀 p-A</td><td colspan="5">0.025</td><td colspan="5">0.02</td></tr>
<tr><td colspan="2">消声节流阀</td><td></td><td>0.02</td><td>0.012</td><td>0.015</td><td>0.012</td><td></td><td></td><td></td><td></td><td></td></tr>
<tr><td>压力阀</td><td colspan="2">单向压力顺序阀</td><td>0.025</td><td>0.022</td><td>0.02</td><td>0.015</td><td>0.012</td><td></td><td></td><td></td><td></td><td></td></tr>
<tr><td rowspan="4">气动辅件</td><td rowspan="2">分水滤气器过滤精度/μm</td><td>25</td><td></td><td colspan="4">0.015</td><td colspan="2">0.025</td><td></td><td></td><td></td></tr>
<tr><td>75</td><td></td><td colspan="4">0.01</td><td colspan="2">0.02</td><td></td><td></td><td></td></tr>
<tr><td colspan="2">油雾器</td><td></td><td colspan="6">0.015</td><td></td><td></td><td></td></tr>
<tr><td colspan="2">消声器</td><td>0.022</td><td>0.02</td><td>0.012</td><td colspan="2">0.01</td><td colspan="2">0.009</td><td colspan="2">0.008</td><td>0.007</td></tr>
</table>

如果算出的总压力损失 $\sum \Delta p \leqslant [\Delta p]$，则初步选定的管径可确定为所需要的管径。如果算出的总压力损失 $\sum \Delta p \geqslant [\Delta p]$，则必须加大管径或改进管道布置，以降低总的压力损失，直到 $\sum \Delta p \leqslant [\Delta p]$，从而得到最终的管道直径。

7. 选择空压机

选择空压机的依据是：空压机的供气压力和供气量。

(1)计算空压机的供气量 q

$$q = \phi K_1 K_2 \sum_{i=1}^{n} q_z \tag{13-4}$$

式中，q 为空压机的供气量，m^3/s；ϕ 为利用系数，为了保证设备同时使用，适当增加供气量，可查阅有关参考文献；K_1 为漏损系数，主要是考虑系统的泄漏，供气量增加 15%～50%，$K_1 = 1.15 \sim 1.5$；K_2 为备用系数，为了保证一定的裕度，供气量增加 20%～60%，$K_2 = 1.2 \sim 1.6$；q_z 为一台设备在一个周期内的平均用气量(自由空气量)，m^3/s；n 为用气设备台数。

(2)计算空压机的供气压力 p_s

$$p_s = p + \sum \Delta p \tag{13-5}$$

式中，p_s 为空压机的供气压力，Pa；p 为系统压力，Pa。

13.2.2　气压传动系统实例

气动技术是实现工业生产机械化、自动化的方式之一。因为气压传动系统使用安全、可靠，可以在高温、易燃、易爆、强磁、辐射等恶劣环境下工作，所以其应用日益广泛。本节简要介绍几种气压传动及控制系统在生产中的应用实例。

1. 气动控制机械手

在某些高温、粉尘及噪声等环境恶劣的场合，用气控机械手替代手工作业是工业自动化发展的一个方向。本例介绍的气控机械手模拟人手的部分动作，按预先给定的程序、轨迹和工艺要求实现自动抓取、搬运，完成工件的上料或卸料。为了完成这些动作，系统共有四个气缸，可在三个坐标内工作，其结构示意图如图 13-25 所示。

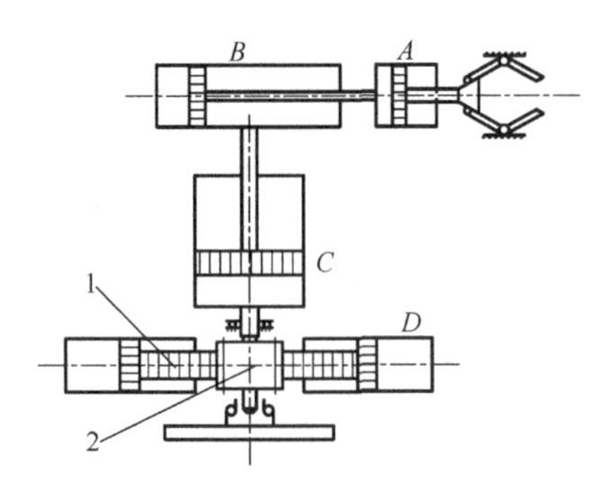

图 13-25　气控机械手结构示意图

1. 齿条；2. 齿轮

图中 A 缸为抓取机构的松紧缸，A 缸活塞后退时抓紧工件，A 缸活塞前进时松开工件。B 缸为长臂伸缩缸。C 缸为机械手升降缸。D 缸为立柱回转缸，该气缸为齿轮齿条缸，把活塞的直线运动变为立柱的旋转运动，从而实现立柱的回转。对机械手的控制要求是：手动阀启动后，程序控制从第一个节拍连续运转到最后一个节拍，把机械手右下方的工件搬到左上方的位置上。

上面的程序可以简写为：

立柱下降—伸臂—夹紧工件—缩臂—立柱左回转—立柱上升—放开工件—立柱右回转。气动回路原理图如图 13-26 所示。

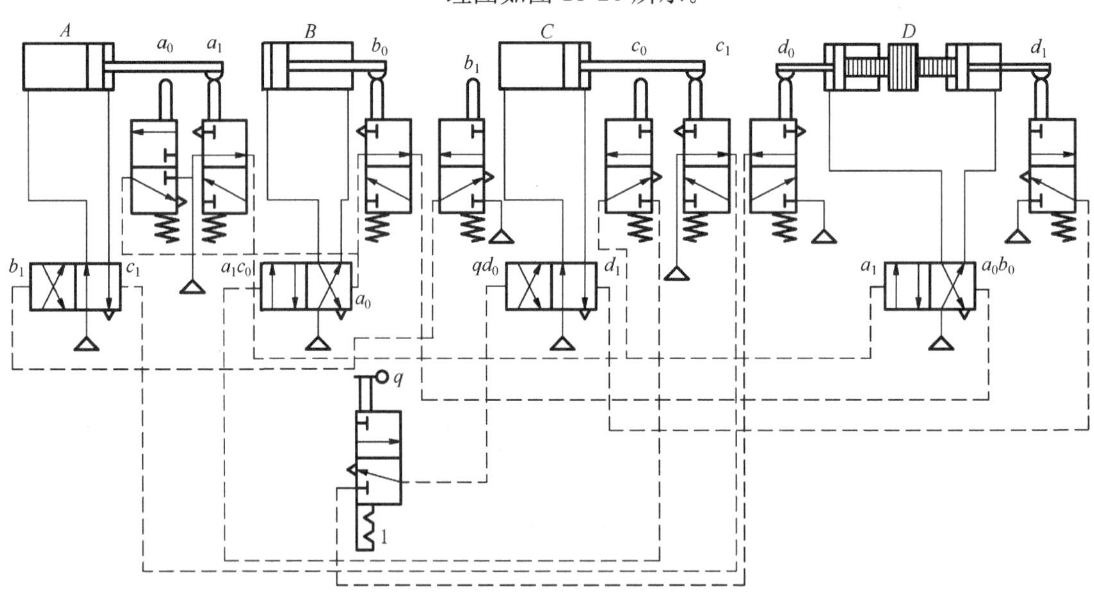

图 13-26　气控机械手气动回路原理图

2. 钻孔机气动系统

图 13-27(a)所示是一种气动钻削头的钻孔专用机，其结构包括回转工作台、两套夹具、两个气动钻削头、两个液体阻尼器。该钻孔机具有以下特点。

(1)通过回转工作台和两套夹具,实现在一套夹具的工件正在加工时,另一套夹具可以装卸工件,从而提高工作效率;而且,为了保证安全,每次操作时必须按下按钮 PV_1。

(2)利用液体阻尼器,实现气动钻削头的快进和工进两级速度。

(3)系统开始工作前,按下手动阀 PV_4,可以将双稳态气控阀 J-1～J-6 和 MV_1～MV_4 正确复位到启动状态,以保证工作程序的正确性。

图 13-27(b)所示为钻孔机的动作循环表。

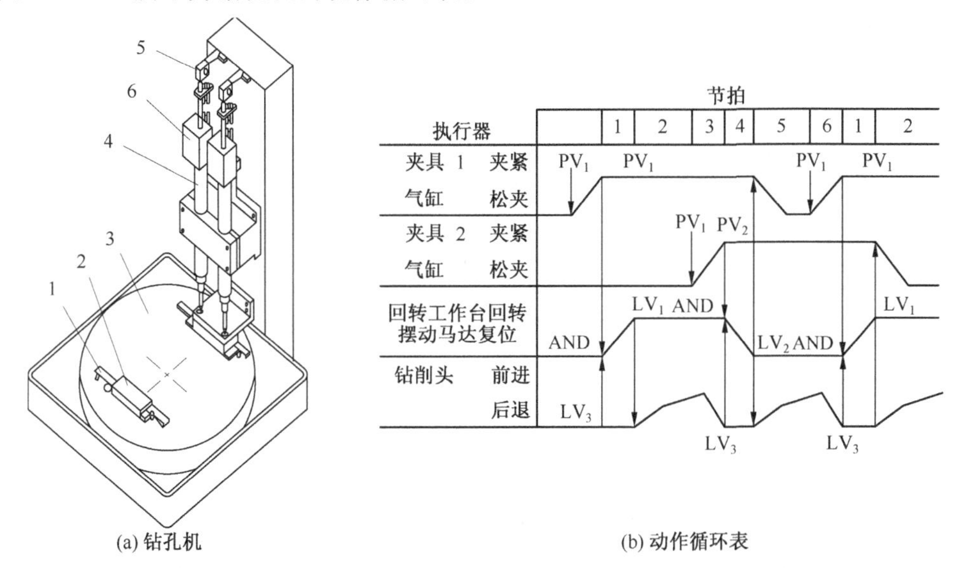

(a) 钻孔机　　(b) 动作循环表

图 13-27　钻孔机及其动作循环

图 13-28 所示为钻孔机的气动控制回路,其工作过程如下。

(1)将"断—通"选择阀扳到"通"位置,此时阀 SV_1 和 SV_2 同时换向到上位;按下手动阀 PV_4,使 J-1～J-6 和 MV_1～MV_4 置位于启动状态。

(2)按下手动阀 PV_2,使得双稳态气控阀 MV_0,换向至左位,此时运转指示器指示系统处于"运转状态",压缩空气进入系统的控制回路。

(3)按下手动阀 PV_1,使得夹紧缸主控阀 MV_1 和 MV_2 同时换向至左位,两夹紧缸活塞杆伸出,将工件夹紧。接着,由于 RV_1 和 RV_2 泄压,气控阀 J-8 和 J-9 复位至右位,同时气控阀 J-2 换向至左位。

(4)气控阀 MV_3 换向至左位,工作台回转 180°;然后将行程阀 LV_1 压下,从而使主控阀 MV_4 和气控阀 J-3 换向至左位。此时两个钻削头同时快进,行程阀 LV_3A 和 LV_3B 复位,气控阀 J-7 复位,J-4 换向至左位;接着由于液体阻尼器的作用,钻削头以工进速度前进,到达行程末端以后,钻削头自动后退并停止,将行程阀 LV_3A 和 LV_3B 压下,J-5 换向至左位。

(5)主控阀 MV_3 换向至右位,工作台复位,并压下行程阀 LV_2,主控阀 MV_1 换向至右位,夹具 1 松开;J-6 换向至左位,MV_4 换向至右位,钻削头再次开始工作。

(6)工作过程中,按下手动阀 PV_1,则可以用夹具 2 装卸工件。

(7)一旦按下停止按钮 PV_3,则 MV_0 换向至左位,夹具 1 和 2 以及工作台停止在其当前行程终点,而钻削头则立即后退并停止。

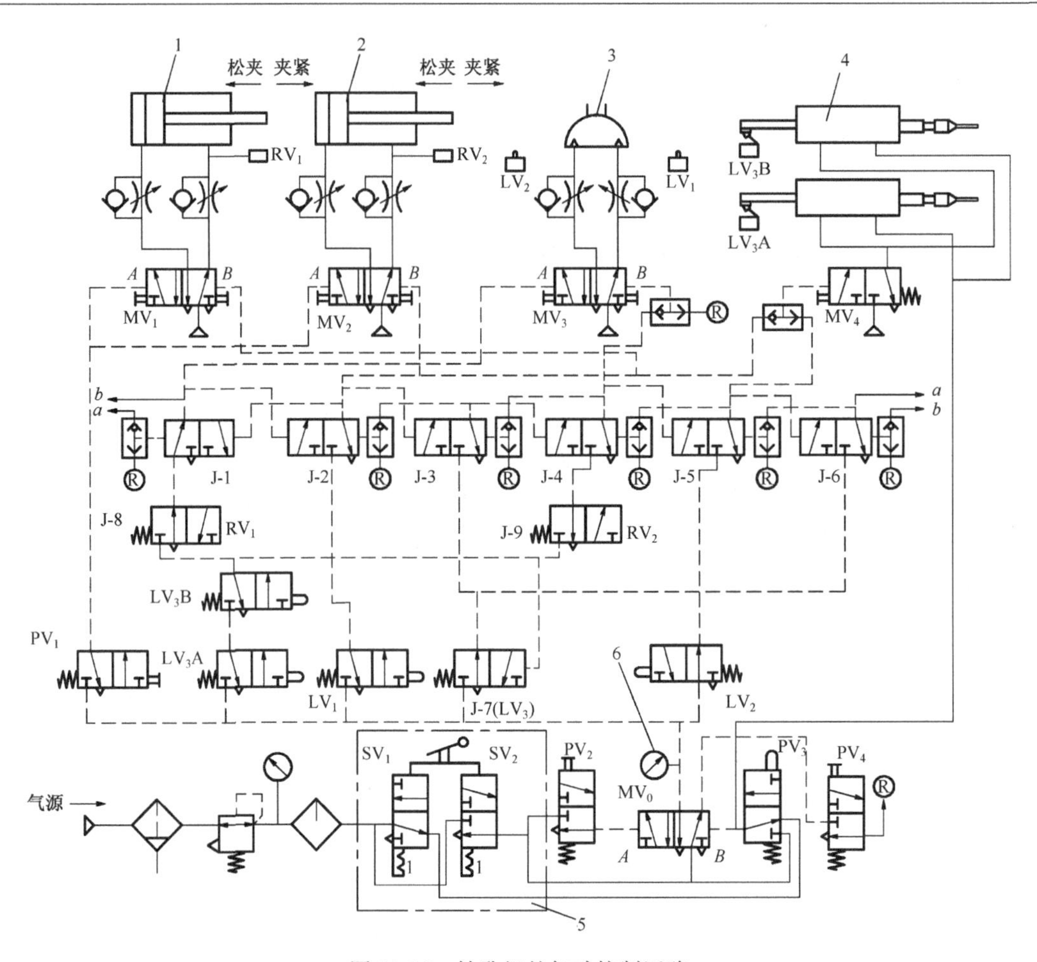

图 13-28　钻孔机的气动控制回路

1、2. 夹具气缸；3. 回转工作台气马达；4. 钻削头气缸；5. 通-断选择阀；6. 运转指示压力表

思考题与习题

13-1　气动系统按功能分为哪些基本回路？

13-2　一次压力控制回路和二次压力控制回路有何不同？各用于什么场合？

13-3　设计四缸互锁回路。

参考文献

蔡春源，1979. 机械零件设计手册(续篇). 液压传动和气压传动. 北京：冶金工业出版社

曹鑫铭，1991. 液压伺服系统. 北京：冶金工业出版社

陈书杰，1991. 气压传动及控制. 北京：冶金工业出版社

成大先，2004a. 机械设计手册. 北京：化学工业出版社

成大先，2004b. 机械设计手册:液压传动. 北京：化学工业出版社

姜继海，宋锦春，高常识，2002. 液压与气压传动. 北京：高等教育出版社

雷天觉，1999. 新编液压工程手册. 北京：北京理工大学出版社

李诗久，1990. 工程流体力学. 北京:机械工业出版社

李晓文，姜继海，2000. 英汉液压气动科技词汇. 哈尔滨：哈尔滨工业大学出版社

李壮云，葛宜远，2004. 液压元件与系统. 北京：机械工业出版社

刘春荣,宋锦春,张志伟，1999. 液压传动. 北京：冶金工业出版社

路甬祥，2002. 液压气动技术手册. 北京：机械工业出版社

明仁雄，万会雄，2003. 液压与气压传动. 北京：国防工业出版社

普朗特，1981. 流体力学概论. 郭永怀,陆士嘉,译. 北京：科学出版社

盛敬超，1988. 工程流体力学. 北京:机械工业出版社

孙峰，钱荣芳，马群力，2002. 数字式液压缸和数字式液压系统. 液压与气动，(8)：42-44

汤春艳，王世耕，胡捷，等，2005. 一种新型电液伺服系统在机械自动变速器(AMT)中的应用研究. 液压与气动，(5)

魏祥雨，王世耕，胡捷，等，2005. 闭环控制数字液压缸及实验研究. 液压与气动，(7)：21-24

吴丛，蒲钟佑，1995. 液压与气动. 北京：清华大学出版社

许益民，2005. 电液比例控制系统分析与设计. 北京：机械工业出版社

张利平，2004. 现代液压技术应用 220 例. 北京:化学工业出版社

张利平，2005. 液压传动系统及设计. 北京：化学工业出版社

张平格，2004. 液压传动与控制. 北京：冶金工业出版社

张也影，1999. 流体力学. 北京:高等教育出版社

章宏甲，周邦俊，1989. 金属切削机床液压传动. 南京：江苏科学技术出版社

郑洪生，1988. 气压传动及控制. 北京：机械工业出版社

周士昌，1987. 工程流体力学. 沈阳:东北工学院出版社

周士昌，2004a. 液压系统设计. 北京：机械工业出版社

周士昌，2004b. 液压系统设计图集. 北京：机械工业出版社

左键民，1999. 液压与气压传动. 北京：机械工业出版社

Sr ANDERS J E，1983. Industrial hydraulics troubleshooting. New York：McGraw-Hill，Inc.

PIPPENGER J J，1979. Industrial hydraulics. 3rd. New York：McGraw-Hill，Inc.

RUSSELL W H，1983. Fluid power system and circuits. New York：Penton /IPC

附表　部分常用流体传动系统及元件图形符号

（GB/T 786.1—2009/ISO 1219-1:2006）

附表 1　符号要素、功能要素、管路、管路连接口和接头

用途或符号解释	图形符号	用途或符号解释	图形符号	用途或符号解释	图形符号
工作管路、回油管路	0.1M	压力油箱、气罐、蓄能器、辅助气瓶	4M 8M	节流通道	)(
控制管路、泄油管路或放弃管路	0.1M	液压力作用方向	▶	单向阀简化符号的阀座	∨
组合元件框线	0.1M	气动力作用方向	▷	封闭油、气路和油、气口	⊥
活塞杆	1M 9M	流体流过阀的路径和方向		两管路相交连接	
一般能量转换元件	6M	可调性符号（可调节的泵、弹簧、电磁铁等）	↗	两管路交叉不连接	+
管路的连接点	0.75M	旋转运动方向		软管总成	
阀控制元件、除电动机外的原动机	4M 4M	电气符号		不带单向阀的快换接头	
缸	9M 4M	温度指示或温度控制		带单向阀的快换接头	
活塞	2M 4M	M 表示马达	M	单通路旋转接头	
表示回到油箱（主油箱可按比例放大）	1M 2M	弹簧		三通路旋转接头	1 2 3 1 2 3

附表 2　控制方式和方法

用途或符号解释	图形符号	用途或符号解释	图形符号	用途或符号解释	图形符号
定位装置		手柄式人力控制		气液先导控制，气压外部控制，液压内部控制，外部泄油	
旋转运动的轴		踏板式人力控制		电-液先导控制	
顶杆式机械控制		双向踏板式人力控制		电-气先导控制	
可变行程控制式机械控制		直接加压或卸压控制		液压先导卸荷控制	
弹簧控制式机械控制		差动控制	1 2	电-液先导卸压控制	
滚轮式机械控制		内部压力控制，控制通路在元件内部	45°	单作用电磁铁，电气引线可省略，斜线也可向右下方	
单向滚轮式机械控制		外部压力控制，控制通路在元件外部		双作用电磁铁	
手动控制		气压先导控制		单作用可调电磁操纵（比例电磁铁，力矩马达等）	
按钮式人力控制		液压先导控制，内部压力控制		旋转运动电气控制装置	M
拉钮式人力控制		液压先导控制，外部压力控制		反馈一般符号	
拉按钮式人力控制		液压二级先导控制，内部压力控制，内部泄油		电反馈（电位计、差动变压器等位置检测器）	

附表 3　泵、马达及缸

用途或 符号解释	图形符号	用途或 符号解释	图形符号
液压泵、空气压缩机一般符号	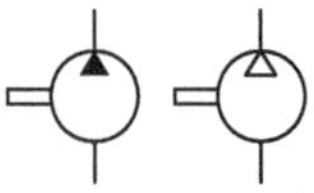 液压泵　空气压缩机	伸缩缸	
单向定量液压泵，单向旋转、单向流动、定排量	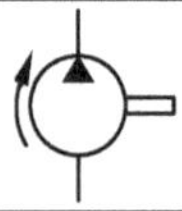	双作用单活塞杆缸	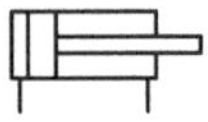
双向定量液压泵，双向旋转、双向流动、定排量	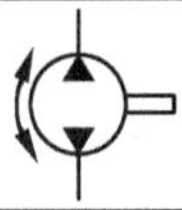	双作用双活塞杆缸	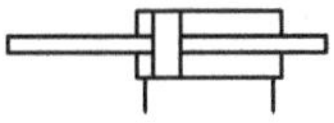
单向变量液压泵，单向旋转、单向流动、变排量		双作用不可调单向缓冲缸	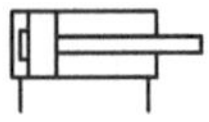
双向变量液压泵，双向旋转、双向流动、变排量		双作用可调单向缓冲缸	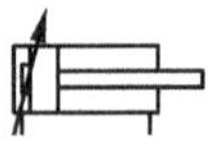
液压马达、气马达一般符号	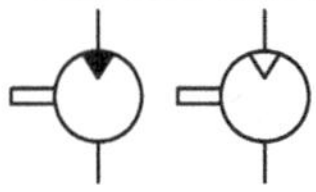 液压马达　气马达	双作用不可调双向缓冲缸	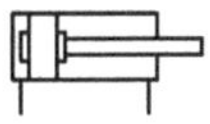
单向定量马达，单向旋转、单向流动、定排量	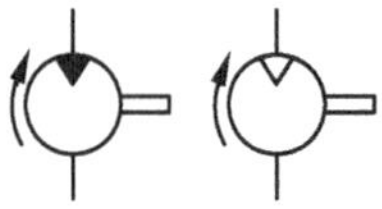	双作用可调双向缓冲缸	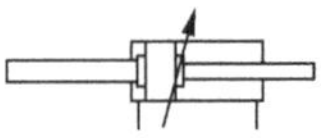
双向定量马达，双向旋转、双向流动、定排量	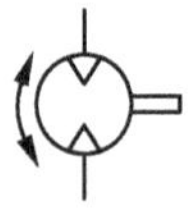	双作用伸缩缸	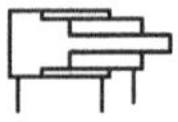
单向变量马达，单向旋转、单向流动、变排量	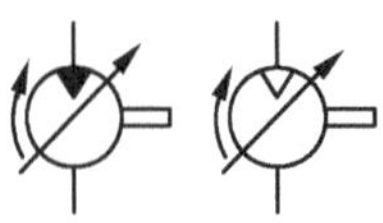	气-液转换器	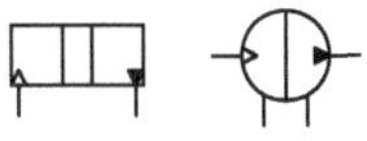 单程作用　连续作用
双向变量马达，双向旋转、双向流动、变排量	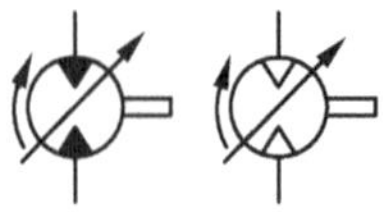	单程作用增压器，$p_2>p_1$	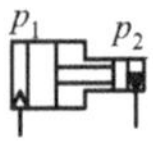 p_1　p_2
摆动马达	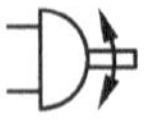	连续作用增压器，$p_2>p_1$	 p_1 p_2
定量液压泵-马达，单向旋转、单向流动、定排量	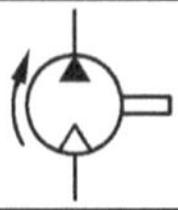	液压源	

续表

用途或符号解释	图形符号	用途或符号解释	图形符号
单作用单活塞杆缸	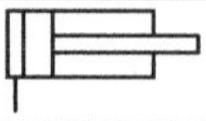	气压源	
单作用单活塞杆缸(带弹簧复位)	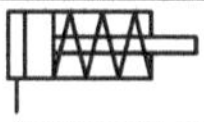	电动机	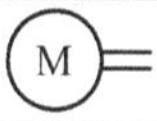 M
柱塞缸	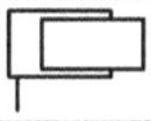	原动机(电动机除外)	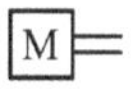 M

附表 4　方向控制阀

用途或符号解释	图形符号	用途或符号解释	图形符号
单向阀,弹簧可以省略		三位四通电液阀,内控外泄式	
液控单向阀		三位六通手动阀	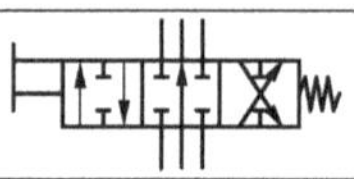
双液控单向阀(液压锁)	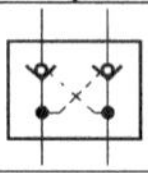	三位五通电磁阀	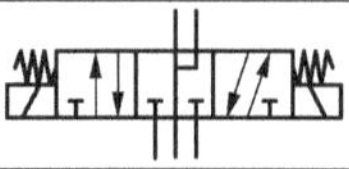
常闭式二位二通换向阀	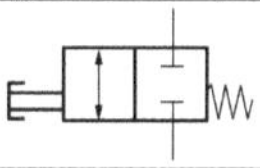	三位四通电磁阀,外控内泄式,带手动应急控制装置	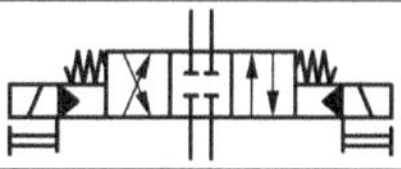
常开式二位二通换向阀	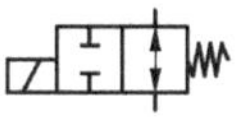	三位四通比例阀,节流型,中位正遮盖	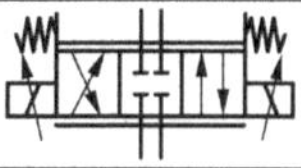
二位三通电磁球阀	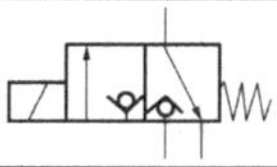	三位四通比例阀,中位负遮盖	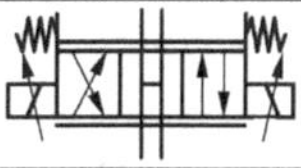
二位四通电磁阀	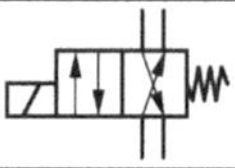	二位四通比例阀	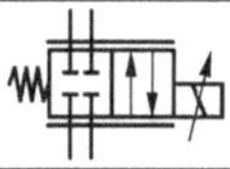
二位五通电磁阀	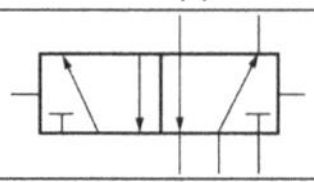	四通伺服阀	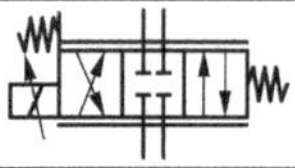
二位四通机动阀	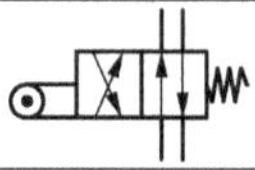	四通电液伺服阀,两级	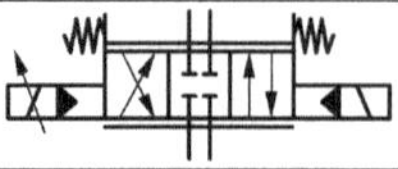
三位四通电磁阀	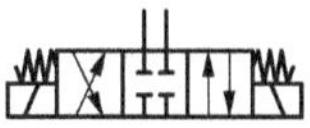	四通电液伺服阀,带电反馈三级	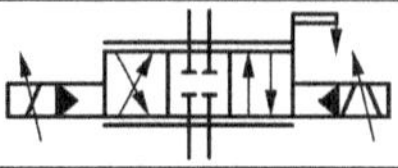

附表 5　压力控制阀

用途或符号解释	图形符号	用途或符号解释	图形符号
直动式溢流阀		先导式比例电磁溢流减压阀	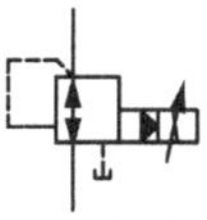

续表

用途或符号解释	图形符号	用途或符号解释	图形符号
先导式溢流阀		定比减压阀，减压比 1/3	
先导式电磁溢流阀		定差减压阀	
直动式比例溢流阀		直动式顺序阀	
先导比例溢流阀		先导式顺序阀	
卸荷溢流阀，当 $p_2>p_1$ 时卸荷	p_1 p_2	平衡阀(单向顺序阀)	
直动式双向溢流阀，外部泄油		直动式卸荷阀	
直动式减压阀		先导式电磁卸荷阀，$p_1>p_2$ 时卸荷	p_1 p_2
先导式减压阀		制动阀	p_1 p_2
溢流减压阀		溢流油桥制动阀	

附表 6　流量控制阀

用途或符号解释	图形符号	用途或符号解释	图形符号
可调节流阀	详细符号　简化符号	旁通式调速阀	

续表

用途或符号解释	图形符号	用途或符号解释	图形符号
不可调节流阀一般符号		温度补偿式调速阀	
单向节流阀	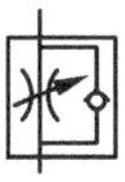	单向调速阀	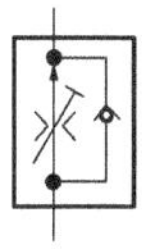
双单向节流阀	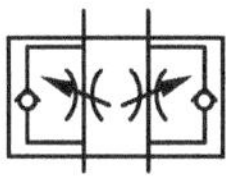	分流阀	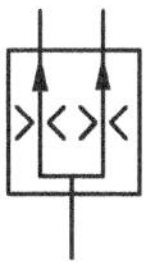
截止阀		单向分流阀	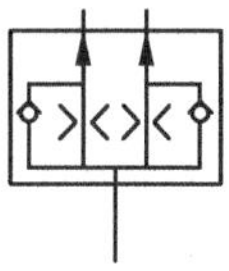
滚轮控制节流阀(减速阀)	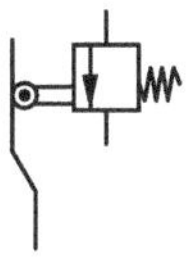	集流阀	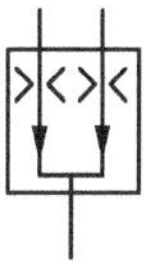
调速阀	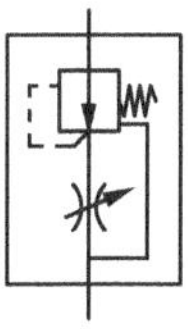  详细符号　简化符号	分流集流阀	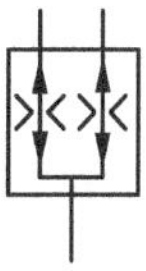

附表 7　液压附件

用途或符号解释	图形符号	用途或符号解释	图形符号	用途或符号解释	图形符号
管端在液面以上的通大气式油箱		加热器，一般符号		行程开关	 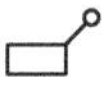 详细符号　一般符号
管端在液面以下带空气过滤器的通大气式油箱		压力指示器		联轴器	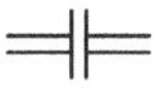
管端连接在油箱底部通大气式油箱		压力计(表)		弹性联轴器	

续表

用途或符号解释	图形符号	用途或符号解释	图形符号	用途或符号解释	图形符号
局部泄油或回油	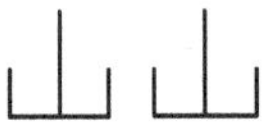	电接点压力表（压力显控器）		压差开关	
加压油箱或密闭油箱		压差计		传感器，一般符号	
过滤器		液面计（液位计）		压力传感器	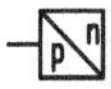
带污染指示器的过滤器	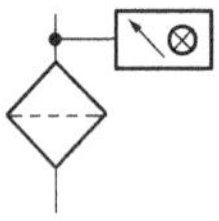	检流计（液流指示器）		温度传感器	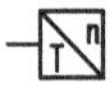
磁性过滤器		流量计	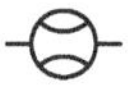	放大器	
带旁通阀的过滤器	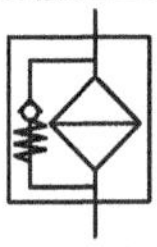	累计流量计		囊式蓄能器	
双筒过滤器，P_1 为进油，P_2 为回油	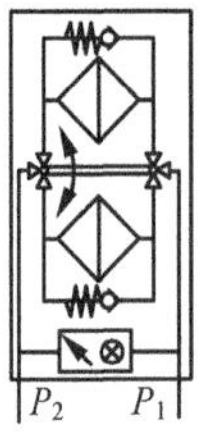 P_2　P_1	温度计		活塞式蓄能器	
空气过滤器		转速仪		重锤式蓄能器	
温度调节器		转矩仪		弹簧式蓄能器	
冷却器，一般符号		可调节的机械电子压力继电器	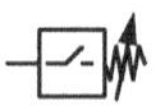	辅助气瓶	
带冷却剂管路的冷却器	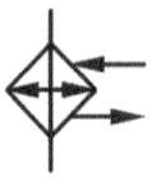	压力开关		气罐	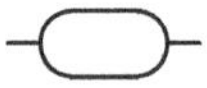